강구조내화설계지침

AIJ Recommendations for Fire Resistant Design of Steel Structures

일본건축학회 저　　한국강구조학회 · 한국화재소방학회 역

日本建築学会　　도서출판 구미서관

本書のご利用にあたって

本書は，作成時点での最新の学術的知見をもとに，技術者の判断に資する技術の考え方や可能性を示したものであり，法令等の補完や根拠を示すものではありません．また，本書の数値は推奨値であり，それを満足しないことが直ちに建築物の安全性を脅かすものでもありません．ご利用に際しては，本書が最新版であることをご確認ください．本会は，本書に起因する損害に対しては一切の責任を有しません．

一般社団法人 日本建築学会

본서의 이용에 대하여

본서는 작성시점에서 최신의 학술적 지식을 토대로 기술자의 판단에 유용한 방안이나 가능성을 나타낸 것으로, 법령 등의 보완이나 근거를 나타내는 것은 아닙니다. 또한 본서의 수치는 권장치로서 그것을 만족하지 못하는 것이 바로 건축물의 안전성을 위협하는 것은 아닙니다. 이용 시에는 본서가 최신판인 것을 확인하여 주시기 바랍니다. 본회는 본서에 기인하는 손해에 대해서는 일체의 책임을 지지 않습니다.

일반사단법인 일본건축학회

역자 서문

본 책자는 日本建築學會 構造委員會 鋼構造耐火設計 小委員會(主査 平島 岳夫)에서 2017년 6월에 3판으로 발간한 『鋼構造耐火設計指針』을 번역한 것으로 국내 성능기반 화재안전설계에서 핵심부분 중의 하나인 강구조내화설계에 대한 학술적 기반을 조성하는 것을 목표로 출판되었습니다. 본 역자대표들은 2017년도에 두 번에 걸친 구조내화설계에 대한 국제세미나를 개최하였고 당시 일본건축학회의 지침에 대한 소개를 토대로 강연자로 온 일본 東京理科大學의 河野 守교수의 안내로 일본건축학회 강구조내화설계 소위원회와 협의를 통하여 본 책자를 발간하게 되었습니다.

최근의 건축물은 초고층 · 초대형화되는 경향으로 전 세계적으로 성능기반설계로 설계가 유연화되고 있는 경향이나 국내의 경우 구조내화설계를 규정하는 건축법의 경우에는 성능설계에 대한 조항만 있을 뿐 구체적인 방법론이 정립되지 못한 상황입니다. 그러나 향후 강구조의 내화설계는 건축구조기준(KBC 2020)에서 크게 개정될 것으로 전망되고 개정될 건축구조기준(KBC 2020)의 경우, 미국과 유럽의 기준이 상당부분 반영될 것으로 예상되나 대다수의 강구조 실무자의 경우에는 일본 강재의 분류와 친숙하여 이러한 상황을 고려하여 본 번역서를 발간하게 되었습니다.

본 일본건축학회에서 발간된 강구조내화설계지침은 1999년도에 초판이 출간되었으며 이미 2017년 3판이 개정되었습니다. 이 지침은 일본건축학회에서 지난 20년 이상 강구조내화설계 분야를 중심으로 연구 성과를 집대성한 결집체입니다. 그러므로 구조내화설계에 관심이 있는 연구자 및 실무자들에게는 이 지침의 연구내용 및 해설은 충분히 흥미로운 자료가 될 것으로 판단됩니다. 아무쪼록 향후 본 내용을 토대로 면밀하게 검토되어 한국의 상황을 고려한 강구조내화설계지침으로 재탄생할 수 있기를 바랍니다.

2019년 5월

역자대표 **권영진 · 김성배 · 최성모**

일본건축학회 강구조내화설계지침 한국어판의 발행에 대하여

본 지침은 화재 시에 강골조가 붕괴되지 않도록 구조설계상의 방법을 제공하는 것을 목적으로 하여 1999년에 초판이 간행되었습니다. 그 후 보다 선진적이고 합리적인 내화설계방법을 제공하기 위하여 국내외의 새로운 지식을 반영시킨 개정이 이루어짐으로서 본서 제3판의 간행이 이루어지게 되었습니다. 본 지침에서는 강골조의 고온시 강도 및 그 붕괴온도의 계산방법뿐만 아니라 화재 실내온도와 그 화재가열을 받는 부재온도의 계산방법도 서술됨으로서 강구조의 내화설계를 행하는데 필요한 지식이 충분하게 포함되어 있습니다. 또한 이러한 근거가 되는 이론 및 조사・실험・해석결과에 기초하는 설계식의 타당성이 상세하게 해설되어 있으므로 전열의 이론이나 강재의 고온특성 문제에 접해보지 못한 구조기술자에게도 교과서적인 역할도 수행할 것입니다.

본 지침의 특징은 강골조의 붕괴온도계산에서 시간에 따른 고온탄소성응답해석에 의하지 않고 부분골조의 붕괴기구에 기초한 종국강도형 설계법을 채택하고 있는 점입니다. 종국강도형의 설계를 행하는 경우 골조의 확장성과 로버스트성이 요구되기 때문에 내진설계가 행하여진 건축물이 많은 일본에서 발전한 설계법이라고 할 수 있습니다. 한편 화재성상・전열・구조안전성에 관한 물리현상은 만국공통이므로 한국의 강구조내화설계에 대하여도 본서는 참고가 될 것으로 판단됩니다. 강재의 우수한 특성을 살린 강구조를 합리적이면서 안전하게 설계하기 위하여는 그 설계에 관하여 구조기술자가 내화설계에도 관여하는 것이 불가피합니다. 또한 건축물 전체의 화재안전성을 높이기 위한 방화기술자와의 협력도 필요합니다. 본서가 건축방화 및 구조설계에 관한 많은 기술자의 참고가 되고 한국에서 강구조설계의 발전에 일조가 될 수 있기를 바랍니다.

2019년 4월
일본건축학회 강구조내화설계 소위원회
강구조내화설계지침 제3판 간행시 主査
平島 岳夫

목 차

CHAPTER 1 총 칙

CHAPTER 2 강 재

CHAPTER 3 하 중

CHAPTER 4 화재성상 및 부재의 가열조건

contents

부 록

CHAPTER

01

총 칙

1.1 목적
1.2 적용범위
1.3 기본 구성
1.4 유의사항
1.5 용어

CHAPTER 01

총 칙

1.1 목 적

지침은 강구조 건축물을 대상으로, 화재 시 예상되는 열하중에 대하여 골조가 전체적 또는 부분적인 붕괴에 이르지 않도록 하기 위한 구조설계상의 방법을 제공하는 것을 목적으로 한다.

건축물의 화재안전대책 중 화재시에 기둥, 보, 바닥, 벽 등의 각 부재 및 이들로부터 구성된 시스템, 즉 넓은 의미에서 구조요소에 요구되는 역할은 다음의 3가지 항목으로 요약된다.

1) 피난, 소방 활동에 관련된 안전의 확보
2) 피해건축물에 관련된 재산의 보호
3) 주변에 대한 위험성의 방지

일반적으로 실시되어 온 건축물의 내화설계란, 구조의 각 요소가 이러한 역할을 충분히 담당할 수 있도록 해당 각 요소에 설치하는 기술적인 대책으로서, 이는 오늘날 일본에서 내화설계의 요구범위를 규정하는 개념으로 널리 정착되었다. 이런 의미에서 전술한 3항목은 건축물에 대한 내화설계의 목적이라 할 수 있다.

상기 목적을 달성하기 위하여 내화설계의 기술적인 대책은 다음 2가지로 집약된다.

1) 피해건축물의 붕괴 방지(골조의 구조안정성)
2) 화재구획을 형성하는 부재에 의한 연소확대 방지(구획부재의 차열성, 차염성)

바꾸어 말하면, 건축물의 내화설계에서는 화재를 국소(화재구획의 내부)적으로 한정시키는 것과 골조가 고온 시 구조안정성을 확보할 것의 두 가지를 동시에 검토하여야 한다. 대부분의 건축물에 대하여 양자의 중요도를 평가하는 것은 어렵다. 화재 시 구조부재(기둥과 보 등의 하중을 전달하는 부재)와 구획부재(바닥이나 벽 등의 화재구획을 형성하는 부재)는 서로 보완하면서 각각의 역할을 하기 때문이다. 구획부재는 골조가 고온화되는 범위를 한정시켜 구조의 안정에 기여하는 한편, 구조부재는 이들이 지지하고 있는 구획부재의 과대변형을 방지하고, 그 건전성을 확보하여 결과적으로 화재범위의 한정에 기여하고 있다.

지침에서는 지금까지 실시되어 온 건축물에 대한 상기 내화설계의 개념에 준한다. 이러한 틀 안에서 특히 붕괴방지에 착안하여 건축물의 화재 시 구조안정성을 확보하기 위한 설계상의 방법을 제공한다. 본 지침에서 구획부재는 골조가 붕괴에 도달하기까지 건전할 것으로 가정한다. 따라서 지침에서 전개되는 내화설계법은 강구조에 대한 「구조 내화설계법」이다. 이것은 한편으로 종전의 내화설계를 세분화한다. 실제로 구획부재의 건전성은 필요하다면, 별도로 검토해야 한다. 지침이 대상 외로 하는 내화 관련 검토사항은 1.4절에 서술하였다.

강구조의 화재 시 붕괴방지를 달성하기 위해서, 지침은 종국강도형의 구조설계와 같은 방법을 사용하며 주요 문장은 이것을 서술한다. 일반적인 구조설계와 마찬가지로 본 지침에서는 하중의 강도, 상시 작용하중의 크기 및 구조내력은 각각 화재성상 및 대상건축물별 실상을 파악하여 평가된다. 또한, 구조물의 종국강도 설계와 마찬가지로 본 지침에 있어서도 「하중의 강도」란 해당 하중 중 상한적인 강도를 가리키며, 「구조내력」이란 해당 구조물의 종국내력을 가리킨다. 화재의 경우, 「하중의 강도」란 입력 부재온도의 높이를 의미하므로, 지침에서는 그 상한의 높이가 하중의 강도에 대응한다. 마찬가지로, 「구조내력」이란 구조물의 고온종국내력에 대응한다. 따라서 주요 문장 속의 「화재 시 예상되는 열적하중에 대해 골조가 붕괴하지 않도록 한다」는 부분을 보다 구체적으로는 「화재 지속시간 중에 발생하는 상한입력 부재온도에 대해 골조의 고온 종국내력이 상시 작용하중을 전달하는데 필요한 골조의 내력을 상회하도록 설계한다」로 규정된다.

지침이 간행되기 전 강구조의 화재시 붕괴방지에 대한 일반적 방법은 「법령으로 요구된 내화시간에 대하여 강부재가 허용온도를 넘지 않도록 내화구조의 부재를 설치한다」로 규정되었다. 허용부재온도는 구조의 상태에 관계없이 약간 낮고, 고정적으로 설정되어 있다. 내화피복재가 강재 온도상승을 억제하는 효과에 비해 골조의 고온거동에 대해 알지 못했던 경우에는 이것이 강구조내화설계를 실현하기 위한 유일한 해결방법이었을 것이다. 오늘날에는 화재성상이나 고온 시 구조의 거동에 대한 지식이 풍부해져 건축물의 내화설계는 내화피복재에 의한 하중 억제효과와 골조의 화재에 대한 저항효과의 양자를 활용해야 한다는 사실이 명확하게 밝혀졌다. 본 지침은 기존의 허용부재온도와 요구내화시간에 의한 일률적인 법 규정에 따른 내화설계법을 재검토하여 논리성과 명쾌성 및 자유도가 보다 합리적인 강구조설계의 프로세스 및 구체적인 방법을 제시하는데 그 목적이 있다.

내화설계의 3가지 목적을 달성하기 위한 일환으로, 지침은 하나의 기본적 대책인 「붕괴방지」를 직시하여 전술한 바와 같이 화재 시 골조의 종국상태를 직접적인 산정 대상으로 본다. 다음은 지침에 따른 내화설계의 방법론상의 특징을 서술한다. 각 항은 왜 본 지침이 골조의 종국상태에 주목하는지, 그리고 또한 무엇 때문에 지침은 내화설계의 논리성 향상, 간단명료성의 향상 및 자유도 확대를 위하고 있는가에 대한 회답이 된다.

[1] 고정된 위험부재온도, 즉 허용부재온도에 기초한 내화설계는 폐지한다. 본 지침에서는 골조의 내화성을 표현하는 파라미터로 가변적인 부재온도를 사용한다. 보다 고온까지 견디는 골조, 즉 위험부재온도가 높은 골조는 내화성이 더욱 높다는 의미이다. 종전부터 내화성은 이것이 보증되는 시간으로 표현되어 왔다. 골조의 부재온도가 위험부재온도에 달하기까지의 경과시간은 화재의 강도와 전열의 양태에 의존한다. 화재의 성상과 위험부재온도가 모두 단일적으로 고정되어 있는 현 설계 체계 하에서, 그 온도에 달하기까지의 시간이 길면 바로 전열 저항이 크다는 것을 의미하며, 시간과 골조의 내화성이 정비례하는 것으로 판단된다. 따라서 이러한 체계 안에서는 내화성이란 필연적으로 내화피복재와 이것에 의해 보호받는 구조부재가 하나가 되어 그 성능을 지칭하게 된다. 한편, 골조의 위험부재온도가 구조의 상태에 따라 가변적이며, 또한 화재성상도 실상에 따라 가변한다는 지침의 틀 안에서는 위험부재온도까지 달하는 시간이 길다고 해도 전열 저항이 큰 것인지, 위험부재온도가 높은 것인지, 아니면 화재가 경미한 것인지 판정할 수 없다. 따라서 허용부재온도에 따르지 않는 내화설계의 체계 하에서는 내화성을 시간으로 표현하는 것은 직접적이지 못하다. 본질적이고, 간단명료하며, 직접적인 파라미터를 선택하는 것은 설계법을 책정하는데 매우 중요하다. 이것이 골조의 내화성을 표현하는 데 부재온도를 채택하는 이유이다. 이러한 경우의 내화성이란 피복재를 제거한 골조 고유의 구조 특성이라고 할 수 있다. 한편, 내화피복재는 열입력을 억제하는 성능이 있으므로, 지침에서는 구조부재와 내화피복재의 역할은 분리된다.

[2] 붕괴방지를 위한 한계로서 골조의 종국한계를 채택한다. 따라서 골조의 위험부재온도란, 지침에서는 골조가 종국상태에 도달하였을 때의 부재온도를 의미한다. 이것을 골조의 붕괴온도라고 한다. 골조의 종국상태에 주목하는 이유는 먼저, 지진하중 등과 마찬가지로 화재는 그 피해가 심각하기는 하나 드물게 발생하는 일회성 하중이며, 이러한 하중에

대한 종국강도는 골조의 실용 내력지표가 될 수 있기 때문이다. 골조의 종국상태에 주목하는 이유는 이것뿐만이 아니라, 골조의 종국강도는 이론상뿐 아니라 실제상으로도 거의 열응력에 의존하지 않음으로 가력도 가열이력에 의존하지 않는다. 이것은 화재에 대한 열역학적인 하중평가와 구조역학적인 종국강도 평가를 분리할 수 있다는 것을 의미하며, 골조의 종국한계에 주목함으로서, 이러한 간결한 사실을 내화설계의 방법론상의 체계 구축에 활용할 수 있기 때문이다. 실제로, 지침에서는 화재성상·입력부재온도 평가와 골조의 붕괴온도 평가는 각각 독립적으로 이루어진다. 하중에 의한 열입력, 구조저항 모두 부재온도를 파라미터로 표현한다. 이렇게 함으로서 두 가지 부재온도(상한입력부재온도와 골조의 붕괴온도)를 직접 비교할 수 있기 때문에 매우 간단명료한 구조안정성 판별의 체계가 구축된다. 즉, 화재 시 골조의 구조안정성은 골조의 붕괴온도가 상한입력부재온도를 상회함으로써 검증되며, 이것은 구조설계법과 같은 형태의 설계체계로 귀착되는 것을 의미한다.

지침에서 대상 강재 종류에는 제한이 있으며, 화재성상, 입력부재온도, 골조의 위험부재온도의 평가 루트는 각각 필요한 방법밖에 설정되어있지 않다. 그러나 지침의 목표는 평가 루트의 다양성을 구하는 것이 아니라, 합리적이고 간단명료한 기본 루트를 개설하는 것에 있다. 따라서 입력부재온도(즉, 상한입력부재온도)와 골조의 위험부재온도(즉, 붕괴온도)는 실상에 따라 산정 가능한 수치가 되어 설계의 논리성은 현저하게 향상된다.

그러나 내화설계의 설계요구를 지침이 설정한 레벨에서 변경을 하고자 하는 경우도 생각할 수 있다. 예를 들어, 중요도가 높은 건축물에 대하여 화재시의 구조안정성을 특별히 높이거나 구획부재의 변형추종성 또는 건축물의 재사용을 염두에 두고 각 부재의 과대변형 발생을 억제하고 싶다는 경우이다. 이러한 각 요구에 대하여, 현 상태에서는 일반적인 지침을 제출할 수 있을 정도까지는 이르지 못하였다. 그러나 지침에서 나타내고 있는 방법론상의 체계를 바꾸지 않고, 즉 논리성 문제가 없이 이러한 설계요구에는 대응할 수 있다. 지침의 체계 안에서는 이러한 각 요구에 대하여 가연물량의 할증, 작용하중의 할증, 구조내력의 저감과 같은 방법으로 다양하게 대응한다. 이는 대상 건축물마다 설계자의 판단에 따라 실시함으로서, 지침에서는 실구조물의 상황에 비교하여 가변물량·작용하중의 할증 및 구조내력의 저감을 행하고 있다. 따라서 지침에 따라 설치가 행하여진 강구조물이라 한다면, 대부분의 경우 실화재시에 종국한계에 이르기 전에 화재가 종식되고, 또한 이것이 골조의 과대한 변형의 억제에도 기여하는 것으로 판단된다. 또한 골조의 종국한계를 나타냄으로서 지침에서 나타내는 방법론상의 체계를 변경하는 것이 아닌 장래 각종의 새로운 연구결과를 정리할 수 있다. 특히 골조의 붕괴온도 산정은 원리적으로는 사용강재에 의존하지 않은 형태로 보완할 수 있다. 새로운 강재가 개발된 경우, 고온강도 데이터가 축적되면 적용은 용이하게 된다.

[3] 지침은 종국강도 해석의 기초적 방법인 단순소성이론을 골조의 붕괴온도를 얻기 위한 기본적인 산정 수단으로 한다. 단순소성이론으로부터 얻어지는 골조의 붕괴온도를 기본붕괴온도라 한다. 따라서 기본붕괴온도란 골조의 강도가 완전하게 달성되었을 때의 골조의 붕괴온도이다. 한편, 가열에 의해 부재온도가 상승하는 도중에 대다수의 골조는 기둥의 전체 좌굴이나 국부좌굴, 보의 횡좌굴 또는 볼트접합부의 파단 등을 보일 우려가 있다. 이러한 골조는 화재 가열시 완전하게 골조가 형성되지 않은 채로 구조가 불안정상태에 빠지게 되어 붕괴온도는 기본붕괴온도를 밑돌게 된다. 이러한 경우 예상되는 붕괴모드별로 이론식 또는 해석을 토대로 한 근사식을 골조 붕괴온도를 구하기 위한 산정 수단으로 한다. 화재시 철골골조의 종국상태는 상기와 같은 구조 불안정이나 파단을 고려함으로서 열응력의 영향을 없애고 붕괴온도를 산정할 수 있다. 본 지침에서 골조의 붕괴온도를 구하는 순서는 상온의 구조설계에서 골조의 종국내력을 구하는 순서와 거의 같다. 즉, 종국강도를 목표로 함으로서 이것 이외의 지표(예를 들어, 부재 중의 국부응력 또는 보의 처짐이나 기둥의 부재각 등)를 직접 목표로 한다면, 피할 수 없을 상세한 탄소성열응력해석을 피할 수 있다. 이로 인하여 내화설계에 간단 명료성이 크게 향상되었다.

[4] 전술한 바와 같이, 지침에서 다음의 3가지 값은 가변적이며 세 가지 모두 평가하여야 하고 산정해야 할 기본값이다.

1) 화재온도(화재성상에 따라 정해지는 화염 또는 열기류의 온도)

2) 입력부재온도(강재온도)

3) 골조의 붕괴온도

화재온도는 부재온도에 앞서 산정되어도 되고, 양자를 동시에 산정해도 된다. 그러나 골조의 붕괴온도는 앞의 두 가지와는 독립적으로 산정된다. 이들은 평가되어 얻어지는 값일 뿐만 아니라 모두 제어 가능하므로, 바꿔 말하면 설계 가능한 값이기도 하다. 본 지침에서는 열입력, 구조저항 모두 설계 가능한 양으로 될 수 있고, 이로 인해 내화설계에 커다란 자유도를 가져오게 되었으며 경우에 따라서는 무내화피복의 강구조도 가능하게 되었다.

1.2 적용범위

지침은 강구조 라멘 및 브레이스 골조로 구성된 건축물의 내화설계에 적용된다.

지침의 대상이 되는 골조는 표준적인 정형 강구조 라멘 및 브레이스 골조이다. 세장비가 큰 기둥으로 구성되어 주변부재로의 응력재분배를 기대할 수 없는 골조등 화재 시 분명하게 열응력이 구조내력에 악영향을 미칠 것이 예상되는 특수한 골조는 지침의 대상에서 제외한다.

지침에 의해 확정된 것은 상기 골조를 구성하는 주요부재(기둥, 보, 브레이스) 및 작은 보의 소요 치수, 고력볼트 접합부의 형태, 그리고 이들의 각 구조부재에 대한 소요 내화피복재 투입량이다.

대상으로 하는 화재는 건물 내부화재(국소화재, 이동화재 및 구획내 전체화재)와 내부화재에 의한 분출화염이다. 외부로부터의 화재(인동화재, 시가지화재 및 해일화재) 등 평가방법은 부록에서 소개하고 있으나 본 판에서는 대상 외로 한다. 건축물의 규모와 용도는 별도로 제한하지 않는다.

1.3 기본 구성

지침에서는 강구조물에 대한 내화설계를 실시하기 위하여, 특히 다음의 4가지 값을 계산대상으로 하고, 그 계산방법을 제공한다.

1) 화재구획내의 화재하중(3장)
2) 화재구획내의 화재온도(4장)
3) 내화피복부재 및 무내화피복부재의 온도(5장)
4) 골조의 붕괴온도(2장 및 6장)

그림 1.3.1에 지침에 따른 내화설계의 순서를 나타내었다. 그림 중에 점선으로 둘러싼 설계 조건은 일반적인 의장설계나 구조설계 등에 의해 결정되는 조건으로, 방화구획이나 개구부 계획, 마감재 및 내화피복의 시방, 그리고 부재단면 치수 등이 이에 해당한다. 본 지침에

따른 내화설계에서는 이들 조건에 기초하여, 위의 1)~4)의 각 값을 계산하고, 부재의 상한 온도가 골조의 붕괴온도를 상회하지 않음을 확인한다. 이들 중 화재온도(4장)와 강재온도(5장)에 대해서는 몇 가지 케이스가 상정되어 설계대상의 상황에 따라 가장 적절한 계산방법을 선택한다. 또한, 골조의 붕괴온도(6장)에 대해서는 기본붕괴온도 및 붕괴온도의 저감요인 또는 골조의 리던던시를 고려하여 증대요인에 대하여 검토한다. 그림 1.3.1은 이들을 참조하는 장과 절을 표시하고 있다.

주요한 계산대상인 4가지 항목의 개요는 다음과 같다.

1) 화재하중 산정

화재를 상정하는 공간 내의 가연물이 완전연소한 경우에 발생하는 열량의 총계를 화재하중이라 한다. 화재하중의 크기는 주로 건물용도나 구획용도에 따라 정해진다. 가연물량의 경년변화, 용도변경의 가능성, 건축물의 중요도 등을 고려하여 경우에 따라 적절하게 할증한다.

2) 화재온도 산정

대상으로 하는 화재는 국소화재, 이동화재와 구획내 전체화재(성기화재)이다. 국소화재, 이동화재에서는 연소시 화염의 높이와 온도분포를 산정한다. 구획내 전체화재는 화재공간의 가연물 밀도와 개구부 조건에 따라 화재온도의 경시변화를 산정한다. 또한, 구획내 전체화재가 발생하고 있는 공간의 외부 부재를 설계대상으로 하는 경우에는 개구부로부터 분출화염의 형상과 온도분포를 산정한다.

3) 부재온도 산정

화재온도의 경시변화를 바탕으로 내화피복된 강구조부재 또는 무내화피복 강구조부재의 온도 경시변화를 산정하여 그 상한치를 구한다. 본 지침에서는 이 상한입력부재온도를 강재온도로 칭한다. 강재온도는 화재온도를 정한 후 이것을 바탕으로 산정해도 되고, 화재온도와 부재온도를 동시에 일괄 산정해도 된다.

4) 붕괴온도 산정

강재의 고온강도(2장에 기술함)를 바탕으로 한 골조의 붕괴온도를 산정한다. 붕괴온도는 구조 특성값으로 상기 1)~3)항과는 독립되어 산정된다. 골조의 붕괴온도는 부재의 고온 전소성강도, 고온 좌굴, 고온 국부좌굴, 고온 횡좌굴, 골조의 리던던시 및 고력볼트의 이음의 고온파쇄를 고려하여 정한다.

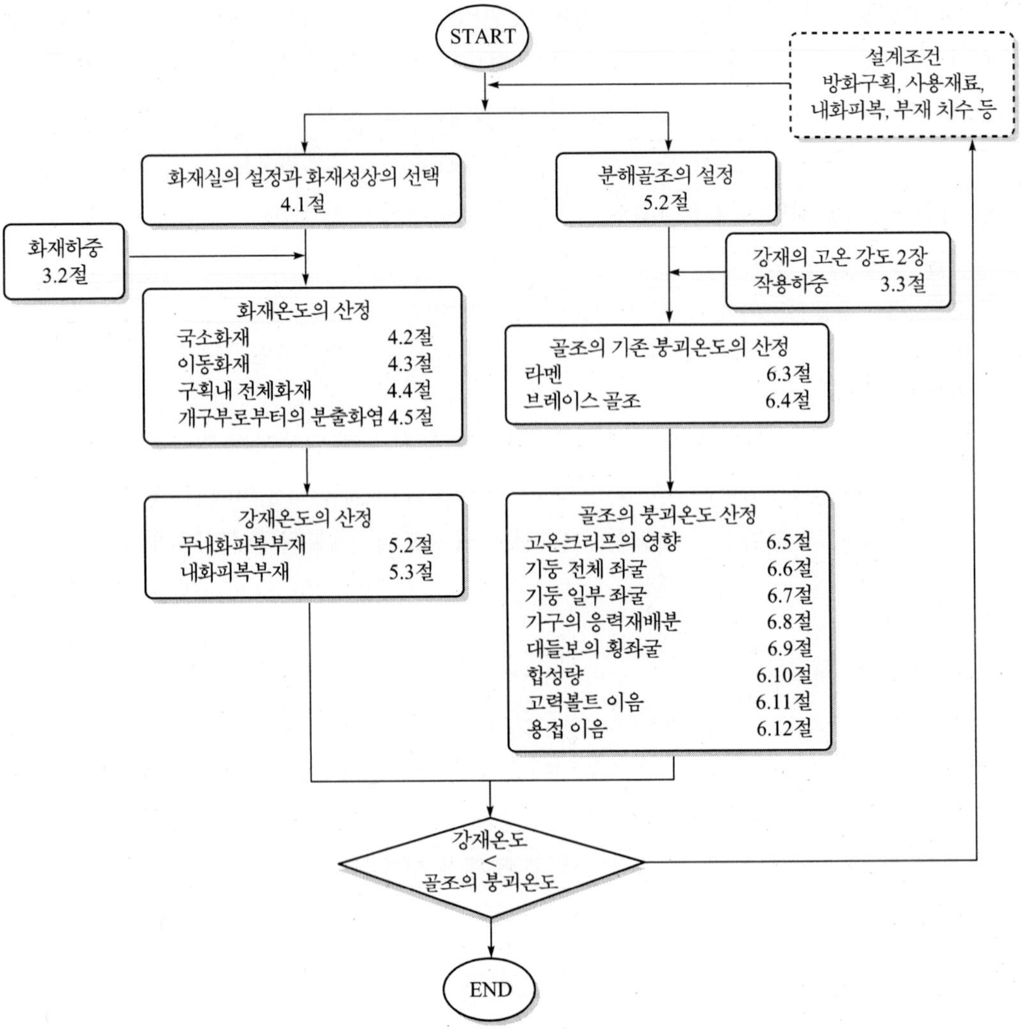
START
설계조건
방화구획, 사용재료,
내화피복, 부재 치수 등
화재실의 설정과 화재성상의 선택
4.1절
분해골조의 설정
5.2절
화재하중
3.2절
강재의 고온 강도 2장
작용하중 3.3절
화재온도의 산정
국소화재 4.2절
이동화재 4.3절
구획내 전체화재 4.4절
개구부로부터의 분출화염 4.5절
골조의 기존 붕괴온도의 산정
라멘 6.3절
브레이스 골조 6.4절
강재온도의 산정
무내화피복부재 5.2절
내화피복부재 5.3절
골조의 붕괴온도 산정
고온크리프의 영향 6.5절
기둥 전체 좌굴 6.6절
기둥 일부 좌굴 6.7절
가구의 응력재배분 6.8절
대들보의 횡좌굴 6.9절
합성량 6.10절
고력볼트 이음 6.11절
용접 이음 6.12절
강재온도
<
골조의 붕괴온도
END

그림 1.3.1 설계 순서

1.4 유의사항

지침은 강구조 골조에 관한 내화설계법에 대하여 규정하는 것으로, 아래 사항에 대해서는 별도로 면밀한 대책이 필요하다.

1) 방화구획의 설정
2) 구획부재의 내화성
3) 개구부로부터 연소확대방지
4) 구획 관통부로부터 연소확대방지

1) 방화구획의 설정

방화구획의 설정은 건물용도 · 의장설계 · 구조설계와 밀접하게 관련되어 있으며, 내화설계의 측면에서도 단독으로 결정할 수 있는 문제가 아니다. 그러나 방화구획 설정이 되어있지 않으면 피난로가 끊어져 사망자가 속출하고, 소방활동은 극도로 곤란해져 사실상 불가능하게 되어 마지막으로 연소된 건물만 남게 된다. 여기에 방화구획의 존재 이유가 있는 것이다.

내화설계의 목적은 피난로와 소방활동의 확보 · 연소확대방지 · 주변 위해방지에 있다. 이러한 목적을 달성하기 위한 하나의 기본 대책이 방화구획의 설정이다. 발생한 화재를 방화구획 내부로 봉쇄시키게 되면 피난경로는 안전해지고 소방활동의 거점은 확보된다. 방화구획 내로 화재를 봉쇄하는 것은 상부층연소 · 수평연소를 저지하는 것을 의미하고, 건축물 전체 화재를 막아 주변에 대한 위해의 방지도 되며, 또한 부분적인 보수를 통하여 재사용의 가능성도 높게 된다.

2) 구획부재의 내화성

건축물의 기둥 · 보 · 바닥은 주로 강재와 콘크리트로 구성되며, 이 자체가 대부분 구획화되어 있어 벽 · 문 · 창에 의식적으로 보완함으로서 연소확대를 막는 구획화가 가능하다. 구획부재인 슬래브 · 벽의 내화성능은 차열성 · 차염성 · 구조안정성에 의해 주로 판정된다. 전열해석에 의한 구획부재의 이면온도 산정은 가능하며, 실용 단계에 들어갔으나 균열 발생에 의한 차염성 상실이나 폭렬에 의한 구조안정성의 상실은 실험에 의한 확인이 여전히 필요하다. 또한, 골조의 열변형에 기인한 균열의 발생에 대해서도 신중한 검토가 필요하다. 본 지침에서는 이러한 것들에 대한 검토는 별도로 실시되어, 필요한 성능이 확보되어 있다. 바닥슬래브의 구조안전성에 관한 검토방법의 사례를 부록 『바닥

슬래브의 고온 내력평가법」에 나타내었다.

3) 개구부로부터 연소확대 방지

건축물의 구획화에 따른 화재봉쇄가 내화설계의 기본이다. 그러나 다른 면에서는 창 · 문 등의 개구부는 건축물에서 없어서는 안 될 요소이며, 이들 개구부를 경로로 상부층 연소확대화재가 끊임없이 발생하고 있다. 차염성이 있는 방화문이나 상부층 연소를 막는 스팬드럴이나 차양의 개발이 이루어져 실용화되어 있으나, 실제로 유효한지 여부는 신중하게 판단할 필요가 있다. 예를 들면 개구부에 설치되어야 할 특정방화설비를 면적구획의 내화벽과 같이 설치하고 있는 예도 있으나 특정방화설비에서는 차열성이 담보되지 못하므로 그 근처에 가연물이 있게 되면 연소확대의 위험성이 있다.

4) 구획 관통부재로부터 연소확대방지

상수 · 하수 배관은 염화비닐관 등의 가연성 재료로 되어있는 경우가 많고, 방화구획을 관통한 공용 덕트로 모여 있다. 공조용 덕트와 전기배선용 덕트 등도 건축물에는 불가피하고 이러한 바닥, 벽 등의 구획부재를 관통한다. 경미한 틈새이지만 연소확대의 원인이 될 수 있으므로 덕트와 구획부재의 간극을 불연재로 메우거나 덕트 내부에 방화댐퍼를 설치하는 등 적절한 대책을 강구하여야 한다.

1.5 용어

지침에서 기술하는 범위는 화재성상으로부터 강구조의 고온내력까지 걸쳐 기술되므로 서로 중복하여 사용되는 용어도 많으나, 화재성상 · 강재온도 · 고온내력의 세 부분으로 크게 나누어 다음과 같이 서술한다.

1) 화재성상 관련

① 화재성상

화재성상이라는 용어는 가연물이 착화 · 발화에 이르는 과정이나 화재가 성장 · 확대하여 최성기를 거쳐 진화에 이르는 과정을 나타냄과 동시에, 이러한 과정에서 발생하는 열과 연기의 흐름이나 화염의 형상, 온도분포 등의 넓은 의미가 있다. 내화설계의 경우, 화재 시의 구조체에 대한 가열의 영향이 중요하므로, 화재공간 내의 온도와 시간의 관계,

화염의 형상・온도를 의미한다.

② 화재하중

화재를 상정하는 공간 내의 가연물이 완전연소한 경우에 발생하는 열량의 총계로 나타낸다.

③ 방화구획

건물 내의 연소확대방지를 위하여 내화성능을 확보한 바닥, 칸막이 벽・외벽스팬드럴 및 돌출벽 등의 구획부재와 이를 지지하는 구조부재로 나누어진 공간

④ 화재구획

내화설계를 실시하기 위한 화재를 상정하는 공간

⑤ 환기지배형 화재

개구부로부터 유입되는 공기량에 의해 연소속도가 제한되는 화재

⑥ 연료지배형 화재

연소에 필요한 공기가 충분히 존재하는 경우의 화재로, 연소속도가 가연물의 표면적에 의해 지배되는 화재

⑦ 플래시오버

구획내 화재의 진전은 연기발생을 동반한 훈소 상태가 계속되어 어느 정도 규모까지 화재가 성장하면 화재구획내의 가연물이 일제히 연소를 시작하여 화재범위는 구획내 전역에 이른다. 이러한 현상을 플래시오버라 한다.

⑧ 구획내 전체화재

플래시오버 이후에 가연물이 격렬하게 연소되어 구획 내의 온도가 균일하게 유지되는 화재이다.

2) 강재온도 관련

① 전열

열 전달방식의 총칭으로, 전열 형태는 대류・복사・전도의 3가지로 분류된다.

② 대류열전달

유체를 매체로 하는 전열 형태로, 유체와 고체표면 간의 전열량은 양자의 온도차에 비례한다.

③ 복사열전달

고체표면이나 연기입자 등으로부터 나오는 전자파로서의 전열 형태로, 전열량은 절대온도의 4제곱에 비례한다.

④ 열전도

고체의 전열 형태로, 전열량은 온도기울기에 비례한다.

⑤ 복사율

고체표면의 복사 사출량과 같은 온도의 흑체에 대한 비율이며, 물체표면의 상태에 따라 0~1의 값을 지닌다. 녹슨 강재표면은 1에 가까운 값을 가지나, 연마된 강재표면은 작은 값을 지닌다.

⑥ 형태계수

복사열원으로부터 열을 받는 측이 직접적으로 받은 열량의 비율이며, 열원측과 수열측의 면적과 상대각도의 기하학적 관계에 따라 정해지는 계수이다.

⑦ 열평형식

강부재로의 열류와 강재온도 상승속도의 관계를 정식화한 것이다.

3) 고온내력 관련

① 기본붕괴온도

작용하중에 의해 분해골조가 붕괴기구를 형성하는 강재 부재온도로, 고온 시 강재의 유효항복강도를 이용한 단순소성이론에 따라 유도된다.

② 붕괴온도

화재 가열을 받은 골조가 작용하중을 전달하지 못하게 되어 실제로 붕괴되는 부재온도. 단순소성이론으로부터 얻어진 기본 붕괴온도를 기둥의 좌굴, 기둥의 국부좌굴 및 보의 횡좌굴, 골조의 리던던시 및 고력볼트의 파단을 고려하여 수정한 온도이다. 지침에서는 붕괴온도에 따라 골조의 구조안정성을 표기한다.

③ 유효항복강도

화재 가열을 받은 부재에 형성되는 소성힌지의 종국모멘트를 결정하는 응력도로, 지침에서는 변형 1%일 때의 응력도를 사용한다. 또한 지침에서는 고온시 강도의 용어로 「유효항복강도」 및 「인장강도」를 사용한다.

④ 분해골조

화재구획을 지지하는 골조 중 화재가열을 직접적으로 받는 기둥·보·브레이스 및 여기에 인접하는 부재로 구성된 골조로, 전체 골조로부터 끊어내고 지점은 고정이나 힌지 또는 롤러로 구속정도를 정하여 붕괴온도를 산정하기 위한 기본 기구이다.

CHAPTER

02

강 재

CHAPTER 02

강 재

2.1 강재의 고온 유효항복강도

강재의 고온항복강도는 다음 식으로 평가한다.

$$\sigma_y(T) = F \cdot \kappa(T) \tag{2.1.1}$$

여기서,

$$\kappa(T) = \begin{cases} 1 & : T_{RT} \le T \le T_1 \\ 1 - \dfrac{T - T_1}{T_2 - T_1} & : T_1 < T < T_2 \end{cases} \tag{2.1.2}$$

여기서, T : 강재온도 [℃]

T_{RT} : 상온(20℃를 대표값으로 한다) [℃]

$\sigma_y(T)$: 강재온도 T ℃에서 강재의 유효항복강도 [N/mm^2]

F : 강재의 항복강도 [N/mm^2]

$\kappa(T)$: F에 대한 온도 T ℃의 유효항복강도 비(강도잔존율)

T_1 : 유효항복강도가 상온 시의 값을 유지하는 상한온도 [℃]

T_2 : 유효항복강도가 0이 되는 온도 [℃]

지침이 대상으로 하는 강재종별은 표 2.1 중에 나타낸 강재로 하고 식 (2.1.1), (2.1.2) 중의 F, T_1, T_2는 표 2.1 중에 나타낸 각 값을 사용한다.

표 2.1 지침이 대상으로 하는 강재종별과 식 (2.1.1), (2.1.2) 중의 F, T_1, T_2의 값

강재종별	SS400 SN400 BCP235*	SM490 SN490 BCP325*	BCR295*
F [N/mm^2]	235**	325**	295
T_1 [℃]	300	250	300
T_2 [℃]	750	700	750

* : 일본철강연맹제품규정
** : 판두께 40mm를 넘는 범위에서는 SS400과 SN400에는 215, SM490과 SN490의 경우에는 295의 값을 사용한다.

식 (2.1.2)와 다른 $\kappa(T)$를 사용하는 경우 사용강재의 고온인장시험을 실시하고, 얻어진 항복강도의 평균값을 0.9배로 하여 구한 값이 $F \cdot \kappa(T)$를 밑돌지 않음을 확인한다.

지침에서는 화재 시 강구조 골조의 구조내력을 나타내는 지표로서 골조의 붕괴온도 개념을 사용한다. 이것은 상온하중 하의 골조가 화재 시 점증적으로 부재온도를 받았을 때의 종국상태에 대응하는 대표 부재온도이다. 강재강도의 온도의존성을 적절히 평가하는 것은 화재 시 골조의 내력을 파악하기 위한 가장 기본적이며, 가장 중요한 요구사항이다. 강재의 고온강도를 정할 때 유의사항은 다음과 같다.

1) 골조의 종국강도를 적절하게 평가할 수 있는「유효항복강도」의 설정

2) 유효항복강도의 차이에 대한 조치

지침에서 강재의 고온항복강도 $\sigma_y(T)$란 상기 1)항 의미에서의 유효항복강도이다. 즉, 상온 시 및 화재 고온 시 골조의 내력을 충분히 정밀하게 평가하기 위해 필요한 강재 항복강도의 대표값을 유효항복강도로 한다. 골조에 소성 기구가 형성되었을 때 각 소성힌지는 일정한 정도 이상 회전하게 되며, 일반적으로 0.2% 오프셋(off set)강도는 유효항복강도로는 약간 작고, 특히 강재의 경화가 현저한 온도영역에서는 과소로 나타난다. 화재시의 골조나 부재의 실제거동을 검토하면, 부재온도나 강종에 관계없이 변형도 1% 정도일 때 강재가 나타내는 응답응력치를 유효항복강도로 하는 것이 적당하다. 400℃를 밑도는 온도영역에서 강재가 소성화를 시작하는 응력은 상온항복강도를 약간 하회하지만, 이후의 경화는 현저하여 실상에서는 소성화 후의 응력은 동일한 변형에 응답하는 상온 시 강재의 응력에 필적 또는 상회할 정도로 상승한다. 이 경우, 강재단면의 해당 온도영역 내의 전소성강도를 평가하기에는 일반적인 0.2% 오프셋 강도에서는 과소하다. 고온강재의 경우, 특히 유효항복

강도의 개념이 필요한 것은 이러한 이유에 의한다. 이러한 경우와 이보다 고온의 경우, 유효항복강도를 정하는 데에는 일정한 균일분포 연직력과 균일한 점증 부재온도를 받는 양단고정보의 붕괴온도를 고찰한다. 이 보가 Robertson-Ryan의 변형한계[2.1]를 넘어 변형속도가 급증하기 시작하는 부재온도는 그 온도 이하에서 강재의 변형도 1% 시 응력에서 양단 및 중앙 세 단면이 전소성상태가 되어 얻어지는 보의 내력과 보에 작용하는 연직하중이 같아졌을 때 거의 일치하는 것을 알 수 있었다[2.2]. 여기서, 이 크기의 변형에 응답하는 응력을 고온 시 강재의 유효항복강도로 한다. 따라서 유효항복강도란, 보의 고온 시 전소성강도를 평가하는 데 적절한 강도지표라고 할 수 있다. 보를 대상으로 유효항복강도를 정하는 것은 부재온도가 약 500℃를 하회하는 골조의 붕괴모드를 대상으로 하는 것은 장주의 좌굴 등 예외적인 경우를 제외하고 보 붕괴형이기 때문이다(6장 참조). 한편, 기둥의 좌굴온도 평가시, 강도와 탄성계수만으로 확정하는 완전탄소성 응력-변형도 관계는 매우 조잡하여, 별도 상세한 고온 시 응력-변형관계(2.2절 참조)에 기초한 좌굴온도를 정한다(6장).

500℃를 상회하는 부재온도영역에서 강재의 항복강도는 상온 시에 비해 낮아질 뿐 아니라, 소성화 후의 경화도 작아진다. 실제, 이 온도영역에서는 0.2% 오프셋강도와 변형도 1% 시 응력의 차이는 경미한 정도에 그친다. 이 경우에도 변형도 1% 시 응력은 유효항복강도로서의 의의가 있다. 고온영역에 달하면, 보 붕괴형에 대신하여 기둥 붕괴형의 붕괴모드가 골조의 붕괴를 지배하게 된다. 이러한 경우, 변형도 1% 시 응력은 중심압축력을 받는 좌굴하지 않는 기둥, 즉 단주의 압축붕괴를 평가하는데 적절한 강도지표가 된다[2.2].

이상으로 고온 시 강구조 골조붕괴의 각 상태를 감안하여, 본 지침에서는 화재에 관련된 모든 부재온도영역에 걸쳐 변형도 1%의 응력을 강재의 유효항복강도로 한다.

그림 2.1.1은 공표된 강재의 고온 시 인장시험에 의해 수집된 강재의 변형도 1% 때 응력이다[2.3~2.8]. 그림 중 각각의 직선은 같은 로트로부터 채취된 시험편에서 얻어진 변형도 1% 때 응력을 의미한다.

그림에서 보는 바와 같이 고온 시 강재의 항복강도는 상온에서와 같은 양상으로 불규칙하다. 주요 원인은 강재에 따라 화학성분, 열처리 조건, 가공이력 등이 다르기 때문이다.

그림 중에는 상기 수집자료의 데이터에 대한 평균강도 σ_y^{AV}(일점쇄선)와 $\sigma_y^{AV}-3\sigma$(파선)도 병기되어 있다. σ는 동일 강재온도에서 취득한 강도 전체의 표준편차이다. 소재시험에 의존하지 않는 내화설계시, 강재의 고온강도에 대한 규격이 현재 존재하지 않는다는 것을 고려하여 상기의 $\sigma_y^{AV}-3\sigma$를 유효항복강도 설정의 타겟으로 한다. 이것을 염두에 두고 강재의 유효항복강도 설정의 기본방침을 아래에 정리하였다.

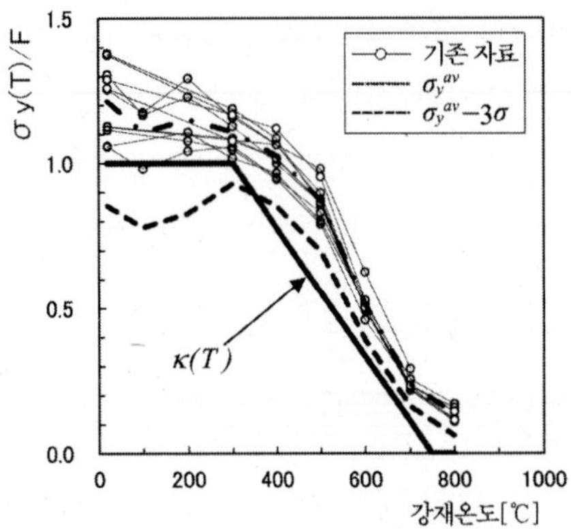

(a) SS400의 유효항복강도

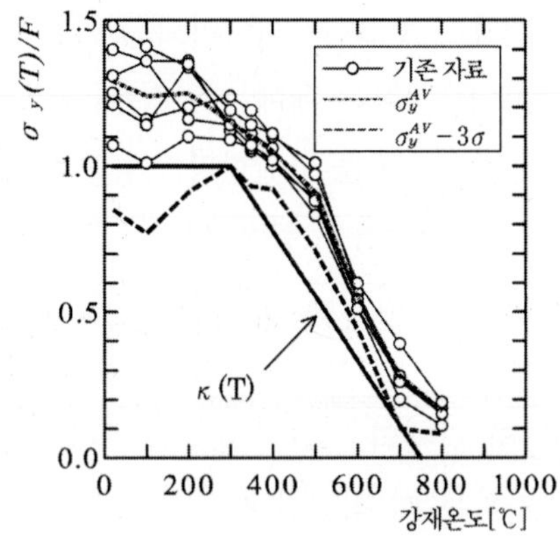

(b) SN400의 유효항복강도

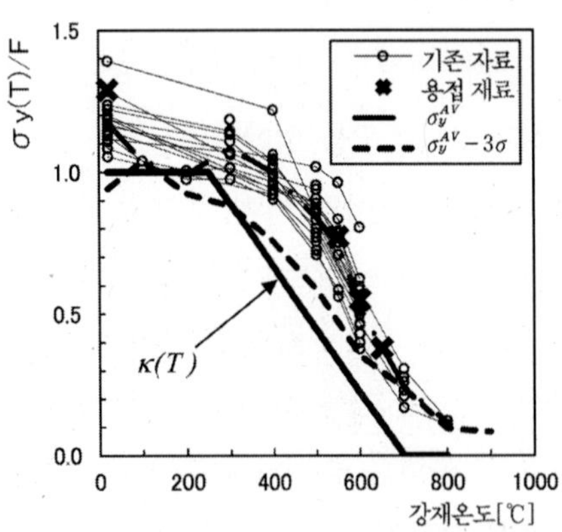

(c) SM490의 유효항복강도

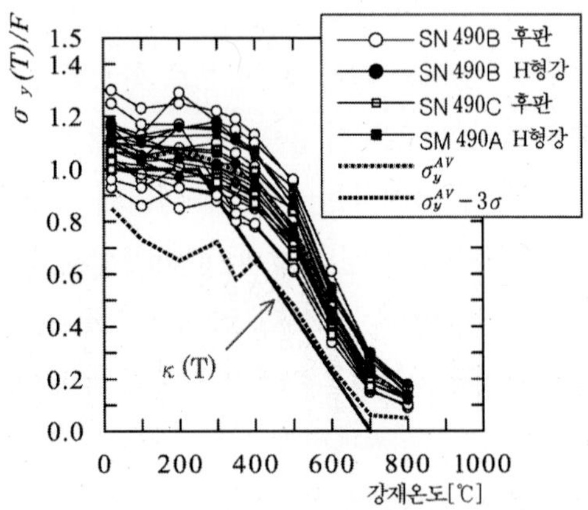

(d) SN490의 유효항복강도

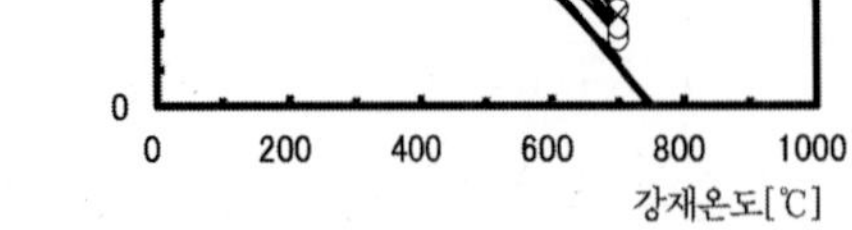

(e) BCR295의 유효항복강도

그림 2.1.1 강재의 고온 시 유효항복강도

1) 식 (2.1.2)의 제2식은 부재온도 $T_1 \sim T_2$의 범위에서 $\sigma_y{}^{AV} - 3\sigma \sim T$ 곡선의 하부에 따른 직선으로 대응시킨다.
2) 이를 하회하는 온도영역에서 $\sigma_y{}^{AV} - 3\sigma$은 식 (2.1.1)의 유효항복강도를 하회한다. 그러나 저온영역에서는 상온 시 항복점에 대한 하한규격이 적용되어 그림과 같이 실제의 항복강도가 $\sigma_y{}^{AV} - 3\sigma$까지 저하하는 것은 아니다. 또한 전술한 바와 같이 100~400(℃)의 온도영역에서는 소성화 후의 경화가 커서 실질적인 유효항복강도는 변형도 1% 시 응력보다도 약간 상회한다. 또한 이 온도영역의 $\sigma_y{}^{AV} - 3\sigma$은 강재의 장기 허용응력도를 충분히 상회하고 있으므로, 화재 시 보가 붕괴하는 경우는 실용상 예상하기 어려운 점 등을 토대로 이 온도영역의 유효항복강도를 식 (2.1.2)로 정하였다. 특히 제1식을 보면, T_1을 밑도는 온도영역의 유효항복강도는 상온 시와 동일하므로 강재의 기준강도 F에 일치하도록 설정하였다.
3) SS400, SM490에 대해서는 600℃을 상회하는 부재온도에 대한 공표된 소재시험 데이터는 극히 적다. 여기서 SN400, SN490의 데이터를 참조하면, $\sigma_y(T) \sim T$ 곡선은 그 온도영역에서 밑으로 볼록하게 되는 경향을 보인다. 또한 SS400의 두 번째 데이터에도 같은 양상을 보인다. 따라서 SS400, SM490에 대해서도 식 (2.1.2)의 제2식, 즉 직선식을 온도 T_2까지 외삽하여 유효항복강도의 안전측 평가치가 얻어진다.
4) 건축구조용 냉간프레스 성형각형강관 BCP 및 건축구조용 냉간롤 성형각형강관 BCR재에 관하여는 아래와 같이 유효항복강도를 설정한다. BCP재에 관하여는 냉간가공을 받는 개소가 강관각부로 한정되어 단면평판부는 프레스 성형으로 제공되는 원판의 고온 특성을 유지하고 있는 것으로 판단되므로 이러한 원판의 종별에 따른 유효항복강도를 사용한다. 예를 들면 BCP325(원판 SN490)나 BCP325T(원판 SN490) 등에 대하여도 동일하게 취급한다. 한편 BCR재는 제조 시 롤의 성형과정에서 강판 전체가 냉간가공을 받기 때문에 BCR295의 유효항복강도는 롤 성형 전의 원판인 SN400재의 것으로 대표하는 것은 어렵다. 그러므로 BCR295를 대상으로 유효항복강도를 조사한 결과를 그림 2.11(e)에 나타낸다. BCR295의 각 온도의 실험온도는 상온의 항복강도 F (295N/mm^2)로 무차원하고 있고, 그림에 나타낸 바와 같이 이러한 실험결과는 SN400재와 동일한 $\kappa(T)$곡선(실선)으로 대표할 수 있다는 것을 알 수 있다.

재료의 강도는 골조의 내력을 평가하기 위한 기초 자료이며, 구조설계형의 내화설계법인 지침의 체계에서는 반드시 필요하다. 상온 환경의 일반적인 건축구조설계에서는 그 중요성을 감안하여 재료의 강도는 규격에 의해 그 하한을 지키고 있다. 한편, 강재의 고온강도에 대한 공적 규격은 존재하지 않고, 위에서 설정한 항복강도는 고체의 물성치 하한이라는 의미에 그친다.

식 (2.1.2)의 항복강도는 현재 수집 가능한 데이터의 편차를 고려하여 설정한 하한값이나, 강재의 성분이나 제조법의 변화에 의해 앞으로 변화 가능한 수치이다. 고온 구조역학에 기초한 내화설계가 법적으로도 적용되고 있어 실용화가 진행되고 있는 현재, 강재의 고온강도에 대한 공적 규격과 제조자에 의한 보증이 필요한 상황이 현실화하고 있다. 그러나 이것은 현 시점에서 존재하지 않으므로, 본 지침에서는 고온 시 재료강도의 편차를 구조의 화재 시 거동에 의한 불확정성 전체의 양상 안에서 파악하여 식 (2.1.2)에서는 비교적 많은 데이터가 수집된 4개 강종을 대상으로, $\sigma_y{}^{AV} - 3\sigma$에 대응하는 형태로 설계용 강도를 제시하고 있다.

실제 골조의 종국강도는 구조계산에서 무시하는 입체골조로서 리던던시나 2차부재의 기여에 의해 공칭강도 산정치를 상회한다. 또한, 가연물량이나 장기하중은 본질적으로 불규칙성을 동반하는 값이며, 물성치의 편차와는 원인이 다르다. 게다가, 부재온도평가를 파악하는데 있어서 화재성상・열전달에 대한 모델 설정의 정밀도는 제어 불가능한 오차가 일정부분 포함된다. 후자의 화재성상 및 부재온도평가는 오차나 불규칙성으로 인한 위험을 피하기 위해 오늘날 학술・기술의 수준을 고려한 안전측 평가로 실시된다(제4, 5장 참조).

현재의 강구조 내화에 관한 학술・기술 수준에서는 고온구조내력이나 화재성상에 각각 내력계수 및 하중의 할증계수를 설정하여 설계의 신뢰성을 통제하는 형태의 설계체계는 가능한 상황이 아니다. 전술한 바와 같이, 현재 일본에서 강재 생산체제를 감안한다면 고온 재료강도의 기대치에 대한 신뢰성은 그다지 높지 않고, 화재성상평가와 구조내력평가의 정밀도상의 적합이 어느 정도인지 명확하게 단정지을 수 없기 때문이다. 따라서 본 지침에서는 구조학적인 측면에서는 충분히 하한의 구조내력을 설정해야 하며, 약간 과소한 재료강도를 규정하는 한편, 열역학적 측면에서는 종래의 화재성상 예측법을 감안하여 약간 과대한 화재하중을 설정하여 양자를 비교하는 방법을 취할 수밖에 없다.

본 절에서 규정된 강재의 고온유효항복강도는 위와 같은 의미의 약간 과소적인 강도의 값이다. 지침에서는 강재강도 분포 3σ에서 빠지는 경미한 위험은 위에서 설명한 구조의 잠재내력 및 화재성상의 안전측 규정의 양자에 의한 여유분 안에서 흡수될 것이다. 오히려 대다수의 경우에 있어서 설정한 강재강도식 (2.1.1)이 과소하므로, 지침에서 주어진 고온구조내력 산정치가 실상을 반영하지 않을 것이 예상된다. 본문에서 식 (2.1.1)을 대신하여 소재의 고온인장시험에 의한 강재강도 설정의 선택을 가능하게 한 것은 고온강도의 공적 규격이 존재하지 않는 현상에서 「설계에서 사용되는 강도가 확인된 재료를 사용한다」라는 본래의 방법을 선택할 수 있도록 하기 위해서이다. 또한, 사용항복강도를 0.9배로 저감하는 것은 로트 내에서의 강재강도의 불규칙성, 시험오차, 고온크리프에 의한 약간의 강도 저하(6.5절 참조)를 고려할 필요가 있기 때문이다.

소재의 고온인장시험을 실시하는 경우, 조건에 대해 참고할 수 있는 규격은 JIS G 0567 「철강재료 및 내열합금의 고온인장시험방법」을 들 수 있다. 그림 2.1.1의 SN재의 고온인장시험도 여기에 준하여 실시되고 있으므로, 지침에서도 고온인장시험방법은 상기의 규격에 준하는 것을 원칙으로 한다. 단, 시험 시의 변형속도에 대해서는 유효항복강도를 취득하는 변형도(1%)까지 0.003min^{-1}(0.00005s^{-1}) 이하로 한다. 이는 고온인장시험의 변형속도가 너무 크면 유효항복강도를 과대하게 평가할 우려가 있기 때문이다. 아래에 변형속도를 0.003min^{-1} 이하로 하여 보 부재의 고온 휨 내력을 안전측으로 평가 가능하다는 것을 확인한 예를 소개한다.

표 2.1.1은 보 부재의 재하가열시험[2.6]에 의한 붕괴 시의 휨모멘트와 부재의 전소성휨내력을 비교한 것이다. 실험은 단순지지된 보 스팬 3등분점에 일정한 집중하중을 재하한 상태에서 ISO/834에 규정된 가열조건으로 시험체가 붕괴할 때까지 가열을 계속한다. 붕괴 시의 휨모멘트는 재하하중(실험 중 일정)에 대응하는 스팬 중앙부의 순수 휨모멘트 값이다. 부재의 전소성휨내력은 부재 단면을 상부플랜지, 웨브, 하부플랜지의 3부분으로 분할하고, 각 부분의 붕괴 시 강재온도에 대응하는 소재의 1% 변형시 응력을 이용하여 산정한 값이다. 표 2.1.1의 전소성휨내력 계산값은 모두 실험값을 안전측으로 평가하고 있다. 또한 이때 소재의 고온인장시험에 의한 변형속도는 유효항복강도를 취득한 1% 변형 이후까지의 0.005min^{-1} 그 이후는 0.075min^{-1}이다. 따라서 지침에서 설정한 0.003min^{-1} 변형속도의 고온인장시험으로부터 얻어진 변형도 1% 시 응력을 사용하면 부재의 고온 휨내력을 안전측으로 평가할 수 있다고 판단된다.

표 2.1.1 보 재하가열실험에 의한 휨모멘트

시험체 사이즈(mm)	응력비[*1]	M[*2] (kN · m)	M_p[*3] (kN · m)	M/M_p	붕괴온도[*4] (℃)
H400×200×8×13	1.0	234	157	1.49	532
H400×200×8×13	0.75	176	126	1.39	586
H400×200×8×13	0.5	117	94	1.25	634
H400×200×8×13	0.25	59	56	1.05	728
H300×150×6.5×9	0.5	52	36	1.46	638
H600×200×11×17	0.5	250	179	1.40	644

*1 : 재하모멘트로 발생하는 최대휨응력도이며, 소재 상항복점강도에 대한 비
*2 : 실험 시 재하하중에 대응하는 스팬 중앙부의 휨모멘트
*3 : 소재 고온인장시험에서 구한 변형도 1% 시 응력을 이용한 전소성휨내력 계산값
*4 : 보 시험체가 한계처짐(6.3절 참조)에 도달한 경우의 단면평균온도

2.2 고온 시 강재의 응력-변형도 관계

강재의 고온 시 응력(σ)과 변형도(ε) 관계는 다음의 구성 식으로 구한다.

$$\sigma(\varepsilon) = \max\{\sigma_1(\varepsilon), \sigma_2(\varepsilon)\}$$

$$\sigma_1(\varepsilon) = \min\{E\varepsilon, \sigma_{yT}\}$$

$$\sigma_2(\varepsilon) = f_1(\varepsilon) + f_2(\varepsilon)$$

$$f_1(\varepsilon) = \frac{E_0\varepsilon}{\left\{1+\left(\dfrac{\varepsilon}{\varepsilon_0}\right)^n\right\}^{\frac{1}{n}}}, \quad f_2(\varepsilon) = \frac{E_t\varepsilon}{\sqrt{1+\left(\dfrac{\varepsilon}{\varepsilon_2}\right)^2}} \tag{2.2.1}$$

여기서, E : 초기탄성계수 [N/mm^2]
E_t : 응력-변형도 관계의 변형도 경화 크기를 결정하는 계수 [N/mm^2]
σ_{yT} : 항복응력도 [N/mm^2]
σ_0 : 인장강도의 크기를 결정하는 응력도 [N/mm^2]
n : 응력-변형도 곡선의 형상을 나타내는 무차원 지수 [-]

또한, $E_0 = E - E_t$, $\varepsilon_0 = \sigma_0 / E_0$, $\varepsilon_2 = 0.05$이다.
상기 구성식을 확정하기 위한 5개의 계수 $E, E_t, \sigma_{yT}, \sigma_0, n$은 온도만의 함수이며, 강재별로

표 2.2.1에 의해 주어진다. 식 (2.2.1)을 바탕으로 상세한 열응력해석을 행하는 경우 강재의 선팽창계수는 $12\times10^{-6}\mathrm{K}^{-1}$로 한다.

표 2.2.1 강재의 고온 시 응력-변형도 관계를 결정하기 위한 계수

강종	SS400, SN400, BCP235	SM490, SN490, BCP325	BCR295
E [N/mm²]	$(1-10^{-6}T^2)\cdot 205000$	좌동	좌동
E_t [N/mm²]	(0℃, 4500N/mm²), (300, 5200), (600, 700) 및 (1000, 0)을 연결하는 선	(0℃, 4500N/mm²), (250, 4500), (550, 600) 및 (1000, 0)을 연결하는 선	(0℃, 3000N/mm²), (300, 3000), (500, 200) 및 (1000, 500)을 연결하는 선
σ_{yT} [N/mm²]	$T\leq 500$℃일 때 : $(1-4\cdot 10^{-6}T^2)\cdot 235$ $T\geq 500$℃일 때 : 0	$T\leq 500$℃일 때 : $(1-4\cdot 10^{-6}T^2)\cdot 325$ $T\geq 500$℃일 때 : 0	0
σ_0 [N/mm²]	(0℃, 190N/mm²), (300, 160), (570, 90) 및 (750, 0)을 연결하는 선	(0℃, 270N/mm²), (270, 270), (550, 110) 및 (700, 0)을 연결하는 선	(0℃, 265N/mm²), (300, 270), (570, 113) 및 (750, 0)을 연결하는 선
n	1.5	좌동	3.0

지침에서는 앞 절에서 서술한 바와 같이 고온시의 강재는 완전탄소성체로 가정하고 있다. 제6장에 제시된 붕괴온도 산정법은 이를 전제로 구성한다. 따라서 지침에 의한 강구조 내화설계는 강재에 대하여 완전탄소성으로 상세한 응력-변형도 관계는 요구하지 않는다. 그러나 뒤에서 설명한 식 (6.6.1)~(6.6.4)에 나타내는 기둥의 좌굴온도를 정하기 위해서는 완전탄소성 응력-변형도 관계로는 불충분하며, 실상을 반영한 보다 상세한 것이 필요하다. 지침의 적용과 병행하여 더욱 기둥의 좌굴온도를 보다 실제적인 경계조건에서 구할 필요가 생겼을 경우 또는 산정순서상 무시하는 열응력의 영향을 특히 검토하고자 할 경우 등에는 강재의 상세한 응력-변형도 관계 및 강재의 선팽창계수가 필요하게 된다. 식 (2.2.1)은 전 절의 강재 고온항복강도에 일치하는 상세한 응력-변형도 관계식으로, 이 식에 의해 주어지는 변형도 1% 시 응력은 유효항복강도와 일치한다. 기둥의 좌굴온도 식 (6.6.1)은 접선계수 이론을 식 (2.2.1)에 적용하는 것으로 정해진다. 또한 제6장에 예시되는 붕괴온도의 정산해는 식 (2.1.1)이 대입된 유한요소해석의 수치해이다. 그림 2.2.1에 나타난 SS400 · SN400, SM490 · SN490 강재의 고온 시 응력-변형도 선도는 식 (2.2.1)에 의해 주어진 응력-변형도 관계이다.

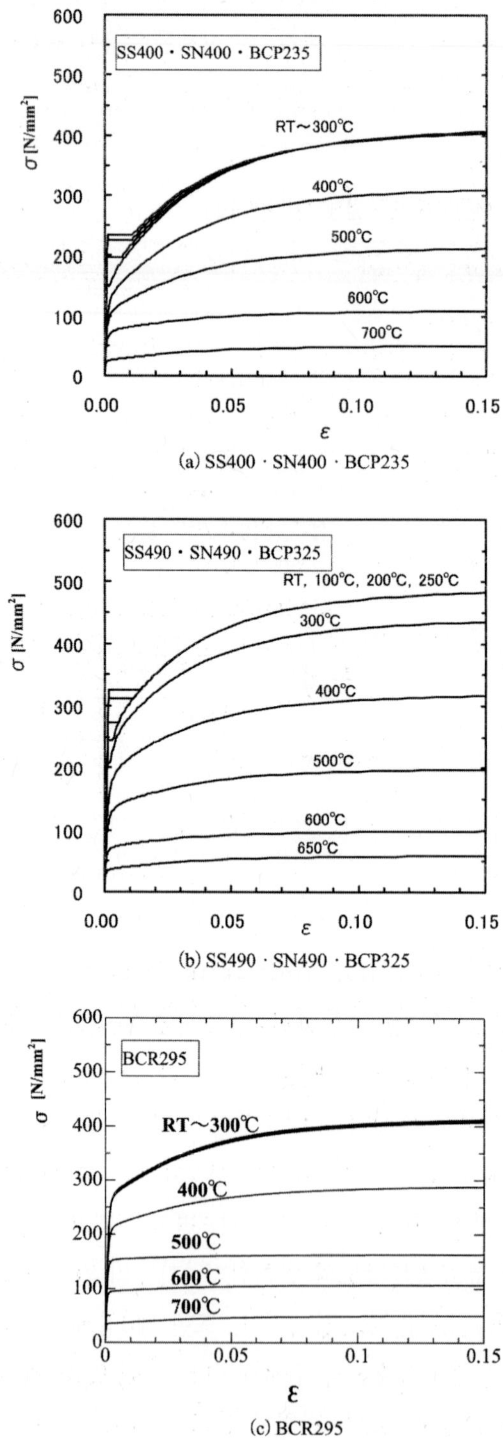

그림 2.2.1 강재의 고온 시 응력-변형도 관계

식 (2.1.1)이 강재가 다소 낮은 고온항복강도를 제시하는 것에 대하여 식 (2.2.1)에서 응력의 응답도 실상에 비해 다소 낮다. 또한 실상에서는 400℃를 하회하는 부재온도의 대변형 시 강재는 상온시보다도 큰 응력의 응답을 나타내는 경우가 있으나, 설계용 고온응력-변형도 관계를 실상에 충실하게 설정하여, 이를 내화설계에 적극적으로 활용하고자 하는 상황은 현 단계에서는 고려하기 어렵다. 식 (2.2.1)의 작성은 고온인장시험결과의 평균적인 실상에 비해 상기를 토대로 한 약간 의도적인 변경이 실시되어 있으므로 이하에서 이 식의 작성방침을 설명한다.

응력-변형도 관계식 (2.2.1)은 강재의 설계용 고온강도 식 (2.1.1)과 古村 등에 의한 강재의 고온 시 응력-변형도 관계식(이하 「古村 식」이라 함)[2.9]의 양자를 감안하여 작성되고 있다. 이것을 자세히 서술하면 다음과 같다. 동일 강종이라도 강재의 고온강도는 매우 불규칙적이다. 따라서 식 (2.2.1)에 부여하는 응력-변형도 관계식의 변형도 1% 시 응력은 불규칙한 실험결과의 하한을 상회하면 안 될 것이다. 설계용 응력-변형도 관계식으로서 가장 합리적인 선택은 이 응력-변형도 관계식이 부여하는 변형도 1% 시 응력과 불규칙성을 고려하여 정한 설계용 고온강도 식 (2.1.1)을 일치시키고자 한 설정이다.

한편, 고온의 각 온도에서 응력-변형도 곡선의 「형상」은 식 (2.2.1)의 5개의 변수의 수치를 조합함으로써 결정된다. 古村 식은 일본의 구조용 강재에 대한 고온소재시험과 면밀한 데이터 해석에 기초하여 작성되었다. 일본 구조용 강재의 고온 응력-변형도 곡선에 대해 논의할 때에 古村 식은 공개적으로 입수가능하며, 신뢰할 수 있는 매우 귀중한 연구 성과이다. 따라서 古村 식에 의해 설정한 응력-변형도 곡선과 古村 식에서 주어진 「형상」의 상사성은 유지하는 것이 바람직할 것이다. 특히 6장에서는 화재시 기둥의 좌굴온도는 접선계수이론을 적용하여 구하여지고 있으므로 고온시 응력-변형도의 관계에서 형상의 상사성을 유지하는 것은 기둥의 고온좌굴을 검토하는 경우 매우 중요하다.

이상을 토대로, 본 지침의 응력-변형도 관계식 (2.2.1)은 古村 식을 거의 답습하고 있으며, 이에 부여하는 강도가 이미 설정한 설계용 고온강도와 맞도록 응력의 응답을 저감하는 방침으로 작성되어 있다. 실제로 식 (2.2.1)은 다음의 2가지를 제외하고 古村 식과 동일하다.

1) 古村 식에는 $f_2(\epsilon) = E_t \epsilon$로 되어 있는 부분을, 지침에서는 식 (2.2.1) 안에 명시한 것으로 변경하였다.
2) $E, E_t, \sigma_{yT}, \sigma_0, n$ 5개의 계수 중 $\sigma_0(T)$와 $E_t(T)$가 원식의 설정과는 약간 다르다. 나머지 3개의 계수는 원식을 간략화한 표현으로 변경하였다. $\sigma_0(T)$는 식 (2.2.1)이 부여하는 변형도 1% 시 응력이 설계용 고온강도에 일치하도록 변경되어 있다. $E_t(T)$는

400℃를 상회하는 고온부에서 古村 식과 거의 동일하며, 저온부에서 주어진 응력-변형도 곡선이 상온 시의 데이터를 웃도는 일이 없도록 저감시키고 있다.

설계용 강도와 정합성 및 응력-변형도 곡선의 「형상」의 상사성은 상기 2)에 의해 달성된다. 1)은 古村 식을 변경한 또 한 가지의 중요한 포인트이다. 古村 식은 변형이 크게 되면 기울기 E_t에서 경화하는 선형경화관계로 근사되므로 응력의 응답이 과대해진다. 이는 원식이 변형도 2.5% 정도까지 소재 인장시험결과에 따라 구해지기 때문이다.

그러나 화재 시 강재의 국부변형이 2.5%를 넘는 일은 실용적으로 드물지 않다. 이것에 대처 가능하도록 하기 위하여 식 (2.2.1)에서는 변형이 크게 됐을 때의 응력-변형도 곡선이 기울기 0의 비경화 응력-변형도 관계로 근사되도록 변경되었다. 이것이 상기 1)에 기록한 조치이다.

식 (2.2.1)의 구조와 이에 의해 얻어지는 응력-변형도 곡선의 「형상」의 특징을 그림 2.2.2에 나타내고 있다. 이를 정리하면 다음과 같다.

1) 제1식에서 $\sigma_1(\varepsilon)$을 포함한 이유는 저온 시 항복참을 설정하기 위해서이다. 항복점은 σ_{yT}에 의해 주어진다.
2) $\sigma_2(\varepsilon)$은 저온부에서 경화 후 응력-변형도 곡선을, 중 · 고온부에서는 완만한 구배를 갖는(round house) 형태의 응력-변형도 곡선 전체를 규정한다. 이는 2개의 Richard식 $f_1(\varepsilon)$, $f_2(\varepsilon)$이 서로 겹쳐져 있다. 그림에서 보는 바와 같이, 전자는 경화 전의 응력-변형도 곡선을 특징짓고, 후자는 경화 후의 응력-변형도 곡선을 특징짓는다. 겹침으로써 얻은 $\sigma_2 \sim \varepsilon$곡선은 $E = E_0 + E_t$가 되는 초기 탄성기울기를 가지며, 거의 E_t와 동일한 변형도 경화 기울기를 갖는다. 또한 변형이 크게 될 때의 응답응력은 $\sigma_u = \sigma_0 + E_t \varepsilon_2$에서 얻어진 상한 응력(인장강도)에 근사된다. 상온시의 BCR295의 응력-변형곡선에서 항복점은 F치 295N/mm^{2}에 거의 일치하고, 인장강도는 SS400이나 SN400에 근사하도록 설정되어 있으므로 실제의 BCR재의 소재시험결과와 비교하여 상온의 항복비가 낮게 되도록 곡선이 그려진다. 단, 고온영역에서 응력-변형곡선의 형상(후술)에 관해서는 소재시험결과와 거의 유사한 곡선이 된다.

그림 2.2.2에서 표 2.2.1에 주어진 강재의 고온 시 응력-변형도 관계를 확정하기 위한 5개의 계수 E, E_t, σ_{yT}, σ_0, n의 물리적 의미를 살필 수 있다. 이를 정리하면 다음과 같다.

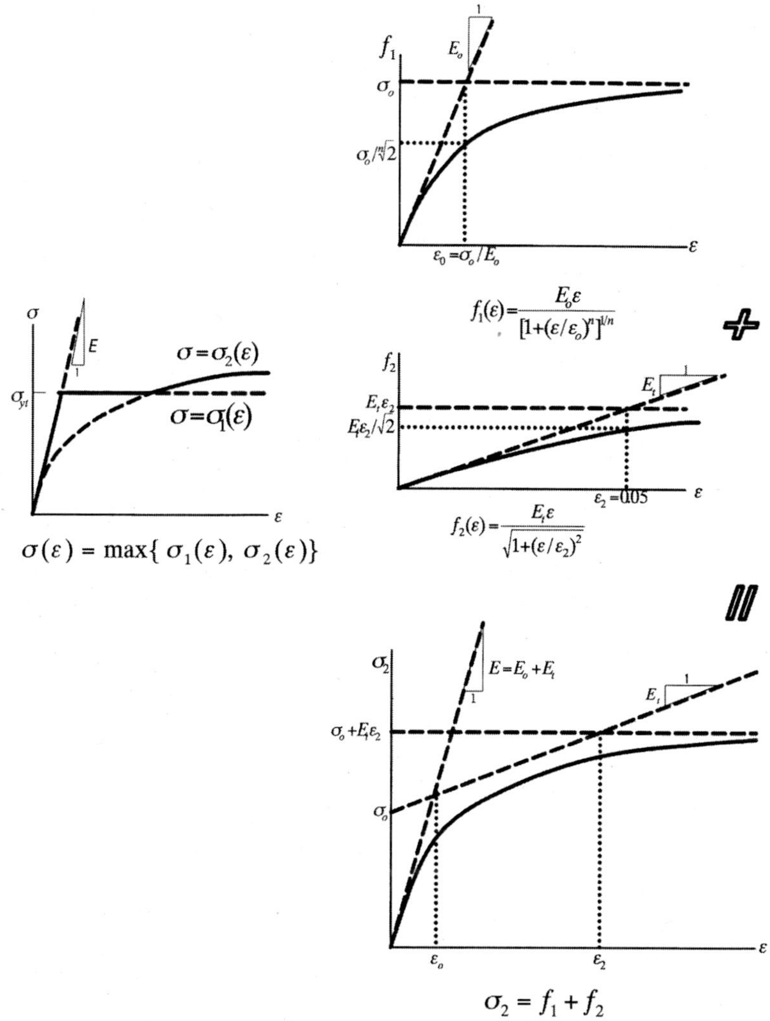

그림 2.2.2 식 (2.2.1)에 의한 강재의 응력-변형도 관계

$E= \left.\dfrac{d\sigma}{d\varepsilon}\right|_{\varepsilon=0}$: 강재의 초기탄성계수 [N/mm^2]

$E_t= \left.\dfrac{df_2}{d\varepsilon}\right|_{\varepsilon=0}$: 강재의 변형도 경화를 결정하는 계수 [N/mm^2]

$\sigma_{yT}= \lim\limits_{\varepsilon\to\infty}\sigma_1(\varepsilon)$: 항복참응력도 [N/mm^2]

$\sigma_0= \lim\limits_{\varepsilon\to\infty}\sigma_2(\varepsilon)$: 인장강도의 크기를 결정하는 계수 [N/mm^2]

n : 탄성에서 소성으로 이행하는 과정에서 응력-변형도 곡선의 형태를

나타내는 무차원 지수. n이 작은 정수일 때 응력-변형도 곡선은 원만한 곡선(round house)이 되고, $n \to \infty$일 때 응력-변형도 곡선은 탄성에서 소성으로의 bilinear 상태가 된다.

이상과 같이 설정한 강재의 고온 시 응력-변형도 관계를, 소재시험결과와 비교한 예를 그림 2.2.3 및 그림 2.2.4에 나타내었다. 이들 그림은 온도 500℃ 강재의 응력-변형도 관계에 대해서 식 (2.2.1)과 소재시험결과[2.9]를 비교한 것이다. 각 그림 (a)에서 보는 바와 같이 400N/mm^{2}급 강도와 490N/mm^{2}급 강도, BCR295 모두 식 (2.2.1)은 실상과 비교하여 과소한 응력의 응답값을 준다. 이것은 전술한 바와 같이 식 (2.1.1)에서 주어지는 실상보다 적은 고온항복강도와 정합(整合)하도록 식 (2.2.1)의 계수를 정한 것에 기인한다. 한편, 식 (2.2.1)과 소재시험결과 모두 응력의 응답값을 각각 변형도 1% 시 응력으로 표준화하여 형상의 상사성을 비교하면 양자는 비교적 잘 일치하고 있다. 고온 시 응력-변형관계의 형상의 상사성을 유지시키는 것은 전술한 바와 같이 기둥의 좌굴온도(6장)를 검토하는데 매우 중요하다.

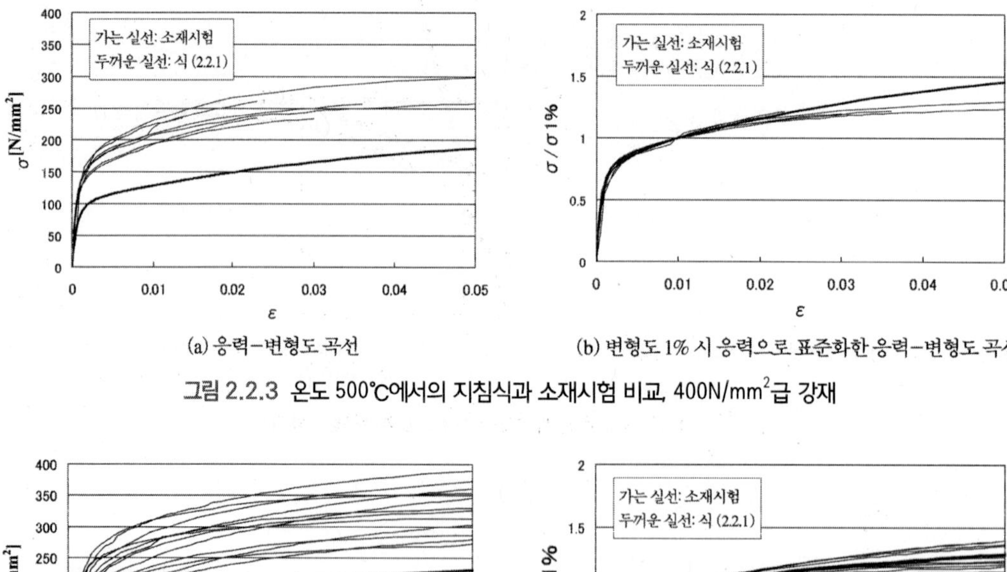

(a) 응력-변형도 곡선 (b) 변형도 1% 시 응력으로 표준화한 응력-변형도 곡선

그림 2.2.3 온도 500℃에서의 지침식과 소재시험 비교, 400N/mm^{2}급 강재

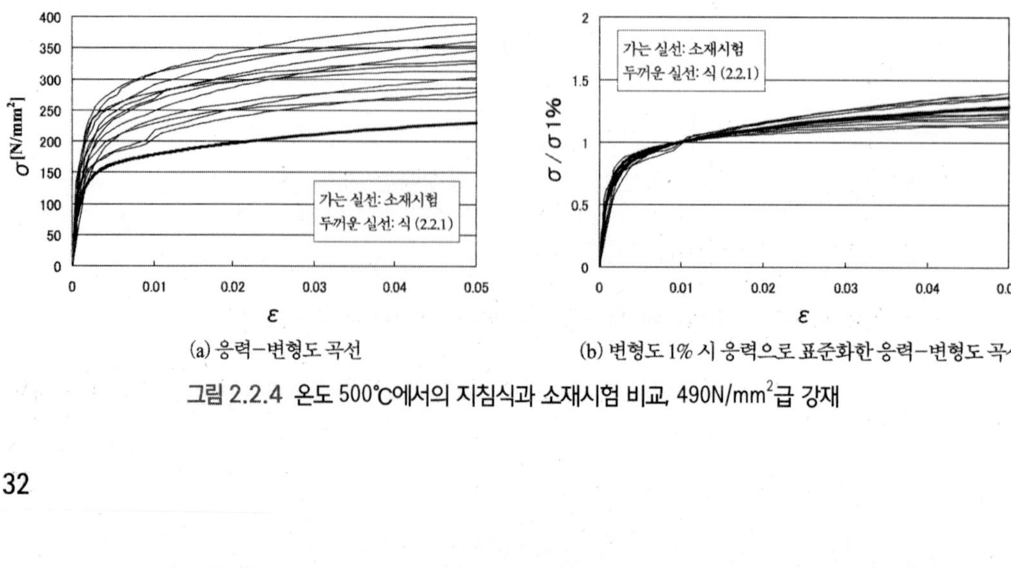

(a) 응력-변형도 곡선 (b) 변형도 1% 시 응력으로 표준화한 응력-변형도 곡선

그림 2.2.4 온도 500℃에서의 지침식과 소재시험 비교, 490N/mm^{2}급 강재

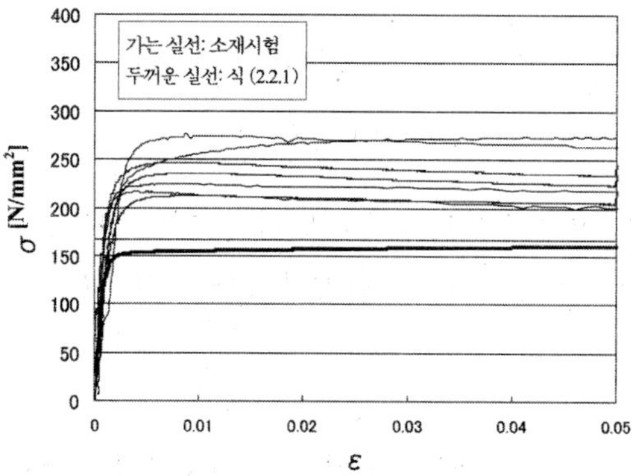

(a) 응력-변형도 곡선

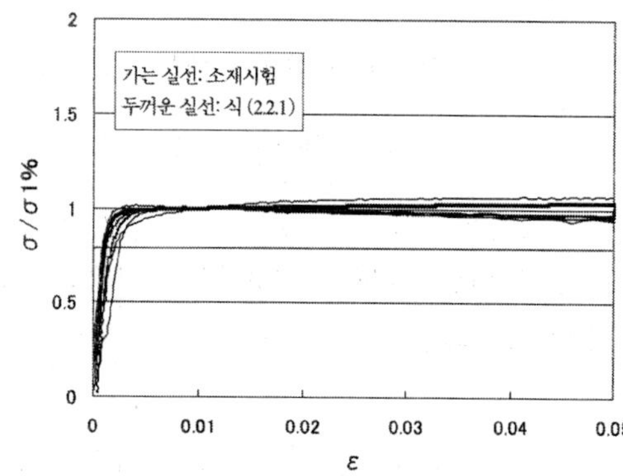

(b) 변형도 1% 시 응력으로 표준화한 응력-변형도 곡선

그림 2.2.5 온도 500℃에서의 지침식과 소재시험 비교, BCR295 강재

2.3 고력볼트의 고온인장강도

고력볼트이음의 고온내력 산정에 이용하는 고력볼트용 강재의 고온 시 인장강도는 다음 식에 따른다.

$$\sigma_{bu}(T) = F_{bu} \times \kappa_{bu}(T) \tag{2.3.1}$$

여기서,

$$\kappa_{bu}(T) = \begin{cases} 1 & : T_R \le T \le T_1' \\ 1 - 0.7\dfrac{T - T_1'}{T_2' - T_1'} & : T_1' \le T \le T_2' \\ 0.3 - 0.3\dfrac{T - T_2'}{T_3' - T_2'} & : T_2' \le T \le T_3' \\ 0 & : T \ge T_3' \end{cases} \tag{2.3.2}$$

여기서, T : 강재온도 [℃]

T_R : 상온(20℃를 대표값으로 한다) [℃]

$\sigma_{bu}(T)$: 강재온도 T℃에서 고력볼트의 고온인장강도 [N/mm²]

F_{bu} : 고력볼트용 강재의 인장강도 [N/mm²]

$\kappa_{bu}(T)$: F_{bu}에 대한 온도 T℃의 인장강도의 비 [-]

T_1' : 인장강도가 상온 시의 값을 유지하는 상한온도 [℃]

T_2' : 인장강도의 잔존율을 규정하는 직선기울기를 변경하는 온도 [℃]

T_3' : 인장강도가 0이 되는 온도 [℃]

본 지침에서는 F10T급의 고력볼트를 대상으로, F_{bu}, T_1', T_2', T_3'는 다음 값을 사용한다.

$$F_{bu} = 1000(\mathrm{N/mm^2}),\ T_1' = 250(℃),\ T_2' = 500(℃),\ T_3' = 700(℃)$$

사용강재의 로트를 특정할 수 있고, 더 나아가 해당 강재의 고온소재시험을 행한 경우는 $\kappa_{bu}(T)$ 대신에 취득한 인장강도의 평균값을 0.9배로 구한 값에 따라 고온인장강도의 잔존율을 정하여도 좋다.

온도 상승에 따른 고력볼트의 강도 저하는 보통강재의 강도 저하보다 현저하기 때문에 고력볼트접합부의 고온 시 최대내력을 파악하는 것은 특히 중요하다. 그 최대내력산정에 사용하는 고력볼트용 강재의 고온인장강도는 식 (2.3.1) 및 식 (2.3.2)로 제시하고 있다. 그림 2.3.1에 F10T고력볼트에 관한 기존의 실험결과[2.10)~2.15)] 및 $\kappa_{bu}(T)$를 나타내었다. 2.1절에서 서술한 보통강재의 유효항복강도 설정과 같이 강재 고온강도의 불규칙성을 고려하여 기존의 실험데이터에 관한 「$\sigma_{bu}^{AV} - 3\sigma$」을 밑도는 $\kappa_{bu}(T)$를 설정하고 있다. σ_{bu}^{AV}는 상기 수집 자료에 관한 인장강도의 평균값이며, σ는 상기 수집 자료에 관한 인장강도의 편차이다. 그림 2.3.1에 나타내고 있는 시험결과의 대부분은 1998년 이전의 JIS G 0567 「철강재료 및 내열 합금의 고온인장시험방법」에 준한 것이다.

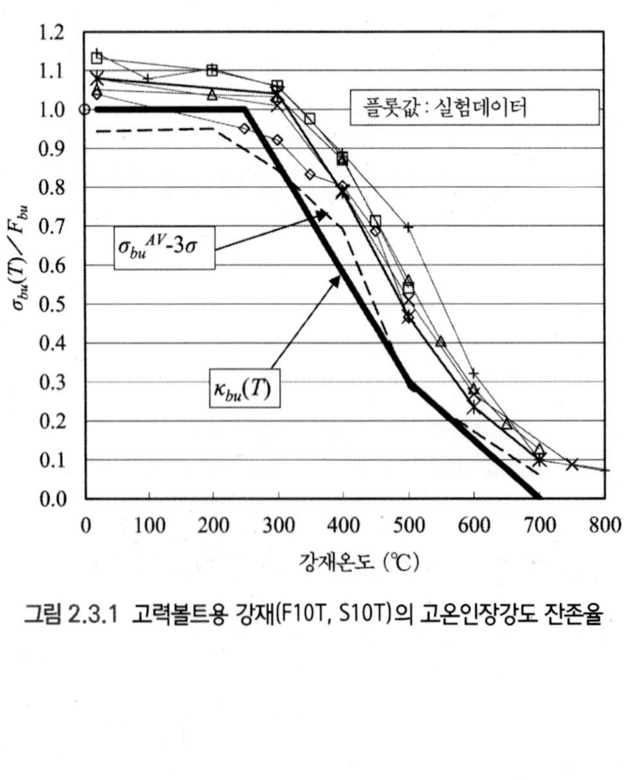

그림 2.3.1 고력볼트용 강재(F10T, S10T)의 고온인장강도 잔존율

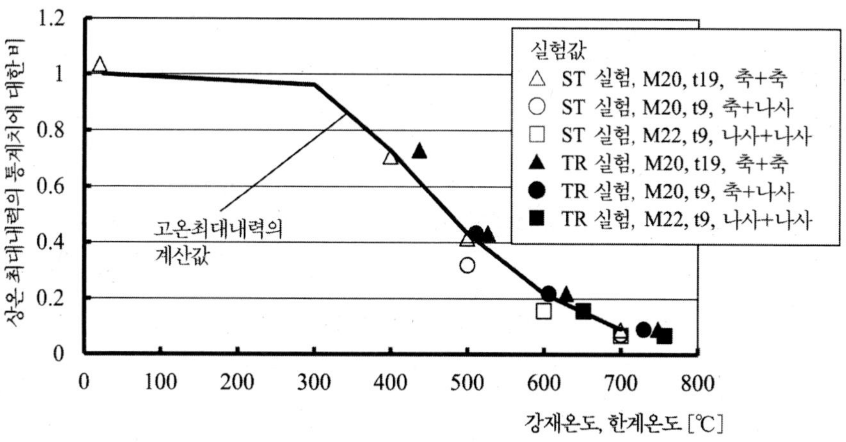

그림 2.3.2 고력볼트이음의 최대인장내력과의 대비

JIS 시험법의 가력방법은 강재의 고온항복강도를 취득할 때까지의 변형속도가 0.001~0.005min^{-1}(0.000017~0.000083s^{-1}) 그 후의 변형속도는 0.05~0.1min^{-1}(0.00083~0.0016s^{-1})이다. 고력볼트용 강재의 고온인장강도는 후자의 높은 변형속도(0.05~0.1min^{-1})의 결과에 따른 값이다. 강재의 고온인장시험 시의 고온인장강도를 사용하여 화재 시 고력볼트 마찰접합이음의 최대인장내력을 평가할 수 있다. 그림 2.3.2는 고력볼트마찰접합이음에서 볼트가 전단파괴된 경우의 최대인장내력에 관한 실험결과와 그 실험에 사용한 고력볼트의 고온인장강도에 의한 계산결과의 비교이다. 그래프의 종축은 상온최대내력에 대한 비이고 횡축은 시험온도 또는 한계온도이다. 일정온도에서 하중점증실험(ST실험 : 백색플롯)에 의한 최대내력값은 계산값을 하회하나 일정하중에서 온도점증실험(TR실험 : 흑색플롯)에 의한 한계온도는 모두 계산값을 상회하고 있다. 더 나아가 나사부에서 파단된 온도점증실험의 결과는 볼트축부의 단면적으로 계산한 결과와도 동등하다. 일정하중에서 온도점증실험의 결과가 일정온도에서 하중점증실험의 결과를 상회하는 이유는 전자에서는 이음이 파단하는 경우에 속도가 상승하여 소성변형영역에 속도의 상승에 따른 경화가 나타나고 이음부의 저항력이 증가하기 때문이다. 실화재시에서는 일정하중에서 온도점증실험의 상황에 가깝게 되고 높은 변형속도에서 얻어진 고온인장강도를 사용한 계산에 의하여 온도점증실험에 의하여 얻어진 이음의 한계온도를 파악할 수 있다. 따라서 구 JIS 시험법에 의한 결과에 따라 설정된 고온인장강도 잔존율을 사용할 수 있다.

보통강재와 같이 식 (2.3.2)에 의한 $\kappa_{bu}(T)$는 현재 수집 가능한 데이터의 편차를 고려하여 설정된 하한값이며, 고력볼트용 강재의 성분이나 제조법의 변화에 따라 앞으로 변경될 수 있는 값이다. 식 (2.3.2)에 의한 $\kappa_{bu}(T)$는 인장강도의 규격값이 1000N/mm^{2}급의 F10T 및 S10T의 데이터에 따라 정해진 것이나 F8T의 고온인장강도 잔존율은 F10T 그 이하로 되는 것은 생각하기 어렵기 때문에 F8T에도 적용 가능하다. 기타의 고력볼트에 관해서는 대상으로부터 제외하나, 고온인장강도 잔존율이 F10T와 동등 이상인 것으로 확인된 강재(예를 들면 초고력볼트 F14T)에 대하여는 본 지침에 의한 값을 사용하여도 좋다.

고온인장시험에 따라 고온강도를 정하는 경우, 취득한 고온강도를 0.9배로 저감시키는 이유는 보통 강재의 항복강도 시험결과를 0.9배로 하는 이유와 마찬가지로, 로트 내에서의 강재강도의 편차, 시험오차를 고려할 필요가 있기 때문이다.

참고문헌

2.1) J.V. Ryan, A.F. Robertson, Proposed Criteria for Defining Load Failure of Beams, Floors and Roof Constructions during Fire Test, Journal of Research of the National Bureau of Standards-C, Engineering and Instrumentation, Vol. 63C, No. 2, 1959

2.2) 鈴木弘之：火災時における鋼骨組の崩壊温度，日本建築学会構造系論文報告集，第 477 号，pp. 147～156，1995.11

2.3) 国土開発技術研究センター：建築物の総合防火設計法，第 4 巻･耐火設計法，日本建築センター，1989

2.4) 上杉英樹：鉄骨架構の火災時の応力変形性状に関する研究，学位論文，1990.1

2.5) 日本建築学会：構造材料の耐火性ガイドブック，2017.2

2.6) 建設省建築研究所：建設省総合技術開発プロジェクト－防・耐火性能評価技術の開発－No. 7－4 構造分科会報告書，1996.3

2.7) 本多孝行・菅田恒治・池辺　卓・瀬田一郎・塩飽豊明：SN 鋼材の高温特性調査，日本建築学会大会学術講演梗概集，1999.9

2.8) 鋼材倶楽部新防・耐火研究会，SN 材の高温特性調査（厚板，H 形鋼），1995.8

2.9) 古村福次郎・右田健児・安部武雄・岡部　猛・金　和中：火災温度域を考慮した鋼材の応力～歪関係式とその鋼構造骨組熱変形解析への適用，日本建築学会構造系論文報告集，第 363 号，1986.5

2.10) 脇山広三･巽　昭夫･桜井久敏：高温加熱状態における高力ボルトの力学的性質に関する研究（その 1．機械的性質試験），日本建築学会近畿支部研究報告集，1977.5；もしくは；脇山広三･巽　昭夫：EVALUATION OF THE MECHANICAL PROPERTIES AT ELEVATED TEMPERATURE，日本建築学会論文報告集第 308 号，1981.10

2.11) 小久保勲･田中淳夫･古村福次郎：「高温度における高力ボルト材の力学的性質(その 1 高温クリープ性状について)」，日本建築学会論文報告集第 309 号，1981.11；もしくは；古村福次郎･安部武雄ほか：Mechanical Properties of high-strength Bolt material at High Temperatures，東京工業大学工業材料研究所所報，1992

2.12) 平島岳夫・織茂俊泰・菊田繁美・高橋孝二・堀　昭夫・中込　昭・松戸正士・吉田正友・山内泰之・中村賢一・上杉英樹・齋藤　光：高力ボルト摩擦接合継手の高温時におけるせん断強度に関する実験，構造工学論文集 Vol. 47 B，pp.311～316，2001.3

2.13) 古平章夫・藤中英夫・高田　司：高力ボルトの高温時および加熱冷却後の強度，日本建築学会大会学術講演梗概集 A－2，pp.117～118，2000.9

2.14) 安部武雄・亀田暁子・藤本健太郎・平島岳夫・上杉英樹：高力ボルト継手の耐火性に関する実験的研究（その 1．高温度における高力ボルト素材の力学的特性），平成 18 年度日本火災学会研究発表会概要集，pp.62～65，2006.5

2.15) 平島岳夫・江嵜　佑・安藤秀平：高温時における高力ボルト摩擦接合継手の変形性状，日本建築学会構造系論文集，第 79 巻，第 698 号，pp.541～548，2014.4

2.16) 雑喉良介・村上行夫・平山博巳・塩飽豊明・猪砂利次：建築構造用鋼材の高温特性，日本建築学会大会学術講演梗概集 A－2，pp.113～114，2000.9

2.17) 岡部　猛・安部武雄：一定軸荷重と強制部材角を受ける鋼柱の高温時の崩壊挙動，日本建築学会構造系論文集，第 70 巻，第 587 号，pp.205～212，2005.1

2.18) 安藤秀平，平島岳夫：火災時における高力ボルト摩擦接合継手の最大引張耐力，日本建築学会構造系論文集，第 80 巻，第 712 号，pp.961～970，2015.6

2.19) 木村　慧・東清三郎・岡田忠義：超高力ボルト摩擦接合継手の高温引張耐力（その 1．高温素材試験），日本建築学会大会学術講演梗概集 A－2，pp.13～14，2010.9

CHAPTER

03

하 중

CHAPTER 03

하 중

3.1 하중의 종류

> 내화설계에서 사용하는 하중은 화재성상의 산정에 사용하는 화재하중과 부재·골조의 붕괴온도산정에 사용하는 작용하중으로 한다.

화재 시에는 구조체에 상시 작용하는 통상적인 의미로서의 하중뿐 아니라 화재에 의한 영향이 더해진다. 화재의 영향은 동일하게 주어지는 것이 아니라 화재성상의 예측에 근거한다. 본 지침에서는 화재성상의 예측을 위해 필요한 가연물 조건을 하중으로 취급한다.

3.2 화재하중

> 화재성상예측에 사용하는 화재하중은 공간의 쓰임새와 가연물의 분포 및 편차를 고려하여 적절하게 설정한다. 화재하중이란 가연물 중 연소에 관계하는 것의 총량이고, 실내의 가연물이 완전하게 연소한 경우에 발생하는 열량으로서 나타낸다.

화재성상을 예측하는 경우에는 설계대상이 되는 공간의 화재하중(적재물이나 내장재료 등의 가연성 물품의 총발열량, 노출표면적 또는 발열속도)을 적절하게 설정해야 한다. 구체적인 화재성상의 판별 및 예측방법은 4장에 기술되어 있으나 국소화재 및 이동화재의 경우(플래시오버가 발생하지 않는 경우)에는 설치된 가연물의 발열속도의 이력, 그리고 구획내 전체화재(플래시오버가 발생하는 경우)를 예측하는 경우에는 실내 가연물의 총발열량과 노출표면적이 화재하중으로 된다. 국소화재 및 이동화재에 대하여는 화재성상이 결정되지 않으면 연소에 기여하는 가연물을 특정할 수 없으므로 본 장에서는 가연물 배치의 공간적인 특징만을 나타내고 화재하중의 구체적인 설정방법은 4장에 나타낸다.

(1) 실가연물의 총발열량과 노출표면적

플래시오버 발생이 예견되는 공간(이 경우 바닥, 벽, 천장으로 둘러싸인 "실"의 개념에 가깝다. 이하, "실"이라 칭함)에 대해서는 실내 가연물의 총발열량과 노출표면적을 산정하여 두고, 실의 범위는 방화구획 또는 불연재 등으로 구성된 칸막이벽 등을 고려하여 설정한다.

1) 실내 가연물의 총발열량

실내의 가연물은 벽·천장·바닥·칸막이 바탕재, 가연성 내장재, 붙박이가구 등의 고정가연물과 건축물 완성 후에 반입된 가구·서류·의류 등의 적재가연물로 크게 나뉜다. 가연물의 총발열량은 다음 식으로 계산된다.

$$W = W_{load} + W_{fix} \tag{3.2.1}$$

여기서, W : 실내 가연물 총발열량 [MJ]

W_{load} : 실내 적재가연물 총발열량 [MJ]

W_{fix} : 실내 고정가연물 총발열량 [MJ]

적재가연물에 대해서는 건축물의 용도·규모를 근거로 설정한다. 고정가연물은 건축물의 설계 도서로부터 수량을 발췌하여 산정하는 것을 원칙으로 한다.

1-1) 실내 적재가연물의 총발열량

기존의 가연물조사 등에 따르면 실내 적재가연물의 발열량밀도(바닥면적당 적재가연물의 총발열량)는 용도별로 정리한 결과가 제안되어 있고, 가연물량의 설정에 이용할 수 있다.

$$W_{load} = w_f \cdot A_f \tag{3.2.2}$$

여기서, w_f : 실내 적재가연물의 발열량 밀도 [MJ/m^2]

A_f : 실내 바닥면적 [m^2]

기존의 조사결과를 표 3.2.1에 나타낸다. 동일한 용도에서도 조사결과에는 편차가 있고 설계에 사용하는 발열량밀도는 구조적재하중과 마찬가지로 평균값이 아닌 편차를 고려한 값을 사용하는 것이 권장된다. 발열량밀도를 설정할 때의 기본적인 개념은 다음과 같다.

A. 기존의 데이터가 정리된 용도

일반적인 사무실 등과 같이 기존의 데이터가 정리된 경우에는 기존의 조사결과의 평균과 표준편차를 토대로 적절하게 비초과확률을 설정한다. 예를 들면, 사무실의 경우 그림 3.2.1에 나타낸 바와 같이 발열량밀도는 개략적으로 대수정규분포에 따르는 것을 확인할 수 있다[3.37]. 입수 가능한 조사결과로부터 수납상태에 따른 발열량을 보정하였으므로 표 3.2.1의 사무실의 조사결과와 일치하지 않는다. 다른 용도에 관하여도 마찬가지로 대수정규분포를 가정하면 많은 용도에서는 비초과확률 95%에서는 평균값에 표준편차의 1.65배를 더한 것으로 한다. 또한 표 3.2.1에는 외국의 데이터도 게재되어 있다. 대응하는 데이터가 국내에 존재하지 않는 경우에는 외국 유사용도의 조사결과로부터 유추할 수 있다.

B. 가연물의 편차는 적으나 기존의 데이터가 부족한 경우

기존의 조사에서 상정하고 있지 않은 용도, 예를 들면 노래방과 같은 경우에는 공간의 설계사양에 따라 가구의 배치를 상정하고, 이것에 사용자가 가지고 오는 물건을 더하여 발열량밀도를 추정한다. 고정식의 스타디움객석 등 가연물의 실태가 비교적 용이하게 상정할 수 있는 경우 실제 상황에 여유분을 가미한 값을 상정한다.

C. 기존의 데이터가 적고 실태의 추정이 어려운 경우

사용실태에 관한 정보가 적은 경우에는 실내에 수납 가능한 최대량의 가연물을 설정한다. 실무적으로는 표 3.2.2에 나타내는 국토교통성 고시의 추정치로부터 용도가 유사한 실의 값을 선정하는 것이 좋다.

표 3.2.1 적재가연물의 발열량밀도에 관한 기존의 조사결과 [3.1)~3.36)]

건물 용도	실용도		적재가연물의 발열량 밀도(MJ/m^2)				조사수		참고 문헌
			평균	표준편차	최대	최소	동수	실수	
사무소	사무실	사무계 집무실	482	181	867	230	8	10	3.1
		(수납상태를 고려)	274	122	555	158			
		사무계 집무실	550	23	573	526	2	2	3.3
		(수납상태를 고려)	299	35	334	264			
		사무계 집무실 (수납상태를 고려)	390	108	506	96	5	16	3.4
		기술계 집무실	570	80	678	493	5	6	3.1
		(수납상태를 고려)	357	75	482	272			
		기술계 집무실 (수납상태를 고려)	747	168	954	466	5	11	3.4
		행정 사무실	1198	67	1258	1093	1	5	3.1
		(수납상태를 고려)	725	74	808	626			
	설계실		886	106	982	712	4	5	3.1
		(수납상태를 고려)	584	66	653	518			
	OA교실		189	–	–	–	1	1	3.3
	컴퓨터 기구실		239	58	297	181	1	2	3.2
	회의실, 응접실, 임원실 등		125	74	248	40	6	13	3.1
		(수납상태를 고려)	112	66	230	38			
	회의실	(수납상태를 고려)	266	239	735	110	3	5	3.3, 5
	준비실		57.5	11.5	69	46	1	2	3.2
	자료실, 도서실		1848	613	1069	2973	7	10	3.1
		(수납상태를 고려)	1330	478	2203	726			
	서고		3066	550	3616	2517	2	2	3.3
	식당	(수납상태를 고려)	55.1	2.6	57.6	52.5	2	2	3.3
	휴게실		291	172	543	69	4	5	3.5
	숙직실		182	–	–	–	1	1	3.2
	탕비실		219	–	–	–	1	1	3.5
	화장실		18.3	–	–	–	1	1	
	창고		4563	1282	5904	3352	2	3	3.1
		(수납상태를 고려)	2963	870	3746	2026			
	통로등	입구	21.1	21.1	62.4	0.8	–	15	3.5, 6, 7
		복도	36.9	31.6	94.5	0.2	–	15	3.5, 6
		계단(외부계단)	115	–	–	–	–	1	3.5
		로비, 라운지	96.5	67.9	220	35.7	–	7	3.6, 7
		로비	197	106	310	67	4	4	3.1
		(수납상태를 고려)	173	101	306	67			
		이벤트 공간	64.0	15.2	81.5	44.5	–	3	3.6

건물 용도	실용도			적재가연물의 발열량 밀도(MJ/m²)				조사수		참고 문헌
				평균	표준편차	최대	최소	동수	실수	
사무소 (홍콩)	식당	레스토랑 (아트리움저부)		155	17.5	168	130	1	3	3.14
우체국	집배실 (표준편차는 시각변동에 대응)	도착, 발송 분류	6월	212	27	273	158	1	1	3.8
			9월	321	38	400	235	1	1	
		분류, 보관	6월	54	16	81	21	1	1	
			9월	172	12	195	143	1	1	
		도착, 발송, 분류, 보관		97	13	122	73	1	1	
		보관		20	14	24	14	1	1	
판매 공간	백화점	매장		307	138	496	149	1	6	3.1
		수납상태를 고려		306	136	493	144			
	대형서점	서적 매장		2400	349	3007	1994	–	7	3.9
	행사장 (아트리움저부)			355	–	–	–	1	1	3.10
	쇼핑센터 (캐나다)	의류품점		390	175	750	140	–	14	3.11
		모든 점포		680	710	4900	56	–	144	
		패스트푸드		542	326	1590	100	–	17	
		레스토랑		275	196	625	84	–	9	
시장 (한국)	판매점포	한복점		773	179	1107	476	–	21	3.12
		성인류		676	242	1122	353	–	13	
		포목점		793	234	1399	514	1	14	
		잡화점		342	–	416	265	1	4	
		결혼용구점		351	–	481	281	1	3	
		의류수선점		292	86.7	379	206	1	2	
		불교용구점		228	–	–	–	1	1	
		수예점		167	–	–	–	1	1	
		양복점		528	–	–	–	1	1	
		의류점		1131	–	–	–	1	1	
	음식점	한국음식점		841	–	–	–	1	1	
	창고			1042	–	–	–	1	1	
레스토랑	중화요리 (홍콩)	객석 주방	고정	145	128	518	32	15	15	3.13
			적재	138	115	422	43			
		객석	고정	169	157	657	34	15	15	
			적재	143	154	533	34			
		주방	고정	16.8	23.5	99	2	15	15	
			적재	200	96.1	475	109			
호텔	객실			168	24	213	126	2	15	3.1
	연회장			70	24	109	46	1	6	
	로비			45	–	–	–	1	1	3.1
	음식	카페(아트리움저부)		217	85	302	132	2	2	3.14

건물 용도	실용도		적재가연물의 발열량 밀도(MJ/m²)				조사수		참고 문헌
			평균	표준편차	최대	최소	동수	실수	
모텔 (캐나다)	객실	침실	757	–	–	–	1	1	3.15
		부엌+거실	348	–	–	–			
전시장	전시실	전시부스	273	77.4	394	124	1	63	3.16
학교	교실	보통 교실	303	108	–	–	–	104	3.17
		아과실	331	99	–	–	–	36	
		음악실	295	82	–	–	–	23	
		가정과실	321	80	–	–	–	25	
		가정과실(의복)	309	87	–	–	–	9	
		가정과실(조리)	330	46	–	–	–	9	
		기술과 관계실	361	121	–	–	–	9	
		미술, 도공실	321	141	–	–	–	14	
		시청각교실	172	84	–	–	–	11	
			149	84.9	263	59	–	3	3.18
		제도실	131	70	–	–	–	7	3.17
		LL교실	193	76	–	–	–	4	
	준비실	음악 준비실	650	245	–	–	–	16	
		미술, 도공 준비실	953	447	–	–	–	11	
		가정과 준비실	498	251	–	–	–	16	
		기술과 준비실	912	274	–	–	–	5	
		시청각 준비실	397	224	–	–	–	5	
	자습실	도서실	677	310	–	–	–	21	
		도서관람실	359	–	–	–	1	1	3.5
		미디어 코너	36.7	–	–	–	1	1	
		컴퓨터 코너	116	79.5	196	36.7	1	2	
		자습실	89.7	–	–	–	1	1	
	기타 실	회의실	257	136	–	–	–	6	3.17
			198	191	548	23	–	5	3.18
		상담실, 면담실	384	279	1203	137	3	13	
		생도회실, 아동회실	358	104	444	212	3	3	
		다목적실	181	132	317	20	–	4	
		방송실	272	96.1	422	154	–	4	
		구매실	683	417	1100	266	–	2	
		기계실	579	259	837	320	–	2	
		휴게실	71.9	34.7	107	37.2	1	2	3.5
	복도등	입구	27.5	–	–	–	1	1	3.5
		복도	61.4	42.5	108	18.4	–	4	
	체육관	아리나	21.8	27.6	77	0.1	–	8	3.17, 19
		스테이지	131.5	37.4	185	61	–	6	3.19
		스테이지 하	47.7	35.6	106	6	–	6	

건물 용도	실용도		적재가연물의 발열량 밀도(MJ/m^2)				조사수		참고 문헌
			평균	표준편차	최대	최소	동수	실수	
	체육관	연습실	582	–	–	–	1	1	3.19
		교실	472	–	–	–	1	1	
		방송실	428	197	624	231	–	2	3.17, 19
		갱의실	272	205	501	28	–	5	
		공실	762	465	1353	200	–	5	
		클럽실	113	20.2	146	95	–	4	3.17
		입구	216	321	857	30	–	5	3.19
		갤러리	47	14.4	67	34	–	3	
		복도	20	–	–	–	1	1	
		기구실	600	284	1099	207	–	8	3.17, 19
		용구실	1421	759	2493	859	–	3	3.19
		창고	1127	259	1385	868	–	2	
학교 (뉴질랜드)	강의 연구동	대학원생실(개인실)	728	188	904	411	1	4	3.15
		교원실(개인실)	1359	664	2247	651	1	3	
		컴퓨터실	216	–	–	–	1	1	
		세미나실	102	–	–	–	1	1	
		창고	2366	–	–	–	1	1	
체육관 (학교 이외)	구기장		3	–	–	–	1	1	3.1
	유도장		77	–	–	–	1	1	
	클럽실		141	24	160	99	1	4	
		(수납상태를 고려)	62	24	94	35	1	4	
	갱의실		42	–	53	29	1	2	
		(수납상태를 고려)	40	13	53	27	1	2	
	기구실		429	235	677	208	1	3	
		(수납상태를 고려)	429	235	677	208	1	3	
	현관홀		93	–	–	–	1	1	
		(수납상태를 고려)	93	–	–	–	1	1	
극장	대도구 제작실		698	–	–	–	1	1	3.1
	대도구 창고		1058	148	1205	910	1	2	
		(수납상태를 고려)	1040	130	1170	910	1	2	
	다락		163	–	–	–	1	1	
	무대		72	–	–	–	1	1	
		(수납상태를 고려)	69	–	–	–	1	1	
	무대축		334	–	338	330	1	2	
		(수납상태를 고려)	330	–	330	328	1	2	
창고	종이창고		16982	2282	20176	13514	1	6	3.1
집합 주택	주택 전체	공단주택	583	188	–	–	–	136	3.22
		민간아파트	472	140	–	–	–	78	
		공단임대	461	181	1421	157	–	139	3.23

건물 용도	실용도		적재가연물의 발열량 밀도(MJ/m²)				조사수		참고 문헌
			평균	표준편차	최대	최소	동수	실수	
집합 주택	주택 전체	공단분양	541	165	1027	138	–	121	3.23
		사택	595	184	1294	139	–	238	
		(구분 없음)	666	–	–	–	–	100	3.20
	거실 등	리빙(L)	564	329	1452	100	–	69	3.21 3.22
		식사실(D)	530	264	–	–	–	13	
		부엌(K)	454	323	–	–	–	54	
		L+D	427	221	–	–	–	42	
		D+K	499	203	–	–	–	75	
		L+D+K	494	236	–	–	–	86	
		주인실	536	258	–	–	–	39	
		서재	907	400	–	–	–	29	
	침실 등	L+주침실	582	310	–	–	–	46	
		L+부인침실	774	427	–	–	–	20	
		주침실	637	306	–	–	–	86	
		주인침실	814	781	–	–	–	42	
		남성침실	917	403	–	–	–	25	
		여성침실	930	518	–	–	–	27	
		어린이실(12~18세)	874	356	1740	153	–	51	
		어린이실(11세 이하)	768	275	–	–	–	37	
	수납실	리빙 수납	2119	1355	5763	693	–	40	
		L+D+K 수납	1069	789	–	–	–	4	
		L+D 수납	8302	4483	–	–	–	2	
		(L+주침실) 수납	1045	883	–	–	–	44	
		(L+부인침실) 수납	1053	525	–	–	–	14	
		주침실 수납	939	664	–	–	–	87	
		남성침실 수납	778	458	–	–	–	21	
		여성침실 수납	642	472	–	–	–	21	
		어린이실(12~18세) 수납	1014	648	–	–	–	46	
		어린이실(11세 이하) 수납	1342	1077	–	–	–	27	
		주인실 수납	952	635	–	–	–	40	
		서재 수납	1302	1022	–	–	–	21	
		세면실 수납	2272	1981	–	–	–	31	
		현관, 복도 수납	2115	1750	–	–	–	110	
		복도, 계단 수납	1494	440	–	–	–	5	
		기타의 수납	963	771	–	–	–	113	
		외창고	1816	1110	–	–	–	71	
	기타	목욕탕	142	118	–	–	–	59	
		화장실	184	232	–	–	–	125	
		세면실	298	544	–	–	–	123	

건물 용도	실용도		적재가연물의 발열량 밀도(MJ/m²)				조사수		참고 문헌
			평균	표준편차	최대	최소	동수	실수	
	기타	기타의 실	930	648	–	–	–	144	3.21 3.22
		현관, 복도	379	747	–	–	–	179	
		복도, 계단	475	726	–	–	–	7	
		발코니	184	164	–	–	–	139	
집합 주택 (뉴질 랜드)	침실		724	92.4	852	594	–	4	3.15
집합 주택 (한국)	개별주택 전체		529	337	1318	55.8	1	8	3.25 3.26
	거간 등	거간	242	–	–	–	1	1	
		주방	188	–	–	–	1	1	
	침실	침실	541	124	695	392	–	3	
	기타	발코니	321	157	477	164	–	2	
		현관	67	–	–	–	1	1	
주택 (개별 주택, 집합 주택)	거실 등	L+D	486	–	–	–	–	100	3.20
		L+K	491	–	–	–	–	100	
		L+D+K	680	–	–	–	–	100	
		D+K	944	–	–	–	–	100	
		피아노실	1008	–	–	–	–	100	
		서재	1072	–	–	–	–	100	
		응접실	415	–	–	–	–	100	
		불당실	251	–	–	–	–	100	
		식사실	592	–	–	–	–	100	
		부엌	1248	–	–	–	–	100	
		세면실	528	–	–	–	–	100	
		가사실	896	–	–	–	–	100	
	침실 등	어린이실	608	–	–	–	–	100	
		부부실	466	–	–	–	–	100	
주택 (개별, 집합)	침실 등	개별실(대학생)*	317	165	684	157	1	11	3.24
	수납실	창고	928	–	–	–	–	100	3.20
		이불보관실	1248	–	–	–	–	100	
	기타	세면실	1120	–	–	–	–	100	
		화장실	342	–	–	–	–	100	
		욕실	240	–	–	–	–	100	
		복도	163	–	–	–	–	100	
		현관	494	–	–	–	–	100	
주택 (개별, 집합,	거실 등	거간	412	127	–	–	–	397	3.28 인터넷 조사
		지하거실	288	96	–	–	–	130	
		식사실	393	132	–	–	–	292	

건물 용도	실용도			적재가연물의 발열량 밀도(MJ/m²)				조사수		참고 문헌
				평균	표준편차	최대	최소	동수	실수	
		부엌		807	123	–	–	–	515	3.28
캐나다)	침실 등	주침실		534	125	–	–	–	347	인터넷
		부침실		594	146	–	–	–	129	조사
병원	병실	거실(화장실 제외)		308	2	310	306	–	2	
	진료실	거실(화장실 포함)		339	4.5	343	334	–	2	3.29
		간호사대기실		924	106	1090	803	–	5	
병원 (영국)	병동	특별실(주실만)		134	38.4	–	–	–	–	3.30
		특별실(부속실 포함)		192	62.4	–	–	–	–	
		보통실		173	24	–	–	–	–	
		넓은 병실		165	35.2	–	–	–	–	
		좁은 병실		197	41.6	–	–	–	–	
		모든 병실		168	36.6	237	77.7	1	26	
	진료실	산부인과(진료실)		99.2	–	–	–	1	1	
		물리요법실(운동)		59.2	–	–	–	1	1	
		작업요법실		198	69.1	272	106	1	3	
		작업요법실(대공작실)		267	–	–	–	1	1	
		작업요법실(도장작업)		200	–	–	–	1	1	
		작업요법실		408	–	–	–	1	1	
		그룹요법실		223	32.8	256	190.4	1	2	
		검사실		459	117	576	342.4	1	2	
	대합실	접수		162	20.8	182	141	1	2	
		산부인과(대합실)		73.6	–	–	–	1	1	
		면접실		212	18.4	230	194	1	2	
	창고	일반창고		1195	453	1648	743	1	2	
		문구		3616	1616	5232	2000	1	2	
		정신과창고		552	–	–	–	1	1	
		도료		1200	–	–	–	1	1	
		의료기록		2176	1952	5728	128	1	6	
		필름보관실		11072	–	–	–	1	1	
	기타	직원실		510	262	771	248	1	2	
		갱의실(남성)		880	–	–	–	1	1	
		식사실		123	–	–	–	1	1	
		주방		211	–	–	–	1	1	
		미용실		163	–	–	–	1	1	
역	여객존	홈 전체	고정	27.2	19.2	81.6	–	–	18	3.32
			적재	17.6	9.6	40	–	–	19	
			고정+적재	25.7	17.5	58	7	–	8	3.33
		재래선 홈	적재	2.7	–	–	–	1	1	3.34, 35
		중앙홀 전체	고정	65.6	57.6	197	–	–	19	3.32

건물 용도	실용도			적재가연물의 발열량 밀도(MJ/m²)				조사수		참고 문헌
				평균	표준편차	최대	최소	동수	실수	
역	여객존	중앙홀 전체	적재	35.2	56	246	–	–	27	3.32
			고정+적재	41.8	16.9	66	17	–	9	3.33
		재래선	적재	6.4	0.9	7.6	5.5	–	3	3.34, 35
		특급선	적재	5.7	3.8	9.4	1.9	–	2	
		라치 외 자유통료	적재	8.2	0.3	8.4	7.9	–	2	
		화장실	고정	43.2	32	91.2	–	–	7	3.32
			적재	3.2	4.8	12.8	–	–	9	
	매점 등	매점	고정	963	334	1638	–	–	6	
			적재	1397	128	1574	–	–	6	
				422	119	601	276	–	4	3.35
		DPE점	고정	730	266	893	–	–	6	3.32
			적재	80	16	32	–	–	6	
		음식	고정	274	190	542	–	–	6	
			적재	12.8	22.4	57.6	–	–	6	
		키오스크	고정	210	74.4	285	136	–	2	3.36
			적재	738	117	854	621	–	2	
		미니콤비니	고정	83.2	17.6	101	65.6	–	2	
			적재	492	42.4	534	450	–	2	
	사무존	역무실	고정	166	134	501	–	–	56	3.32
			적재	264	149	634	–	–	54	
		개찰실	고정	184	125	390	–	–	23	
			적재	261	162	744	–	–	31	
		표 판매실	고정	136	76.8	277	–	–	10	
			적재	133	78.4	266	–	–	10	
		여행센터	고정	198	109	362	–	–	8	
			적재	293	94.4	424	–	–	8	
		창고	고정	78.4	96.0	379	–	–	28	
			적재	957	646	2603	–	–	24	
		휴게실	고정	163	131	454	–	–	64	
			적재	480	405	2336	–	–	70	
		욕실	고정	131	80	330	–	–	29	
			적재	19.2	38.4	136	–	–	31	
		홀, 복도	고정	102	51.2	181	–	–	19	
			적재	28.8	56	205	–	–	22	
		기계실	고정	65.6	46.4	104	–	–	4	
			적재	8	11.2	20.8	–	–	3	

* : 원저에서는 적재가연물의 발열량 밀도와 바닥면적의 곱이 거의 일정한 관계($A_r \times w_f = 200$MJ)로 나타나고 있다.

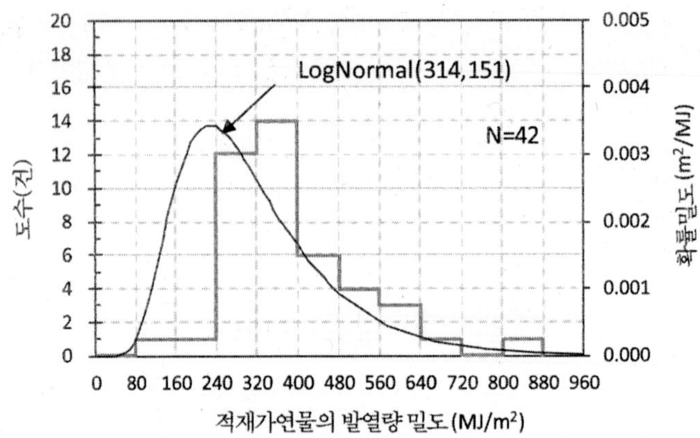

그림 3.2.1 사무소의 발열량밀도의 분포(수납상태를 고려한 경우)[3.37)]

표 3.2.2 적제 가연물 발열량 밀도의 설계용 표준치 [3.38)]

방의 종류		발열량 밀도 w_f (MJ/m^2)
주택의 거실		720
주택 이외 건축물의 침실 또는 병실		240
사무실 및 유사구조물		560
회의실 및 유사구조물		160
교실		400
체육관의 아레나 및 유사구조물		80
박물관 또는 미술관 전시실 및 유사구조물		240
백화점 매장 또는 물품판매업을 하는 점포 및 유사구조물	가구 또는 서적 매장 및 유사구조물	960
	기타 부분	480
음식점 및 기타 음식실	간이식당	240
	기타 음식실	480
극장, 영화관, 연예장, 관람장, 공회당, 집회실 기타 유사 용도에 쓰이는 구조물	객석 부분(고정석의 경우)	400
	객석 부분(기타의 경우)	480
	무대 부분	240
자동차 차고 또는 자동차 수리 공장	자동차 관련 작업실 및 유사구조물	240
	차로 및 유사구조물	32
복도, 계단 기타 통로		32
현관 홀, 로비 기타 유사구조물	극장, 영화관, 연예장, 관람장, 공회장 혹은 집회장 기타 유사 용도의 구조물, 백화점 또는 물품판매업을 하는 점포 기타 유사 용도로 쓰이는 건축물의 구조물	160
	기타 구조물	80

방의 종류	발열량 밀도 w_f (MJ/m²)
승강기 기타 설비의 기계실	160
옥상 광장 또는 발코니	80
창고 및 기타 물품보관 용도에 쓰이는 구조물	2,000

1-2) 고정가연물

내장재료, 제작가구 등의 고정가연물에 대해서는 설계도서를 바탕으로 가연성 재료의 총 무게를 산출하고, 표 3.2.3의 단위 발열량을 곱하여 화재하중으로 한다. 이 표에 해당하지 않는 재료나 재질을 특정하여 발열량을 구하는 경우에는 일본건축학회에서 출판된 「화재하중 · 설계화재성상지침(안)」[3.39]을 참조한다.

$$W_{fix} = \sum_i \Delta H_i \cdot G_i \quad (3.2.3)$$

여기서, 총합 기호는 모든 가연재료에 대한 합을 취하는 것을 의미한다.

ΔH : 재료의 단위무게당 연소발열량 [MJ/kg]

G : 재료의 무게 [kg]

단, 내장용 건축재료에 대해서는 방화재료의 구분에 따라 두께 1mm당 발열량이 정해져 있어 표 3.2.4의 값을 쓸 수 있다.

$$W_{fix} = \sum_i \Delta H_{m,i}\, d_{m,i}\, A_{m,i} \quad (3.2.4)$$

여기서, ΔH_m : 내장용 건축재료의 설치면적 1m²당 두께 1mm의 발열량 [MJ/m²·mm]

d_m : 내장용 건축재료의 두께 [mm]

A_m : 내장용 건축재료의 설치면적 [m²]

표 3.2.3 각종 재료의 단위무게당 발열량(재료당 평균적인 값)

재료명	단위중량당 발열량 ΔH (MJ/kg)	표면적 1m²당 발열속도 q_0(kW/m²)
셀룰로오스계 재료	17.5	-
목재	18.3	122
연질 플라스틱	36.1	413
경질 플라스틱	27.7	697

재료명	단위중량당 발열량 ΔH (MJ/kg)	표면적 1m^{2}당 발열속도 q_0(kW/m^2)
천	19.6	160
액체 연료	36.5	1111
고체 연료	30.7	-

[주] 각종 핸드북에 기재된 수치의 평균적인 값이다[3.40~3.45].

표 3.2.4 내장용 건축재료의 발열량[3.38]

방화재료의 구분	설치면적 1m^2, 두께 1mm당의 발열량 ΔH_m(MJ/(m^2 · mm))	설치면적 1m^{2}당 발열속도 q_0(kW/m^2)
불연재료	0.8	13
준불연재료	1.6	26
난연재료	3.2	52
목재 및 기타 재료	8.0	130

2) 공간 내의 가연물의 노출표면적

가연물의 노출표면적(등가인 목재환산)을 다음 식으로 계산한다.

$$A_{fuel} = \Phi W_{load} + \sum_i \phi_i A_{m,i} \tag{3.2.5}$$

여기서, Φ : 표면적계수 [m^2/MJ]

ϕ : 내장재료 및 제작가구등의 고정가연물의 표면적상 발열속도비 (kW/kW-wood)

A_m : 내장재료 및 제작가구등의 노출표면적 [m^2]

단, 총합기호는 모든 고정가연물에 대한 합을 나타낸다. 표면적계수는 적재가연물 중 실내로 노출하는 표면적을 구하여 목재로 환산한 후 총 발열량당으로 나타낸 것이다. 기존의 가연물 조사에 따르면 표 3.2.5의 값이 보고되고 있다. 그러나 조사치는 가연물의 재질에 따른 연소성상의 상위를 고려하고 있지 않으므로 20% 정도는 할증한 값을 설계용 값으로 제안하고 있다. 또한 국토교통성 고시에서는 기존의 조사결과의 평균보다도 큰 값을 채택하고 있다.

발열속도비라는 것은 내장용 재료와 목조의 연소 크기의 비이고 다음 식으로 정의된다. 발열속도비를 도입하는 이유는 4장의 발열속도의 예측식이 목재를 베이스로 작성되고 있기 때문이다.

$$\phi = q_o / q_{o,\,wood} \tag{3.2.6}$$

여기서, q_o : 내장용 건축재료등의 단위면적당의 발열속도(표 3.2.3~3.2.4)

$q_{o,\,wood}$: 목재의 단위면적당 발열속도(=122kW/m^2) (표 3.2.3 참조)

(2) 국소화재 또는 이동화재로 되는 실의 화재성상예측을 위한 화재하중

체육관의 경기장 부분 또는 통행 용도만으로 사용되는 아트리움의 하부 등은 공간 크기에 비해 가연물이 적어 화재가 발생해도 플래시오버 현상이 일어나지 않고, 연소가 부분적으로 그칠 것으로 예상된다. 이러한 경우에는 공간에 존재하는 가연물 군의 크기, 종류, 형태, 위치 등을 적절하게 고려하여 화원을 설정한다. 가연물 덩어리란, 동시에 연소할 것으로 예상되는 가연물의 세트로 제4장에서 서술하는 국소화재 설정의 근간이 되는 것이다.

그러나 과거의 가연물 조사결과는 빈약하여 국소화재를 일으키는 가연물 군의 상정방법을 일반적인 지침으로 제시하는 것은 곤란하다. 여기서, 본 지침에서는 약간의 조사 예를 아래에 표시하고, 공간 기능과의 관계를 고찰해 둔다.

1) 철도역의 플랫폼

철도역의 플랫폼 부분은 공간 형상과 기능이 단순하므로 가연물의 배치에도 일정한 규칙성을 보인다. 그림 3.2.2는 편측식 플랫폼 사례를 복수로 겹쳐서 작성한 전형적인 배치 패턴이다. 벽을 따라서 벤치와 쓰레기통이 배치되는 것이 전형적인 패턴이며, 어느 정도의 규모가 되면 자판기나 락카(locker) 등 승객의 편의 향상을 위한 물품이 설치된다. 이와 같은 공간에서는 벽체의 가연물에 대한 단독 혹은 복수의 연소를 상정하여야 한다.

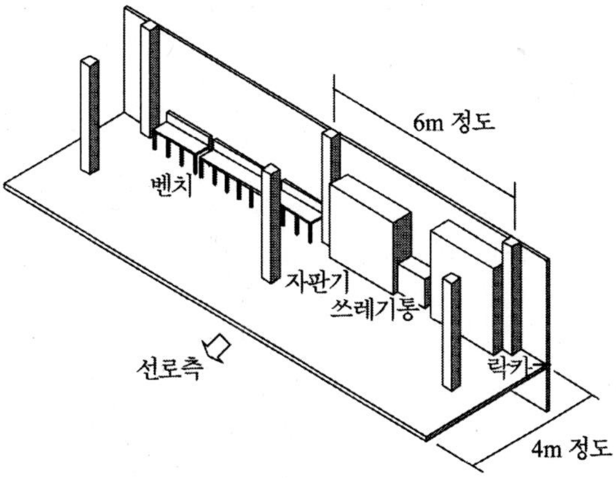

그림 3.2.2 플랫폼의 전형적인 가연물 배치 [3.46)]

2) 학교의 현관홀

학교 등의 교육시설 현관홀에는 게스트를 위한 각종 정보를 게시하는 게시판, 자료 배포용 테이블 등이 설치된다. 또한, 그림 3.2.3과 같이 어느 정도의 규모가 되면 일시적인 작업데스크 등의 가구나 휴게용 벤치 등이 배치되는 경우가 많다. 이들 물품은 주요 일상동선을 저해하지 않도록 벽이나 내부의 코너 쪽에 배치된다.

국소화재의 화원상정시, 전술한 바와 같이 설계대상과 유사한 공간의 실태조사 등에 따르는 것이 바람직하다. 내화성능검증법에서는 3MW 규모의 연소가 암묵적으로 상정되어 있고, 이것은 대형 소파의 연소와 거의 유사하다. 설계대상공간에 이것보다 큰 가연물이 상정되는 경우에는 국소화재의 가연물의 상정을 실태에 따라 행하는 것이 바람직하다.

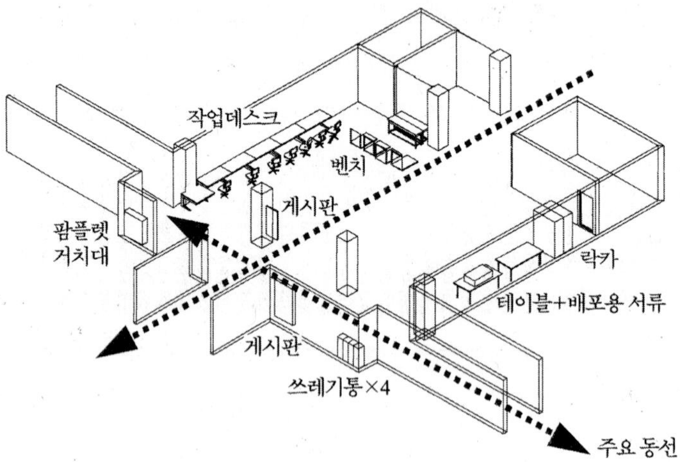

그림 3.2.3 학교 현관홀의 조사 사례 [3.47)]

3.3 작용하중

화재 시에 구조체에 작용하는 하중은 다음과 같이 적절하게 산정한다.

1) 내화설계에 사용하는 작용하중의 조합은 원칙적으로 고정하중(G), 적재하중(P) 및 적설하중(S)의 합으로 한다. 단, 화재 시에 상기 이외의 하중이 작용되는 것이 예상되는 경우에는 상기의 조합에 더하여 이들의 하중을 가산할 필요가 있다.
2) 고정하중(G), 적재하중(P) 및 적설하중(S)의 산정은 원칙적으로 건축기준법시행령 및 일본 건축학회편 「건축물 하중지침 · 동해설」에서 정하는 바에 따른다. 또한 화재 시에 상기 이외의 하중작용이 예상되는 경우에는 이들의 하중을 실제 상황에 맞추어 산정할 필요가 있다.

1) 내화설계시 고려해야 할 작용하중의 조합은 원칙적으로 (G)+(P)+(S)로 한다. 화재 시에 상기 이외의 하중이 더해질 것으로 판단되는 경우에는 그 하중도 고려해야만 한다. 이들 하중은 모두 장기하중으로 내화설계에서는 이것들이 작용한 상태에서 화재가 발생한 것으로 상정하고 있다.

적설의 상태는 구역에 따라 크게 다를 것으로 판단되나, 다설 구역 외에서도 수일간 하중으로 작용할 가능성이 있는 경우에는 적설하중도 장기하중으로 생각하는 것이 바람직하다. 이와 반대로, 지진하중 및 풍하중이 화재 시에 건물에 작용할 확률은 적으므로 내화설계에서는 이들 하중은 원칙적으로 고려하지 않아도 된다.

2) 내화설계에 사용하는 고정하중(G), 적재하중(P) 및 적설하중(S)의 산정은 원칙적으로 건축기준법시행령 및 건축학회편「건축물하중지침・동해설」[3.48]을 따른다.

① 고정하중(G)

건축물 각 부분의 고정하중은 건축기준법 시행령 第84조의 표 수치를 따르거나 또는 해당 건축물의 실제 상황에 따라 계산하여야 한다. 각 부분의 중량은 사용하는 재료의 밀도, 단위체적중량, 조합중량을 이용하여 산정한다.

② 적재하중(P)

건축물 각 부분의 적재하중은 해당 건축물의 실제상황에 따라 계산하여야 한다. 단, 건축기준법시행령 제85조의 표에 게시된 실 바닥의 적재하중은 그 표에서 정하는 수치에 따라 계산할 수 있다. 또한, 실의 용도에 따라 건축학회편「건축물하중지침・동해설」에 따라 적재하중을 산정해도 된다.

③ 적설하중(S)

적설하중은 건축기준법 시행령 제86조의 규정을 따르거나 또는 건축학회편「건축물하중지침・해설」에 따라 계산하여야 한다.

또한, 화재 시에 상기 이외의 하중의 작용이 예상되는 경우에는 이들의 하중을 실제의 상황에 따라 산정할 필요가 있다.

참고문헌

3.1) 国土開発技術研究センター編：建築物の総合防火設計法，第 4 巻，耐火設計法，(財)日本建築センター発行，1988

3.2) manu 都市建築研究所：建築物内の可燃物量に関する実態調査，1983.3

3.3) 油野健志・山中秀利・大宮喜文・高橋　清・田中哮義・若松孝旺：実態調査に基づく可燃物量とその表面積の分析，日本建築学会計画系論文集，第 483 号，pp. 1 ～ 8，1996.5

3.4) 松山　賢：性能的火災安全設計に用いる火災性状モデルの構築と火災安全性能評価への応用，東京理科大学学位論文，2000

3.5) 大宮喜文・北堀　純・原田和典・松山　賢・抱　憲誓：什器類の偏在状況を考慮した可燃物実態調査，日本建築学会技術報告集，第 22 号，pp.227～230，2005.12

3.6) 井田敦之・長谷見雄二・土屋伸一・村岡　宏・栗岡　均・若松高志・鈴木圭一・林　広明・長岡勉・森山修治・富松大基・山田　茂・今枝亮一・南　東君・峰岸良和：事務所系建築物のアトリウムにおける積載可燃物の実態調査，日本建築学会技術報告集，第 19 号，pp.157～162，2004.6

3.7) Chow, W.K., Wong, W.K.: On the Simulation of Atrium Fire Environment in Hong Kong Using Zone Models, Journal of Fire Sciences, Vol. 11, No. 1, pp.3～51, Jan./Feb. 1993

3.8) 南　東君・長谷見雄二・太田　充・嶋田　拓：大規模郵便局の収納可燃物特性－物流施設の収納可燃物量測定評価手法の研究－，日本建築学会環境系論文集，No. 582，pp.17～22，2004.8

3.9) 南　東君・長谷見雄二・太田　充：大型書店の収納可燃物特性とその簡易調査法，日本建築学会環境系論文集，第 613 号，pp.15～20，2007.3

3.10) 日本建築防災協会臨海部防火安全委員会：臨海部における大規模建築物群の総合的な防火安全に関する調査・検討報告書，1991.3

3.11) Hadjisophocleous G., Zalok, E.: A Survey of Fire Loads in Commercial Premises, Fire and Explosion Hazard, 4th International Seminar, April 2003

3.12) 金　南革・朴　宣圭・Kwon Young Jin：韓國の市場地域に対して可燃物の調査研究，日本建築学会大会（北陸）学術講演梗概集，A-2，pp.373～374，2010

3.13) Chow, W.K: Zone Model Simulation of Fires in Chinese Restaurants in Hong Kong, Journal of Fire Sciences, Vol. 13, No. 3, pp.235～253, May/June 1995

3.14) Chow, W.K., Wong W.K.: On the Simulation of Atrium Fire Environment in Hong Kong using Zone Models, Journal of Fire Sciences, Vol. 11, No. 1, pp.3～51, Jan./Feb. 1993

3.15) Yii H.W.: Effect of Surface Area and Thickness on Fire Loads, Fire Engineering Research Report, University of Canterbury, March, 2000

3.16) 八木真爾：大規模展示場における火災荷重の検討（大規模展示場における防災計画例　その 3），日本建築学会大会（関東）学術講演梗概集，A-2，pp.35～36，1997

3.17) 日本鋼構造協会，学校建築の可燃物実態調査，1973

3.18) 板垣直行・平井倫之・長谷見雄二：大規模木造建築物の防火基準整備のための基礎的研究 その 2 学校における可燃物量調査の方法及び分析方法, その 3 学校における可燃物量調査結果及び各室の火災特性の把握，日本建築学会大会学術講演梗概集（関東），pp.97～100，2011.8

3.19) 平井倫之・長谷見雄二・永盛洋樹・原田浩司・飯島泰男・板垣直行：性能的耐火設計のための学校体育館の可燃物量調査，日本建築学会技術報告集　第 17 巻　第 36 号，pp.549～554，2011.6

3.20) 佐藤博臣・栗岡　均・泉　純一・須川修身・石川孝重：木造住宅の火災荷重に関する分析（その 1 積載火災荷重について），日本建築学大会学術講演梗概集（関東），pp.31～32，1997.9

3.21) 古瀬　敏・森下弥三郎・松延　晋・川越邦雄：戸建住宅の積載可燃物量に関する調査，昭和 61 年度日本建築学会関東支部研究報告集，pp.397～400，1986

3.22) Kose S., Morishita Y., Hagiwara I., Tsukagoshi I., Matsunobu S., Kawagoe K.: Survey of Movable Fire load in Japanese Dwellings, Fire Safety Science - Proceedings of the Second International Symposium, pp.403～412, 1989

3.23) 日本建築センター・新都市型集合住宅システム開発プロジェクト（昭和 62 年度建設省委託）新都

市型躯体構造システム報告書，1988.3
3.24) 佐藤博臣・栗岡　均・佐藤　寛：住宅の家具配置実態と初期火災拡大危険評価モデル，日本建築学会環境系論文集，第595号，pp.1～8，2005.9
3.25) 金　南革・申　易徹・朴　宣圭・Kwon Y.：韓国のアパートにおける摘載可燃物の調査研究，日本建築学会大会学術講演梗概集（東北），2009.8
3.26) 申　易徹：市街地火災の物理的延焼性状予測のための開口噴出火炎の性状に関する基礎的研究，韓国湖西大学校修士論文，pp.62～67，2009
3.27) 古瀬　敏・森下弥三郎・松延　晋・川越邦雄：戸建住宅の積載可燃物量に関する調査，昭和61年度建築学会関東支部研究報告集，pp.397～400，1986
3.28) Bwalya A., Lougheed G., Kashef A., Saber H.: Survey Results of Combustible Contents and Floor Areas in Canadian Multi-Family Dwellings, Fire Technology, 47, pp.1121～1140, 2011
3.29) 才藤瑶子・土屋伸一・長谷見雄二・川原大喜・高木徹也：病院における災害時人命安全計画法の開発 その5 病室及びナースステーションにおける可燃物の実態調査，日本建築学会大会学術講演梗概集（東海），A-2，pp.81～82，2012.9
3.30) Green M.F.: A Survey of Fire Loads in Hackney Hospital, Fire Technology, Vol. 13(1), pp. 42～52, 1977
3.31) Son In Tea, Seo Dong Goo, Hong Hae Ri, Kwon Young Jin：身体障害者 福祉施設の主要可燃物調査及び燃焼実験に関する研究，韓国火災消防学会 秋季学術大会論文集，pp.314～317，2011
3.32) 藤井光治郎・石橋輝樹・中川善光・伊藤善彦：線路上空利用建物における耐火設計に関する研究 その2 駅の可燃物調査結果の分析，日本建築学会大会学術講演梗概集(東北)，A，pp.1197～1198，1991.9
3.33) 武居　泰・清水克将・星川　努：駅のホームおよびコンコースにおける可燃物実態調査，日本建築学会大会学術講演梗概集（北陸），A-2，pp.371～372，2010.9
3.34) 湯浅公美子・山田信太郎・伊原広由基・遠田　敦・北堀　純・鎌田泰裕・小澤成昭・大宮喜文：大規模ターミナル駅の可燃物実態調査 その1 調査概要及び可燃物分類およびその2 可燃物の特徴，日本建築学会大会学術講演梗概集（関東），pp.365～366，2011.8
3.35) 木村和貴・山田信太朗・遠田　敦・北堀　純・小澤成昭・大宮喜文・小山　剛：大規模ターミナル駅の可燃物実態調査 その3 可燃物密度と露出表面積の関係，日本建築学会大会学術講演梗概集（関東），pp.185～186，2012.9
3.36) 武居　泰・藤井光治郎・佐藤敏彦・山田聖治・林　　篤：駅構内に設置された売店等の可燃物量調査，日本建築学会大会学術講演梗概集（東海），A-2，pp.221～222，2003.9
3.37) 松原敏子・大宮喜文・松山　賢・原田和典：建築空間における可燃物の実態，日本建築学会大会学術講演梗概集（中国），A-2，pp.207～210，2008
3.38) 平成12年建設省告示第1433号，耐火性能検証法に関する算出方法等を定める件
3.39) 日本建築学会：火災荷重・設計火災性状指針(案)，2013
3.40) 高橋　済・須川修身：材料の燃焼とその生成物，火災便覧13.1節，共立出版，1997
3.41) Drysdale, D.: An Introduction to Fire Dynamics, John Wiley & Sons, 1999
3.42) 日本機械学会編：伝熱工学資料改訂第4版，1986
3.43) Quintietre, J., G.: Principles of Fire Behavior, Delmer publishers, 1998
3.44) Tewarson, A. and Pion, R.F.: Flammability of Plastics I Burning Intensity, Combustion and Flame, Vol. 26, pp.85～103, 1976
3.45) National Fire Protection Association: The SFPE Handbook of Fire Protection Engineering, 3rd ed., 2002
3.46) 中道明子・八木真爾・原田和典：通路状空間の可燃物配置調査，日本建築学会大会学術講演梗概集（北海道），A2，pp.347～348，2004.8
3.47) 日本建築学会防火委員会火災安全設計小委員会：局所火災に対する耐火設計を考える－魅力ある耐火設計に向けて－，2.3.3 調査事例とその整理，2005.1
3.48) 日本建築学会：建築物荷重指針・同解説，2015

CHAPTER

04

화재성상 및 부재의 가열조건

CHAPTER 04

화재성상 및 부재의 가열조건

4.1 대상으로 하는 화재성상과 그 선택

본 지침에서 대상으로 하는 화재성상과 그 판별방법은 다음의 사항에 따른다.

(1) 대상으로 하는 화재성상

내화설계에서 대상으로 하는 화재는 국소화재, 이동화재, 구획내 전체화재, 개구부 분출화염, 외부화재이고, 적절한 화재를 선정하여 상정한다.

(2) 화재성상의 판별방법

내화설계에서 대상으로 하는 화재성상의 판별은 다음의 사항에 따른다.

1) 일반적인 실에서는 국소화재, 이동화재, 구획내 전체화재를 선택한다.

2) 구획내 전체화재에서 환기지배형의 연소로 된 경우에는 4.5절에 따라 분출화염의 검토를 행하여야 한다.

3) 가연물이 적고, 천장이 높은 공간 등에서 국소화재로부터 이동화재 및 구획내 전체화재로 이행되지 않는 것이 확인된 경우에는 이동화재 및 구획내 전체화재의 산정을 생략할 수 있다.

4) 가연물의 배치를 특정할 수 있고, 천장이 높은 공간 등에서 이동화재로부터 구획내 전체화재로 이행하지 않는 것을 확인한 경우에는 구획내 전체화재의 산정을 생략할 수 있다.

화재성상이란, 일반적으로 화재가 성장·확대하여, 최성기를 거쳐 진화에 이르는 과정과 그 과정에서 발생하는 열이나 연기, 가스 등의 상태, 화염과 연기의 흐름 및 온도, 공간 내 전역으로 확대된 화염의 온도 등 넓은 의미의 용어로 쓰이고 있다. 한편, 내화설계에 있어서 화재 시 구조체에 가해지는 화열의 영향이 중요하며, 본 지침에서 말하는 화재성상은 화염의 형상이나 그 온도분포를 대상으로 한다.

내화설계에서 고려해야 할 화재의 종류는 공간 내 한정된 부분에서 연소가 계속되는 국소화재와 화재구획(벽 등으로 둘러싸인 방) 전역에서 격렬하게 가연물이 연소하는 구획내 전체화재가 있다. 또한, 건물 외부에 구조체가 설치된 외부 철골골조나 아트리움 등의 수직관통공간을 구성하는 부재는 개구부로부터 분출화염을 고려할 필요가 있다.

입지나 건물의 기능에 따라서는 외부철골골조 및 외주부에 면한 골조에 대하여 외부화염의 위험성이 있는 경우도 있다. 외부화재로는 인동(건물에서 타 건물로 확대되는 화재)화재, 지진 후의 시가지화재, 쓰나미화재 등이 있다. 현 시점에서는 설계에 활용할 수 있는 일반적인 지식은 정리되어 있지 못한 상황이나 부록 2를 참조하여 계획하는 건물에 적용할 수 있다.

표 4.1.1 대상으로 하는 화재성상

설계 대상	대상으로 하는 화재성상	참조
일반부	구획화재 (국소화재, 이동화재, 구획내 전체화재)	4.2~4.4
외부골조, 수직관통구획의 상부구조	개구부 분출화염	4.5
외부골조, 외주골조*	외부화재	부 2

*외주골조 : 입지 및 건물기능 등 필요에 따라 검토.

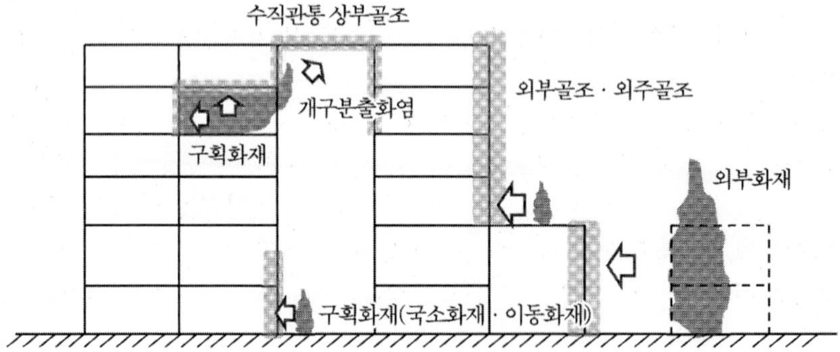

그림 4.1.1 대상으로 하는 화재성상

(1) 구획화재의 일반적 성질

실내로 둘러싸인 공간에서의 화재를 구획화재라 한다. 구획화재의 성상은 가연물 자체의 특성뿐 아니라 구획형상, 개구부 크기, 둘레 벽의 면적 및 열특성 등 공간특성에 따라 여러 가지 양상을 보인다. 그림 4.1.2에 구획화재의 일반적인 성상을 나타내었다. 어떠한 원인으로 인해 발생한 불씨는 점차적인 열 축적의 결과 마침내 유염연소에 이르게 되며, 이 현상을 착화라 한다. 착화 후에는 화염으로부터의 열전달로 주위의 가연물이 순차적으로 착화되어 화염은 점차적으로 성장한다. 이 단계를 초기성장이라 한다. 초기 성장에서 화재확대기구는 가연물의 특성이나 배치, 방 상부에 축적된 연기로부터의 복사열 등 여러 가지 요인과 관계하고 있어 이것을 공학적으로 예측하는 것은 복잡하다. 초기 성장과정을 정확하게 파악하는 것은 피난안전의 관점에서는 중요하나, 일반적으로 화재구획의 온도는 그다지 상승하지 않고 골조의 안정성이 문제가 될 정도의 열입력이 구조부재에 가해지는 것은 드물다.

화재의 영향이 화염 근처에 한정되어 어느 범위 이상으로 가연물로의 착화가 일어나지 않고 착화한 가연물이 다 연소되면 그림 4.1.2의 파선과 같은 경과를 거쳐 화재는 종료된다. 이 시나리오를 국소화재라 한다. 소량의 가연물이 충분한 격리거리로 배치된 공간에서는 국소화재로 될 가능성이 높다. 착화된 가연물이 진화되기 전에 주변의 가연물에 연소확대되면 이동화재로 된다. 가연물 간의 연소를 반복함으로서 연소되고 있는 범위가 시간과 더불어 이동하기 때문에 이 시나리오를 이동화재라고 부른다.

일반적인 건축공간에서는 어느 정도의 규모까지 화재가 성장하면, 실내의 가연물이 일제히 연소를 시작하여 화재범위는 실내 전체로 이르게 되며, 이 현상을 플래시오버라 한다. 플래시오버는 천장면의 화염확대나 창문 유리의 탈락 등의 현상을 계기로 일어나는 경우도 많다. 플래시오버 이후의 상태를 구획내 전체화재라 한다. 구획내 전체화재에서는 실온 상승이 크고 계속 시간도 길어지므로 구조체는 격렬하게 가열된다. 또한, 개구부로부터 화염이 분출하면 개구부 위쪽의 부재가 가열된다.

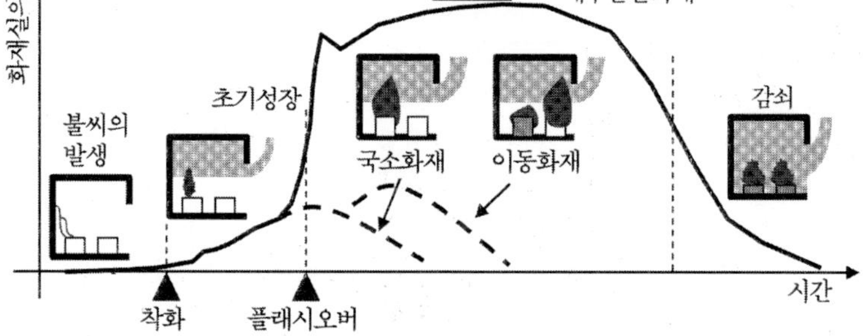

그림 4.1.2 구획화재의 일반적 경과(국소화재, 이동화재, 구획내 전체화재)

(2) 화재성상의 판별방법

일반적으로 상기와 같이 가연물이 적고 개방성이 높은 공간에서는 국소화재, 그 이외의 경우에는 구획내 전체화재를 상정하여야 한다. 그러나 국소화재와 구획내 전체화재의 경계를 미리 나누어 두는 것은 쉽지 않다. 따라서 본 지침에서는 국소화재, 이동화재, 구획내 전체화재 중 어느 쪽이 될 것인지가 명백한 경우를 제외하고는 화재성상의 예측에 따라 판별을 실시한다. 그 순서를 그림 4.1.3에 나타내었다. 가연물 밀도가 적고 국소화재가 될 가능성이 있는 공간에서는 국소화재를 가정하여 연소성상을 예측하고, 공간의 온도 또는 복사열을 고려하여 주변 가연물에 연소확대가 일어나지 않는 것을 확인하면 국소화재를 화재성상으로서 채택한다(4.2절). 주변 가연물로의 연소확대가 나타나는 경우에는 이동화재를 상정한다(4.3절). 이동화재를 상정한 때의 각 가연물의 발열속도의 합계가 플래시오버 한계발열속도(실내의 연소에 의하여 연기층온도가 500℃가 넘고, 플래시오버가 발생할 조건

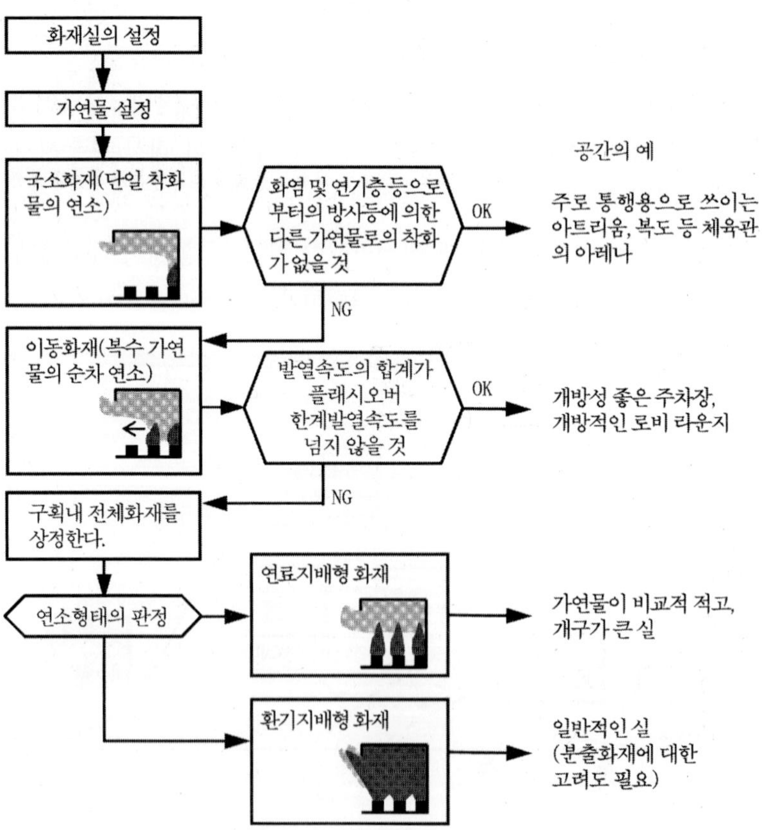

그림 4.1.3 화재성상의 판별순서

에 달하는 가연물의 발열속도)에 달한 경우에는 구획내 전체화재를 상정한다(4.4절). 구획내 전체화재를 환기지배형 연소로 되는 경우나 개구부 근처에서 가연물의 연소될 위험성이 있는 경우에는 개구부 분출화염에 대한 검토도 필요하다(4.5절).

그림 4.1.4는 상기의 판별을 실의 가연물 밀도와 개구부의 대소에 따라 실시한 예이다. 여기서, 세로축의 개구부 인자는 화재실의 환기량과 관련된 지수이며(후술하는 식 4.4.5에 정의됨), 이 값이 클수록 공기의 공급이 많은 것을 의미한다. 그림의 우측 하단으로 갈수록 가연물이 많고 폐쇄적인 실이며, 좌측 상단으로 갈수록 가연물이 적고 개방성이 높은 실이 된다. 그림 중에는 각 용도 공간에 대한 전형적인 조건을 타원으로 표시하였다. 호텔, 사무실, 주택 등의 거실공간에서는 구획내 전체화재를 피할 수 없으며, 환기지배형연소가 되는 경우도 적지 않다. 아트리움 등의 통행 공간, 체육관의 아리나 등과 같은 공간은 비교적 가연물이 적으므로 국소화재 또는 이동화재가 되는 경우가 있다.

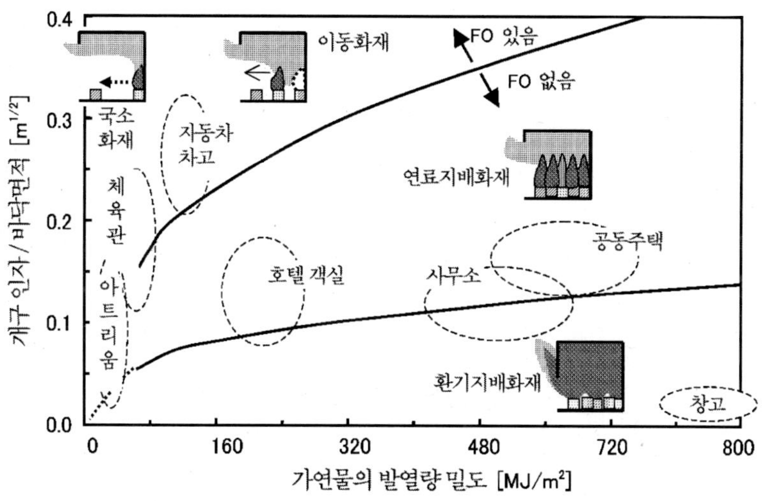

그림 4.1.4 화재의 분류와 실용도의 대응 [4.1)]

4.2 국소화재

(1) 화재성상

국소화재의 산정은 아래의 순서에 따른다.

1) 공간의 사용상태 인식

공간의 사용실태를 인식하고 가연물이 배치되는 영역을 특정한다.

2) 대표적인 가연물의 설정

국소화재로서 상정하여야 할 가연물을 특정한다.

3) 가연물의 연소성상(발열속도 등)의 추정

가연물의 발열속도는 특정한 가연물의 종류, 형상, 크기에 따라 설정한다.

4) 화염 확대의 산정(온도, 열류분포)

화재온도 및 플륨온도는 화원(연소물)의 위치, 치수와 발열속도를 기본으로 계산한다. 연기층 온도, 연기층 높이는 화원(연소물)의 위치, 치수, 발열속도 및 공간형상, 공간을 구성하는 벽의 사양, 배연설비를 중심으로 계산한다.

5) 주변 가연물 등으로 연소확대 예측

상정한 화재가 국소적인 연소로 종료가능여부에 대하여는 화염전파의 유무, 연기층 온도의 상승, 복사열에 의한 연소확대 등의 위험성을 검토한 후 판정한다.

(2) 부재의 가열조건

국소화재 및 다음 절에서 제시하는 이동화재와 같이 불균일한 온도로 부재가 가열되는 경우에는 부재 중에서 온도가 가장 높게 되는 것으로 예상되는 부분으로 대류열류 q_c와 복사열류 q_r의 양자를 고려하여 부재표면에 흡수되는 열류를 계산한다.

(화염에 휩싸인 부재 표면)

$$q_c = h_c(T_f - T_{surf}) \tag{4.2.1}$$

$$q_r = \varepsilon_{eff}\sigma(T_f^{\,4} - T_{surf}^{\,4}) \tag{4.2.2}$$

(연기층에 둘러싸인 부재 표면)

$$q_c = h_c(T_s - T_{surf}) \tag{4.2.3}$$

$$\begin{aligned} q_r = \varepsilon_{surf}[&\varepsilon_s\sigma(T_s^{\,4} - T_{surf}^{\,4}) \\ &+(1-\varepsilon_s)\{\sum_i F_{f(c),\,i}\sigma(T_{f(c)}^{\,4} - T_{surf}^{\,4}) + \sum_i F_{f(f),\,i}\sigma(T_{f(f)}^{\,4} - T_{surf}^{\,4}) \\ &+\left(1-\sum_i F_{f(c),\,i} - \sum_i F_{f(f),\,i}\right)\sigma(T_0^{\,4} - T_{surf}^{\,4})\}] \end{aligned} \tag{4.2.4}$$

(화염과 연기층에 휩싸인 부재 표면)

$$q_c = h_c(T_0 - T_{surf}) \tag{4.2.5}$$

$$q_r = \varepsilon_{surf}[F_s\sigma(T_s{}^4 - T_{surf}{}^4) + \sum_i F_{f(c),i}\sigma(T_{f(c)}{}^4 - T_{surf}{}^4)$$
$$+ \sum_i F_{f(f),i}\sigma(T_{f(f)}{}^4 - T_{surf}{}^4) + \left(1 - \sum_i F_{f(c),i} - \sum_i F_{f(f),i} - F_s\right)\sigma(T_0{}^4 - T_{surf}{}^4)] \quad (4.2.6)$$

여기서, q_c : 부재표면에 대류로 전달되는 열류 [kW/m^2]

q_r : 부재표면에 복사로 전달되는 열류 [kW/m^2]

h_c : 대류 열전달률 [$= 23.0 \times 10^{-3}$ kW/($m^2 \cdot$ K)]

T_s : 연기층 온도 [K]

ε_s : 연기층의 복사율

T_f : 화원축상의 온도 [K]

$T_{f(c)}$: 연속화염역의 온도 [K]

$T_{f(f)}$: 간헐화염역의 온도 [K]

T_0 : 실온의 초기치, 벽체온도의 초기치, 화재플륨 주변의 공기온도, 외기온도(엄밀하게는 이러한 온도는 구별하여야 하나, 구조체의 내화성이 문제가 되는 화재온도와 비교하면 그 변동은 적으므로 본 지침에서는 일정한 기준온도 T_0(=293K)로서 표기한다)

$F_{f(c),i}$: 부재표면으로부터 연소하는 가연물군 i의 연속화염영역을 본 경우의 형태계수

$F_{f(f),i}$: 부재표면으로부터 연소하는 가연물군 i의 간헐화염영역을 본 경우의 형태계수

F_s : 부재표면으로부터 연기층을 본 경우의 형태계수

ε_{eff} : 종합복사율

ε_{surf} : 부재표면의 복사율(강재표면은 0.9로 한다)

σ : 스테판 · 볼츠만 정수($=5.67 \times 10^{-11}$kW/($m^2 \cdot K^4$))

T_{surf} : 부재의 표면온도 [K]

(1) 국소화재의 화재성상

국소화재를 선택하기 위한 검토순서를 표 4.2.1에 나타내었다. 먼저, 설계대상 공간의 용도나 사용방법, 공간의 형상이나 크기로부터 3.2(2)와 같이 국소화재의 화원이 되는 가연물을 설정한다. 다음으로 설정한 가연물의 발열속도를 근거로 화염높이나 온도분포 등의 특성값을 구하여 주변으로의 연소확대 유무를 판정한다. 상정한 가연물 이외로 연소확대가 일어나지 않으면, 국소화재의 상정은 완료된다.

표 4.2.1 국소화재를 상정하기 위한 표준적 방법 [4.1)]

순 서		내 용
(1) 공간의 사용방법의 인식	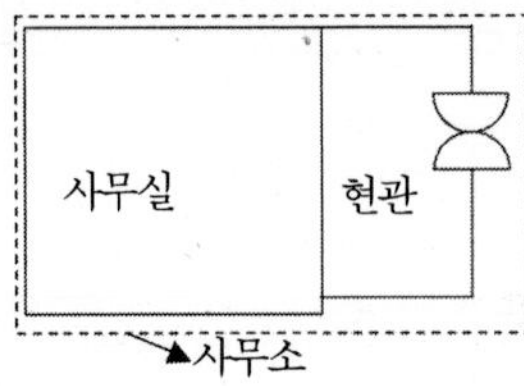	용도 : 오피스빌딩의 현관 홀 예상되는 활동 : 손님 접수, 약속장소, 간단한 협의
(2) 대표적 가연물의 설정	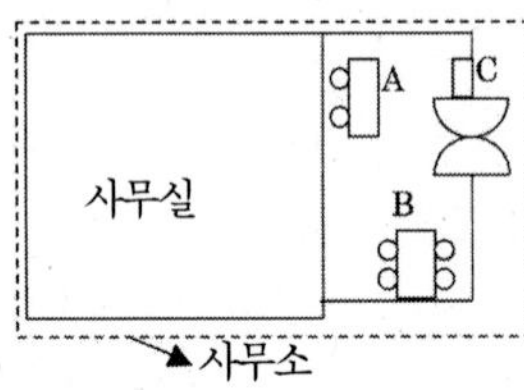	전형적인 가연물 배치를 설정 A = 접수처 B = 협의 코너 C = 쓰레기통 · 우산꽂이 · 안내판
(3) 가연물의 연소성상 (발열속도 등)의 추정	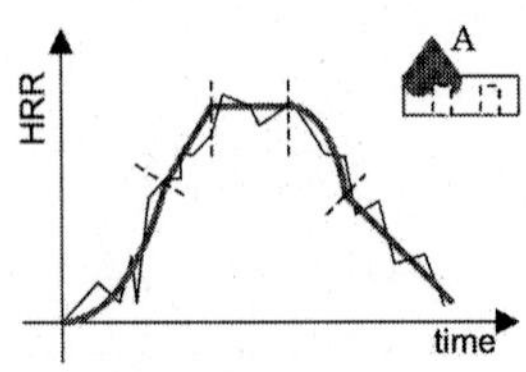	가연물의 종류, 형상, 크기에 따라 발열속도, 대표 직경, 화원면 높이를 설정한다.
(4) 화염 확산의 산정 (온도 · 열류 분포)	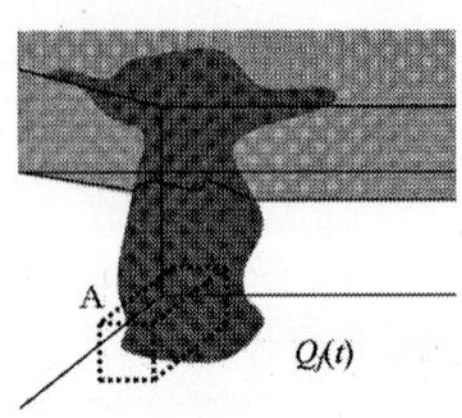	주위 벽 및 천장과의 간섭을 고려하여 화염이 확산되는 범위를 예측하여 온도 및 열류 분포를 구한다.
(5) 주변 가연물 등으로의 연소확대 예측	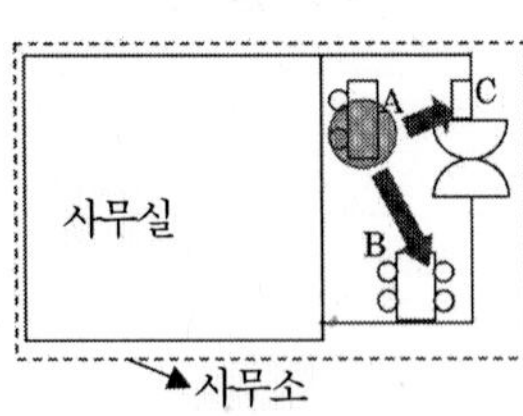	가연물(A)의 연소에 대하여 주변 가연물(B), (C)나 내장 재료, 설비기기 등으로의 연소확대의 유무를 계산으로 구한다(연소확대하는 경우는 설계안을 재검토하거나 이동화재의 검토도 행한다)

1) 가연물의 발열속도 산정방법

표 4.2.2는 대표적인 물품의 발열속도 측정결과를 그림 4.2.1에 표시된 패턴으로 근사하고, 물품 명칭별로 과거의 실험결과를 정리한 것이다. 이것을 이용하면 발열속도의 시간이력을 식 (4.2.7)로 구할 수 있다.

$$Q(t) = Q_{\max} \times \begin{cases} \left(\dfrac{t}{\tau_{grow}}\right)^2 & (0 \le t < \tau_{grow}) \\ 1 & (\tau_{grow} \le t < \tau_{grow} + \tau_{\max}) \\ \left(\dfrac{t - \tau_{grow} - \tau_{\max} - \tau_{decay}}{\tau_{decay}}\right)^2 & (\tau_{grow} + \tau_{\max} \le t < \tau_{grow} + \tau_{\max} + \tau_{decay}) \end{cases} \tag{4.2.7}$$

여기서, Q : 착화 t초 후의 발열속도 [kW]

$Q_{\max}$: 최대 발열속도 [kW]

t : 시간 [s]

τ_{grow} : 성장시간 [s]

$\tau_{\max}$: 최대연소의 계속시간 [s]

τ_{decay} : 감쇠시간 [s]

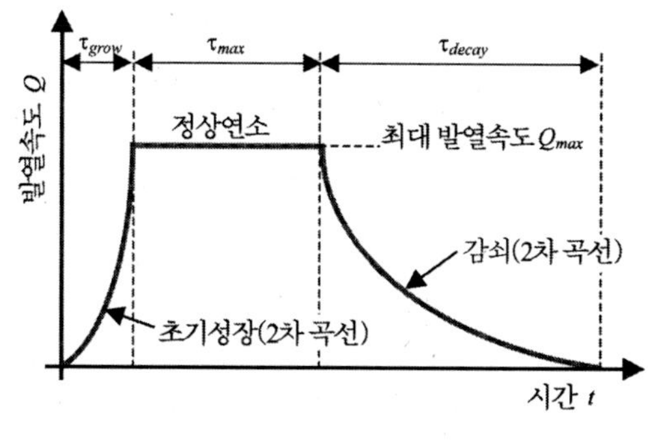

그림 4.2.1 발열속도의 경시 변화

표 4.2.2 대표적인 가연물의 발열속도와 총 발열량의 예[4.1, 4.2)]

물품명		성장시간 τ_{grow} (s)	최대 연소 지속시간 τ_{max} (s)	감쇠시간 τ_{decay} (s)	최대 발열속도 Q_{max} (kW)	총 발열량 THR (MJ)	데이터 수
의자	플라스틱제(앉는 부위에 쿠션 있음, 폭 70~80cm, 깊이 53~60cm, 높이 50~60cm, 중량 11.3~33.1kg)	105 (82)	118 (94)	247 (195)	383 (186)	90 (35)	9
	경질 플라스틱 쉘(쿠션 없음, 폭 45~58cm, 깊이 45~53cm, 높이 75~69cm, 중량 10.8~17.7kg)	177 (98)	131 (81)	453 (253)	594 (83)	202 (16)	7
	목재(폭 50~69cm, 깊이 48~89cm, 높이 71~78cm, 중량 5.1~25.8kg)	102 (128)	76 (105)	377 (127)	146 (197)	126 (87)	12
소파	1인용(폭 78~91cm, 깊이 50~91cm, 높이 48~81cm, 중량 11.5~28.3kg)	99 (87)	57 (51)	130 (87)	1,185 (422)	215 (60)	18
	2인용	155 (48)	43 (34)	263 (229)	1,905 (952)	386 (219)	10
	3인용	129 (60)	72 (48)	139 (50)	1,120 (463)	174 (36)	12
가구	장롱(목재)	145 (75)	80 (130)	480 (763)	705 (902)	2,623 (1,501)	8
	물품창고(목재)	124 (13)	68 (67)	362 (136)	758 (558)	243 (219)	3
	물품창고(철제)	111 (56)	8 (3)	208 (244)	438 (891)	41 (80)	5
	TV 받침대(폭 36~50cm, 깊이 36cm, 높이 25~93cm)	151 (111)	80 (93)	619 (726)	355 (168)	104 (81)	7
	사이드 보드	250	250	900	335	187	1
가전제품	TV	168 (138)	173 (122)	1,480 (369)	246 (31)	162 (46)	6
	식기세척기	556 (487)	76 (89)	940 (502)	467 (177)	272 (97)	4
	세탁기	370 (177)	607 (834)	967 (231)	328 (106)	314 (75)	3
쓰레기통	쓰레기통	119 (59)	58 (34)	258 (57)	292 (92)	66 (33)	5
	쓰레기봉투(1.1~4.1kg)	350 (71)	265 (141)	145 (49)	41 (13)	16 (2)	4
	골판지 상자(중량 0.23~1.35kg)	66 (24)	19 (2)	127 (116)	116 (31)	13 (7)	3
	맥주 상자(중량 2.5kg)	100	126	278	122	33	2

	물품명	성장시간 τ_{grow} (s)	최대 연소 지속시간 τ_{max} (s)	감쇠시간 τ_{decay} (s)	최대 발열속도 Q_{max} (kW)	총 발열량 THR (MJ)	데이터 수
차량	승용차	1,560 (802)	362 (105)	1,640 (541)	2,980 (444)	1,669 (383)	5
	버스	275 –	175 –	2,830 –	15,943 –	28,201 –	2
	대형 트럭	230 –	360 –	1,450 –	128,300 –	126,023 –	1
	지하철 차량	850 –	100 –	2,300 –	24,000 –	49,681 –	2
기타	판매대(1.2×1.2m, 높이 2.1m)	695 (237)	255 (230)	803 (564)	2,063 (761)	1,777 (261)	5
	크리스마스 트리(전나무, 직경 1.0~2.1m, 높이 1.3~3.1m, 중량 3~20kg)	25 (23)	21 (20)	49 (45)	2,001 (1,412)	93 (60)	14

(상단 : 평균값, 하단 : 표준편차)

2) 화염 및 플룸온도의 산정순서

국소화재의 경우, 화원(연소물)의 상부에 화염과 열기류가 발생한다. 이것을 화재플룸(plume)이라고 한다. 본 항에서는 화염 및 플룸의 일반적인 성상을 약술하고 내화설계에 사용하는 계산식을 해설한다.

2-1) 화재플룸의 일반적 성질

그림 4.2.2에 화재플룸의 구조를 모식적으로 나타내었다. 화염은 일정한 형태를 하고 있는 것이 아니라 짧은 시간별로 보면 여러 형상을 하고 있다. 이것을 거시적으로 보면 화염높이가 신축을 반복하는 것처럼 보인다. 이 점에서 화재플룸을 3개의 영역으로 분할하여 그 성질을 아래와 같이 판단할 수가 있다[4.3].

a) 연속화염영역 : 연소물의 직상에 있으며, 항상 화염이 존재하는 영역을 연속화염영역이라 한다. 이 영역에서는 화염의 온도는 높이에 관계없이 대체로 일정하며, 상승기류의 유속은 화원으로부터 높이의 제곱근에 비례한다.

b) 간헐화염영역 : 연속화염영역의 상부에 있으며, 화염의 진동에 의해 화염편이 존재하는 영역이다. 화염축상의 온도는 높이에 반비례하고, 유속은 거의 일정하다.

c) 플륨영역 : 간헐화염영역의 상부에 있으며, 상승기류만 있고 화염은 존재하지 않는 영역이다. 중심축상온도는 높이의 5/3승에 반비례하고, 유속은 높이의 1/3승에 반비례한다.

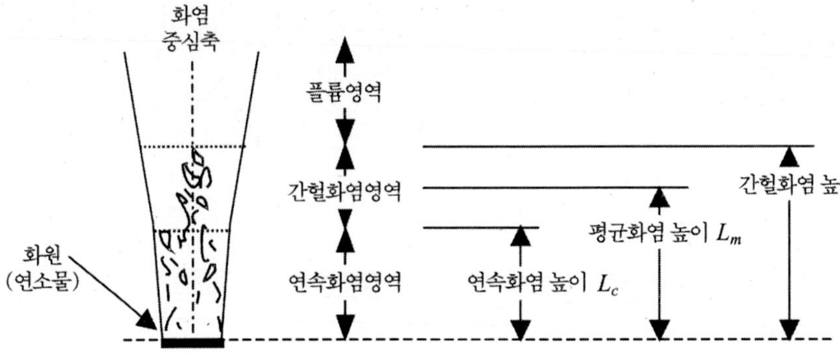

그림 4.2.2 화재플륨의 구조

화염 및 플륨의 온도는 연직방향만이 아닌 수평방향으로도 분포가 나타나나 동일한 높이에서는 화원의 중심축상이 가장 온도가 높게 되기 때문에 화재온도 및 플륨온도 산정에는 중심축상 온도를 사용한다.

2-2) 화염온도 분포의 계산식

화염온도는 난류확산화염의 상사법칙에 기초하여 정리된 여러 가지 실험식을 이용하여 구할 수 있다. 이들 관계식은 가스버너나 금속용기에 넣은 액체연료의 연소실험으로부터 유도된 관계식이므로, 적용할 시에는 가연물의 대표적 크기와 화원면의 높이를 기준으로 화염이 생성하는 평면을 화원면으로 정의한다. 화원면의 대표 직경과 화원면은 가연물의 연소 성상을 적절하게 근사하도록 취하는 것이 바람직하나, 현 시점에서 정확도가 좋은 방법은 아직 확립되어 있지 않다. 따라서, 일반적으로 그림 4.2.3에 나타내는 바와 같이 화염 크기를 약간 과잉으로 결정하는 것이 권장된다. 먼저, 실물체의 삼차원 형상을 수평면에 투영하여 이것에 외접하는 직사각형을 생각한다. 직사각형의 가로, 세로의 비가 2 이하이면 면적이 같은 정사각형으로 바꾸어 표 4.2.3의 계산식을 이용한다. 가로, 세로의 비가 2를 넘는 경우에는 짧은 쪽을 폭으로 하는 선화원(火)으로 근사하는 편이 화염온도의 계산에 적절하므로[4.4], 표 4.2.4에 나타내는 선화원의 계산식을 이용한다. 화원면은 그림 4.2.3에 나타내는 바와 같이 가연물의 주요 연소면의 높이로 취하는 것을 원칙으로 한다. 단, 연소성상의 측정에 따르는 경우는 별도로 한다. 예를 들어, 우레탄블록과 같이 최성기에는 전체가 연소에 기여하는 가연물의 경우는 화원면을 가연물저면으로 취하면 화염높이 등의 성질이 실험결과와 거의 일치하는 것이 확인되고 있다[4.5].

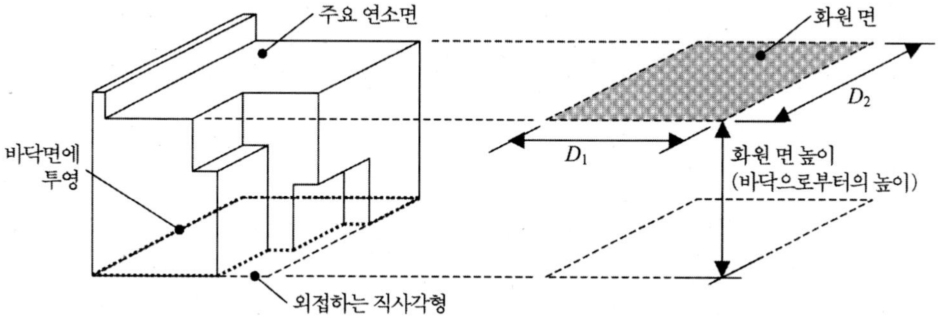

a) 실제의 형상　　b) 개념화시킨 화원

그림 4.2.3 가연물의 대표치수 측정방법

표 4.2.3에 가연물과 벽과 천장과의 위치관계에 따라 화염높이 및 온도분포의 계산식이 제시되고 있다. 화원지름 D의 2배 범위로 벽면이 있으면, 화염이 벽 쪽으로 기울어지면서 증대하는 것으로 알려져 있다[4.6)]. 신장의 정도는 벽면과 화원의 격리거리 S에 의존하는데, 본 표에서는 간략화를 위하여 격리거리가 화원지름의 2배 미만이면 화원이 벽면에 밀착하고 있을 때의 계산식을 이용하는 것으로 한다.

또한, 표의 일부는 현 시점에서 의거할 수 있는 실험식이 제안되어 있지 않으나, 표 중의 괄호에 별도 일람의 계산식을 준용하여 화염높이 및 온도를 안전측으로 계산하는 것으로 한다.

표 4.2.3 원형 또는 정방형화원에서 발생하는 화염높이와 축상온도의 계산식

화원조건		계산식		참고문헌
벽과의 거리	천장으로의 접염			
자유공간 벽으로부터 충분히 떨어진 위치	천장 없음  천장에 화염이 도달하지 않는 경우	화염높이	$L_c/D = 1.8\begin{cases} Q^{*2/3} & (Q^* < 1) \\ Q^{*2/5} & (1 \le Q^*) \end{cases}$ $L_m/D = 3.4\begin{cases} Q^{*2/3} & (Q^* < 1) \\ Q^{*2/5} & (1 \le Q^*) \end{cases}$	4.7)
		축상온도	$T_f = T_0 + \begin{cases} 800 & (z \le 1.2) \\ 960/z^* & (1.2 < z^* \le 2.4) \\ 1720/z^{*5/3} & (2.4 < z^*) \end{cases}$ $z^* = (z + \Delta z)/Q^{*2/5} D$ $\Delta z = 2.4D \times \begin{cases} Q^{*2/5} - Q^{*2/3} & (Q^* \le 1) \\ 1 - Q^{*2/5} & (1 < Q^*) \end{cases}$	

<table>
<tr><th colspan="2">화원조건</th><th colspan="2" rowspan="2">계산식</th><th rowspan="2">참고문헌</th></tr>
<tr><th>벽과의 거리</th><th>천장으로의 접염</th></tr>
<tr><td rowspan="8">자유공간

벽으로부터 충분히 떨어진 위치</td><td rowspan="2">천장 있음
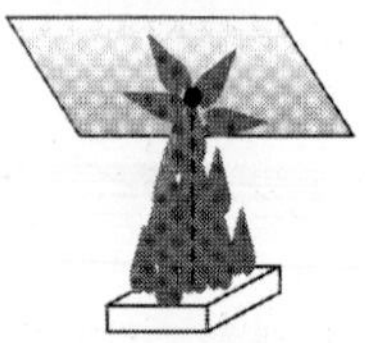</td><td>전염 길이</td><td>$R_f/H=2.58\,Q_{DH}^{*2/5}$
$Q_{DH}^{*}=Q/(1116DH^{3/2})$</td><td rowspan="2">4.8)</td></tr>
<tr><td>축상 온도</td><td>$T_f=T_0+\begin{cases}800 & (r^*\le 0.61)\\ 330/r^{*1.8} & (0.61<r^*)\end{cases}$
$r^*=(r+H+\Delta z)/(R_f+H+\Delta z)$ [주1]
$\Delta z=2.4\,D\times\begin{cases}Q^{*2/5}-Q^{*2/3} & (Q^*\le 1)\\ 1-Q^{*2/5} & (1<Q^*)\end{cases}$</td></tr>
<tr><td rowspan="2">천장 아래의 무내화피복보의 하부플랜지 하면
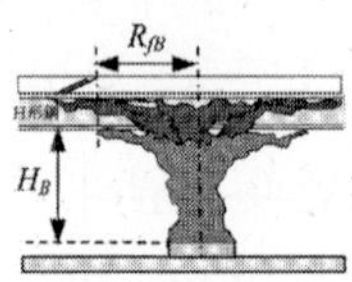
R_{fB} : 하부플랜지 하면으로 전염길이(m)
H_B : 화원면으로부터 하부플랜지 아랫면까지 길이(m)</td><td>하부플랜지로의 전염길이</td><td>$R_{fB}/H_B=2.27\,Q_{DH_B}^{*0.43}-1$ [주2]
$Q_{DH_B}^{*}=Q/(1116DH_B^{3/2})$</td><td rowspan="2">4.9)
4.10)
4.11)</td></tr>
<tr><td>하부플랜지 아래의 화염온도</td><td>$T_f=T_0+\begin{cases}855 & (r_b^*\le 0.65)\\ 457/r_B^{*1.53} & (0.65<r_B^*)\end{cases}$
$r_B^*=(r+H_B+\Delta z)/(R_{fB}+H_B+\Delta z)$ [주2]
$\Delta z=2.4\,D\times\begin{cases}Q^{*2/5}-Q^{*2/3} & (Q^*\le 1)\\ 1-Q^{*2/5} & (1<Q^*)\end{cases}$</td></tr>
<tr><td rowspan="2">천장 아래의 무내화피복보의 웨브 측면
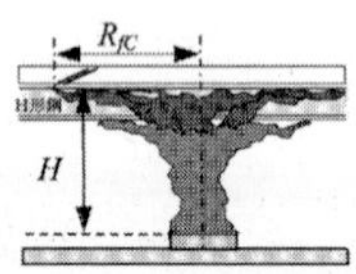
R_{fc} : 천장면으로의 전염길이(m)
H : 화원면으로부터 천장까지의 길이(m)</td><td>천장면으로의 전염길이</td><td>$R_{fc}/H=2.84\,Q_{DH}^{*0.52}-1$ [주2]
$Q_{DH}^{*}=Q/(1116DH^{3/2})$</td><td rowspan="4">4.9)
4.10)
4.12)</td></tr>
<tr><td>웨브 측면 근처의 화염온도</td><td>$T_f=T_0+\begin{cases}667 & (r_c^*\le 0.75)\\ 422/r_c^{*1.63} & (0.75<r_c^*)\end{cases}$
$r_c^*=(r+H+\Delta z)/(R_{fc}+H+\Delta z)$ [주2]
$\Delta z=2.4\,D\times\begin{cases}Q^{*2/5}-Q^{*2/3} & (Q^*\le 1)\\ 1-Q^{*2/5} & (1<Q^*)\end{cases}$</td></tr>
<tr><td rowspan="2">천장 아래의 무내화피복보의 상부플랜지 하면
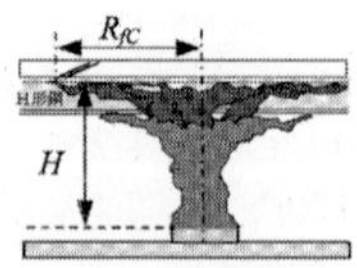
R_{fc}: 천장면으로의 전염길이(m)
H : 화원면으로부터 천장까지의 길이(m)</td><td>천장면으로의 전염길이</td><td>$R_{fc}/H=2.84\,Q_{DH}^{*0.52}-1$ [주2]
$Q_{DH}^{*}=Q/(1116DH^{3/2})$</td></tr>
<tr><td>상부플랜지 하면 근처의 화염온도</td><td>$T_f=T_0+\begin{cases}885 & (r_c^*\le 0.54)\\ 393/r_c^{*1.25} & (0.54<r_c^*)\end{cases}$
$r_c^*=(r+H+\Delta z)/(R_{fc}+H+\Delta z)$ [주2]
$\Delta z=2.4\,D\times\begin{cases}Q^{*2/5}-Q^{*2/3} & (Q^*\le 1)\\ 1-Q^{*2/5} & (1<Q^*)\end{cases}$</td></tr>
</table>

화원조건		계산식		참고문헌
벽과의 거리	천장으로의 접염			
벽쪽 벽으로부터의 거리 S가 화원직경 D의 2배 미만 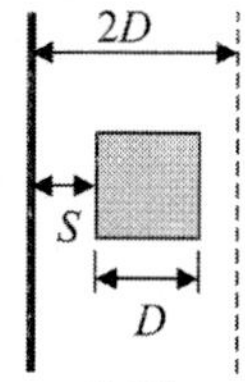 $(S<2D)$	천장 없음 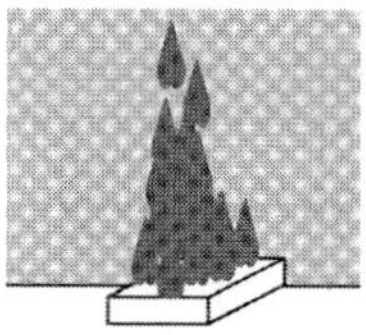 천장으로 화염이 도달하지 않는 경우	화염 높이	$L_c/D=2.2Q^{*2/5}$ $L_m/D=3.5Q^{*2/5}$ [주3] $L_f/D=4.6Q^{*2/5}$	4.13) 4.14) 4.15)
		축상 온도	$T_f = T_0+\begin{cases}800 & (z^* \le 2.86)\\ 4600/z^{*5/3} & (2.86 < z^*)\end{cases}$ $z^* = (z+\Delta z)/Q^{*2/5}D$ [주4] $\Delta z = (2.5-0.7Q^*)Q^{*2/5}D$	
	천장 있음 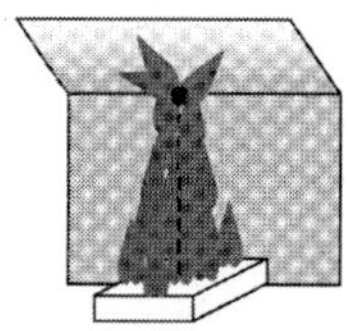	-	(우각부의 계산식을 준용한다.)	-
우각부 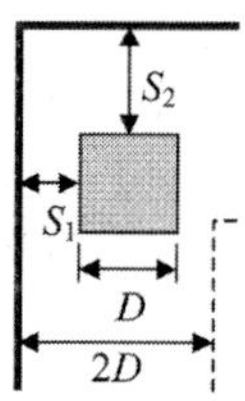 $(S_1<2D$ 이고, $S_2<2D)$ 우각부로부터의 거리가 화원직경의 2배 미만	천장 없음 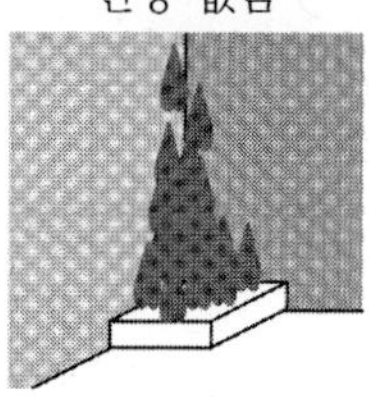 천장으로 화염이 도달하지 않는 경우	화염 높이	$L_c/D=3.0Q^{*2/3}$ $L_m/D=4.3Q^{*2/3}$	4.13)
		축상 온도	$T_f = T_0+\begin{cases}880 & (z^* < 2.5)\\ 2200/z^* & (2.5 \le z^* < 3.6)\\ 5100/z^{*5/3} & (3.6 \le z^*)\end{cases}$ $z^* = (z+\Delta z)/Q^{*2/5}D$ $\Delta z = (3.54Q^{*2/5}-3.3Q^{*2/3})D$	
	천장 있음 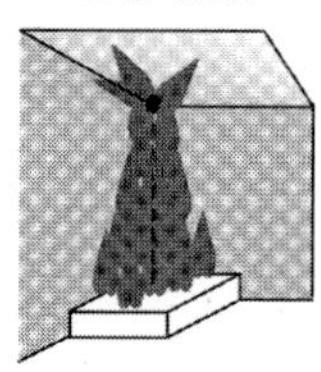	전염 거리	$(R_c+H)/D=3.9Q^{*1/2}$ $(R_f+H)/D=5.9Q^{*1/2}$	4.16)
		축상 온도	$T_f = T_0+\begin{cases}900 & (z^* \le 0.55)\\ 272/z^{*2} & (0.55 < z^*)\end{cases}$ $z^* = z/5.9Q^{*1/2}D$ 천장 아래로 전염부분 $T_f = T_0+\begin{cases}950 & (r^* \le 0.55)\\ 288/r^{*2} & (0.55 < r^*)\end{cases}$ $r^* = (r+H)/(R_f+H)$	

기호의 정의

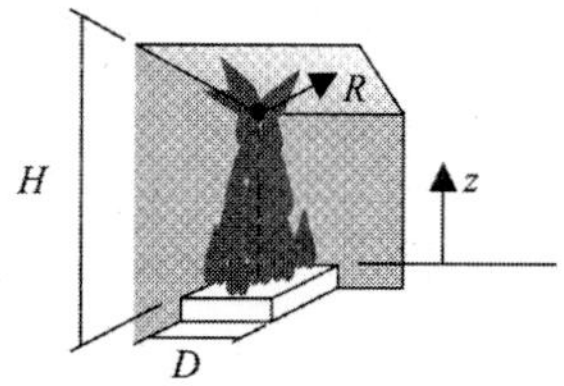

D : 화원의 대표치수(m)
z : 화원면으로부터 높이(m)
R : 전염거리(화원직상점으로부터의 반경)(m)
H : 화원면으로부터 천장까지의 높이(m)
(첨자) c : 연속화염, m : 평균화염, f : 간헐화염

주1) 원저에서는 전염 중심으로부터의 거리 r에 설치된 수냉식 열류계로의 입사열류가 표시되어 있다. 본 표에서 나타내는 화염온도의 계산식은 동등한 열류를 부여하기 위해 $q=h(T_f-T_{o})+\sigma(T_f^4-T_0^4)$로부터 T_f를 역산한 것이다. 단, 대류 열전달률 $h=0.023\text{kW}/(\text{m}^2\cdot\text{K})$, σ는 스테판·볼츠만 정수 $(=5.67\times10^{-11}\text{kW}/(\text{m}^2\cdot\text{K}^4))$, T_o는 수냉 열류계의 표면온도 20℃(293K)로 하였다.

주2) 원저에서는 화원직상점으로부터 거리 r에 설치한 수냉식 열류계로의 입사열류가 표시되어 있다. 본 표에서 나타내는 화재온도의 계산식은 [주1]과 마찬가지로 같은 열류를 주도록 T_f를 역산하고 있다. 단, 대류열전달률은 $h=0.01\text{kW}/(\text{m}^2\cdot\text{K})$으로 하였다. 또한 보형상은 H형강재로서 보 높이가 보폭 2배 이하, 화원의 대표치수 D와 보의 플랜지폭 H_B의 비 H_B/D가 20/100 이상, 무차원 발열속도가 $0.48\leq Q^*\leq1.01$의 범위에서 가능하다.

주3) 원저에서는 Q^*와 다른 무차원화를 하고 있으나, 본 표에서는 같은 값의 표현이 되도록 변형하여 표기하였다.

주4) 원저에서는 $z^*>3$에 대한 실험식으로서 나타내고 있다. 이보다도 z^*이 적은 범위에서는 축상온도를 높게 계산하게 된다.

표 4.2.4 선화원에서 발생하는 화염높이와 축상온도의 계산식

화원 조건		계산식			참고문헌
벽과의 거리	천장으로의 접염				
자유공간 벽으로부터 충분히 떨어진 위치	천장 없음 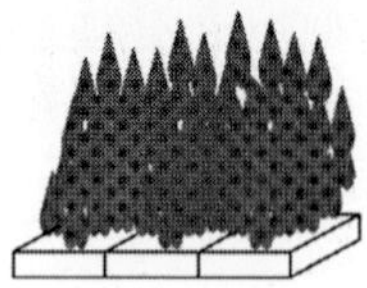 천장으로 화염이 도달하지 않는 경우	화염 높이	$L_m/D=4.5\,Q_l^{*2/3}$		4.4)
		축상 온도	$T_f=T_0+\begin{cases}800 & (z^*\leq1)\\800/z^* & (1<z^*)\end{cases}$ $z^*=z/Q_l^{2/3}D$	[주1]	
	천장 있음 	(모퉁이 부분의 계산식을 준용한다.)			
벽쪽 벽으로부터의 거리가 화원 직경의 2배 미만	천장 없음 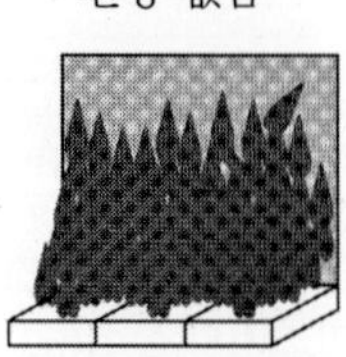 천장으로 화염이 도달하지 않는 경우	화염 높이	$L_c/D=2.8\,Q_l^{*2/3}$ $L_f/D=6.0\,Q_l^{*2/3}$		4.17)
		축상 온도	$T_f=T_0+\begin{cases}780 & (z^*\leq0.302)\\240/z^* & (0.302<z^*)\end{cases}$	[주2]	4.18)

<table>
<tr><th colspan="2">화원 조건</th><th colspan="2" rowspan="2">계산식</th><th rowspan="2">참고
문헌</th></tr>
<tr><th>벽과의 거리</th><th>천장으로의 접염</th></tr>
<tr><td>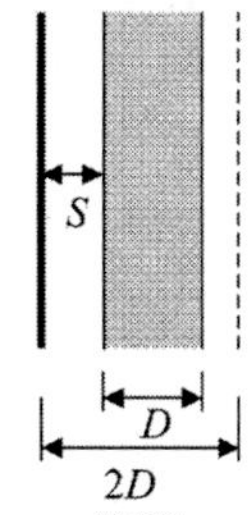</td><td>천장 있음
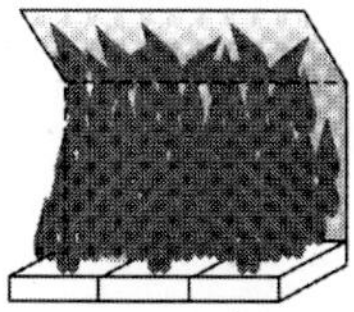</td><td colspan="2">(모퉁이 부분의 계산식을 준용한다.)</td><td></td></tr>
<tr><td rowspan="4">우각부
우각부로부터의 거리가 화원직경의 2배 미만
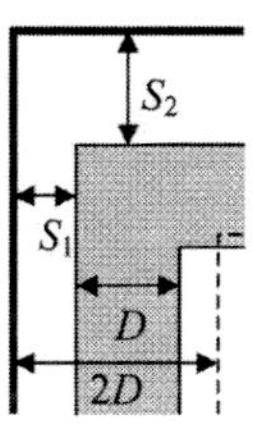
(S_1<2D 이고, S_2<2D)</td><td rowspan="2">천장 없음

천장으로 화염이 도달하지 않는 경우</td><td>화염
높이</td><td>(R_c+H를 L_c, R_f+H를 L_m로서 천장 있는 경우의 계산식을 준용한다.)</td><td rowspan="2"></td></tr>
<tr><td>축상
온도</td><td>(천장 있는 계산식 중 벽의 우각부를 준용한다.)</td></tr>
<tr><td rowspan="2">천장 있음
</td><td>전염
거리</td><td>$(R_c+H)/D=4.3Q^{*1/2}$
$(R_f+H)/D=5.9Q^{*1/2}$ [주3]</td><td rowspan="2">4.16)</td></tr>
<tr><td>축상
온도</td><td>벽의 우각부
$T_f=T_0+\begin{cases}950 & (z^*\le 0.55)\\ 290/z^{*2} & (0.55<z^*)\end{cases}$
$z^*=z/5.9Q^{*1/2}D$
$Q^*=Q/1116D^{5/2}$ [주3]
천장 아래의 전염부분
$T_f=T_0+\begin{cases}950 & (r^*\le 0.55)\\ 340/r^{*2} & (0.55<r^*)\end{cases}$
$r^*=(r+H)/(R_f+H)$</td></tr>
</table>

기호의 정의

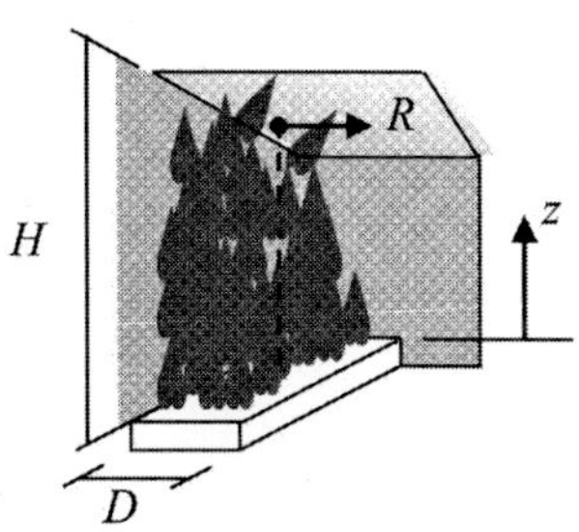

D : 화원의 대표치수(폭) (m)
z : 화원면으로부터 높이(m)
R : 전염거리(화원직상점으로부터의 수평거리) (m)
H : 화원면으로부터 천장까지의 높이(m)
(첨자) c : 연속화염, m : 평균화염, f : 간헐화염

주1) 문헌 소재의 데이터로부터 상관식을 작성하였다.

주2) 원저에서는 측벽이 있는 벽면 근방의 직사각형 화원으로부터 벽면에 입사하는 열류를 측정하고 있다. 본 표의 계산식은 열류가 전부 복사에 의한 것으로 근사하여 스테판・볼츠만의 법칙에 따라 환산한 흑체온도이다.

주3) 선화원이나 정방형화원에 대한 무차원 발열속도를 이용하여 상관식이 작성되어 있다.

참고

i) 무차원 발열속도에 의한 상사법칙

기존의 계산식에서는 화염높이와 축상온도에 대하여 프루드 수(Froude number)를 기준으로 상사법칙을 이용한 실험식이 제안되고 있다. 벽이나 천장으로부터 충분히 떨어진 위치에 화원이 있는 경우에는 화염높이와 대표 직경(원형화원은 직경, 정방형화원은 한 변의 길이)의 비율은 무차원 발열속도로 나타낼 수 있다.

$$L/D = f(Q^*) \tag{4.2.8}$$

여기서, L : 화염 높이(L_c, L_m, L_f 중 하나) [m]

L_c : 연속화염의 높이 [m]

L_m : 평균화염의 높이 [m]

L_f : 간헐화염의 높이 [m]

Q^* : 무차원 발열속도

D : 대표 직경(원형화원은 직경, 정방형화원은 한 변의 길이)[m], 선화원에서는 화원 폭 [m]

무차원 발열속도는 다음 식에서 정의된다. 이것은 화염을 가연성가스의 연소로 유추하여 초기속도가 지니는 관성력과 화염에 가해지는 부력의 비를 취한 것이다.

$$Q^* = \frac{Q}{c_p \rho_0 T_0 \sqrt{g} D^{5/2}} = \frac{Q}{1116 D^{5/2}} \tag{4.2.9}$$

여기서, Q : 화원의 발열속도 [kW]

c_p : 공기의 비열($= 1.01\,\mathrm{kJ/(kg \cdot K)}$)

T_0 : 기준온도($= 293\,\mathrm{K}$)

ρ_0 : 기준온도(T_0)에서의 공기 밀도($= 1.205\,\mathrm{kg/m^3}$)

g : 중력가속도($= 9.8\,\mathrm{m/s^2}$)

선화원의 경우, 단위길이당 발열속도를 이용하여 다음 식으로 무차원 발열속도를 나타낸다.

$$Q_l^* = \frac{Q_l}{c_p \rho_0 T_0 \sqrt{g} D^{3/2}} = \frac{Q_l}{1{,}116 D^{3/2}} \tag{4.2.10}$$

여기서, Q_l^* : 무차원 발열속도

Q_l : 화원의 단위길이당 발열속도 [kW/m]

D : 선화원의 폭 [m]

실제 건축공간에서 화염은 화원 근처에 있는 벽이나 천장 등에 의해 영향을 받는다. 벽의 영향은 이차적이나, 화염을 향해 공기가 인입되는 현상이 벽에 의해 저해되므로 화염길이는 벽이나 벽의 안쪽 코너부분에서는 자유공간보다도 길어진다. 천장 등의 부재가 있으면 화염은 수평방향으로 전염된다. 전염 성상은 화원뿐 아니라 수평방향 부재의 관계에 의해 정해지는 것이므로, Q^*만으로 기술되는 것이 아니라 일반적으로는 Q, D 및 H의 함수가 된다.

$$R = f(Q, D, H) \tag{4.2.11}$$

여기서, R : 수평방향의 전염거리(R_c, R_m, R_f 중 하나) [m]

R_c : 연속화염의 전염반경 [m]

R_m : 평균화염의 전염반경 [m]

R_f : 간헐화염의 전염반경 [m]

H : 화원면으로부터 천장까지의 높이 [m]

이 경우, 대표 크기가 2가지 있으므로 무차원화가 쉽지는 않으나, 화원직경과 천장높이의 양자를 조합하여 발열속도를 무차원화하는 방법이 제안되고 있다.

$$\frac{R}{H} = f({Q_{DH}}^*) \tag{4.2.12}$$

$${Q_{DH}}^* = \frac{Q}{c_p \rho_0 T_0 \sqrt{g} DH^{3/2}} = \frac{Q}{1,116DH^{3/2}} \tag{4.2.13}$$

ii) 화염온도분포의 상사법칙

화염의 온도분포는 축상온도(화염의 진행방향을 따르는 중심축상의 온도)로 대표된다. 건축화재에서 대상으로 하는 난류확산화염의 경우, 연속화염높이에서 800℃, 평균화염높이에서 500℃, 간헐화염높이에서 300℃로 화염높이와 온도분포 간에는 일정한 관계가 있다. 따라서, 화원면으로부터 거리를 화염길이로 나누어 무차원화된 거리를 사용하여 온도분포의 예측식이 작성되고 있다.

$$T_f = T_0 + f(z^*) \tag{4.2.14}$$

여기서, T_f : 축상온도 [K]

z^* : 무차원거리

T_0 : 주변 공기온도(기준온도, 293K)

자유공간 중의 화염에서 $Q^* > 1$이면, 화염높이는 $Q^{*2/5}D$에 비례한다. 따라서, 무차원거리를

$$z^* = \frac{z + \Delta z}{Q^{*2/5} D} \tag{4.2.15}$$

또는

$$z^* = \frac{z + \Delta z}{L} \tag{4.2.16}$$

로 하는 경우가 많다.

여기서, z : 화원면으로부터의 거리 [m]

Δz : 가상점열원 보정 [m]

가상점열원 보정은 화원직경과 분출시의 초기속도의 영향을 고려하기 위하여 도입되었다. 화염의 축상온도는 발열속도뿐 아니라 화원의 지름이나 분출 시의 초기속도에도 의존한다. 이러한 점을 고려하기 위해 그림 4.2.4에서 나타내는 바와 같이, 화염이 가상적인 점열원(크기가 없는 발생원)으로부터 초기속도 제로에서 발생한다고 했을 때의 열기류 온도분포와 일치하도록 온도분포의 원점을 화원면으로부터 Δz 만큼 아래쪽으로 이동시킨다. 이것을 가상점열원보정이라고 한다. Δz는 화원직경과 발열속도에 따라 온도분포의 계산식과 함께 제시된다.

원형화원 또는 정방형화원의 축상온도분포를 보정한 예를 그림 4.2.5에 나타내었다.

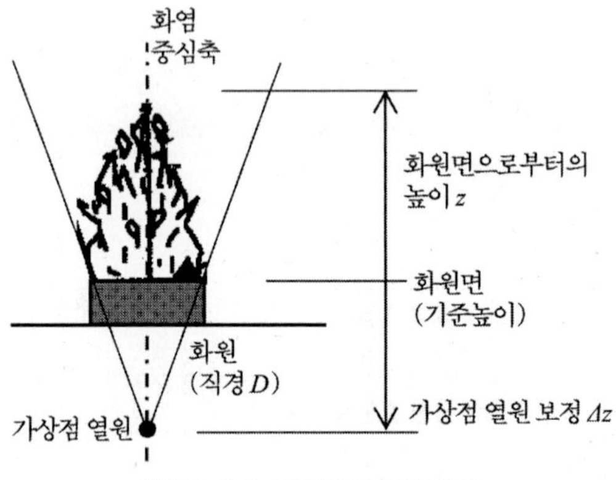

그림 4.2.4 가상점열원의 정의

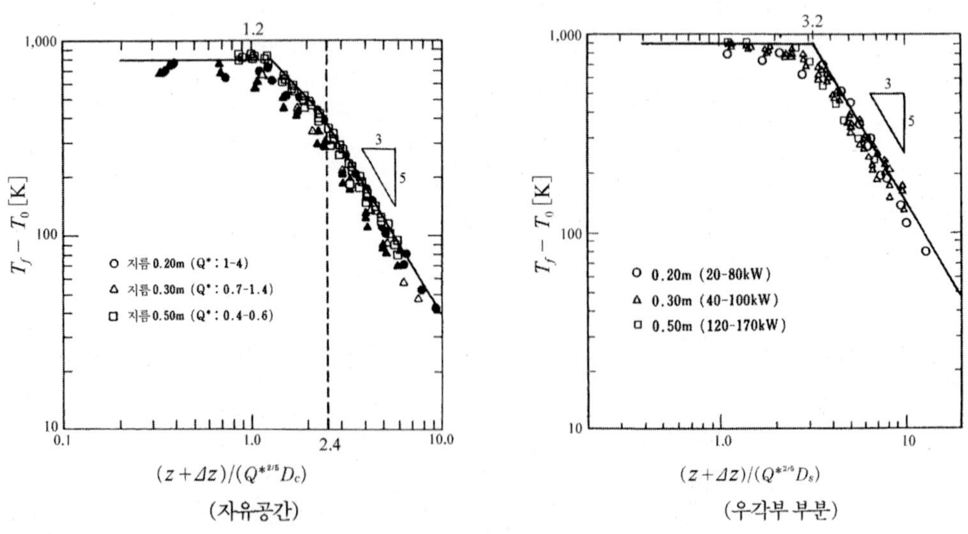

그림 4.2.5 원형화원 또는 정방형화원의 축상온도분포[4.7)]

예제 1

표 4.2.2의 1인용 소파가 연소하였을 때 바닥면으로부터 높이 3m의 화염중심축상의 온도를 계산한다. 최대 발열속도는 평균값 1,185kW, 표준편차 422kW이다. 여기서는 평균값에 표준편차를 더한 값, $Q=1,185+422=1,607$kW로 한다. 화원치수는 소파의 직경으로 $D=0.9$m, 화원면은 주된 연소가 일어나는 장소로 의자높이를 취하여 바닥면으로부터 0.5m의 위치로 한다. 또한 공간의 체적이 크므로 주변 공기온도의 상승은 무시한다.

표 4.2.3의 계산식에 의해 「벽으로부터 충분히 떨어진 위치」로 「천장에 화염이 도달하지 않는」 경우의 계산식을 이용한다. 먼저, 화원의 무차원 발열속도를 식 (4.2.9)에 따라 구한다.

$$Q^* = \frac{Q}{1,116D^{5/2}} = \frac{1,607}{1,116 \times 0.9^{5/2}} = 1.87 \tag{4.2.17}$$

다음으로, 가상점열원 보정을 실시한다. 이 예제에서는 $Q^* > 1$이므로 Δz는 마이너스 값이 되어 가상점열원은 화원면보다도 위쪽에 위치한다.

$$\Delta z = 2.4\,D(1-Q^{*2/5}) = 2.4 \times 0.9 \times (1-1.87^{2/5}) = -0.62 \tag{4.2.18}$$

이상의 수치로부터 화염축상온도를 구한다. 화원면으로부터의 연직방향거리는 $z=3-0.5=2.5$m에서 무차원거리는 1.63, 온도는 610℃이다. 참고로 화염축상의 온도분포를 그림 4.2.6에 나타내었다.

$$z^* = \frac{z+\Delta z}{Q^{*2/5}D} = \frac{2.5+(-0.62)}{1.87^{2/5} \times 0.9} = 1.63 \tag{4.2.19}$$

$$T_f = T_0 + 960/z^* = 293 + 960/1.63 = 882\text{K}\ (610℃) \tag{4.2.20}$$

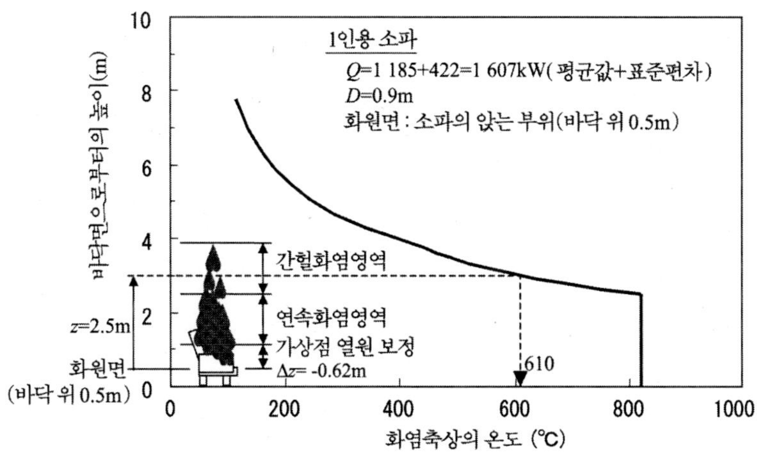

그림 4.2.6 화염축상온도의 계산 예(자유공간 중의 1인용 소파)

예제 2

슬래브 하면의 무내화피복H형강보부재의 중앙부분에 대하여 바닥상부의 화원에 의하여 국소적인 가열을 받은 경우의 화염축상온도를 계산한다. 화원치수, 발열속도 등의 계산조건을 표 4.2.5에 나타낸다. 이 중 화원직상점으로부터 $r=0.075$m의 위치하부 플랜지하면의 화염축상온도를 표 4.2.3의 자유공간에서 천장하부의 무내화피복 보의 하면 플랜지하면의 계산식을 사용하여 아래와 같이 산출한다.

표 4.2.5 계산조건

화원의 대표 치수 D	1.0m
발열속도 Q	848kW
화원으로부터 H형 보의 하부플랜지 하면까지의 높이 H_B	2.0m
보의 단면형상(보 높이×보 폭×웨브 두께×플랜지 두께)	H−400×200×13×15(mm)

우선 식의 적용조건을 확인한다. 무차원발열속도 Q^*는 화원치수 $D=1.0$m, 발열속도 $Q=848$kW이므로 식 (4.2.9)에 따라 $Q^*=0.76$이 된다. 계산식의 적용범위는 $0.48 \le Q^* \le 1.01$이므로 본 조건에서 적용 가능하다. 또한 보 길이가 폭의 2배 이하, 화원치수(1.0m)에 대한 보폭(0.2m)의 비가 20/100 이하인 것도 확인하였다.

다음으로 무차원발열속도 ${Q_{DH_B}}^*$를 산정한다. 무차원발열속도 ${Q_{DH_B}}^*$, 화염의 전염길이 R_{fB} 및 가상점 열원깊이 Δz는 각각 다음 식에 의하여 산출한다.

$${Q_{DH_B}}^* = 848/(1,116 \times 1.0 \times 2.0^{3/2}) = 0.268 \tag{4.2.21}$$

$$R_{fB} = H_B\left(2.27\,Q_{DH_B}^{*0.43} - 1\right) = 2.0 \times \left(2.27 \times 0.268^{0.43} - 1\right) = 0.577 \tag{4.2.22}$$

$$\Delta z = 2.4D\left(Q^{*2/5} - Q^{*2/3}\right) = 2.4 \times 1.0 \times \left(0.759^{2/5} - 0.759^{2/3}\right) = 0.152 \tag{4.2.23}$$

이상으로부터 화원직상점으로부터 $r=0.075$m에 있어서 무차원거리 ${r_b}^*$ 및 하부플랜지 하면의 화원축상 온도 T_f는 다음과 같다.

$$\begin{aligned} {r_b}^* &= (r + H_B + \Delta z)/(R_B + H_B + \Delta z) \\ &= (0.075 + 2.0 + 0.152)/(0.577 + 2.0 + 0.152) = 0.816 \end{aligned} \tag{4.2.24}$$

$$T_f = T_0 + 457/0.816^{1.53} = 293 + 624 = 917\,\mathrm{K}\ (644℃) \tag{4.2.25}$$

3) 연기층온도, 연기층하단높이의 산정순서

실내에서 발생한 연기는 상부에 축적되어 연기층으로 된다. 고온의 연기층이 바닥 근처까지 하강하게 되면 연기에 휩싸이는 가연물에 대한 착화 및 연기층으로부터 복사열에 의하여 연소확대가 발생한다. 본 항에서는 이러한 현상을 지배하는 연기층온도 및 연기층

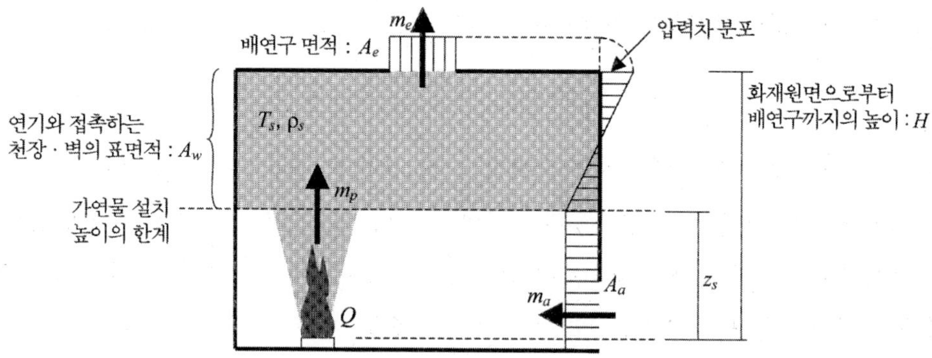

그림 4.2.7 연기층 온도의 계산방법

하단높이를 산정하는 방법을 나타낸다. 또한 연기층하단높이의 하강 및 연기층온도의 상승을 억제하고 주변의 가연물로 연소확대를 방지하기 위해서는 연기 제어가 불가피하므로 여기에서는 배연설비(자연배연 또는 기계배연)가 있는 경우의 산정방법을 나타낸다. 배연설비가 없는 경우의 산정을 행하는 경우에는 본 회편 「건축물의 화재하중 및 설계화재 성상지침(안)」을 참조하여야 한다.

그림 4.2.7과 같이 화원으로부터 발생하는 연기가 상부 개구부로부터 배출되는 경우를 고려해볼 때, 연기층온도는 다음 식으로 계산할 수 있다.

$$T_s = T_0 + \frac{Q}{c_p m_p + A_w \sqrt{\kappa \rho c} \,/\, \sqrt{\pi t_{ch}}} \tag{4.2.26}$$

여기서, Q : 화원의 발열속도 [kW]

A_w : 연기에 접한 부분의 천장과 벽의 표면적 [m^2]

$\sqrt{k\rho c}$: 천장과 벽 구성재료의 열관성 [$kW \cdot s^{1/2}/(m^2 \cdot K)$]

t_{ch} : 특성시간(= 1,000 s)

c_p : 연기의 비열(= 1.01 kJ/(kg·K))

m_p : 연기층에 관입하는 화재플륨의 질량 [kg/s]

식 (4.2.26)은 연기층의 높이를 가정하면 풀 수 있다. 정확한 연기성상 예측을 실시하기 위해서는 연기의 질량지수와 연기층 높이와 연립시켜 온도를 구할 필요가 있으나, 국소화재의 판정을 위해서는 연기층온도를 높게 예측하면 된다. 따라서, 연기층이 한계치까지 낮아졌다고 가정하고 온도를 구한다. 연기층 하단이 화원면으로부터 z_s의 높이에 있다면, 연기층에 관입하는 화재플륨의 질량유량은 다음 식으로 구해진다.

$$m_p = 0.076\,Q^{1/3} z_s^{5/3} \tag{4.2.27}$$

또한, 연기가 접촉하는 천장과 벽의 면적 A_w은 가정한 z_s로부터 계산한다.

여기서, 연기층의 질량 밸런스를 고려하면, 그림 4.2.7에서 나타내는 바와 같이 실내 하부에서 유입된 공기가 화재플륨에 인입되어 상승한 후, 연기로 되어 배출된다. 연기층 온도가 T_s일 때, 배연유량은 다음 식으로 구해진다.

$$m_e = \frac{1}{\sqrt{\frac{\rho_0}{\rho_s}\left(\frac{1}{\alpha A_e}\right)^2 + \left(\frac{1}{\alpha A_a}\right)^2}} \sqrt{2\rho_0(\rho_0 - \rho_s)g(H - z_s)} \tag{4.2.28}$$

$$\rho_s = \frac{353}{T_s + 273} \tag{4.2.29}$$

여기서, m_e : 배연유량 [kg/s]

ρ_o : 방에 유입된 공기의 밀도 [kg/m³]

ρ_s : 연기의 밀도 [kg/m³]

g : 중력가속도 [m²/s]

A_e : 배연구면적 [m²]

A_a : 공기유입구의 면적 [m²]

α : 유량계수(= 0.7)

H : 화원면으로부터 배연구까지 높이(m), 단, 배연구가 벽에 설치된 경우에는 화원면으로부터 배연구 하단까지의 높이에 배연구 높이의 2/3을 더한 거리로 한다.

식 (4.2.26)으로 구한 연기층온도를 식 (4.2.28)에 적용하여 배연유량을 계산하여 이것이 연기층에 관입하는 화재플륨의 질량유량을 상회하면 연기층은 가정한 z_s보다 높게 유지되어 계산된 연기층온도는 안전측이 된다. 설계용 계산에서는 전술한 방법으로 충분하다. 연기층온도와 높이를 정확하게 구하고자 하는 경우에는 산출한 배연유량과 플륨유량이 동일하게 되도록 다음 식으로 연기층높이를 구한 후, 식 (4.2.26)~(4.2.29)의 계산을 반복한다.

$$z_s = \left(\frac{m_e}{0.076\, Q^{1/3}} \right)^{3/5} \tag{4.2.30}$$

4) 국소화재의 성립조건의 확인

4-1) 국소화재가 성립하기 위한 조건

내화설계에서 국소화재를 상정하기 위해서는 그림 4.2.8에서 나타내는 바와 같이 상정한 가연물 이외로의 착화가 일어나지 않을 것을 확인하여야 한다. 연소확대가 일어나는 원인은 가연성재료의 표면을 따른 화염전파, 화염으로부터 복사열에 의한 주변 가연물로의 착화, 실의 상부에 축적된 연기 및 화염으로부터의 연소확대가 예상된다. 또한, 높이가 높은 가연물이 연소하거나 붕괴되어 불티가 비산하거나 플라스틱계 가연물에 의한 용융물이 바닥면에 흐르는 등의 연소물 자체의 성질에 따라 연소가 일어나는 경우도 있다. 현 시점에서는 이러한 모든 연소 메커니즘을 일반적인 경우에 대하여 판단하는 것은 곤란하나, 하기의 조건에 해당한다는 전제 하에 화염성상과 연기층온도를 예측하여 국소화재의 성립 여부를 확인할 수 있다.

a) 내장재료 등의 불연성

실의 벽이나 천장 등의 내장재료를 따라서 화염전파가 발생하면 상정 외의 연소 위험이 발생한다. 특히, 천장재가 타면 천장 밑의 화염이 전염이 심해지면서 바닥면으로의 복사열이 증대함과 동시에 불이 붙은 낙하물이 발생하여 연소가 확대된다. 본 지침에서는

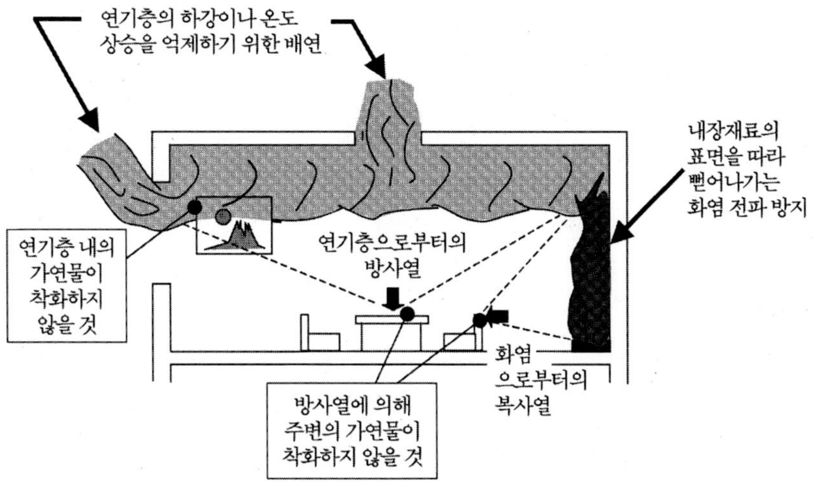

그림 4.2.8 국소화재가 성립하기 위한 필요조건

화염확대의 평가까지는 하지 않으므로, 국소화재를 상정하는 실의 내장재료는 천장과 벽 모두 불연재료(또는 표면에 따른 연소확대가 발생하지 않는 것이 별도 확인된 재료)임을 전제로 한다.

b) 가연물 간의 이격거리

공간 내의 가연물이 소량으로 가연물 간의 격리거리가 건축설계상 일정치 이상 확보할 수 있는 경우를 전제로 한다. 이격거리는 화염의 산란과 복사열에 의한 연소확대를 방지하기 위하여 필요하다. 설정한 격리거리가 복사열에 대비하여 충분한지의 여부는 후술의 계산에 의해 확인할 수가 있다. 화염의 산란에 대해서는 복사열에 대한 검토를 만족하면 대부분의 경우는 만족된다.

c) 연기층의 높이와 온도의 제한

실내에서 발생한 연기는 상부에 축적하여 연기층이 된다. 고온의 연기층이 바닥면 가까이까지 하강하면 연기에 둘러싸인 가연물의 착화나 연기층으로부터 복사열로 연소가 확대된다. 이를 방지하기 위하여 연기층의 온도를 가연물의 착화온도(일반 가연물의 경우 160℃) 이하로 유지하거나 연기층 하단을 실내의 가연물보다 높게 유지할 필요가 있다. 또한, 연기층으로부터 복사열과 화염으로부터 복사열의 합이 가연물의 착화한계(일반적으로 $10kW/m^2$)를 넘지 않아야 한다. 이것을 달성하기 위해서는 배연창 등으로 발생한 연기를 확실히 배출할 수 있는 장치를 설치해야 한다. 화재기간 중의 지속적인 작동을 고려하면, 기계 배연보다는 자연 배연창이 바람직하다.

4-2) 연소확대가 일어나지 않는 경우에 대한 판정

연소의 유무를 판정하기 위해서는 「2) 화염및 플륨온도의 산정순서」에 나타낸 방법으로 화염의 형상과 온도분포를, 「3) 표층온도, 연기층 하단높이의 산정수순」이 나타낸 방법으로 연기층의 높이와 온도를 계산하고 양자로부터 주변 가연물로의 입사열류를 구하여, 이것이 한계치를 만족하는 것을 확인한다.

a) 화염으로부터 복사

화염으로부터의 복사는 연속화염영역에서 주가 되지만, 본 지침에서는 축상온도가 주변 공기온도에서 500℃가 상승하는 높이까지의 영역을 복사면으로 간주한다. 이것은 평균화염높이에 거의 상당하는 값이다. 그림 4.2.9에서 나타내는 바와 같이 정방형화원 또는 원형화원의 경우에는 직경이 화원직경 D와 동등한 직경의 원통으로 화염형상을 조사

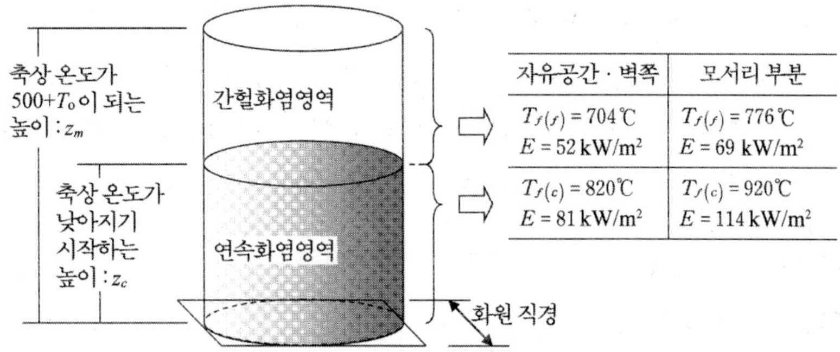

그림 4.2.9 복사원으로서의 화재형상(정방형화원 또는 원형화원의 경우)

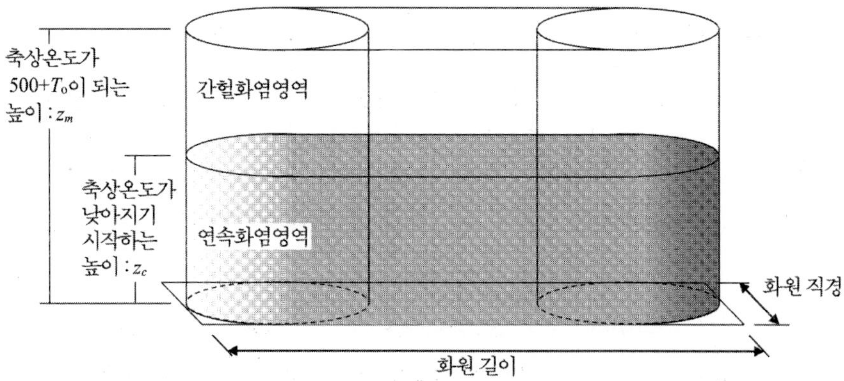

그림 4.2.10 복사원으로서의 화재형상(선화원의 경우)

한다. 선화원의 경우에는 그림 4.2.10에서 나타내는 바와 같이 폭이 화원길이와 같아지도록 화염면을 설정한다.

화염면 중 연속화염에 대응하는 부분은 표 4.2.3의 온도분포식에서 온도가 최대치를 유지하는 높이(자유공간과 벽 쪽의 화염은 820℃, 모퉁이 부분의 화원은 920℃)까지를 연속화염영역으로 간주하고, 온도를 균일한 온도로 설정한다. 이보다 상부의 간헐화염영역에서는 높이 방향으로 온도분포가 발생하나, 연속화염영역의 온도와 520℃(=793K)에 대해서 절대온도로 4승 평균한 온도로 한다. 예를 들어, 자유공간화원에서 연속화염영역의 온도는 820℃이므로 $T_{f(c)} = 820 + 273 = 1093\,\mathrm{K}$으로 하면, 간헐화염영역의 평균온도는 다음의 식이 된다.

$$T_{f(f)} = \sqrt[4]{\frac{T_{f(c)}^4 + (520+273)^4}{2}} = \sqrt[4]{\frac{(820+273)^4 + (520+273)^4}{2}} \tag{4.2.31}$$

$$= 977\,\mathrm{K}\ \ (704℃)$$

그림 4.2.9의 오른쪽에 나타내는 바와 같이, 온도는 자유공간 · 벽 쪽의 화원에서는 704℃, 모서리 부분의 화원에서는 776℃가 된다. 대응하는 흑체복사 $E(=\sigma T^4)$는 52 또는 69 kW/m^{2}가 된다. 연속화염영역의 온도가 상기 이하의 경우에는 식 (4.2.31)에 따라 간헐화염영역의 평균온도를 계산한다.

b) 주변 가연물로의 입사열류

연기층과 화염의 온도분포가 정해진 후에는 주변의 가연물 표면으로의 입사열류를 계산하여 이것이 기준값 이하임을 확인한다. 이를 위하여 화염과 마주하는 연직면과 연기층과 마주하는 수평면의 두 가지를 선택하여 수열면으로 한다. 수열면에 대한 입사열류는 다음 식으로 계산한다.

$$q_{inc} = F_{f(c)}\sigma\left(T_{f(c)}^4 - T_o^4\right) + F_{f(f)}\sigma\left(T_{f(f)}^4 - T_o^4\right) + F_s\sigma\left(T_s^4 - T_c^4\right) \quad (4.2.32)$$

여기서, q_{inc} : 수열면으로 입사하는 열류 [kW/m^2]

F_s : 수열면으로부터 연기층을 본 경우의 형태계수(연직수열면은 0.5, 수평수열면은 1.0)

σ : 스테판 · 볼츠만 정수(=5.67×10^{-11}kW/(m^2 · K^4))

$F_{f(c)}$: 수열면으로부터 연속화염영역을 본 경우의 형태계수

$T_{f(c)}$: 연속화염영역의 온도 [K]

$F_{f(f)}$: 수열면으로부터 간헐화염영역을 본 경우의 형태계수

$T_{f(f)}$: 간헐화염영역의 평균온도 [K]

T_s : 연기층온도 [K]

T_0 : 주변 공기온도(기준온도, 293K)

화염에 정면방향의 연직면 내로 수열면을 설정하는 경우는 그림 4.2.11의 위치관계가 된다. 화염에 정면하는 연직면으로 입사열이 가장 큰 경우는 수열면을 연속화염높이의 0.6배로 취한 경우이다. 수열면으로부터 연속화염의 원통, 간헐화염의 원통 2가지 부분의 형태계수는 표 4.2.6을 참조하여 구할 수 있다. 원통 그대로 계산도 가능하나 계산이 복잡하여지므로 수열면으로부터 본 화염을 포함하는 구형면으로 치환하여 형태계수를 구할 수 있고, 개략적으로는 수열면과 화염과의 수평방향의 거리만이 이격된 부위에 폭과 높이가 원통화염과 동등한 구형복사면을 취하면 좋다. 이 방법에 따르면 형태계수가 다소 과잉으로 계산된다. 그림 4.2.11의 방법에서는 수열면을 화염지부에 동일한 높이로

촬영한 점으로부터 화염저원으로 접선을 긋고, 접선을 화염주입축까지의 거리를 연장하란 점의 폭을 취한다. 높이에 관해서는 c점 및 d점을 촬영한 점 c'점 및 d' 간의 높이를 취한다. 이 방법에 따르면 수열면이 화원폭의 1배 이상 떨어져있으면 소화 없이 형태계수를 계산할 수 있다.

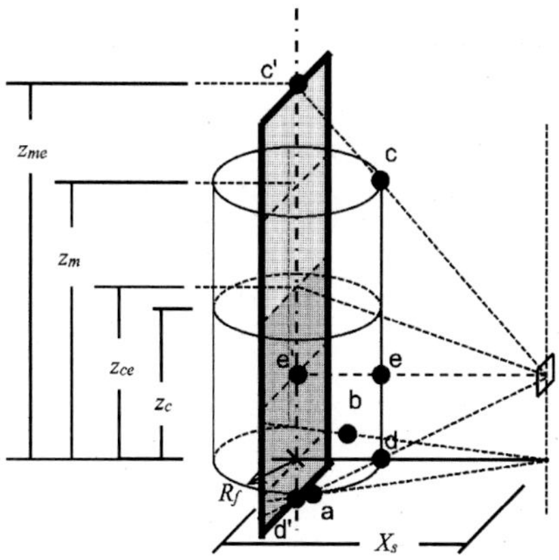

a) 전체도

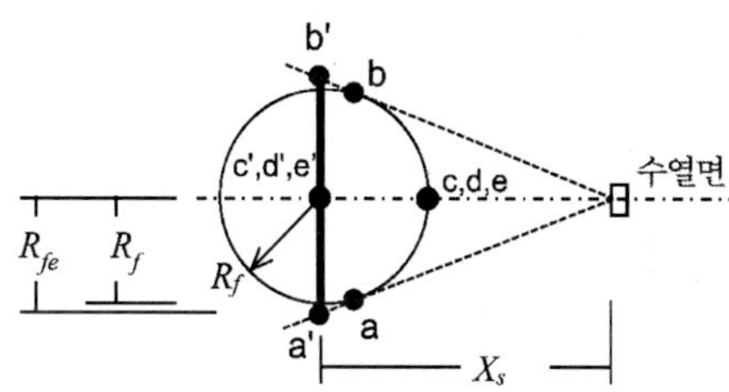

b) 평면도(바닥면)

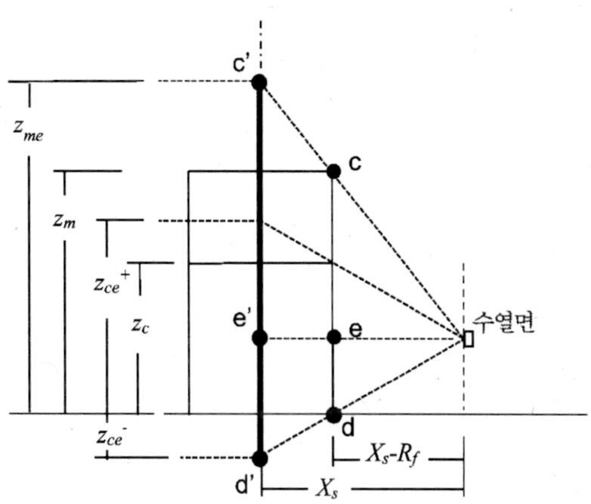

c) 입면도

그림 4.2.11 수열면에서 화염면을 보았을 때의 형태계수

표 4.2.6 대표적인 기하학적 조건에 대한 형태계수의 계산식 [4.19]

① 미소면 $dA_1 \rightarrow dA_1$에 평행한 장반형 A_2

$$X=\frac{a}{c},\quad Y=\frac{b}{c}$$

$$F_{d1-2}=\frac{1}{2\pi}\left(\frac{X}{\sqrt{1+X^2}}\tan^{-1}\frac{Y}{\sqrt{1+X^2}}+\frac{Y}{\sqrt{1+Y^2}}\tan^{-1}\frac{X}{\sqrt{1+Y^2}}\right)$$

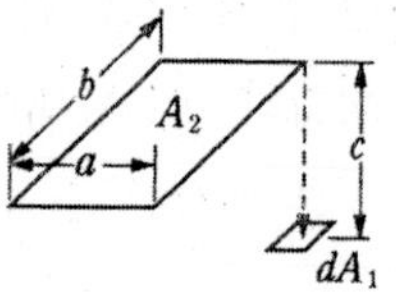

② 미소면 $dA_1 \rightarrow dA_1$로 수직인 장반형 A_2

$$X=\frac{a}{b},\quad Y=\frac{c}{b}$$

$$F_{d1-2}=\frac{1}{2\pi}\left(\tan^{-1}\frac{1}{Y}-\frac{Y}{\sqrt{X^2+Y^2}}\tan^{-1}\frac{1}{\sqrt{X^2+Y^2}}\right)$$

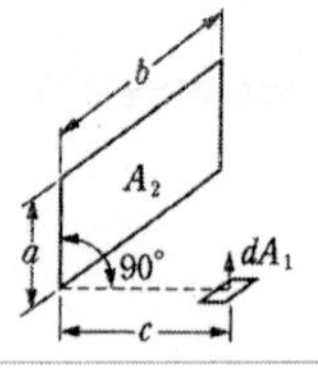

③ 미소면 $dA_1 \rightarrow dA_1$과 중심이 같은 원 A_2

$$F_{d1-2}=\frac{r^2}{h^2+r^2}$$

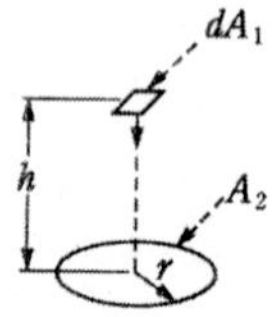

④ 미소면 $dA_1 \rightarrow dA_1$에 평행인 면 A_2

$$H=\frac{h}{a},\quad R=\frac{r}{a},\quad Z=1+H^2+R^2$$

$$F_{d1-2}=\frac{1}{2}\left(1-\frac{1+H^2-R^2}{\sqrt{Z^2-4R^2}}\right)$$

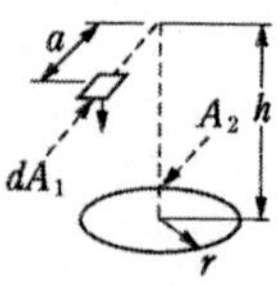

⑤ 미소면 $dA_1 \rightarrow dA_1$을 포함하는 원에 수직인 원 A_2

$$H=\frac{h}{l},\quad R=\frac{r}{l},\quad Z=1+H^2+R^2$$

$$F_{d1-2}=\frac{H}{2}\left(\frac{Z}{\sqrt{Z^2-4R^2}}-1\right)$$

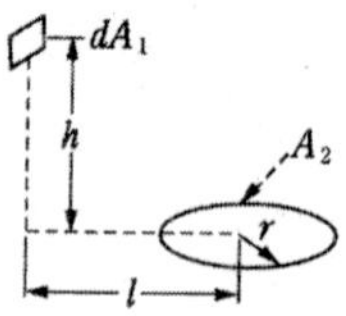

⑥ 미소면 $dA_1 \rightarrow$ 하나의 저면이 dA_1에 수직면상에 있는 원주 A_2

$$L=\frac{l}{r},\quad H=\frac{h}{r},\quad X=(1+H)^2+L^2,\quad Y=(1-H)^2+L^2$$

$$F_{d1-2}=\frac{1}{\pi H}\tan^{-1}\frac{L}{\sqrt{H^2-1}}+\frac{L}{\pi}\left[\frac{X-2H}{H\sqrt{XY}}\tan^{-1}\sqrt{\frac{X(H-1)}{Y(H+1)}}-\frac{1}{H}\tan^{-1}\sqrt{\frac{H-1}{H+1}}\right]$$

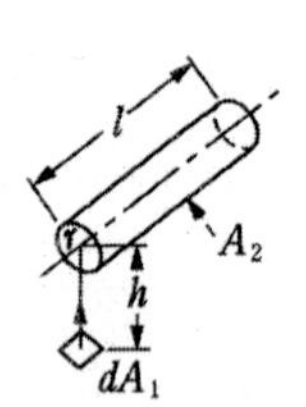

⑦ 미소면 $dA_1 \rightarrow$ 하나의 저면이 dA_1에 평행인 면상에 있는 원주 A_2

$$H=\frac{h}{l},\quad R=\frac{r}{l},\quad Z=\sqrt{(1+H^2+R^2)^2-4R^2}$$

$$F_{d1-2}=\frac{1}{2\pi}\cos^{-1}R+\frac{1}{\pi}\left[\tan^{-1}\frac{R}{\sqrt{1-R^2}}-\frac{1+H^2-R^2}{Z}\tan^{-1}\left(\frac{Z\tan(0.5\cos^{-1}R)}{1+H^2+R^2-2R}\right)\right]$$

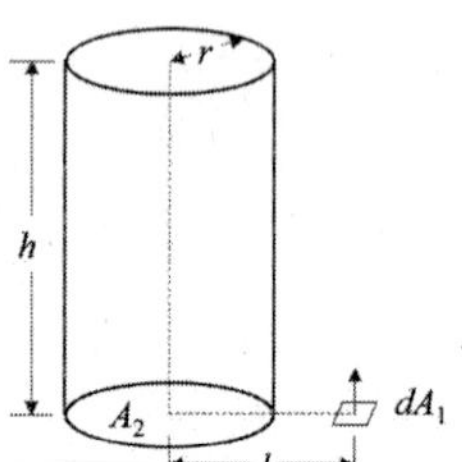

c) 입사열류의 한계치

주변가연물의 착화위험 발생 한계치는 아래의 값이 제안된다. 아래의 어떤 것이라도 만족하지 않게 되면 연소확대되지 않은 것으로 판단할 수 있다.

i) 입사열류의 최대치

입사열류의 최대치가 목재의 착화한계 열유속($10kW/m^2$)을 넘지 않으면 가열을 받는 시간임에도 연소확대하지 않는 것으로 간주하여도 좋다.

ii) 입사열류의 제곱적산치

화원의 발열속도가 시간과 함께 변화하는 경우 주변 가연물에의 입사열도 시간에 따라 변화한다. 입사열류의 시간경과를 계산한 경우 제곱적산치가 한계치를 초과하지 않음을 확인한다[4.20].

$$\int_0^{t_f} \{q_{inc}(t)\}^2 dt \le 120,000 \tag{4.2.33}$$

여기서, q_{inc}: 수열면에 입사하는 열류 $[kW/m^2]$

t_f : 화재연속시간(상정된 가연물이 완전히 연소되기까지의 시간 $\tau_{grow} + \tau_{\max} + \tau_{decay}$) [s]

입사열류의 시각 경과를 구하는 것은 복잡하므로 실무적인 설계에서는 화원의 최대 발열속도를 부여하였을 때의 열류로 평가하는 경우가 많다. 식 (4.2.33)의 입사열류를 시간에 관계없이 최대치로 근사하면 판정기준은 다음 식이 된다.

$$\{q_{inc}\}^2 t_f \le 120,000 \tag{4.2.34}$$

제곱적단치가 한계치를 넘은 경우에는 국소화재는 성립하지 않는다. 다음 식으로 연소확대시간 t_{ig}를 계산하여 4.3절에 나타내는 이동화재로서 화재성상을 상정한다.

$$t_{ig} = \frac{120,000}{\{q_{inc}\}^2} \tag{4.2.35}$$

여기서, t_{ig} : 주변가연물의 착화시간 [s]

예제

그림 4.2.12의 아트리움에 그림 4.2.6의 예제와 동일한 소파가 설치되어 있는 경우를 고려한다. 설정한 조건을 표 4.2.7에 나타내었다.

표 4.2.7 계산 조건

항목	조건
방 크기	20m(가로)×20m(세로)×11m(높이)
자연 배연구	1m×15m(개구부의 높이×폭)
공기 유입구	1.8m×2.2m(개구부의 높이×폭)
가연물	1인용 소파(그림 4.2.6의 예제와 동일) 최대발열속도 $Q_{\max}=1,185+422=1,607\text{kW}$, 연소계속시간 $t_f=57+51=108\text{s}$ 화재원 직경 $D=0.9\text{m}$ 화재원면(소파의 앉는 부위의 높이)의 바닥 위 높이 : $z_b=0.5\text{m}$
가연물의 위치	벽 쪽
방의 내장재료	천장 및 벽 모두 콘크리트(열관성 $\sqrt{k\rho c}=1.75$)

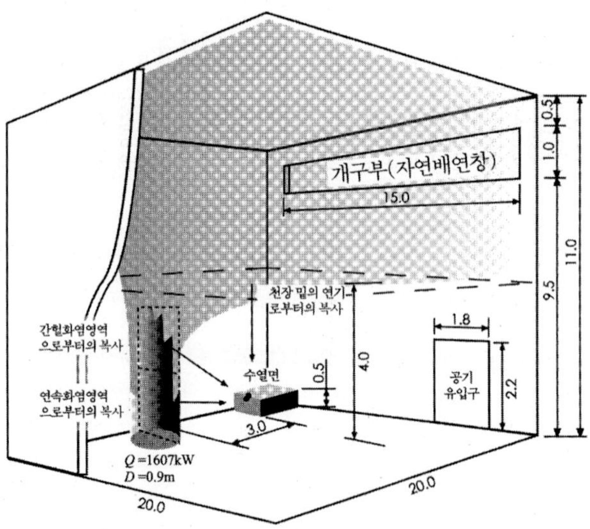

그림 4.2.12 국소화재의 성립조건 예제

a) 화염의 형성과 온도분포

소파와 벽면의 격리거리는 짧으므로 화원이 벽면에 밀착하고 있는 경우의 계산식을 이용한다. 표 4.2.3의 계산식은 벽 쪽 화원에 대하여 「천장 없음」과 「천장 있음」의 두 가지가 제안되는데, 천장이 충분히 높으면 먼저 「천장 없음」의 계산식으로 화염높이를 산정하고, 간헐화염이 천장에 닿지 않는 것을 확인한다. 화염이 천장에 닿는 경우에는 「천장 있음」의 계산식을 이용한다.

식 (4.2.9)에 의해 무차원 발열속도는 $Q^*=1.87$이 된다. 표 4.2.3의 「벽 쪽」과 「천장 없음」의 간헐화염

높이를 구하면

$$L_f = 4.6\,Q^{*2/5}D = 4.6 \times 1.87^{2/5} \times 0.9 = 5.32 < 10.5\,\mathrm{m} \tag{4.2.36}$$

이 되고, 간헐화염높이 L_f가 화원면으로부터 천장까지의 높이($= 11.0 - 0.5 = 10.5\,\mathrm{m}$)와 비교하여 충분히 낮으므로, 화염은 천장에 닿지 않는 것을 알 수 있다. 따라서, 축상온도의 계산식은 표 4.2.3 「벽쪽」에서 「천장 없음」의 계산식을 이용한다. 복사열을 고려하는 경우에는 연속화염높이는 온도가 최대치를 유지하는 높이로 정하면 되므로 $z^* = 2.86$이 된다. 따라서, 연속화염 영역의 높이는

$$\begin{aligned} z_c &= z^* Q^{*2/5}D - \Delta z = 2.86 \times 1.87^{2/5} \times 0.9 - (2.5 - 0.7 \times 1.87) \times 1.87^{2/5} \times 0.9 \\ &= 1.93\mathrm{m} \end{aligned} \tag{4.2.37}$$

축상온도가 $T_0 + 500$℃가 되는 높이는 $T_f = T_0 + 4{,}600/z^{*5/3}$에 의해

$$z^* = \left(\frac{4{,}600}{T_f - T_0}\right)^{3/5} = \left(\frac{4{,}600}{500}\right)^{3/5} = 3.79 \tag{4.2.38}$$

$$\begin{aligned} z_m &= z^* Q^{*2/5}D - \Delta z = 3.79 \times 1.87^{2/5} \times 0.9 - (2.5 - 0.7 \times 1.87) \times 1.87^{2/5} \times 0.9 \\ &= 3.01\mathrm{m} \end{aligned} \tag{4.2.39}$$

이 된다. 또한, 간헐화염영역의 평균온도는 그림 4.2.9에 의해 704℃, 이에 대응하는 흑체복사 $E(=\sigma T^4)$은 51kW/m^{2}이 된다.

b) 연기층온도

한계연기층 하단높이를 바닥면에서 4m(화원면으로부터 3.5m)로 하면 화재플룸의 질량유량은 식 (4.2.27)에 의해

$$m_p = 0.076\,Q^{1/3} z_s^{\,5/3} = 0.076 \times 1{,}607^{1/3} \times (4 - 0.5)^{5/3} = 7.18\,\mathrm{kg/s} \tag{4.2.40}$$

이를 식 (4.2.26)에 이용하면 연기층온도 및 밀도는

$$\begin{aligned} T_s &= \frac{Q}{c_p m_p + A_w \sqrt{k\rho c}/\sqrt{\pi t_{ch}}} + 293 \\ &= \frac{1{,}607}{1.01 \times 7.18 + 945 \times 1.75/\sqrt{3.14 \times 1{,}000}} + 293 = 337\ \mathrm{K}\ (64℃) \end{aligned} \tag{4.2.41}$$

$$\rho_s = \frac{353}{337} = 1.047\ \mathrm{kg/m^3} \tag{4.2.42}$$

단, A_w는 바닥 위 4m 이상의 부분의 벽(창문을 제외)과 천장의 면적이며,

$$A_w = 20 \times 20 + 80 \times (11 - 4) - 15 \times 1 = 945\,\mathrm{m}^2 \tag{4.2.43}$$

이 된다. 이 연기층온도의 경우 창문(배연구)으로부터 유출 가능한 연기의 질량유량은 식 (4.2.28)에 의해

$$m_e = \frac{1}{\sqrt{\frac{\rho_0}{\rho_s}\left(\frac{1}{\alpha A_e}\right)^2 + \left(\frac{1}{\alpha A_a}\right)^2}} \sqrt{2\rho_s(\rho_0 - \rho_s)g(H - z_s)} \tag{4.2.44}$$

$$= \frac{1}{\sqrt{\frac{1.205}{1.047}\left(\frac{1}{0.7\times 15\times 1}\right)^2 + \left(\frac{1}{0.7\times 1.8\times 2.2}\right)^2}}$$

$$\times \sqrt{2\times 1.047\times (1.205 - 1.047)\times 9.8\times \{9.5 + 1\times (2/3) - 4\}}$$

$$= 31.8\ \mathrm{kg/s}$$

$m_p < m_e$ 이므로, 연기층 하단의 높이는 4m 이상이고 연기층온도는 47℃이 된다.

c) 주변 가연물로의 입사열류

주변 가연물로서 실의 구석에 설치되어 있는 또 하나의 소파를 고려하면 본 예제에서는 주변 가연물의 높이가 연속화염높이의 0.6배보다 적으므로, 최상부를 취한다. 주변 가연물의 높이와 연속화염높이의 0.6배를 높은 쪽으로 수열면을 설정한다. 화염의 수직거리는 3m이고 높이는 0.5m로 한다. 수열면은 가연물의 최상부인 높이 0.5m 위치로 잡는다. 연속화염영역의 등가반경과 등가높이는 그림 4.2.13의 위치관계로부터 다음 식과 같게 된다.

$$R_{fe} = R_f \frac{1}{\sqrt{1-(R_f/X_s)^2}} = 0.5\times \frac{1}{\sqrt{1-(0.5/3.5)^2}} = 0.505\ \mathrm{m} \tag{4.2.45}$$

$$z_{ce} = z_c \frac{X_s}{X_s - R_f} = 1.93\times \frac{3.5}{3.5 - 0.5} = 2.25\ \mathrm{m} \tag{4.2.46}$$

연속화염영역 중 우측의 반에 대한 형태계수는 표 4.2.6의 ①을 적용하면

$$\frac{R_{fe}}{X_s} = \frac{0.505}{3 + 0.5} = 0.144 \tag{4.2.47}$$

$$\frac{z_{ce}}{X_s} = \frac{2.25}{3.0 + 0.5} = 0.643 \tag{4.2.48}$$

$$F_{v,c,right} = \frac{1}{2\pi}\left\{\frac{(z_{ce}/X_s)}{\sqrt{1+(z_{ce}/X_s)^2}}\tan^{-1}\frac{(R_{fe}/X_s)}{\sqrt{1+(z_{ce}/X_s)^2}} + \frac{(R_{fe}/X_s)}{\sqrt{1+(R_{fe}/X_s)^2}}\tan^{-1}\frac{(z_{ce}/X_s)}{\sqrt{1+(R_{fe}/X_s)^2}}\right\} \tag{4.2.49}$$

$$= \frac{1}{2\times 3.14}\left\{\frac{0.643}{\sqrt{1+0.643^2}}\tan^{-1}\frac{0.144}{\sqrt{1+0.643^2}} + \frac{0.144}{\sqrt{1+0.144^2}}\tan^{-1}\frac{0.643}{\sqrt{1+0.144^2}}\right\}$$

$$= 0.0233$$

좌우대칭이므로 연속화염역 전체의 형태계수는 식 (4.2.49)의 식을 2배하여

$$F_{v,c} = F_{v,c,right} + F_{v,c,right} = 2F_{v,c,right} = 0.0466 \quad (4.2.50)$$

을 얻을 수 있다.

연속화염영역과 간헐화염영역 중 공통되는 부분의 형태계수를 구하기 위하여는 식 (4.2.46)에서 z_c 대신에 500℃로 되는 화염높이 z_m을 사용한다.

$$z_{me} = z_m \frac{X_s}{X_s - R_f} = 3.01 \times \frac{3.5}{3.5 - 0.5} \fallingdotseq 3.51 \text{ m} \quad (4.2.51)$$

$$\frac{z_{me}}{X_s} = \frac{3.51}{3.0 + 0.5} = 1.00 \quad (4.2.52)$$

$$F_{v,\,m+c} = 2 \times \frac{1}{2\pi} \left\{ \frac{(z_{me}/X_s)}{\sqrt{1+(z_{me}/X_s)^2}} \tan^{-1} \frac{(R_{fe}/X_s)}{\sqrt{1+(z_{me}/X_s)^2}} + \frac{(R_{fe}/X_s)}{\sqrt{1+(R_{fe}/X_s)^2}} \tan^{-1} \frac{(z_{me}/X_s)}{\sqrt{1+(R_{fe}/X_s)^2}} \right\} \quad (4.2.53)$$

$$= \frac{1}{3.14} \left\{ \frac{100}{\sqrt{1+1.00^2}} \tan^{-1} \frac{0.144}{\sqrt{1+1.00^2}} + \frac{0.144}{\sqrt{1+0.144^2}} \tan^{-1} \frac{1.00}{\sqrt{1+0.144^2}} \right\}$$

$$= 0.0584$$

따라서 간헐화염영역의 형태계수는

$$F_{v,m} = F_{v,c+m} + F_{v,c} = 0.0584 - 0.0466 = 0.0119 \quad (4.2.54)$$

로 된다.

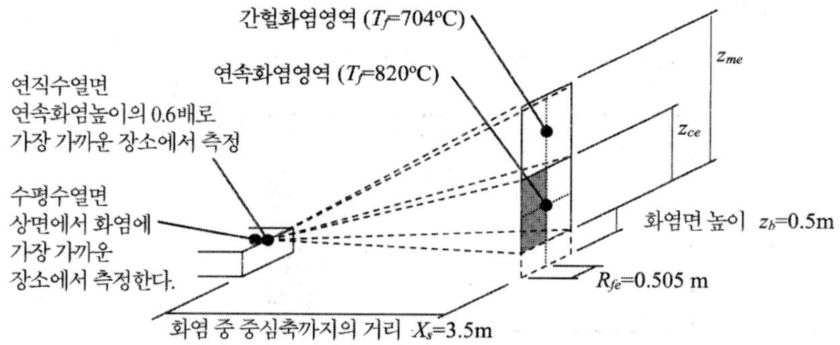

그림 4.2.13 수열면으로부터 화염을 보았을 때의 형태계수

연직수열면으로부터 연기층을 본때의 형태계수를 0.5로 하면 식 (4.2.32)로부터 연직수열면에 유입하는 복사열유속은 다음 식과 같다.

$$q_{inc} = F_{f(c)}\sigma\left(T_{f(c)}{}^4 - T_0^4\right) + F_{f(f)}\sigma\left(T_{f(f)}{}^4 - T_0^4\right) + F_s\sigma\left(T_s{}^4 - T_0^4\right) \quad (4.2.55)$$

$$= 0.0466 \times 81 + 0.0119 \times 51 + 0.5 \times 5.67 \times 10^{-11} \times \left(337^4 - 293^4\right)$$

$$= 3.77 + 0.60 + 0.31$$

$$= 4.69 \text{ kW/m}^2$$

1인용 소파의 최대 규모 연소의 지속시간은 표 4.2.2의 평균값(57초)에 표준편차(51초)를 더하면 108초로서 식 (4.2.34)로부터

$$\{q_{inc}\}^2 t_f = 4.69^2 \times 108 = 2{,}376 \leq 120{,}000 \quad (4.2.56)$$

로 계산되어 연소확대되지 않는 것을 알 수 있다.

수평수열면에 대하여도 동일한 방법으로 계산할 수 있다. 본 예제에서는 상세한 내용은 생략한다.

(2) 국소화재 시의 부재의 가열조건

국소화재 및 다음 절에서 서술하는 이동화재와 같이 공간의 온도분포가 동일하지 않은 경우에는 공간 내의 온도분포와 위치관계를 고려한다. 화염 및 연기층과 위치관계로 분류하면 그림 4.2.14에 나타내는 바와 같이 3종류의 가열조건을 고려할 수 있다.

1) 화염에 휩싸인 부재

국소화재의 화염에 휩싸인 부재는 부재가 접하는 화염온도로부터 가열을 받는다. 따라서 화재온도 T_f로부터 대류열전달과 복사열전달을 식 (4.2.1), 식 (4.2.2)에 의하여 산출한다. 또한 총합복사열은 구획내 전체화재와 마찬가지로 후술하는 식 (4.4.48)에

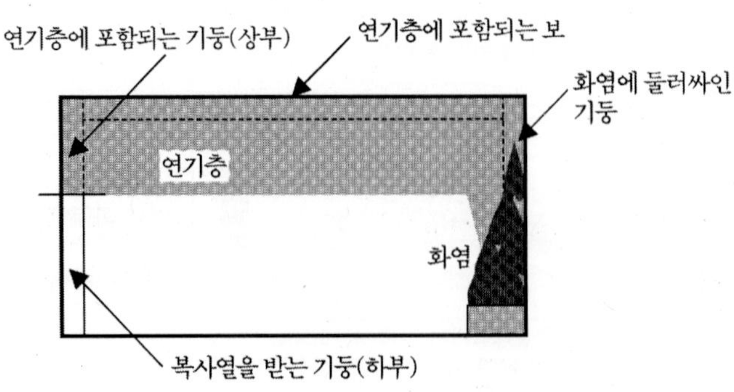

그림 4.2.14 온도가 일정하지 않은 실내 부재의 가열 조건

따르는 것을 권장한다.

2) 연기층에 둘러싸인 부재

그림 4.2.14에 나타낸 바와 같이 연기층에 휩싸인 부재는 연기층으로부터 대류 및 복사열전달과 화염으로부터의 복사열유속을 받는다. 연기층과의 사이의 대류열전달은 대류열전달률 h_c를 사용하여 다음 식으로 나타낼 수 있다.

$$q_c = h_c(T_s - T_{surf}) \tag{4.2.57}$$

복사열에 관하여는 연기층을 회색체로 간주하면 연기층이 사출한 복사열과 화염 및 주변 물체가 발한 복사열이 연기층을 투과하여 표면으로 도달하고 그중 표면의 흡수율(ε_{surf})에 따른 비율이 흡수된다.

$$q_{abs} = \varepsilon_{surf}[\varepsilon_s \sigma T_s^4 + (1-\varepsilon_s)\{F_{f(c)}\sigma T_{f(c)}{}^4 + F_{f(f)}\sigma T_{f(f)}{}^4 + (1-F_{f(c)}-F_{f(f)})\sigma T_0^4\}] \tag{4.2.58}$$

여기서, 형태계수에 관하여는 화염면을 「4.2(1)4) 국소화재의 성립조건의 확인의 방법」으로 근사하고 부재표면과 화염면과의 기하학적 관계에 따라 표 4.2.6의 계산식에 따라 구할 수 있다. 한편, 부재표면으로부터는

$$q_{rad} = \varepsilon_{surf}\sigma T_{surf}{}^4 \tag{4.2.59}$$

되는 열류가 사출된다. 순열류는 식 (4.2.58) 중 표면에 흡수되는 것과 식 (4.2.59)의 차로 주어진다. 이것을 고려하여 부재표면에 순수하게 흡수되는 열류를 나타내면 식 (4.2.4)로 된다.

식 (4.2.4)에서 $\varepsilon_s \to 1$로 하면 순 복사열류는

$$q_r = q_{abs} - q_{rad} = \varepsilon_{surf}\sigma(T_s^4 - T_{surf}{}^4) \tag{4.2.60}$$

로 되고 화염에 관계없이 표층온도만으로 결정된다. 반대로 $\varepsilon_s \to 0$으로 하면

$$\begin{aligned} q_r = \varepsilon_{surf}[&\sum_i F_{f(c),i}\sigma(T_{f(c)}{}^4 - T_{surf}{}^4) + \sum_i F_{f(f),i}\sigma(T_{f(f)}{}^4 - T_{surf}{}^4) \\ &+ (1-\sum_i F_{f(c),i} - \sum_i F_{f(f),i})\sigma(T_0{}^4 - T_{surf}{}^4)] \end{aligned} \tag{4.2.61}$$

에 의하여 주어진다. 연기층의 복사율은 연기의 광학적 농도, 즉 매연의 발생량에 의존하고 설계 시에 정확하게 예측하는 것은 매우 어렵다. 그러나 연기층온도는 화염온도

보다는 낮으므로 식 (4.2.4)의 사용 시에는 $\varepsilon_s = 0$으로 하면 복사열류를 과잉으로 계산하게 됨으로서 설계용의 계산으로서 적절한 것으로 사료된다.

3) 화염에도 연기층에도 둘러싸이지 않은 부재표면

화염에도 연기층에도 둘러싸이지 않는 부재의 표면에 대하여는 화염과 연기층으로부터 복사를 받아 가열되고 온도 T_0(K)의 주변공기로 냉각된다. 이 경우에 부재가 흡수하는 열류는 식 (4.2.5), 식 (4.2.6)으로 된다. 복사원에 관하여는 연속화염영역, 간헐화염영역, 연기층의 3종류를 고려한다. 연기층에 화염이 관입하는 부분에 관하여는 화염으로 간주하여 형태계수를 구한다.

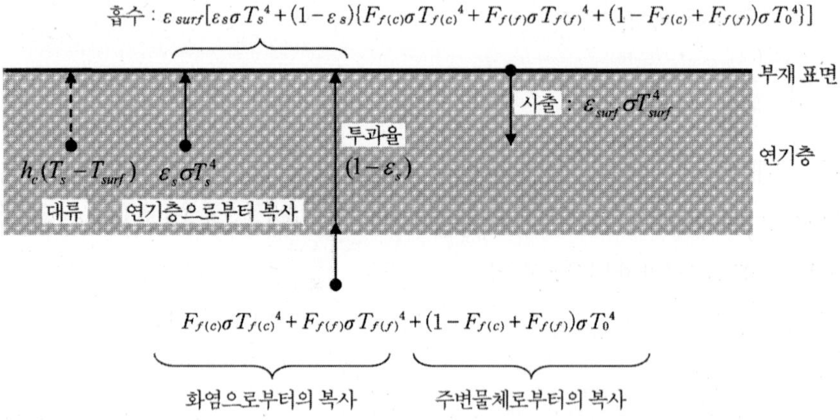

그림 4.2.15 연기층에 둘러싸인 부재들의 가열조건

4.3 이동화재

(1) 화재성상

이동화재의 산정은 연기층으로부터 복사열을 무시할 수 있는 경우에는 출화된 가연물군 및 연소확대될 가연물군의 개개의 발열속도를 중합으로 행하고 구체적으로는 다음의 순서와 같다.

1) 공간의 사용행태의 인식
2) 대표적인 가연물의 설정
3) 가연물의 연소성상(발열속도 등)의 추정
4) 화염확산의 산정(온도, 유속분포)

5) 주변 가연물 등으로의 연소확대 예측

근처의 가연물군으로 연소확대 판정을 행하여 연소확대될 경우에는 2)로 회귀한다. 또한 발열속도의 합계가 식 (4.3.1)에 의하여 산출되는 플래시오버 한계발열속도를 넘는 경우에는 4.4 「구획내 전체화재」의 검토를 행한다.
단, 3)~5)에 관하여는 4.2(1)의 「국소화재의 화재성상」에서 3)~5)에 따른다.

플래시오버 한계발열속도 Q_{FO}(kW)는 공간의 형상, 개구부 조건, 구획부재의 열물성치를 고려하여 다음 식으로 산정한다.

$$Q_{FO}=610\{(h_T A_T)(A_{op}\sqrt{H_{op}})\}^{1/2} \quad (4.3.1)$$

$$h_T=\sqrt{k\rho c/\pi t_c} \quad (4.3.2)$$

h_T : 실효열전달률 [kW/(m^2 · K)]
A_T : 구획의 내표면적 [m^2]
A_{op} : 개구부 면적 [m^2]
H_{op} : 개구부의 높이 [m]
$\sqrt{k\rho c}$: 실의 주변 벽을 구성하는 재료의 열관성 [kW · s$^{1/2}$/(m^2 · K)]
t_c : 특성시간(가연물의 연소종료시간) [s]

(2) 부재로의 가열조건
이동화재시의 부재로의 가열조건은 국소화재의 계산식 (4.2.1)~(4.2.6)을 동시에 연소하는 모든 가연물에 대하여 적용하여 그 결과를 종합한다.

(1) 이동화재의 화재성상

1-1) 이동화재의 산정방법

공간 내의 가연물이 이산적으로 배치된 경우에는 공간 내의 연소는 출화된 가연물로부터 인접하는 가연물에 연소확대됨으로서 연소범위가 확대된다. 또한 출화된 가연물로부터 순차적으로 감쇠되기 때문에 연소범위가 이동하는 화재로 되어 이것을 이동화재로 부른다.

일반적인 건축공간에서 발생하는 이동화재에서는 국소화재보다도 발열속도가 큰 경우가 많으므로 공간상부에 형성되는 연기층이나 주벽의 온도도 높게 되고 여기로부터의 복사열의 피드백의 영향에 의하여 복사열의 피드백이 없는 경우보다도 개개의 가연물의 발열속도가 크게 되는 것이 알려지고 있다. 그러나 주차장과 같이 불연의 외곽에 피복된

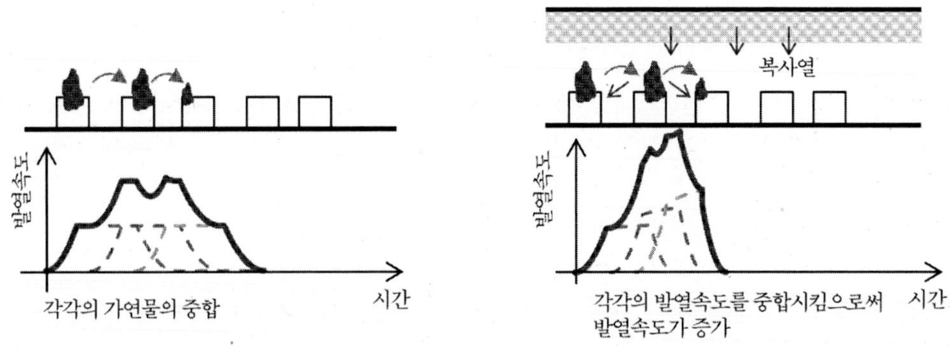

(a) 복사열의 피드백을 고려하지 않은 경우 (b) 복사열의 피드백을 고려한 경우

그림 4.3.1 이동화재 시의 발열속도

가연물이 설치된 공간이나 개방적인 스타디움과 같이 연기층이 상부로 형성되지 않는 또는 그 온도가 낮은 공간에서 연기층으로부터의 복사열을 무시할 수 있는 경우에는 그 화재성상을 연소되는 가연물 개개의 군의 발열속도를 합산함으로서 산정할 수 있다. 엄밀하게는 연기층으로부터 복사열만이 아니라 주변의 가연물이 연소됨에 따라 나타나는 화염으로부터 복사열의 영향도 받으나 주차장 및 스타디움의 객석과 같이 이산적으로 가연물이 설치되어 있는 경우에는 이러한 영향을 무시하여도 큰 영향은 없다. 본 지침에서는 이와 같은 공간 내에서 발생하는 이동연소를 대상으로 한다. 연기층 및 주변의 가연물의 연소에 의하여 나타나는 화염으로부터의 복사열의 영향도 무시할 수 없는 경우에는 우레탄블록이나 소파 등을 대상으로 예측방법이 제안되고 있으나 상세한 수치계산이 필요하기 때문에 본 지침에서 취급하는 범위를 넘고 있다. 이 경우는 플래시오버가 발생하는 것으로 구획내 전체화재를 상정한다.

이동화재를 선택하기 위한 검토수수순을 표 4.3.1에 나타낸다. 우선은 설계대상공간의 용도 및 사용행태, 공간의 형상 및 치수로부터 이동화재의 화원으로 되는 가연물을 설정한다. 다음으로 설정한 가연물의 발열속도를 토대로 화염높이 및 온도분포 등의 특성값을 구하고 주변으로의 연소확대의 유무를 판정한다. 연소확대가 발생한 경우에는 연소확대된 가연물의 발열속도를 토대로 화염높이 및 온도분포 등의 특성값을 갱신하여 재차 주변으로의 연소확대의 유무를 판정하고 연소확대가 발생한 경우에는 이 단계를 반복한다. 이 단계를 반복하여 식 (4.3.3)에 의하여 구하여진 발열속도의 합계가 실형상, 개구부 조건, 실을 구성하는 구획부재의 열물성치를 사용하여 식 (4.3.1)에 의해 산출된 플래시오버 한계 발열속도를 넘은 경우에는 4.4에 따라 구획내 전체화재의 검토를 행한다.

$$Q(t) = Q_1(t) + Q_2(t - t_{ig,\,2}) + Q_3(t - t_{ig,\,3}) \cdots = \sum_j Q_j(t - t_{ig,\,j}) \quad (4.3.3)$$

여기서, $Q_j(t)$: 가연물군 j의 착화 후의 t초에서의 발열속도 [kW]

$t_{ig,\,j}$: 가연물군 j의 착화시간 [s]

표 4.3.1 이동화재를 상정하기 위한 표준적인 방법

순 서		내 용
(1) 공간의 사용상황의 인식	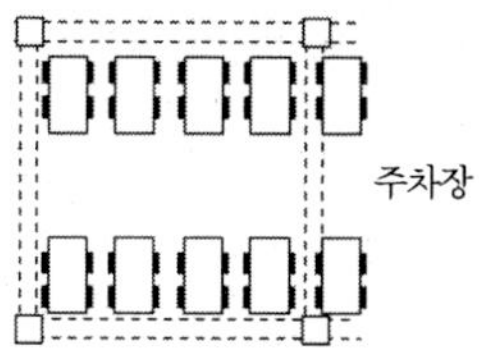	용도 : 주차장
(2) 대표적인 가연물의 설정	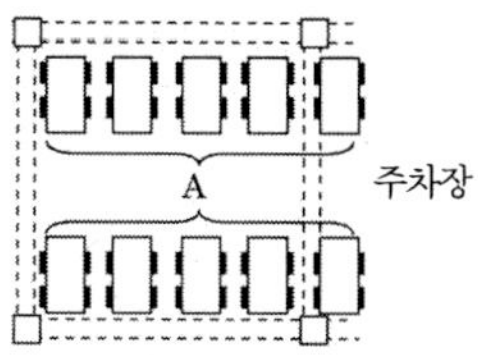	전형적인 가연물의 배치를 설정 A = 자동차
(3) 가연물의 연소성상 (발열속도 등)의 추정	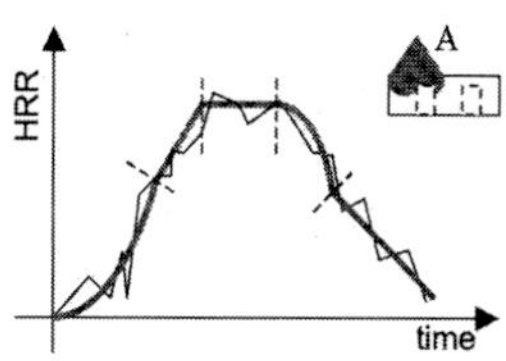	가연물의 종류, 형상, 크기에 따른 발열속도, 대표길이, 화원면적을 설정한다.
(4) 화염확대의 산정 (온도 · 열류분포)	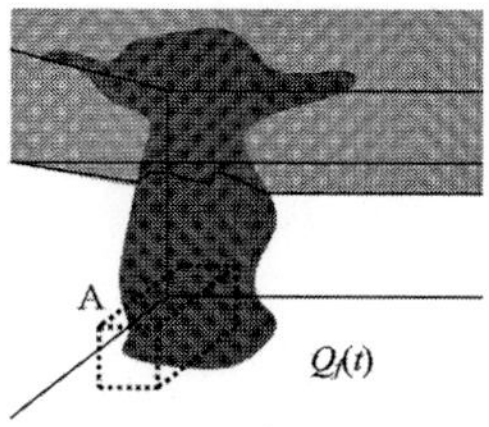	벽이나 천장과의 상황을 고려하여 화염이 확대되는 범위를 예측하고 온도 및 열류분포를 구한다.
(5) 주변 가연물 등으로 연소확대 예측	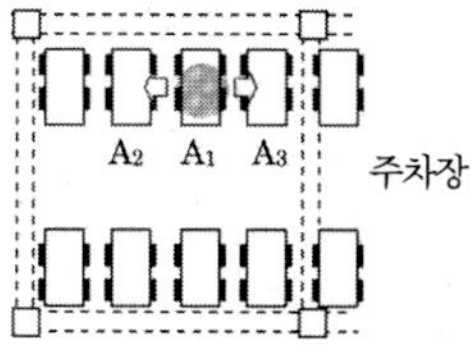	가연물(A_1)의 연소에 대하여 주변 가연물(A_2)(A_3)나 내장재료, 설비기기 등으로의 연소확대의 유무를 고려하여 구한다. 연소확대되는 경우는 STEP(3)으로 돌아가 연소확대된 가연물의 발열속도를 고려하여 (3)~(5)계산을 반복한다. 발열속도의 합계가 플래시오버 한계발열속도를 넘는 경우에는 4.4 「구획내 전체화재」의 검토를 행한다.

1-2) 플래시오버 한계발열속도

이동화재로부터 구획내 전체화재로의 이행의 유무는 이동화재시의 각 가연물군의 발열속도의 합계가 플래시오버 한계발열속도를 넘는지의 여부에 의하여 판정한다. 플래시오버는 연기층온도가 500℃~600℃, 바닥면으로의 입사열유속이 $20kW/m^2$에 달하게 되면 발생하는 것으로 알려져 있다. 식 (4.3.1)은 단일구획의 연기층 온도를 예측하는 실험식[4.23]으로부터 연기층온도가 522℃로 되는 발열속도를 계산한 식이다[4.24].

그림 4.3.2에 나타낸 바와 같이 실의 상부에 축적된 연기층의 열수지를 고려하면 연소에 의한 발열속도 Q[kW]는 플륨으로 운반되는 연기층에 관입하여 연기층의 온도를 상승시킨다. 고온으로 된 연기층으로부터 주변 벽으로의 열흡수속도 Q_W[kW]는 개구부로부터 열유출기류에 의한 열손실속도 Q_L[kW]과 평형을 이루게 되어

$$Q = Q_W + Q_L = h_T A_T (T_s - T_0) + c_p m_a (T_s - T_0) \tag{4.3.4}$$

여기서, h_T : 실효열전달률 $[kW/(m^2 \cdot K)]$

A_T: 실내표면적(천장, 벽, 바닥의 면적의 합계) $[m^2]$

c_p : 공기(및 연기)의 비열 $[kJ/(kg \cdot K)]$

m_a : 개구부로부터 유입하는 공기의 질량유량 [kg/s]

T_s : 플래시오버 발생한계의 연기층온도(=873K)

T_0 : 벽체온도의 초기치 및 외기온도(기준온도, 293K)

실효열전달률은 주변 벽 재료의 온도분포를 반무한 근사한 경우에 재료표면에 흡수되는 열류를 온도차로 나눈 것이다. 주변 벽 재료의 열관성을 $\sqrt{k\rho c}$로 하면 다음 식으로 근사할 수 있다.

$$h_T = \sqrt{\frac{k\rho c}{\pi t_c}} \tag{4.3.5}$$

여기서, $\sqrt{k\rho c}$: 실의 벽구성재료의 열관성 $[kW \cdot s^{1/2}/(m^2 \cdot K)]$

k : 실의 벽재료의 열전도율 $[kW/(m \cdot K)]$

ρ : 실의 벽재료 밀도 $[kg/m^3]$

c : 실의 벽재료 비열 $[kJ/(kg \cdot K)]$

t_c : 특성시간 [s]

이므로 열관성의 구체적인 수치는 후술하는 표 4.4.1을 참조한다.

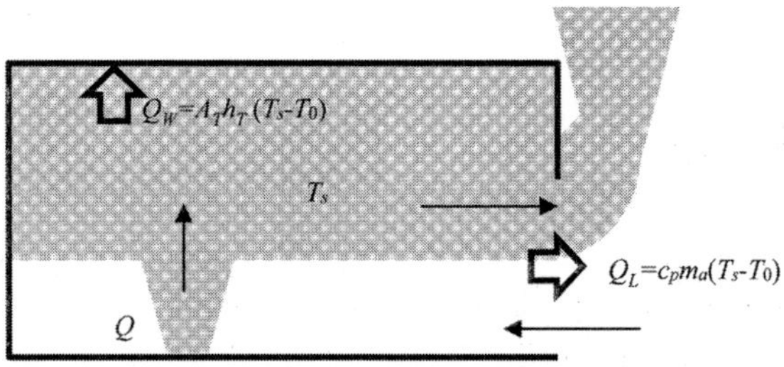

그림 4.3.2 플래시오버 한계의 연기층의 열수지

또한 개구부로부터 유입하는 공기의 질량유량(=개구부로부터 유출하는 연기의 질량유량)은

$$m_a = 0.52 A_{op} \sqrt{H_{op}} \tag{4.3.6}$$

이다.

이상의 관계를 약간 완만한 지수식으로 근사하고 실험결과와의 상관성으로부터 계수를 정한 것을 식 (4.3.1)이다. 단, 식의 사용에 있어서는 시간을 정할 필요가 있으므로 상정된 가연물의 연소종료시간을 t_c[s]로서 사용한다.

전 항에 나타난 식 (4.3.3)에 의하여 산출된 각 가연물군의 발열속도의 합계가 식 (4.3.1)의 플래시오버의 한계발열속도를 넘는 경우에는 구획내 전체화재로 이행하는 것으로 하여 4.4에 따라 구획내 전체화재를 상정한다.

(2) 부재의 가열조건

이동화재에서 부재로의 가열조건의 계산방법은 4.2의 국소화재에서 부재로의 가열조건과 동일하다. 단, 같은 시각에 연소하고 있는 모든 가연물에 관하여 계산을 행하고 얻어진 열류를 합산하여야 한다.

4.4 구획내 전체화재

(1) 화재성상

1) 화재범위의 설정방법

구획내 전체화재의 성상은 화재시의 온도 상승이 일정하게 되는 범위별로 산정한다.

2) 화재온도의 예측이론

구획내 전체화재시 화재실의 온도 추이는 실내의 가연물량, 실내개구부 치수 및 주변 벽(벽, 바닥, 천장)의 시방에 따라 예측한다.

3) 화재온도의 계산순서

구획내 전체화재의 계산순서는 다음의 순서에 따라 계산한다.

3-1) 화재실의 설정과 가연물의 총 발열량의 계산

3-2) 발열속도와 화재지속시간의 계산

3-3) 실의 열수지에 따른 실온계산

(2) 부재로의 가열조건

구획내 전체화재 중 균일한 온도에서 가열되는 경우에는 대류열전달과 복사열전달의 양자를 고려하여 부재 표면이 흡수하는 열류를 계산한다.

$$q_c = h_c(T_f - T_{surf}) \tag{4.4.1}$$

$$q_r = \varepsilon_{eff}\sigma\left(T_f{}^4 - T_{surf}{}^4\right) \tag{4.4.2}$$

여기서, q : 부재표면의 단위면적당 흡수하는 열류 [kW/m^2]

h_c : 대류열전달률(= 23.0×10^{-3}kW/(m^2 · K))

T_f : 화재온도(화재실의 온도) [K]

ε_{eff} : 종합복사율(강재표면은 0.9로 함)

σ : 스테판 · 볼츠만 정수(= 5.67×10^{-11}kW/(m^2 · K^4))

T_{surf} : 부재의 표면온도 [K]

(1) 화재성상

1) 화재범위의 설정방법

구획내 전체화재에서는 연소가 발생하는 공간(이하의 본 절에서는 화재실이라고 한다)에서 균일한 온도 상승이 발생한다고 가정해서 화재온도의 시간 추이를 계산한다. 화재실 설정에는 어느 정도의 임의성이 있으나 벽, 바닥 및 지붕(상층의 바닥슬래브)으로 둘러싸인 범위를 화재실로 산정하는 것을 기본으로 한다. 화재실의 범위를 설정할 때는 다음에 대해 고려한다.

1-1) 화재실을 구성하는 주변 벽

건물을 구성하는 벽은 내화구조의 벽과 같이 화재가열을 받아도 쉽게 무너지지 않고 화재실로부터 연소확대를 저지할 수 있는 벽부터 화재 초기에 소실되는 경미한 칸막이

벽까지 여러 종류가 있다. 화재실 설정에는 벽의 내화성에 따라 그림 4.4.1에 나타내는 방법으로 화재실의 범위를 결정한다.

a) 화재 초기에 소실되어버리는 것이 명확한 경미한 칸막이벽

가연성의 칸막이벽과 같이 화재의 초기에 소실되거나 플로트 유리와 같이 화재 가열로 파괴되어 바닥면에 낙하되는 종류는 그림 4.4.1(a)와 같이 구획내 전체화재 계산에서는 처음부터 없는 것으로 간주하고 복수의 방을 1개의 방으로 취급해도 무방하다.

b) 불연성의 칸막이벽

건식공법 칸막이벽과 같은 불연성 칸막이벽은 화재 초기부터 일정기간은 형상을 유지한다. 그 후에 보드에 균열이 발생하거나 부분적으로 떨어지거나 하면 인접한 실로 연소확대경로가 되는 사례가 많다. 내화구조 이외의 일반 칸막이벽은 구획내 전체화재시의 거동을 파악할 수 없는 경우가 많다. 본 지침에서는 그림 4.4.1(b)에 나타낸 바와 같이 화재 발생 전의 형상을 화재 중에도 유지하는 것으로 간주한다.

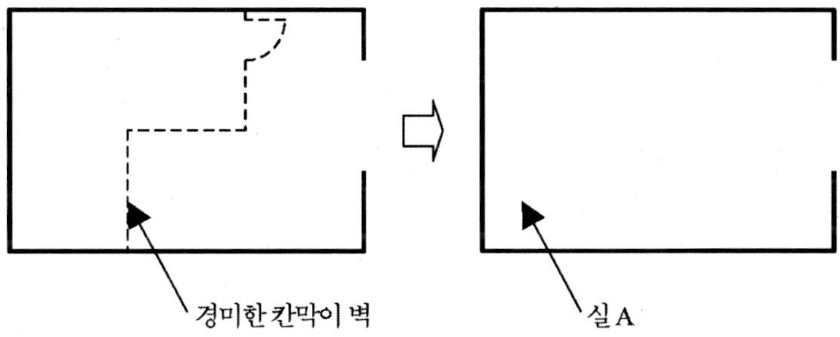

(a) 경미한 칸막이 벽(1실로 근사한다)

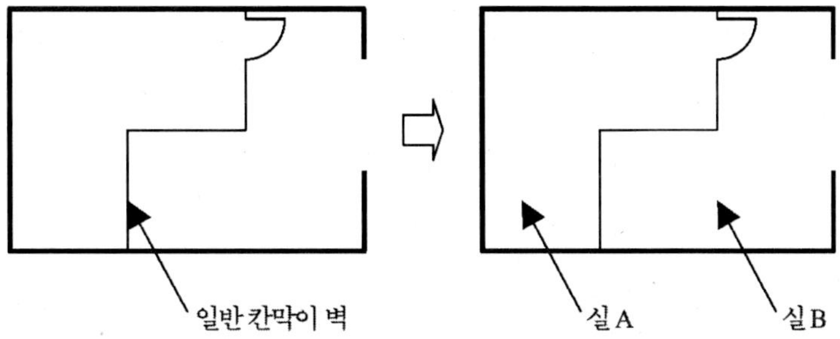

(b) 일반 칸막이 벽(실 A, 실 B의 2실로 취급한다)

그림 4.4.1 화재범위 설정방법

1-2) 인접한 실로 연소확대

화재실에 인접한 실로 연소확대되면 해당 화재실에서 연소가 종료해도 주변 실에서 연소는 계속되며 화재온도가 저하될 때까지 상당한 시간이 필요하다. 이와 같은 경우에는 해당 실만 아니라 주변 실에 연소된 상태에서 화재온도를 예측할 필요가 있다. 예를 들어, 그림 4.4.1(b)의 예에서 실 B에 발화된 경우, 실 A의 온도가 상승하면 언젠가는 연소확대에 이른다. 이와 같은 화재성상에서 실 A에 면한 구조부재는 실 A뿐 아니라 실 B의 연소에도 영향을 미치게 된다. 실에서 연소에 의한 화재온도 예측방법은 제안되어 있고, 본 지침에서도 그 방법에 따라 진행한다.

2) 화재온도의 예측 이론

구획내 전체화재의 강도는 아래와 같은 조건에 따라 영향을 받는다. 이들 요인을 고려한 구획내 전체화재성상이 다수 제안되고 있으나[4.26)~4.29)], 본 지침에서는 関根・川拭 등에 의해 구축된 구획화재의 기초이론을 기반으로 범용적인 방법을 이용한다.

① 실내 가연물의 발열량과 표면적
② 실의 크기와 형상
③ 개구부의 크기와 형상
④ 화재실의 둘레벽부재의 열적 특성
⑤ 인접실로부터 유입되는 열류

2-1) 화재실내가스의 질량수지와 열수지

구획내 전체화재의 실내 화재온도는 열과 질량의 수지식으로부터 유도할 수 있다[4.30)]. 그림 4.4.2에 화재실 안의 가스 질량수지(화염, 연소생성가스, 연기 및 공기의 합계)를 나타낸다. 개구부 하부로부터는 공기가 유입되고, 상부로부터는 연소생성가스가 유출된다. 유출가스 질량유량은 유입 공기 질량유량에 실내에서 발생한 가연성가스 질량이 더해진 것으로 생각하면 다음의 관계가 성립된다.

$$m_f = m_a + m_v \tag{4.4.3}$$

여기서, m_f : 개구부로부터 유출되는 연소생성가스의 질량유량 [kg/s]
m_a : 개구부로부터 유입되는 공기의 질량유량 [kg/s]
m_v : 가연물의 열분해에 의한 가연성가스의 생성속도 [kg/s]

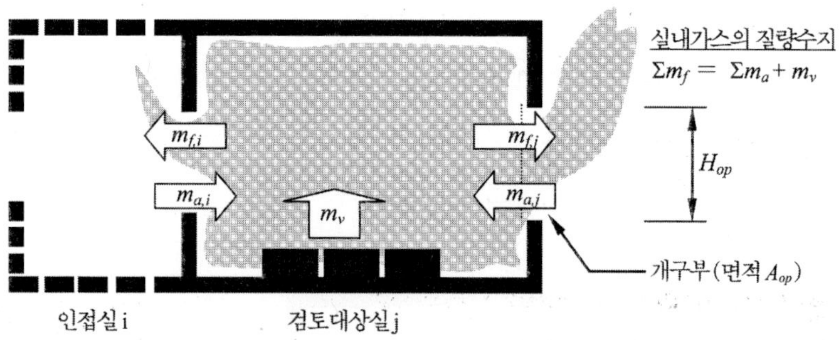

그림 4.4.2 구획내 전체화재에서 실내가스의 질량수지

일반적으로 가연성가스의 발생속도는 유입공기 질량유량과 비교하여 충분히 적으므로,

$$m_f = m_a \tag{4.4.4}$$

로 산정하여도 된다. 여기서, 유입공기와 유출가스 질량유량은 개구부 인자를 이용하여 다음 식에서 표현할 수 있다[4.20].

$$m_a = m_f = 0.52 \sum A_{op,j} \sqrt{H_{op,j}} \tag{4.4.5}$$

여기서, $A_{op,j}\sqrt{H_{op,j}}$: 개구부 인자 [$m^{5/2}$]
$A_{op,j}$: 개구부 면적 [m^2]
$H_{op,j}$: 개구부의 높이 (개구부 상단과 하단과의 차) [m]

다음으로 열수지를 고려한다. 발생한 가연성가스(m_v)의 일부는 실내에서 공기와 혼합하여, m_b(kg/s)의 속도로 연소한다. 여분의 가연성가스($m_v - m_b$)는 개구부로부터 배출된 후에 공기와 혼합되어 연소한다. 그림 4.4.3에서 나타낸 바와 같이 가연성가스의 연소에 의해 실내에서 발생한 열량은 실내의 가스 온도를 상승시킨 후 최종적으로는 개구부로부터 유출되거나 방의 둘레 벽(바닥, 벽, 천장)에 흡수된다. 이 관계는 다음 식과 같이 표현된다.

$$Q + Q_h = Q_a + Q_l + Q_r + Q_w \tag{4.4.6}$$

여기서, Q : 가연성가스의 구획 내에서의 연소에 의한 발열속도 [kW]
Q_h : 인접화재실에서의 열유입속도 [kW]

Q_a : 실내가스로의 축열속도 [kW]

Q_l : 대류에 의한 개구부로부터의 열유출속도 [kW]

Q_r : 복사에 의한 개구부로부터의 열유출속도 [kW]

Q_w : 실내 주변 벽으로의 열흡수속도 [kW]

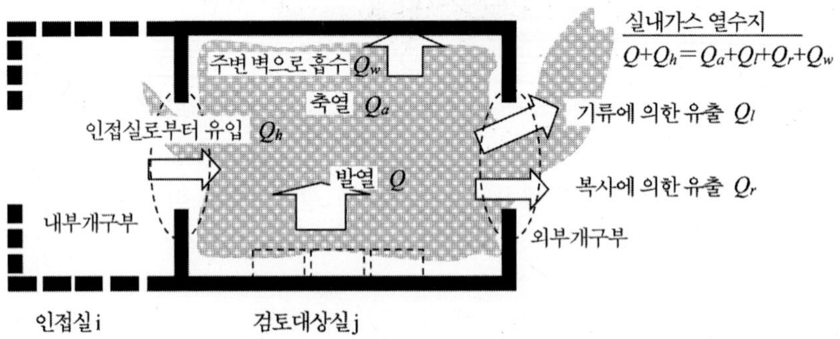

그림 4.4.3 구획내 전체화재의 실내가스 열수지

i) 가연성가스의 발생속도와 화재실 발열속도

실내의 발열속도는 가연물 표면으로 입사열에 의한 재료 열분해, 유입공기와 혼합성상 등의 물리화학적 과정이 결합한 결과로 결정된다. 현재 공학적 지식의 범위로는 액체연료와 같이 연소특성이 잘 알려진 단순한 물체가 단순히 배치되어 있는 경우를 제외하면 발열속도를 직접 예측하는 것은 어렵다. 여기서, 실험적으로 성립되는 관계를 이용하여 발열속도를 제공한다.

그림 4.4.4는 구획내 전체화재의 가연물의 열분해속도의 실험결과를 나타낸 것이다. 가로축 χ은 개구부 인자를 가연물 표면적으로 나눈 값이며, 연소형 지배인자($m^{1/2}$)라 불리는 변수이다.

$$\chi \equiv A_{op}\sqrt{H_{op}}/A_{fuel} \tag{4.4.7}$$

여기서, A_{fuel} : 실내 가연물의 노출표면적 [m^2]

개구부 인자는 실에 유입되는 공기량에 비례하므로 연소형 지배인자는 가연물 표면적당 공급되는 공기량을 나타낸다. 연소형 지배인자가 적은 경우($\chi < 0.07$), 가연물 표면적에 비해 공기량이 부족하여 환기지배형연소가 된다. 이 조건에서는 가연물 종류에 관계없이 다음 식으로 열분해속도 m_v[kg/s]가 계산된다.

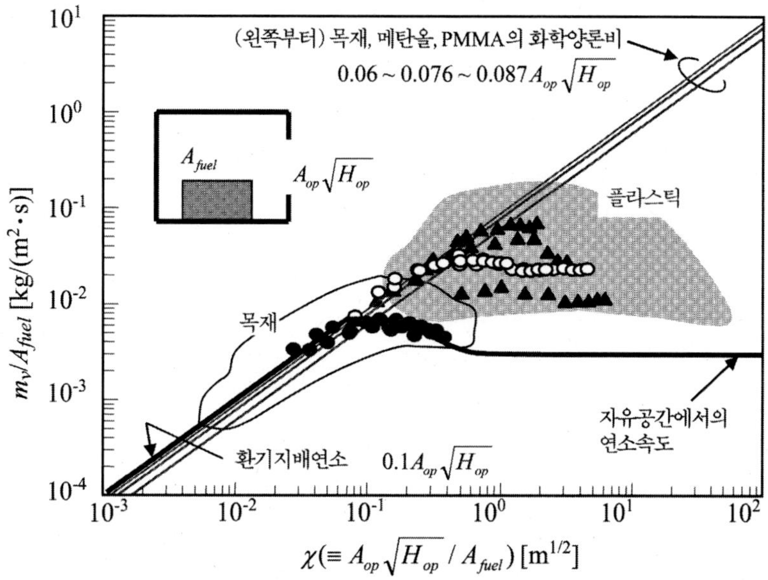

그림 4.4.4 구획내 전체화재의 실내가연물 열분해속도

$$m_v = 0.1\,A_{op}\sqrt{H_{op}} \tag{4.4.8}$$

이 값은 대체로 연소속도의 상한치를 부여하고, 가연물의 종류에는 거의 의존하지 않는다.

개구부가 크고 공기 유입이 충분한 경우에는 연소성상은 연료지배형으로 전이되어 열분해속도는 식 (4.4.8)보다도 작아진다. 연료지배로 전이되는 조건은 가연물의 특성에 의존하며, 목재재료에서는 연소형 지배인자가 0.07 정도, 플라스틱 재료는 0.15~2.0 정도이다. 이 범위는 정확히 화학양론적 관계에 가깝고 가연성가스와 공기가 과부족 없이 연소하므로, 구획온도는 최대가 된다. 개구부가 크면 연소속도는 자유공간 중에서 연소속도와 유사하게 된다.

연료지배형 연소속도를 이론적으로 예측하기 위해서는 가연물 양과 함께 배치에 대해서 고려할 필요가 있다. 그러나 목재가연물이 주된 경우에는 열분해속도는 대체적으로 다음 식에 의해 계산할 수 있다[4.31].

$$m_v/A_{fuel} = \begin{cases} 0.007 & (0.07 < \chi \le 0.1) \\ 0.12\chi\exp(-11\chi) + 0.003 & (0.1 < \chi) \end{cases} \tag{4.4.9}$$

실내의 발열속도는 환기지배형 또는 연료지배형에 따라 결정된다. 환기지배형의 경우 개구부로부터 유입되는 공기가 모두 소비된다고 간주한다. 신선한 공기 1kg을 소비하였을 때 발생하는 열량은 유기계 가연물이라면, 재료 조성에 거의 의존하지 않고 약 3000kJ/kg-air이므로 식 (4.4.10)과 같다.

$$Q = 3000 \times 0.52 A_{op}\sqrt{H_{op}} \approx 1500 A_{op}\sqrt{H_{op}} \tag{4.4.10}$$

이때 개구부로부터 분출화염이 발생하나 그 발열속도는 다음 식으로 산출할 수 있다.

$$Q_{ex} = \max\left\{16000 m_v - 1500 A_{op}\sqrt{H_{op}},\ 0\right\} \tag{4.4.11}$$

연료지배형연소의 경우 가연성가스가 모두 실내에서 연소한다고 간주하며 다음 식으로 발열속도를 계산한다.

$$\begin{aligned} Q &= \Delta H m_b = \Delta H m_v \\ &= \Delta H \cdot A_{fuel} \times \begin{cases} 0.007 & (0.07 < \chi \le 0.1) \\ 0.12\chi \exp(-11\chi) + 0.003 & (0.1 < \chi) \end{cases} \end{aligned} \tag{4.4.12}$$

여기서, ΔH : 가연물의 단위중량당 연소열(kJ/kg)이며, 목재가연물이 주로 배치된 실의 경우에는 $\Delta H = 16$MJ/kg으로 설정해도 된다.

ii) 실내가스의 축열속도

화재 중에는 실내의 가스온도가 시간에 따라 변화하므로 발생한 열량의 일부가 실내가스의 온도를 상승시키는데 사용된다. 화재온도의 상승속도를 dT_f/dt 라 하면, 단위시간당 실내가스에 축적되는 열량은 다음 식이 된다.

$$Q_a = V \rho_f c_p \frac{dT_f}{dt} \tag{4.4.13}$$

여기서, V : 실의 체적 [m^3]

T_f : 실내가스의 온도(화재온도) [K]

ρ_f : 실내가스의 밀도 [kg/m^3]

c_p : 실내가스의 정압 비열(= 1.01 kJ/(kg·K))

이다. 여기서, 실내가스는 CO_2 등의 연소생성물로부터 생성되나 조성의 변화에 상관없이 공기와 같은 물성을 가진다고 생각해도 된다. 상기의 정압비열의 값은 공기의 값으로 대체하고 있다. 또한, 밀도에 대해서도 공기의 상태방정식을 대체하여 다음 식으로 한다.

$$\rho_f = 353 / T_f \tag{4.4.14}$$

iii) 개구부로부터 가스 유출에 의한 열유출속도

실내와 실외에서 온도차가 있으면 개구부의 하부로부터 공기가 유입되어 상부로부터는 실내가스가 유출된다. 그 결과 유입된 공기온도를 T_0 부터 T_f 까지 상승시키기 위한 열량이 실외로 배출되므로,

$$Q_l = c_p(T_f - T_0)m_a \tag{4.4.15}$$

이 된다. 식 (4.4.5)를 이용하여 질량유량을 개구부 인자로 나타내면

$$Q_l = 0.52c_p(T_f - T_0)A_{op}\sqrt{H_{op}} \tag{4.4.16}$$

이 된다.

iv) 개구부로부터 복사에 의한 열유출속도

파손 또는 개방된 개구부로부터 실내가스가 외기로 향하여 복사열에 의한 열이 유출된다.

$$Q_r = \sigma A_{op}(T_f^{\,4} - T_0^{\,4}) \tag{4.4.17}$$

여기서, σ : 스테판・볼츠만의 정수($= 5.67 \times 10^{-11}$ kW/(m^2·K^4))이다.

v) 실 주변 벽으로 열흡수속도

주변 벽의 표면온도가 T_w 일 때, 주변 벽에 의해 단위시간당 흡수되는 열량은 다음 식으로 주어진다.

$$Q_w = A_T\{h_c(T_f - T_w) + \varepsilon_r\sigma(T_f^{\,4} - T_w^{\,4})\} \tag{4.4.18}$$

여기서, h_c : 대류열전달률($= 23.0 \times 10^{-3}$ kW(m^2·K))

A_T : 실의 주변 벽 면적(바닥, 벽, 천장면적의 합계) [m^2]

ε_r : 실내가스와 주변 벽 표면 사이의 복사율 합 [–]

T_w : 주변 벽의 표면온도 [K]

벽 표면온도 T_w 는 시간에 따라 변화되며 주변 벽으로 열손실도 일정하지 않다. 따라서, 정확히는 벽체의 열전도 계산과 연립하여 표면온도의 시간경과를 구한다. 즉, 열전도방정식

$$\rho c \frac{\partial T}{\partial t} = \frac{\partial}{\partial x}\left(k \frac{\partial T}{\partial x}\right) \tag{4.4.19}$$

을 다음 경계조건에서 해를 구하여야 한다.

$$-k \frac{\partial T}{\partial x}\bigg|_{x=0} = h_c (T_f - T_w) + \varepsilon_r \sigma (T_f^{\ 4} - T_w^{\ 4}) \tag{4.4.20}$$

$$k \frac{\partial T}{\partial x}\bigg|_{x=L} = h_{c,0} (T_0 - T_{w,L}) + \varepsilon_r \sigma (T_0^{\ 4} - T_{w,L}^{\ 4}) \tag{4.4.21}$$

여기서, k : 주변벽 재료의 열전도율 [kW/(m·K)]

ρ : 주변벽 재료의 밀도 [kg/m^3]

c : 주변벽 재료의 비열 [kJ/(kg·K)]

$T_{w,L}$: 주변벽의 비화재측 표면온도 [K]

$h_{c,0}$: 비화재측 표면의 대류열전달률 (= 0.004 kW/(m^2·K))

열전도계산은 그림 4.4.5와 같이 벽체를 두께방향으로 n등분하고, 절점온도 $T_1 (= T_w)$, T_2, T_3, $\cdots$, $T_n (= T_{w,L})$의 시각경과를 차분법에 의해 구한다.

$$T_1(t+\Delta t) = \frac{\Delta t}{\rho c \Delta x/2}\left[h_c\left(T_f - T_w\right) + \varepsilon_r \sigma \left(T_f^{\ 4} - T_w^{\ 4}\right) + \frac{k}{\Delta x}\{T_2(t) - T_1(t)\}\right] + T_1(t) \tag{4.4.22}$$

$$T_i(t+\Delta t) = \frac{\Delta t}{(\Delta x)^2}\frac{k}{\rho c}\{T_{i-1}(t) - 2T(t)_i + T_{i+1}(t)\} + T_i(t),\ (i = 2, 3, 4, \cdots, n-1) \tag{4.4.23}$$

$$T_n(t+\Delta t) = \frac{\Delta t}{\rho c \Delta x/2}\left[h_{c,0}\left(T_0 - T_{w,L}\right) + \varepsilon_r \sigma \left(T_0^4 - T_{w,L}^4\right) + \frac{k}{\Delta x}\{T_{n-1}(t) - T_n(t)\}\right] + T_n(t) \tag{4.4.24}$$

여기서, Δx : 분할한 층의 두께 (=$L/(n-1)$) [m]

Δt : 시간분할 [s]

열전도해석은 복잡하므로, 간략하게 벽체를 반무한체 또는 열적박벽으로 근사할 수 있다. 열적후벽에서는 벽체를 반무한체로 근사하면

$$Q_w = A_T \sqrt{\frac{k \rho c}{\pi t}}\,(T_f - T_0) \tag{4.4.25}$$

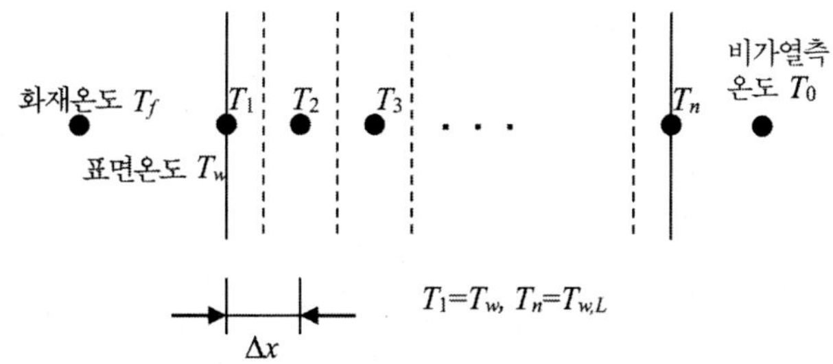

그림 4.4.5 둘레 벽의 표면온도 계산방법

이 된다. 한편, 벽체가 열적박벽으로 근사할 수 있을 때에는 거의 성립된다.

$$Q_w = A_T K(T_f - T_0) \tag{4.4.26}$$

여기서, $\sqrt{k\rho c}$: 주변벽 재료의 열관성 [$\mathrm{kW \cdot s^{1/2}/(m^2 \cdot K)}$]

K : 주변벽의 열관류율($= k/\delta$) [$\mathrm{kW/(m^2 \cdot K)}$]

k : 주변벽 재료의 열전도율 [$\mathrm{kW/(m \cdot K)}$]

δ : 주변벽의 두께 [m]

t : 시간 [s]

T_0 : 벽체재료의 초기치 및 외기온(기준온도, 293K)

실무적인 계산에서는 양자 중 큰 쪽을 선택하면 된다. 즉, 다음 식에서 주변 벽으로의 열흡수속도를 계산해도 된다. 각종 재료의 열물성치를 표 4.4.1에 나타내었다.

$$Q_w = A_T(T_f - T_0) \times \min\left\{K,\ \sqrt{\frac{k\rho c}{\pi t}}\right\} \tag{4.4.27}$$

vi) 인접실로부터의 열유입속도

인접실로부터의 열유입은 개구부로부터 환기 및 복사에 의한 것으로 인접실로부터 유입된 미연가스 연소 합으로 다음 식에서 구할 수 있다.

$$Q_h = \sum_j (Q_{mj} + Q_{ex\,j}) \tag{4.4.28}$$

여기서, Q_h : 인접실로 연결되는 개구부로부터 열유입속도의 합계 [kW]

Q_{mj} : 인접실 j로 연결되는 개구부로부터의 복사 및 환기에 따른 열유입속도 [kW]

Q_{exj} : 인접실 j로 연결되는 개구부로부터 미연가스의 연소에 따른 발열속도 [kW] (식 4.4.11)

이다.

인접실로부터의 열유입속도는 인접실로의 연소시간에 의존한다. 인접실의 연소시간은 공간의 개구부 및 벽의 내화성능에 의하나 그 예측방법은 확립되어 있지 못하다. 출화실의 진화 직전에 인접실로 연소확대되는 경우가 가장 위험한 것으로 상정되므로 인접실로 연소확대되는 시간을 상정할 수 없는 경우에는 출화실이 진화되기 직전에 연소확대되는 것으로 상정하여 둘 필요가 있다.

a) 복사 및 환기에 의한 열의 침입속도(열침입비를 사용하는 방법)

인접실 j에서 발생한 발열속도 Q_j의 일부가 출화실로 유입되는 것으로 가정하여 그 비율 $f_{r,j}$(열침입비)와 실 j의 모든 개구부 인자$(A_{op}\sqrt{H_{op}})_j$ 중 출화실 i와 인접실 j 사이의 개구부 인자$\left(A_{op}\sqrt{H_{op}}\right)_{ji}$의 비율 $f_{op,j}$을 사용하여 다음 식으로 산정한다.

$$Q_{m,j} = f_{op,j} f_{r,j} Q_j \tag{4.4.29}$$

$$f_{op,j} = \left(A_{op}\sqrt{H_{op}}\right)_{ij} / \left(A_{op}\sqrt{H_{op}}\right)_j \tag{4.4.30}$$

여기서, $f_{op,j}$: 인접실의 개구부 인자 중 출화실과 사이의 개구부 인자의 비율 [−]

$(A_{op}\sqrt{H_{op}})_{ji}$: 인접실과 출화실 사이의 개구부 인자 [$m^{5/2}$]

$(A_{op}\sqrt{H_{op}})_j$: 인접실의 개구부 인자의 합계 [$m^{5/2}$]

$f_{r,j}$: 인접실의 발열속도 중 개구부로부터 열의 유출속도 비율 [−]

Q_j : 인접실의 발열속도 [kW]

열침입비 $f_{r,j}$(구획 내의 발열속도 중 개구부로부터 유출하는 열류의 비율)는 환기지배화재 시의 구획온도의 비정상계산의 결과로부터 구한 근사식[4.21]에 의하여 산출한다.

$$f_{r,j} = 0.45 \frac{\left(A_{op}\sqrt{H_{op}}\right)_j^{1/3}}{\left(A_T\sqrt{k\rho c}\right)_j^{1/3}} t^{1/6} \tag{4.4.31}$$

여기서, $A_{t,j}$: 인접실 벽의 면적 [m^2]

$\sqrt{k\rho c}$: 벽재료의 열관성 [$kW \cdot s^{1/2}/(m^2 \cdot K)$]

t : 인접실로 연소확대가 시작된 시점으로부터 경과시간 [s]

b) 복사 및 환기에 따른 열의 침입속도(각 시각에서의 구획온도로부터 열류를 산정하는 방법)

복수실의 화재실온도를 동시에 계산한다는 전제이면 전의 시간 단계의 출화실 및 인접실의 화재실 온도를 사용하여 다음 식에 따라 열 유입속도를 계산할 수 있다.

$$Q_{m,j} = 0.52\left(A_{op}\sqrt{H_{op}}\right)_{ji}\left(T_j - T_i\right) + A_{ij}\sigma\left(T_j^4 - T_i^4\right) \tag{4.4.32}$$

여기서, T_j : 인접실의 화재실온도 [K]

T_i : 출화실의 화재실온도 [K]

$\left(A_{op}\sqrt{H_{op}}\right)_{ji}$: 출화실과 인접실 사이의 개구부 인자 [$m^{5/2}$]

σ : 스테판·볼츠만 계수 (5.67×10^{-11} kW/($m^2 \cdot K^4$))

표 4.4.1 각종 재료의 열 물성치 [4.19, 4.32]

재 료	열전도율 $k \times 10^{-3}$ [kW/(m·K)]	밀도 ρ [kg/m³]	비열 c [J/(kg·K)]	열관성 $\sqrt{k\rho c}$ [kW·s$^{1/2}$/(m²·K)]
(각종 콘크리트)				
보통 콘크리트	1.51	2300	880	1.75
경량 콘크리트(벽돌 파편)	0.80	1980	838	1.15
경량 콘크리트(항화석)	0.66	1720	1006	1.07
기포 콘크리트	0.13	580	880	0.26
(바름벽)				
모르타르	1.39	2110	796	1.53
펄라이트 모르타르(시멘트 1, 펄라이트 3)	0.21	918	796	0.39
버미큘라이트(시멘트 1, 버미큘라이트 4)	0.074	900	796	0.23
흙벽	0.58	1280	880	0.81
회반죽 벽	0.61	1320	838	0.82
플라스터	0.51	1940	838	0.91
(조적식 구조)				
벽돌	0.55	1660	838	0.87
단열 벽돌	0.28	1520	838	0.60
경량 블록	0.68	1380	838	0.89
중량 블록	1.02	2400	838	1.43
타일	1.28	2400	838	1.60
대리석	2.80	2600	810	2.43

재　　료	열전도율 $k \times 10^{-3}$ [kW/(m·K)]	밀도 ρ [kg/m³]	비열 c [J/(kg·K)]	열관성 $\sqrt{k\rho c}$ [kW·s^{1/2}/(m²·K)]
(보드류)				
슬레이트	1.28	2240	754	1.47
로크 울 판	0.04	300	1550	0.14
글래스 울 판	0.04	300	838	0.10
펄 라이트 판	0.14	750	838	0.30
석고 보드	0.19	840	1003	0.40
규산 칼슘판	0.13	622	920	0.27
목모 시멘트 판	0.10	420	1257	0.23
연질 섬유판	0.06	239	838	0.11
반경질 섬유판	0.12	494	838	0.22
경질 칼슘판	0.10	494	838	0.20
목재(소나무)	0.15	480	1257	0.30
목재(삼나무)	0.11	330	1257	0.21
목재(노송나무)	0.09	344	1257	0.20
(금속재료)				
알루미늄	237	2688	905	24.0
동	398	8880	386	36.9
철	80.3	7850	442	16.7
판유리	0.79	2540	754	1.23

3) 화재온도의 계산순서

3-1) 실의 설정과 계산에 필요한 값 추출

계산을 시작할 때 설계도서로부터 화재실의 범위를 4.4(1)의 방법에 따라 설정하고, 설정한 범위 내의 층발열량과 노출표면적을 3.2(1)의 방법에 따라 계산한다.

3-2) 발열속도와 화재지속시간의 계산

실내 가연물의 노출표면적(등가인 목재환산) 값을 사용하여 가연물의 열분해속도 m_v를 식 (4.4.8) 또는 (4.4.9)에 따라 계산한다. 발열속도는 여기에 목재 연소열(16000kJ/kg)을 곱하여 구하나 연소조건 관계에 주의하여야 한다. 연료지배형 화재에서는 실내에서 모든 연소가 이루어지는 것으로 고려하여도 좋으나 환기지배화재에서는 열분해로 나타난 가연성가스 일부는 실외에서 연소한다. 이것을 분리하여 다음 관계식을 사용한다.

$$Q = \min\left\{16000 m_v,\ 1500 A_{op} \sqrt{H_{op}}\right\} \tag{4.4.33}$$

$$Q_{ex} = \min\left\{16000m_v - 1500A_{op}\sqrt{H_{op}},\ 0\right\} \tag{4.4.34}$$

화재지속시간은 모든 가연물이 다 연소하는데 필요한 시간으로 다음 식으로 계산된다.

$$t_f = \frac{W}{16000m_v} \tag{4.4.35}$$

3-3) 실의 열수지에 따른 실온계산

실온의 시간경과를 구하기 위해서는 이하 순서로 시간증분해석을 실시한다.

① 초기값 설정

시각 $t=0$ 으로 하여 화재온도와 벽 온도 초기값을 설정한다.

② 실온의 계산

현재 시간에서 화재온도와 벽의 온도를 이용한 식 (4.4.6), (4.4.13), (4.4.16), (4.4.17), (4.4.18)들로부터 유도되는 아래 식은 시간증분 Δt의 화재온도를 구한다.

$$T_f(t+\Delta t) = \frac{Q + Q_h + \dfrac{V\rho_f c_p}{\Delta t}T_f(t) + 0.52c_pA_{op}\sqrt{H_{op}}\,T_0 + A_{op}h_{r(R,0)}T_0 + A_T(h_c + h_{r(R,w)})\,T_w(t)}{\dfrac{V\rho_f c_p}{\Delta t} + 0.52c_pA_{op}\sqrt{H_{op}} + A_{op}h_{r(R,0)} + A_T(h_c + h_{r(R,w)})} \tag{4.4.36}$$

여기서, $h_{r(R,0)}$: 실내가스와 외부 공기간의 복사열전도율 $= \sigma(T_f^2 + T_0^2)(T_f + T_0)$ $[\mathrm{kW/(m^2 \cdot K)}]$

$h_{r(R,w)}$: 실내가스와 주변 벽간의 복사열전도율 $= \varepsilon_r\sigma(T_f^2 + T_w^2)(T_f + T_w)$ $[\mathrm{kW/(m^2 \cdot K)}]$

주변벽의 열전도계산을 실시하지 않고, 열적후벽 또는 열적박벽의 근사를 실시하는 경우에는, 식 (4.4.18)의 대신에 식 (4.4.27)을 사용하여 유도된 아래 식으로 화재온도를 구한다. 단, 열적후벽의 근사가 성립하는 것은 가열 중으로 한정되므로 화재종료 후의 냉각과정도 포함하여 예측하는 경우 식 (4.3.36)에 의해 실시하는 것이 바람직하다.

$$T_f(t+\Delta t) = \frac{Q + Q_h + \dfrac{V\rho_f c_p}{\Delta t}T_f(t) + \left\{0.52c_pA_{op}\sqrt{H_{op}} + A_{op}h_{r(R,0)} + A_T\min\left\{K, \sqrt{\dfrac{k\rho c}{\pi t}}\right\}\right\}T_0}{\dfrac{V\rho_f c_p}{\Delta t} + 0.52c_pA_{op}\sqrt{H_{op}} + A_{op}h_{r(R,0)} + A_T\min\left\{K, \sqrt{\dfrac{k\rho c}{\pi t}}\right\}} \tag{4.4.37}$$

③ 주변 벽의 열전도 계산

전 항에서 식 (4.3.30)으로 화재온도를 계산한 경우, 벽체의 열전도계산 (4.4.22)~(4.4.24)를 실시하여 벽의 온도를 갱신한다.

④ 화재종료의 판단

$t = t + \Delta t$로 하여 시간을 갱신하고, $t > t_f$가 될 때까지 ②로 돌아가 계산을 반복한다. 화재가열 후 냉각과정의 예측을 실시하는 경우, $t > t_f$에서 $m_v = 0$으로 같은 계산을 반복한다.

4) 계산 예

4-1) 계산 예 1 : 단실 화재실험과의 비교

전술한 방법으로 산정한 화재온도를 실제 크기의 화재실험결과와 비교하여 나타낸다. 실험은 그림 4.4.6과 같은 형상의 3층 건물 강구조(1층은 피로티)의 2층 일부를 화재구역으로 하여 실시되었다[4.33]. 외벽은 ALC판넬(두께 100mm)이고, 지붕은 유공 프리캐스트 콘크리트판넬(두께 100mm)이며, 2층 및 3층 바닥은 골형데크플레이트(두께 1.2mm)에 보통콘크리트(상부면 80mm, 하부면 155mm)를 타설하였다. 표 4.4.2에서 나타낸 바와 같이, 실험은 적재가연물의 발열량 밀도와 주변벽 재료를 바꾸어 3회 실시되었다. 실험 1, 2에서는 규산칼슘판을 이용한 내장 시공을 하였으며, 양자의 차이는 화재하중 밀도와 개구부 면적이다. 실험 3에서는 규산칼슘판에 의한 내장 시공을 하지 않았다.

실험조건에서 표 4.4.3~4에 표시된 입력데이터를 작성하고, 화재성상 예측계산의 입력조건으로 하였다. 계산결과를 실험값과 비교하여 그림 4.4.7~9에 나타내었다. 각 그림에서 굵은 선이 화재온도 계산값, 기호가 실험값이다. 실험에서는 바닥 위 1.4m 및 2.1m의 여러 군데의 온도가 측정되고 있으나, 그림의 값은 이들의 평균값이다. 실험 1, 2에 대해서 초기 화재온도는 실험값과 잘 일치한다. 완전히 타기 직전과 이후의 감쇄기 온도는 실험값이 서서히 저하하는 데 비해 계산값은 급격히 저하한다. 이 차이는 발열속도를 일정치로 부여하는 것에 의한 오차인데, 화재온도의 최고치는 항상 높게 산정되므로 내화설계상에서는 안전측의 오차를 초래한다. 실험 3은 규산칼슘판 내장이 시공되어 있지 않아 둘레 벽으로의 열손실이 크다. 따라서 화재온도는 실험 1, 2에 비해 낮다. 이 경우에는 계산값은 다소 높은 값이 된다.

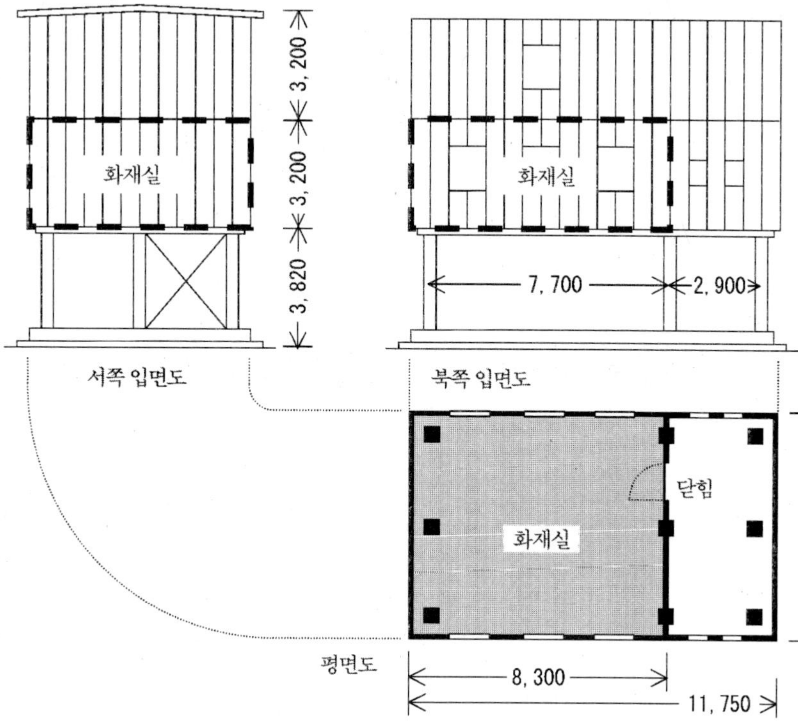

그림 4.4.6 실험 가옥의 형상

표 4.4.2 화재실험의 조건

	실험 1	실험 2	실험 3
적재가연물의 발열량 밀도 w_f(MJ/m^2)	400	640	320
바닥 면적 A_r(m^2)	58.8	58.8	58.8
둘레벽 면적 A_c (m^2)	86.2	87.4	87.9
가연물의 노출 표면적 A_{fuel} (m^2)	92.8	108.6	86.2
개구부 형상	1.0m×1.2m×5장	1.0m×1.2m×3장 0.5m×1.2m×2장	1.1m×1.3m×2장 0.55m×1.3m×2장
벽의 구성(실내측 → 실외측의 순)	① 규산 칼슘판(12mm) ② 중공부(10mm) ③ ALC판(100mm)	① 규산 칼슘판(25mm) ② ALC판(100mm)	① ALC판(100mm)
바닥의 구성(실내측 → 실외측의 순)	① 규산 칼슘판(12mm) ② 보통 콘크리트 (80~155mm) ③ 데크 플레이트(1.2mm)	① 규산 칼슘판(25mm) ② 보통 콘크리트 (80~155mm) ③ 데크 플레이트(1.2mm)	① 보통 콘크리트 (80~155mm) ② 데크 플레이트(1.2mm)

	실험 1	실험 2	실험 3
지붕의 구성	① 규산 칼슘판(12mm) ② 경량 철골 기초(20mm) ③ 데크 플레이트(1.2mm) ④ 보통 콘크리트 (80~155mm)	① 규산 칼슘판(25mm) ② 경량 철골 기초(20mm) ③ 데크 플레이트(1.2mm) ④ 보통 콘크리트 (80~155mm)	① 데크 플레이트(1.2mm) ② 보통 콘크리트 (80~155mm)

표 4.4.3 계산 조건

	실험 1	실험 2	실험 3
표면적 계수 ϕ (m^2/kg)	0.0633	0.046	0.073
개구부 인자 $A_{op}(H_{op})^{1/2}$ ($m^{5/2}$)	6.57	5.26	4.89
연소형 지배인자 χ ($m^{1/2}$)	0.071(연료지배)	0.048(환기지배)	0.057(환기지배)
연소속도 m_ν (kg/s)	0.650	0.760	0.603
발열속도 Q (kW)	10,400	7,887	7,337
화재지속시간 t_f (min)	37	75	40

표 4.4.4 주변 벽 재료의 열 정수

	열전달률 k [kW/(m · K)]	비열 c [kJ/(kg · K)]	밀도 ρ [kg/m^3]
ALC판	0.19×10^{-3}	1.34	600
규산 칼슘판	0.098×10^{-3}	0.92	400
보통 콘크리트	1.51×10^{-3}	1.09	2,300
중공층(열전달률) (kW/(m^2 · K))	23×10^{-3}	–	–

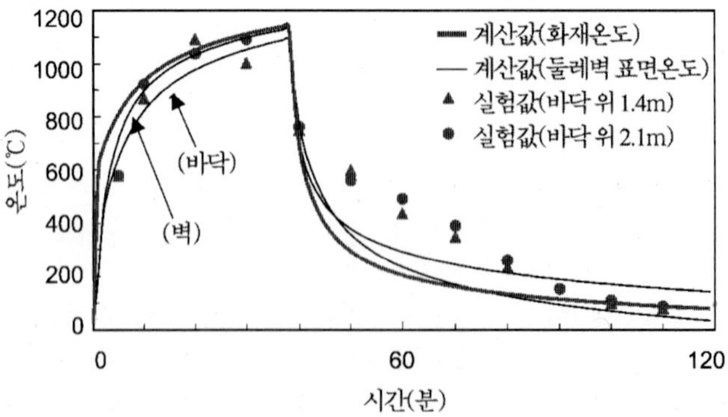

그림 4.4.7 실험 1(적재가연물의 발열량밀도 400MJ/m^2, 창문 면적 6.0m^2, 규산 칼슘판에 의한 내장)

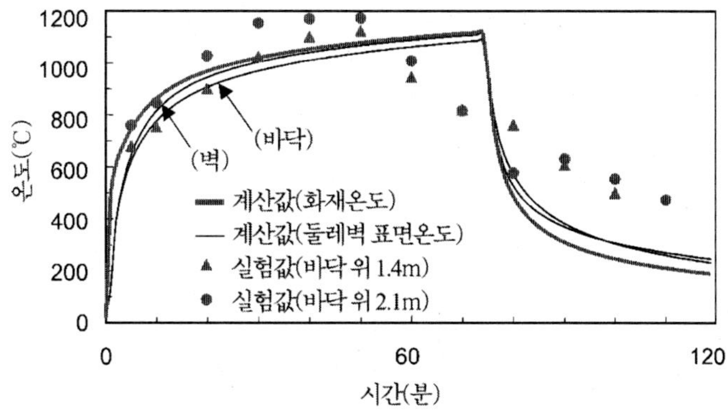

그림 4.4.8 실험 2(적재가연물의 발열량밀도 640MJ/m^2, 창문 면적 4.8m^2, 규산 칼슘판에 의한 내장)

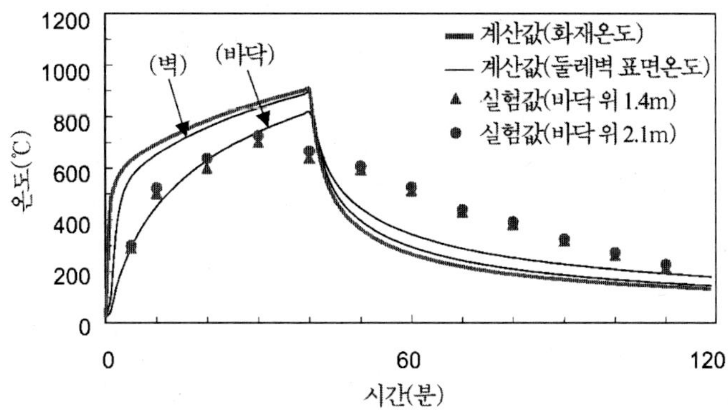

그림 4.4.9 실험 3(적재가연물의 발열량밀도 320MJ/m^2, 창문 면적 4.4.m^2, 규산 칼슘판에 의한 내장)

4-2) 계산 예 2 : 연소확대화재

그림 4.4.10에 나타내는 사무실과 복도의 2개실로 되는 공간 중 복도를 대상으로 사무실로부터 열 침입을 고려하여 화재온도 산정을 행한다. 화재시나리오는 복도에서 출화되어 복도가 진화(약 13.5분)하기 직전 13분에 내부 개구부가 붕괴되어 사무실로 연소확대된다는 시나리오를 설정하였다. 또한 가연물로는 내장을 고려하지 않고 표 4.4.5에 나타내는 바와 같이 적재가연물의 발열량밀도를 사용하여 산출한 적재가연물만을 고려하였다. 또한 사무실로부터 내부 개구부를 경유하여 복도로의 열 침입속도는 식 (4.4.32)를 사용하여 산출하였다.

발열속도, 화재온도, 사무실로부터 복도로의 열류(환기 및 분출화염에 의한 열류의 합계)의 산정결과를 그림 4.4.11에 나타내었다. 복도의 발열속도는 약 6000kW이고, 사무실로 연소 후는 복도보다도 사무실의 구획온도가 높기 때문에 사무실로부터 약 7000kW

(사무실의 발열속도 약 177160kW의 4%)의 열류가 유입하였다. 복도의 구획온도는 진화 후도 인접구획으로부터의 열류에 의하여 온도 상승이 계속되어 최대 약 700℃였다.

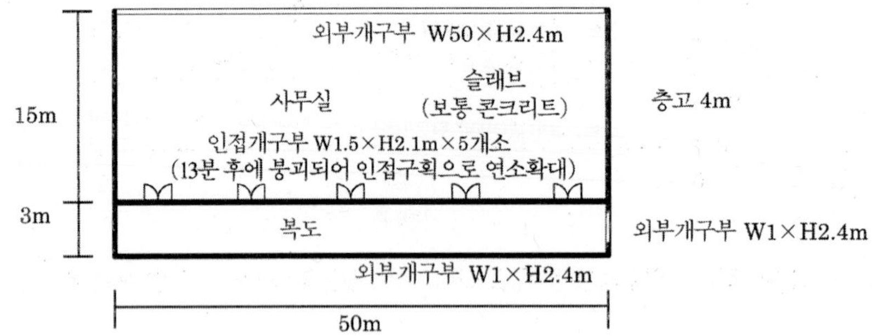

그림 4.4.10 계산대상

표 4.4.5 사무실 및 복도의 연소속도, 발열속도 등

	사무실	복도
적재가연물의 발열량 밀도 [MJ/m^2]	560	32
가연물 표면적 [m^2]	1607	124
연소형 지배인자 [m$^{1/2}$]	0.116	0.030
연소속도 [kg/s]	11.07	0.37
발열속도 [kW]	177160	5577
연소지속시간 [분]	39.5	13.5

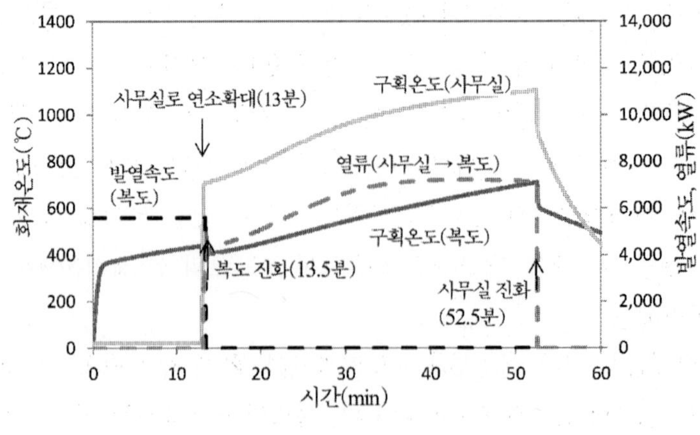

그림 4.4.11 화재온도 및 발열속도의 계산결과

(2) 부재로의 가열조건

플래시오버 후의 구획내 전체화재에서는 화재실 온도가 거의 일정하므로 실내가스에는 매연이 포함된 경우가 많다. 이와 같은 경우에는 강부재는 균일한 온도 T_f의 기체로부터 대류와 복사를 받게 된다. 부재 표면의 단위면적당 단위시간의 유입하는 열량(열유속)은 대류열전달률과 종합열전달률을 아래와 같이 적절하게 설정하여 계산한다.

1) 대류열전달률

대류열전달률은 부재표면에 고온의 기체가 접속하는 것에 따른 열 이동이다. 부재표면 근처에는 경계층이 발생하고 표면으로부터 충분히 떨어진 위치에서 기체온도와 부재표면온도는 상이하다. 이때 부재표면으로 도달하는 대류열유속은 기체온도와 부재표면 온도 차에 비례하고 다음 식으로 나타낼 수 있다.

$$q_c = h_c(T_f - T_{surf}) \tag{4.4.38}$$

여기서, h_c : 대류열전달률 [kW/(m^2 · K)]

T_f : 화재온도(부재 주변의 기체온도) [K]

T_{surf} : 부재의 표면온도 [K]

대류열전달률은 유체 속도에 의존한다. 전열공학의 분야에서는 다양한 조건에서 측정치가 정비되어 실험식이 제안되고 있다. 예를 들면 직경 d의 원형강관기둥이 주변 기류에 의하여 가열되는 경우에는 다음 식을 적용한다.

$$N_u = 0.24{R_e}^{0.6} \tag{4.4.39}$$

여기서, N_u : 누셀트수(무차원 대류열전달률, $= h_c d/k$)

R_e : 레이놀르수(무차원 풍속, $= ud/v$)

d : 기둥의 직경 [m]

k : 기체의 열전도율 [kW/(m · K)]

u : 기체의 유속 [m/s]

v : 동점성 계수 [m^2/s]

기류온도를 500℃로 하면 $k = 0.057 \times 10^{-3}$kW/(m·K), $v = 5.9 \times 10^{-5}$m^2/s, 식 (4.4.39)를 차원이 있는 형태로 나타내면

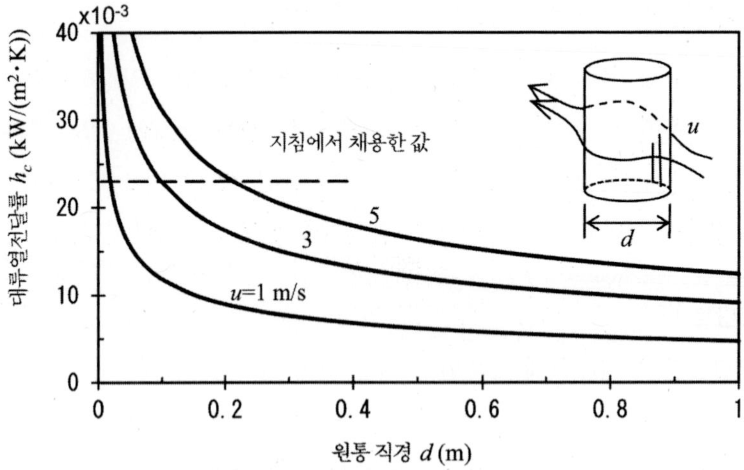

그림 4.4.12 원통 표면의 대류열전달률

$$h_c = 0.24 \times \frac{k}{d} \times \left(\frac{ud}{v}\right)^{0.6} = 4.72 \times 10^{-3} u^{0.6}/d^{0.4} \tag{4.4.40}$$

로 된다. 기둥 직경이 작고 풍속이 클수록 대류열전달률이 크게 되는 것을 나타내고 있다. 이 관계를 그림 4.4.12에 나타낸다. 실용적인 내화설계에서는 부재 근처의 풍속을 설정하는 것은 복잡하므로, 본 지침에서는 특히 판단할 자료가 없는 경우 대류열전달률을 23×10^{-3}kW/(m^2·K)으로 한다. 그림 4.4.12의 파선에서 나타낸 바와 같이 이 값은 실용적인 직경 부재에 대하여 전열량을 과잉으로 주는 오차가 있다.

2) 화염 및 연기층의 복사율 [4.34)]

화염가스 복사율은 다음 식으로 산출할 수 있다.

$$\varepsilon_f = 1 - \exp(-k_g l_e) \tag{4.4.41}$$

여기서, k_g : 가스층의 복사흡수계수 [m^{-1}]

l_e : 평균행로길이 [m]

평균행로길이는 다양한 형상의 가스군 형상에 대하여 계산식이 있으나 아스팩트비가 8 이내의 직방체이면 다음 식을 사용할 수 있다.

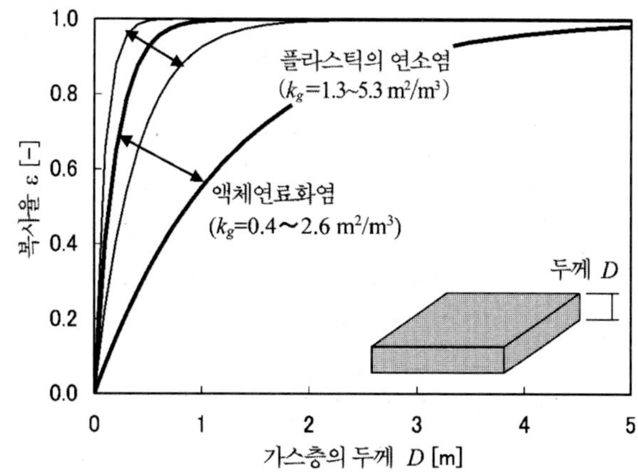

그림 4.4.13 가스층의 두께와 복사율의 관계(평판상의 가스층의 경우)

$$l_e = (3.4 \sim 3.67)\, V/A \tag{4.4.42}$$

여기서, V는 가스층의 체적[m^3], A는 가스층의 표면적[m^2]이다.

실의 상부에 축적된 연기층과 같이 엷은 평판 가스군은 두께 2배를 평균 행로길이로 하면 좋다. 가스군 두께와 복사율의 관계를 그림 4.4.13에 나타낸다. 구획내 전체화재에서는 매연을 다량으로 포함한 화염가스가 가득한 것을 고려하면 가스군이 비록 적더라도 복사율은 거의 1이 된다. 따라서 본 지침에서는 특히 별도의 판단자료가 없는 한 구획내 전체화재에서 화염가스의 복사율은 1로 한다. 단, 국소화재와 같이 비교적 엷은 연기층이 실 상부에 축적되는 상태의 경우에는 4.2(2)절에 따른다.

3) 부재표면이 흡수하는 복사열

부재표면에 도달한 복사율은 모두 표면에서 흡수되는 것이 아니라 그 일부가 표면에서 흡수된다. 또한 표면 자체가 그 온도에 따른 복사를 사출하고 있다. 따라서 부재표면이 흡수하는 순 열량은 표면과 가스군의 사이의 복사열전달을 고려하여 구한다.

그림 4.4.14에 나타낸 바와 같이 실내가스군을 복사율이 ε_r의 고체 표면으로 치환한다. 가스군으로부터 부재표면으로 향하는 열류 q_{rs}는 가스군으로부터 사출되는 것과 부재표면을 발하여 가스군으로 향하는 열류 중 가스군에 의하여 반사되는 것의 $(1-\varepsilon_r)q_{sr}$과의 합으로 나타낼 수 있다.

$$q_{rs} = \varepsilon_r \sigma T_f^{\,4} + (1-\varepsilon_r) q_{sr} \tag{4.4.43}$$

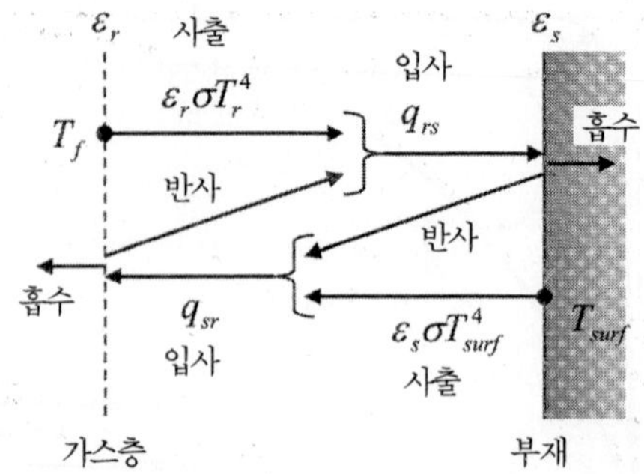

그림 4.4.14 복사면과 부재표면 사이의 복사열전달

마찬가지로 부재표면으로부터 가스층으로 향하는 열류는 다음 식으로 나타낼 수 있다.

$$q_{sr} = \varepsilon_s \sigma T_{surf}^{\ 4} + (1 - \varepsilon_s) q_{rs} \tag{4.4.44}$$

여기서, q_{rs} : 가스층(r)으로부터 부재표면(s)으로 향하는 열류 [kW/m^2]

q_{sr} : 부재표면(s)으로부터 가스층(r)으로 향하는 열류 [kW/m^2]

ε_r : 가스층의 복사율

ε_s : 부재표면 복사율

σ : 스테판 · 볼츠만계수(=5.67×10^{-11}kW/(m^2·K^4))

T_f : 화재온도 [K]

T_{surf} : 부재표면의 온도 [K]

식 (4.4.43)에 식 (4.4.44)를 대입하여 정리하면

$$q_{rs} = \frac{\varepsilon_r \sigma T_f^{\ 4} + (1-\varepsilon_r)\varepsilon_s \sigma T_{surf}^{\ 4}}{1-(1-\varepsilon_r)(1-\varepsilon_s)} \tag{4.4.45}$$

$$q_{sr} = \frac{\varepsilon_s \sigma T_{surf}^{\ 4} + (1-\varepsilon_s)\varepsilon_r \sigma T_f^{\ 4}}{1-(1-\varepsilon_s)(1-\varepsilon_r)} \tag{4.4.46}$$

로 된다. 부재표면이 흡수하는 순열류는 양자의 차이므로 다음 식과 같게 된다.

$$q_{net} = q_{rs} - q_{sr} = \frac{\varepsilon_s \varepsilon_r T_f^{\ 4} - \varepsilon_r \varepsilon_s T_{surf}^{\ 4}}{1-(1-\varepsilon_r)(1-\varepsilon_s)}\sigma = \frac{1}{\dfrac{1}{\varepsilon_r}+\dfrac{1}{\varepsilon_s}-1}\sigma\left(T_f^{\ 4} - T_{surf}^{\ 4}\right) \tag{4.4.47}$$

여기에 식 (4.4.47)의 계수 $1/(1/\varepsilon_r + 1/\varepsilon_s - 1)$은 종합복사열로 일컬어지는 것으로 이것을 ε_{eff}로 두게 되면 식 (4.4.2)의 우항과 같이 표현할 수 있다. 전 항에서 나타낸 바와 같이 구획내 전체화재에 있어서는 화염가스의 복사율은 거의 1이므로 부재표면의 복사율 ε_s와 일치한다.

$$\varepsilon_{eff} = \frac{1}{\dfrac{1}{\varepsilon_r} + \dfrac{1}{\varepsilon_s} - 1} \approx \varepsilon_s \tag{4.4.48}$$

4.5 개구부 분출화염

(1) 개구부 분출화염의 성상

환기지배형의 구획내 전체화재가 발생한 경우 개구부로부터 화재가 분출한다. 이때 분출화염의 온도는 개구부 형상, 개구부로부터의 거리, 구획내 전체화재의 성상을 예측한다.

(2) 부재로의 가열조건

화재실 외부의 부재에서 개구부 분출화염 또는 개구부로부터 복사를 받는 부재에 관하여서는 부재 중에서 온도가 가장 높게 되는 것으로 예상되는 부분에 대하여 대류열전달 q_c과 복사열전달 q_r의 두 가지를 고려하여 부재표면에 흡수되는 열류를 계산한다.

$$q_c = h_c(T_f - T_{surf}) \tag{4.5.1}$$

$$q_r = \varepsilon_{surf}[F_{f(c)}\sigma(T_{f(c)}{}^4 - T_{surf}{}^4) + F_{f(f)}\sigma(T_{f(f)}{}^4 - T_{surf}{}^4) + F_{op}\sigma(T_r{}^4 - T_{surf}{}^4) + (1 - F_{f(c)} - F_{f(f)} - F_{op})\sigma(T_0{}^4 - T_{surf}{}^4)] \tag{4.5.2}$$

여기서, q : 부재표면의 단위면적당 흡수하는 열류 [kW/m^2]

h_c : 대류열전달률 ($= 23.0 \times 10^{-3}$ kW/m^2 · K))

T_f : 부재 근처의 분출열기류의 온도 [K]

$T_{f(c)}$: 연속화염영역의 온도(=1073 K)

$T_{f(f)}$: 간헐화염영역의 온도(=773 K)

T_r : 화재실의 온도 [K]

T_0 : 주변온도(상온) [K]

$F_{f(c)}$: 부재표면으로부터 연속화염영역을 본 경우의 형태계수

$F_{f(f)}$	: 부재표면으로부터 간헐화염영역을 본 경우의 형태계수
F_{op}	: 부재표면으로부터 개구부를 본 경우의 형태계수
ε_{surf}	: 부재표면의 복사율
σ	: 스테판 · 볼츠만계수 ($=5.67\times10^{-11}$ kW/(m^2 · K^4))
T_{surf}	: 부재의 표면온도 [K]

(1) 개구부 분출화염의 성상

개구부로부터 분출하는 화염을 포함한 기류성상을 생각하였을 경우, 기류중심축의 궤적과 온도분포가 그 성상 특성을 지배하는 지표가 된다. 본 지침에서는 요코이(横井)의 연구[4.35]에 기초한 설계용 온도 분포를 부여한다.

1) 분출기류 중심축의 궤적

그림 4.5.1에 분출기류 중심축의 궤적을 분출면의 높이로 무차원화하여 나타냈다. 궤적은 개구부의 종횡비에 크게 의존하여 세로로 긴 창문이면 분출기류는 벽면으로부터 빠르게 멀어지나(그림 중의 기호 b), 가로로 긴 창문이면 역으로 벽면에 부착한다(그림 중의 기호 h).

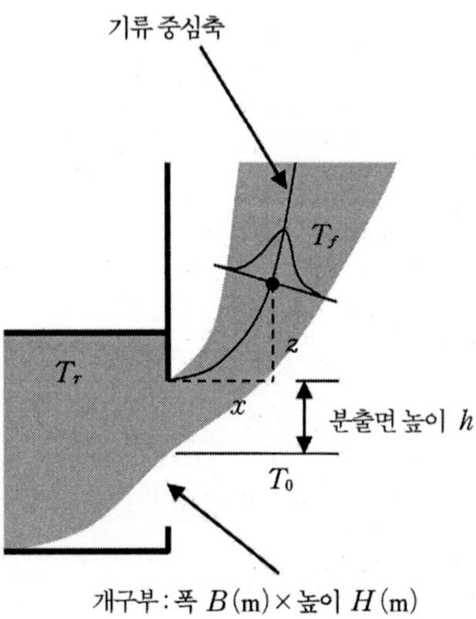

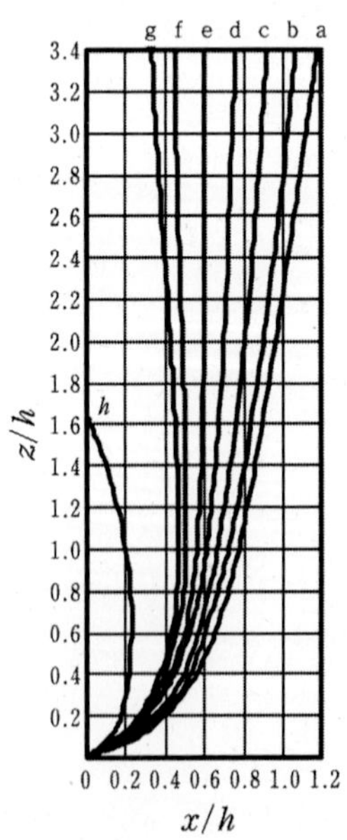

a : 창문 윗쪽에 자유공간인 경우
b–h : 창문 윗쪽이 벽인 경우

기호	종횡비 n
b	1
c	1.5
d	2
e	2.5
f	3
g	3.4
h	6.4

그림 4.5.1 분출기류 중심축의 궤적

요코이(横井)의 실험데이터에 대한 회귀식은 아래와 같다[4.35].

$$\left(\frac{z}{h}\right) = (2.2 + 0.61n^2)\left(\frac{x}{h}\right)^3 \tag{4.5.3}$$

여기서, x : 벽면으로부터의 수평거리 [m]

z : 개구부 상단으로부터의 연직거리 [m]

h : 화염분출높이(중성대부터 개구부 상단까지의 높이) [m]

n : 분출면의 종횡비(개구부 폭 B/화염의 분출높이 h)

식 (4.5.3)의 적용범위는 요코이(横井)의 실험범위와 동일하게 n을 6.4 이하로 한다. 또한, $n = 6.4$일 때 $z/h \geq 0.2$, $n \leq 3$일 때 $z/h \geq 0.2$에서는 중심축의 궤적이 벽 쪽으로 돌아오는 영역이 발생하나, 이 부분은 회귀식에서 바르게 표현되지 않는다. 이 경우 그림 4.5.1을 이용하여 중심축의 궤적을 구한다.

요코이(横井)의 실험에서는 화재실에 개구부가 하나밖에 존재하지 않고, 개구부의 상반부로부터 화염이 분출하는 상황을 고려하고 있다. 본 지침에서는 화염의 분출면의 높이를 아래에 따라 설정할 수 있다.

i) 일반의 경우

일반적으로는 화재실에 복수의 개구부가 있으므로 그 중 중성대보다도 위에 있는 개구부로부터 화염이 분출한다. 중성대의 높이는 그림 4.5.2에 나타내는 바와 같이 실에 침입하는 공기의 질량과 실로부터 유출하는 연기 및 화염의 질량이 평형을 이루게 되므로 계산할 수 있다.

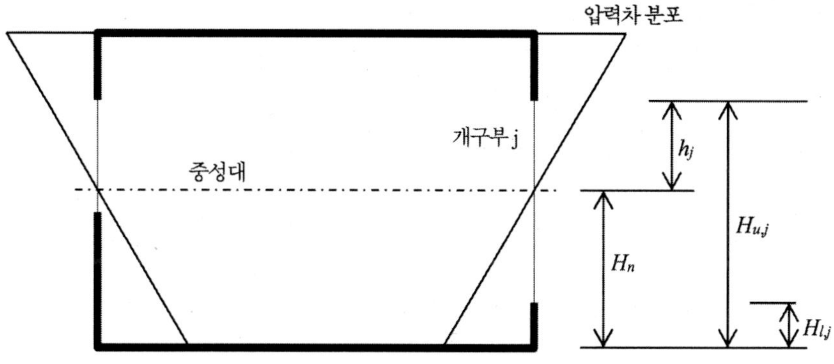

그림 4.5.2 분출면 높이의 계산방법

$$\sum_j B_j \sqrt{(\rho_0 - \rho_r)\rho_r}\,\{\max(0, H_{u,j} - H_n)\}^{3/2} = \sum_j B_j \sqrt{(\rho_0 - \rho_r)\rho_r}\,\{\max(0, H_n - H_{l,j})\}^{3/2} \tag{4.5.4}$$

여기서, B_j : 개구부 j의 폭 [m]

$H_{u,j}$: 바닥면으로부터 개구부 j의 상단까지의 높이 [m]

$H_{l,j}$: 바닥면으로부터 개구부 j의 하단까지의 높이 [m]

H_n : 중성대 높이 [m]

ρ_0 : 외기온(기준온도, 293K)에서 공기의 밀도(=1.205kg/m^3)

ρ_r : 화재실 온도(T_r(K))에서 공기의 밀도(=353/T_r(kg/m^3))

이다. 식 (4.5.4)는 H_n에 대하여 양으로 해석할 수 없으므로 반복계산으로 계산한다. 그 결과를 사용하면 분출면 높이를 각 개구부에 대하여 다음 식으로 정의된다.

$$h_j = H_{u,j} - H_n \tag{4.5.5}$$

ii) 화재실의 개구부가 하나만인 경우

화재실의 개구부가 하나만인 경우는 식 (4.5.4)를 H_n양으로 풀 수 있으므로 분출면 높이는 다음 식과 같이 쓸 수 있다.

$$h = H\left\{1 - \frac{1}{1 + (T_r/T_0)^{1/3}}\right\} \tag{4.5.6}$$

2) 분출기류 중심축을 따르는 온도분포 [4.24)]

분출기류 중심축을 따르는 온도분포를 그림 4.5.3(개구부의 윗부분이 벽인 경우) 및 그림 4.5.4(개구부의 윗부분이 자유공간인 경우)에 나타내었다. 이들은 다음 식으로 회귀할 수 있다.

- 개구부의 윗부분이 벽인 경우 :

$$\Theta = \frac{1}{2} e^{-\frac{1}{4}(Z/r_0)^{4/5}} \tag{4.5.7}$$

- 개구부의 윗부분이 자유공간인 경우 :

$$\Theta = \left(0.69 + \frac{1}{4.8n}\right)^{Z/r_0} \tag{4.5.8}$$

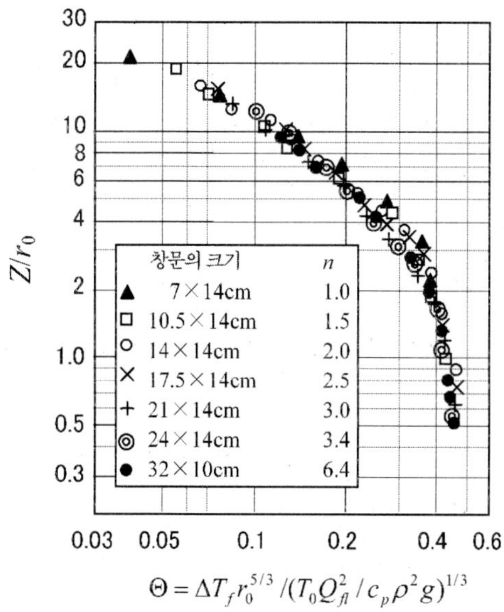

그림 4.5.3 분출기류의 중심축을 따른 온도 분포 (개구부의 윗부분이 벽인 경우)

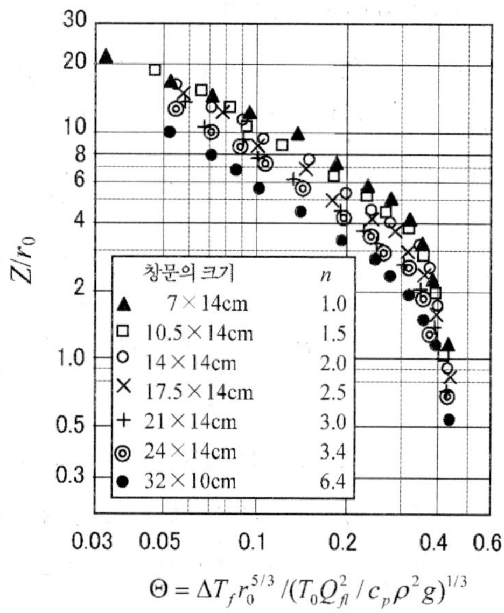

그림 4.5.4 분출기류의 중심축을 따른 온도 분포 (개구부의 윗부분이 자유공간인 경우)

단, Θ은 무차원온도이고 다음 식으로 정의된다.

$$\Theta = \Delta T_f r_0^{5/3} / (T_0 Q_{fl}^2 / c_p^2 \rho^2 g)^{1/3} \tag{4.5.9}$$

여기서, ΔT_f : 중심축상의 온도(주변 기온으로부터의 상승분) [K]

r_0 : 등가반경($\equiv \sqrt{Bh/\pi}$) [m]

Z : 중심축의 궤적을 따르는 거리 [m]

T_0 : 주변 공기의 온도 [K]

Q_{fl} : 분출화염이 운반하는 열량 $Q_{fl} = Q_{ex} + Q_l$ [kW]

Q_{ex} : 실외에서 연소하는 가연가스의 발열속도 [kW], 식 (4.4.11)

Q_l : 개구부로부터의 가스 유출에 의한 열유출속도 [kW], 식 (4.4.16)

c_p : 분출가스의 비열(공기의 비열로 대체, $c_p = 1.01\,\mathrm{kJ/(kg \cdot K)}$)

ρ : 분출가스의 밀도(공기의 밀도로 대체, $\rho = 353/T_f$)

g : 중력가속도($= 9.8\,\mathrm{m/s^2}$)

또한 개구부의 대면에 벽이 있는 경우 및 돌출벽이 있는 경우, 차양이 있는 경우, 복수의 개구부로부터 분출하는 경우도 있으나 식으로 정립되지는 못하고 있다.

3) 분출화재의 수평방향의 온도분포

분출화염의 수평방향의 온도분포는 플륨의 온도분포와 마찬가지로 대체적으로 가우스 분포로 근사할 수 있다. 식 (4.5.7) 또는 식 (4.5.8)을 사용하여 분출되는 분출기류의 중심축상의 온도 상승 ΔT_t을 사용하여 다음 식으로 산출할 수 있다[4.36].

$$\Delta T = \Delta T_f e^{-100(r_h/z_v)^2} \tag{4.5.10}$$

여기서, ΔT : 분출기류의 중심축으로부터 수평방향으로 r_h 떨어진 위치에서의 온도 상승 [K]

ΔT_f : 분출기류의 중심축상의 온도(주변 기온으로부터의 상승분) [K]

r_h : 분출기류의 중심축으로부터의 수평거리 [m]

z_v : 개구부 상단으로부터 연직방향 높이 [m]

4) 계산 예

그림 4.5.5는 개구부로부터의 분출화염이 개구부에서 수평거리 1m 떨어진 장소에 있는 기둥에 작용하는 온도를 구한다. 설정조건을 표 4.5.1에 나타내었다.

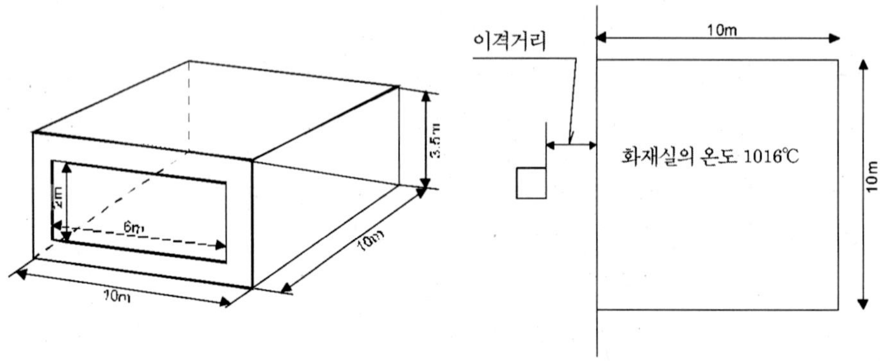

그림 4.5.5 분출화염의 계산 예

표 4.5.1 계산 조건

방 크기	10m(가로)×10m(세로)×3.5m(높이)
창문 크기	높이 H=2.0m×폭 W=6.0m
화재실의 온도	T_r = 1016℃ (1289K) (최고값)
외기 온도	T_0 = 20℃ (293K)

i) 실의 화재성상과 분출화염의 운반열량

환기지배화재를 상정하고, 화재실에서 연소속도를 식 (4.4.8)에 의해 구한다.

$$m_v = 0.1A_{op}\sqrt{H_{op}} = 0.1 \times (6 \times 2) \times \sqrt{2} = 1.70\,\mathrm{kg/s} \tag{4.5.11}$$

실내에서의 발열속도는

$$Q = 1500A_{op}\sqrt{H_{op}} = 1500 \times (6 \times 2) \times \sqrt{2} = 25456\,\mathrm{kW} \tag{4.5.12}$$

따라서 분출화염의 발열속도는

$$Q_{ex} = 16000m_v - Q = 16000 \times 1.70 - 25456 = 1744\,\mathrm{kW} \tag{4.5.13}$$

이 된다. 여기서, 화재실의 온도 T_r을 1016℃로 하면, 분출화염의 운반열량은

$$\begin{aligned} Q_{fl} &= Q_{ex} + c_p(T_r - T_0) \times 0.52A_{op}\sqrt{H_{op}} \\ &= 1744 + 1.01 \times (1016 - 20) \times 0.52 \times (6 \times 2) \times \sqrt{2} = 10621\,\mathrm{kW} \end{aligned} \tag{4.5.14}$$

이 된다. 또한 분출면의 높이는 단일개수가 하나이면 식 (4.5.6)에 따라 계산된다.

$$\begin{aligned} h &= H\left\{1 - \frac{1}{1 + (T_r/T_0)^{1/3}}\right\} \\ &= 2 \times \left\{1 - \frac{1}{1 + \{(1016 + 273)/(20 + 273)\}^{1/3}}\right\} = 1.24\,\mathrm{m} \end{aligned} \tag{4.5.15}$$

ii) 분출화염이 접촉하는 위치

분출면의 아스팩트비는 $n = B/h = 6/1.24 = 4.84$가 되므로, 식 (4.5.3)을 적용하여 $x_1 = 1.0\mathrm{m}$가 될 때의 $z(= z_1)$를 구하면, 다음 식이 된다.

$$\begin{aligned} z_1 &= h(2.2 + 0.61n^2)\left(\frac{x_1}{h}\right)^3 \\ &= 1.24 \times (2.2 + 0.61 \times 4.84^2) \times \left(\frac{1.0}{1.24}\right)^3 = 10.7\,\mathrm{m} \end{aligned} \tag{4.5.16}$$

iii) 분출화염의 온도

상기에서 구한 점 (x_1, z_1)의 온도는 이하의 방법으로 구할 수 있다. 먼저, 중심축의 궤적을 따르는 거리 Z(m)는 그림 4.5.6에서 나타내는 바와 같이 벽면으로부터의 수평거리 $x(= 1\,\mathrm{m})$의 중점 $x/2$에서 2분할한 직선의 길이를 합하여 구한다.

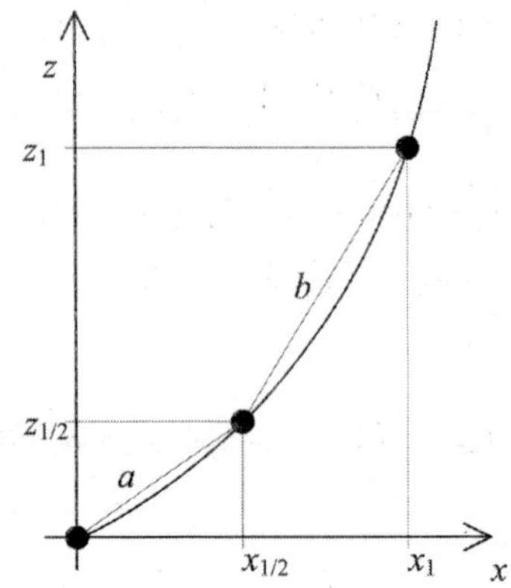

그림 4.5.6 분출화염에 대한 기류중심축의 궤적에 따른 거리

$$Z = a + b = \sqrt{{x_{1/2}}^2 + {z_{1/2}}^2} + \sqrt{(x_1 - x_{1/2})^2 + (z_1 - z_{1/2})^2} \tag{4.5.17}$$

중점에서의 z값은 $z_{1/2} = z_1/8 = 10.7/8 = 1.34\,\mathrm{m}$가 되므로

$$Z = \sqrt{0.5^2 + 1.34^2} + \sqrt{(1-0.5)^2 + (10.7 - 1.34)^2} = 10.8\,\mathrm{m} \tag{4.5.18}$$

등가반경은

$$r_0 = \sqrt{\frac{Bh}{\pi}} = \sqrt{\frac{6 \times 1.24}{3.14}} = 1.54\ \mathrm{m} \tag{4.5.19}$$

이 되므로, 식 (4.5.7)을 이용하면, 무차원온도는 다음 값이 된다.

$$\Theta = \frac{1}{2} e^{-\frac{1}{4}(z/r_0)4/5} = \frac{1}{2} e^{-\frac{1}{4}(10.8/1.54)4/5} = 0.15 \tag{4.5.20}$$

여기서, 분출기류의 밀도를 화재실 온도 T_r에 대한 기체의 밀도로 한다면,

$$\rho = \frac{353}{T_r} = \frac{353}{1016 + 273} = 0.274\ \mathrm{kg/m^3} \tag{4.5.21}$$

이 된다. 이상의 수식을 무차원온도의 정의식 (4.5.9)에 대입하면, 분출화염온도를 구할 수 있다.

$$T_f = \frac{\Theta}{r_0^{5/3}}\left(\frac{T_0 Q_{fl}^2}{c_p^2 \rho^2 g}\right)^{1/3} + 293 = \frac{0.15}{1.54^{5/3}} \times \left(\frac{(20+273)\times 10621^2}{1.01^2 \times 0.274^2 \times 9.8}\right)^{1/3} + 293 \quad (4.5.22)$$

$$= 258 + 293 = 551\,\mathrm{K}(278℃)$$

(2) 부재로의 가열조건

부재로의 가열조건은 화염 및 개구부로부터 복사열과 대류열전달을 고려하여 열류를 구한다. 분출화염이 형성되는 화염면에 관하여는 정확한 예측방법은 확립되어 있지 않으나 요꼬이의 방법으로 기류중심 축상의 온도를 구하고, 축상의 온도 상승이 800K로 되는 높이까지를 연속화염영역, 500K로 되는 높이까지를 간헐화염영역으로 간주하고 간헐화염영역의 온도를 양자의 절대온도의 4승 평균온도인 704℃(977K)로 한다. 이러한 높이는 개구부 상단에 벽이 있는 경우에는 식 (4.5.7)에 주변온도 20℃(T_0 =293K)를 대입하여 다음 식으로 산출할 수 있다.

(온도 상승이 800K로 되는 높이)

$$z_{800} = r_0\left[-4\log_e\left\{244\left(\frac{r_0^5}{Q_{fl}^2}\right)^{1/3}\right\}\right]^{5/4} \quad (4.5.23)$$

(온도 상승이 500K로 되는 높이)

$$z_{500} = r_0\left[-4\log_e\left\{189\left(\frac{r_0^5}{Q_{fl}^2}\right)^{1/3}\right\}\right]^{5/4} \quad (4.5.24)$$

여기서, z_{800} : 기류중심축의 온도 상승이 800K로 되는 높이 [m]

z_{500} : 기류중심축의 온도 상승이 500K로 되는 높이 [m]

거리 z는 연직높이가 아닌 엄밀하게는 기류축에 따른 거리이며 궤적의 곡선을 무시하여 직선으로 거리를 근사하면 동일한 높이에서 온도를 과잉적으로 계산하게 된다. 이것과 미국철도협회의 방법을 병용하면 그림 4.5.7에 나타내는 형상으로 복사면을 가정할 수 있다. 식 (4.5.2)는 부재표면으로부터 본 연속화염영역, 간헐화염영역, 개구부의 형상계수를 구하여 거리로부터 받는 복사열을 합산한다.

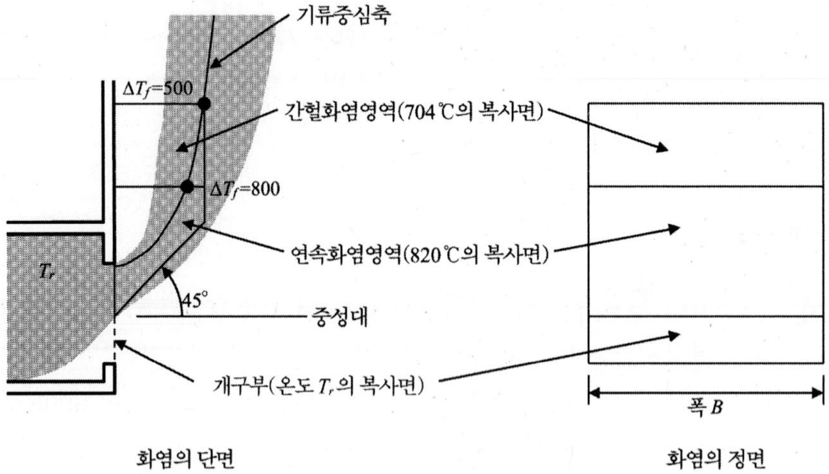

그림 4.5.7 복사원으로서 분출화염형상

참고문헌

4.1) 日本建築学会・局所火災に対する耐火設計 WG：局所火災に対する耐火設計を考える－魅力ある耐火設計に向けて－，2002

4.2) Natori A., Kakae N., Kitahori J., Tsuchihashi T., Abe T., Nagaoka T., Ohmiya Y., Harada K., "Development of a Simple Estimation Method of Heat Release Rate based on Classification of Common Combustibles into Groups", Fire Science and Technology, Vol. 25(1), pp.31～54, Tokyo University of Science, 2006

4.3) McCaffrey, B.J., Western Steel Section, The Combustion Institute, 81-15, Pullmann, WA, 1981

4.4) 長谷見雄二・西畑三鶴：乱流拡散火炎の巨視的性状に対する火源形状の影響，日本火災学会論文集，Vol. 38(2), pp.29～34, 1989

4.5) 小山陽一郎・伊原広由基・野秋政希・城 明秀・原田和典・大宮喜文：立体的に燃焼する可燃物の燃焼性状（その2 火炎高さ及び放射熱量），日本建築学会大会学術講演梗概集，A-2，pp. 157～158，2010

4.6) Takahashi W., Tanaka H., Sugawa O., Ohtake M., "Flame and Plume Behavior in and near a Corner of Walls", Fire Safety Science, Proc. 5th. International Symposium, pp.261～271, 1996

4.7) Hasemi Y., Tokunaga T., "Flame Geometry Effects on the Buoyant Plumes from Turbulent Diffusion Flames", Fire Science and Technology, Vol. 4(1), pp.15～26, 1984

4.8) 横林 優・長谷見雄二・若松高志・若松孝旺：局部火災加熱に暴露される平坦な天井面の加熱性状，日本建築学会構造系論文集，第 484 号，pp.149～156，1996

4.9) 横林 優・長谷見雄二・若松高志・若松孝旺：局部火災加熱に暴露される天井面下梁部材の熱的性状に関する実験研究，日本建築学会構造系論文集，第 498 号，pp.169～175，1997.8

4.10) T. Wakamatu, Y. Hasemi, K. Kagiya, D. Kamikawa : Heating Mechanism of Building Components Exposed to a Localized Fire－Verification using the real-scale experiment and effects of the smoke layer. －Fire Safety Science－Proc. 7th International Symposium－, 2002.6

4.11) J. Myllymaki, M. Kokkala, Fire tests of a steel beam below a ceiling exposed to a localized fire, Proc. of the Fifth Finnish Steel Structures R&D Days, ed. J. Kesti and P. Makelainen, Helsinki Univ. of Technology, Espoo, Finland, pp.146～153, 2000.1

4.12) 長谷見雄二・横林 優・若松高志・若松孝旺：孤立火災上の火炎長さ・火災加熱性状のモデル化について，日本火災学会研究発表会梗概集，pp.158～161，1996

4.13) Hasemi Y., Tokunaga T. : Some Experimental Aspects of Turbulent Diffusion Flames and Buoyant Plumes from Fire Sources against a Wall and in a Corner of Walls, Combustion Science and Technology, Vol. 40, pp.1～17, 1984

4.14) Back G., Beyler C., DiNenno P., Tatem P. : Wall Incident Heat Flux Distributions Resulting from an Adjacent Fire, Fire Safety Science-proc. 4th. IAFSS, pp.241～252, 1997

4.15) Poreh M., Garrad G. : A Study of Wall and Corner Fire Plumes, Fire Safety Journal, Vol. 34, pp.81～98, 2000

4.16) Lattimer B.Y., Sorathiab U., Thermal characteristics of fires in a noncombustible corner, Fire Safety Journal, Vol. 38, pp.709～745, 2003

4.17) Hasemi Y. : Experimental Wall Flame Heat Transfer Correlations for the Analysis of Upward Wall Flame Spread, Fire Science and Technology, Vol. 4(2), pp.75～90, 1984

4.18) Hasemi Y., Yoshida M., Takashima S., Yokobayashi S. : Wall Flame Correlations and Upward Flame Spread in a Vertical Channel and its Relevance to Fire Safety, 13th Meeting of the UJNR Panel on Fire Research and safety, NISTIR 6030, US Department of Commerce, National Institute of Standards and Technology, 1996

4.19) 田中哮義：改訂版建築火災安全工学入門，日本建築センター，2002

4.20) 日本建築学会：建築物の火災安全設計指針，2002.7

4.21) 新谷祐介・原田和典：熱のフィードバックを考慮した延焼拡大モデル，日本建築学会環境系論文集，74(641)，pp.759～766，2009.7

4.22) Yusuke Shintani, Tsutomu Nagaoka, Yoshikazu Deguchi, Kazunori Harada, An Application method of free burn HRR data to room fire scenaios, 11th Symposium on fire safety science, 2014.2

4.23) McCafferey B.J., Quintiere J.G., Harkleroad M.F., Estimating room temperatures and the likelihood of flashover using fire test data correlations, Fire Technology, Vol. 17(2), pp.98～119, 1981.5

4.24) 日本建築学会：建築物の火災荷重および設計火災性状指針（案），2013.3

4.25) 新谷祐介・原田和典：隣接室からの熱侵入を考慮した区画温度の非定常計算法の提案，日本建築学会学術講演梗概集，A-2，pp.331～334，2015.8

4.26) Parametric temperature−time curves, in Annex B (informative), EuroCode 1−Basis of designs and actions on structures−Part 2-2 : Actions on Structures−Actions on structures exposed to fire, ENV 1991-2-2, Feb, 1995

4.27) Lie T.T., "Characteristic Temperature Curves for Various Fire Severities", Fire Technology, 10(4), 1974

4.28) 松山 賢・藤田劉史・金子英樹・大宮喜文・田中哮義・若松孝旺：区画内火災性状の簡易予測法，日本建築学会構造系論文集，第469号，pp.159～164，1995

4.29) McCaffrey B.J., Quintiere J.G., Harkleroad M.F., "Estimating Room Temperatures and the Likelihood of Flashover Using Fire Test Data Correlations" Fire technology, 17(2), pp.98～119, 1981

4.30) 関根 孝・川越邦雄：コンクリート構造建築物の室内火災温度の推定（その1，その2）日本建築学会論文報告集，第85号，第86号，1963

4.31) 大宮喜文・佐藤雅史・田中哮義・若松孝旺：区画内における可燃物の燃焼速度と噴出火炎の発生限界，日本建築学会構造系論文集，第469号，pp.149～158，1995.3

4.32) 伊藤克三ほか：大学課程建築環境工学，オーム社，1978

4.33) 建設省建築研究所，建築物の防火設計法の開発/耐火設計法の開発，昭和60年度総合技術開発報告書，第4章，1985

4.34) Hottel H.C., Sarofim A.F., Radiative Transfer, McGraw-Hill Book Company

4.35) Yokoi S. Study on the Prevention of Fire-Spread Caused by Hot Upward Current, Report of the B.R.I., No. 34, Building Research Institute, 1960

4.36) 大宮喜文・堀 雄兒：火災区画外への余剰未燃ガスを考慮した開口噴出火炎性状，日本建築学会計画系論文集，第545号，pp.1～8，2001.7

4.37) American Iron and Steel Institute : Fire-safe Structural Steel, A Design Guide, 1979

CHAPTER

05

화재 시 강재온도

CHAPTER 05

화재 시 강재온도

5.1 강재온도의 산정방법

강재온도의 산정은 가열조건과 철골부재의 피복 유무에 따라 적절한 방법을 선택한다.

강재온도는 가열조건과 부재의 사양에 의존한다. 화재 시에 있어서 강재온도의 예측은 표 5.1.1에 나타낸 가열조건의 구분과 피복의 유무에 따라 계산방법을 선택한다. 가열조건에 대해서는 전 장에서와 같이 구획내 전체화재의 경우 균일한 가열조건을 받고, 그 밖의 경우 불균일한 가열을 받게 된다. 또한 피복재의 유무에 따라 5.2절의 열평형식(일부, 일차원 차분법) 또는 5.3절의 1차원 차분법을 이용한다.

표 5.1.1 부재온도의 계산방법

	균일한 가열을 받는 경우 (4.4 구획내 전체화재)	불균일한 가열을 받는 경우 (4.2 국소화재, 4.3 이동화재, 4.5 개구부 분출화재)
무내화피복 부재(5.2절)	열평형식	열평형식 또는 재축방향의 일차원 차분법
내화피복 부재(5.3절)	단면 내의 일차원 차분법	

5.2 무내화피복 부재

무내화피복 부재의 온도는 열평형식으로 계산한다. 단, 입사열의 분포를 고려하는 경우 일차원차분법을 이용할 수 있다.

(1) 균일한 가열을 받는 무내화피복 부재의 온도

구획내 전체화재 등의 균등한 온도에서 가열된 경우, 무내화피복 부재의 온도는 다음의 열평형식으로 계산한다.

$$\rho_s c_s A_s \frac{dT_{st}}{dt} = H_s q_c + H_{sr} q_r \tag{5.2.1}$$

여기서, ρ_s : 강재의 밀도($= 7{,}850\,\mathrm{kg/m^3}$)

c_s : 강재의 비열($=0.482+8.0\times10^{-10}(T_{st}-273)^2\,\mathrm{kJ/(kg\cdot K)}$)

A_s : 강재의 단면적 [$\mathrm{m^2}$]

q_c : 부재가 대류열전달로 흡수한 열유속 [$\mathrm{kW/m^2}$]

q_r : 부재가 복사열전달로 흡수한 열유속 [$\mathrm{kW/m^2}$]

H_s : 가열을 받은 둘레길이 [m]

H_{sr} : 복사에 의해 가열을 받은 둘레길이 [m]

(2) 불균일한 가열을 받는 무내화피복 부재의 온도

(2-1) 일반식

국소화재, 이동화재 또는 분출열기류 등의 불균일한 가열을 받는 무내화피복 부재의 온도는 다음의 열평형식으로 계산한다.

$$\rho_s c_s A_s \frac{dT_{st}}{dt} = H_s q_c + \sum_j H_{sr,j} q_{r,j} \tag{5.2.2}$$

여기서, ρ_s : 강재의 밀도($= 7{,}850\,\mathrm{kg/m^3}$)

c_s : 강재의 비열($=0.482+8.0\times10^{-10}(T_{st}-273)^2\,\mathrm{kJ/(kg\cdot K)}$)

A_s : 강재의 단면적 [$\mathrm{m^2}$]

q_c : 부재가 대류열전달로 흡수한 열유속 [$\mathrm{kW/m^2}$]

$q_{r,j}$: 부재의 면 j가 복사열전달로 흡수한 열유속 [$\mathrm{kW/m^2}$]

H_s : 가열을 받은 둘레길이 [m]

H_{sr} : 복사에 의해 가열을 받은 부위 가운데 j번째의 둘레길이 [m]

(2-2) 재축방향 입사열의 분포를 고려하는 경우의 계산방법

국소화재, 이동화재 및 분출열기류 등의 불균일한 가열을 받는 무내화피복 보의 온도는 재축방향의 입사열분포를 고려하고, 보 부재를 길이방향으로 n개 구간으로 분할하며, 각 구간의 열수지를 바탕으로 온도 추이를 구할 수 있다. 시각 t에 있어서 온도를 이하 각 식의 우변에 대입하여 Δt초 후의 온도를 구하고, 이것을 반복하여 강재온도의 시각력을 계산한다. 이때, 부재 단부는 단열상태를 가정한다.

1) 단부구간의 강재온도

$$T_1^{new} = T_1 + \frac{\Delta t}{\rho_s c_s A_s \Delta x_1} \left\{ \sum_j H_{s,j}(q_{c,j,1} + q_{r,j,1}) \Delta x_1 + \frac{k_s A_s}{\dfrac{\Delta x_1}{2} + \dfrac{\Delta x_2}{2}} (T_2 - T_1) \right\} \quad (5.2.3)$$

$$T_n^{new} = T_n + \frac{\Delta t}{\rho_s c_s A_s \Delta x_n} \left\{ \sum_j H_{s,j}(q_{c,j,n} + q_{r,j,n}) \Delta x_n + \frac{k_s A_s}{\dfrac{\Delta x_{n-1}}{2} + \dfrac{\Delta x_n}{2}} (T_{n-1} - T_n) \right\} \quad (5.2.4)$$

2) 단부에서 제i번째 구간의 강재온도($i = 2, 3, \cdots, n-1$)

$$T_i^{new} = T_i + \frac{\Delta t}{\rho_s c_s A_s \Delta x_i} \left\{ \begin{aligned} &\sum_j H_{s,j}(q_{c,j,i} + q_{r,j,i}) \Delta x_i + \frac{k_s A_s}{\dfrac{\Delta x_{i-1}}{2} + \dfrac{\Delta x_i}{2}} (T_{i-1} - T_i) \\ &+ \frac{k_s A_s}{\dfrac{\Delta x_i}{2} + \dfrac{\Delta x_{i+1}}{2}} (T_{i+1} - T_i) \end{aligned} \right\} \quad (5.2.5)$$

여기서, T_i : 강재의 구간 i의 온도 [K]

ρ_s : 강재의 밀도(= 7,850 kg/m^3)

c_s : 강재의 비열($= 0.482 + 8.0 \times 10^{-10} (T_{st} - 273)^2$ kJ / (kg·K))

k_s : 강재의 열전도율 [kW/(m·K)]

A_s : 강재의 단면적 [m^2]

Δx_i : 부재구간 i의 재축방향길이 [m]

H_{sj} : 가열을 받은 부위 가운데 j번째의 둘레길이 [m]

$q_{c,j,i}$: 강재 구간 i의 부위 j가 대류열전달로 흡수하는 열유속 [kW/m^2]

$q_{r,j,i}$: 강재 구간 i의 부위 j가 복사열전달로 흡수하는 열유속 [kW/m^2]

무내화피복 부재의 온도는 전장의 가열조건을 고려하여 열평형식에 의해 온도를 계산한다. 또한, 일반적인 철골부재에서는 재축방향의 열전달을 무시하면 최고온도를 높게 산정하는 것이 되므로 부재 단면 중 가장 온도가 높아질 것으로 예상되는 단면을 취하여 계산한다.

(1) 균일한 가열을 받는 무내화피복 부재의 온도

식 (5.2.1)의 열평형식은 강재표면에서 흡수된 열류가 부재의 온도를 상승시키는 것으로 열수지(heat balance)의 관계로부터 도출된 것이다. 식 (5.2.1)의 좌변은 단위시간당 강재 온도 상승에 필요한 열량을 나타낸다. 우변은 단위시간당 복사열전달과 대류열전달에 의해 강재가 흡수하는 열량으로 4장에 나타난 방법을 사용하여 산출한다.

1) 강재의 단면적(A_s)과 가열을 받는 부분의 둘레길이(H_s)

단면적과 둘레길이는 강재 단면 표에 따른다. 단, 바닥·벽 등의 내화구조 부재와 결합이 있는 것은 부재의 방향을 고려하여 단면적과 둘레길이를 적절하게 설정한다. 표 5.2.1에서 나타낸 바와 같이 둘레 전체가 가열되는 경우 강재 단면적과 둘레길이를 그대로 채택한다. 보와 같이 플랜지 한쪽이 슬래브와 결합되어 있는 경우, 단면적은 전단면을 취하나 둘레길이는 플랜지의 한 면을 제외해도 된다. 보는 슬래브, 기둥은 칸막이벽으로 열 흡수가 발생하는데, 지침에서 나타낸 약산식은 이를 무시하여 강재온도를 높은 쪽으로 예측하여 안전측 설계를 가능하게 한다.

또한, 내화구조의 벽과 결합하는 기둥, 보는 2면 가열이나 1면 가열이 되는 경우도 있다. 이런 경우 가열 둘레길이가 짧아지는데, 가열 중에도 슬래브나 벽과의 밀착이 유지되고 있음을 실험 등에서 확인한 것에 한해서 가열 둘레길이를 감하고, 슬래브로 열 흡수를 고려할 수 있다.

표 5.2.1 단면적과 둘레길이 산정법(H형 및 박스형 단면)

가열면		전체둘레 가열	3면 가열	2면 가열	1면 가열
H형 단면	단면 형상	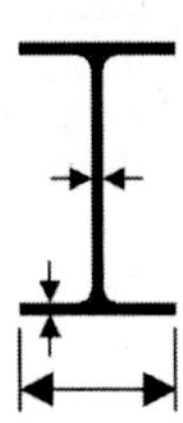	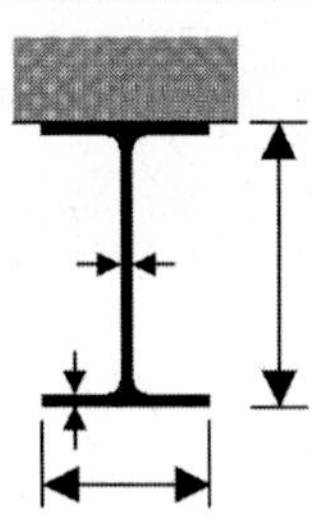	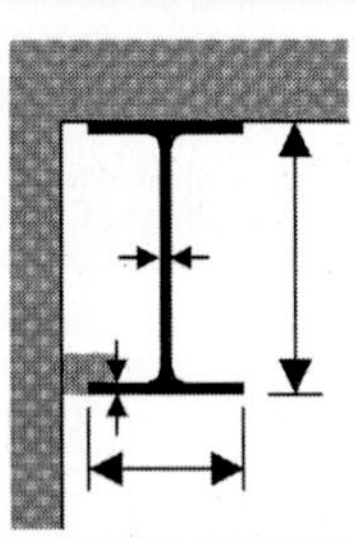	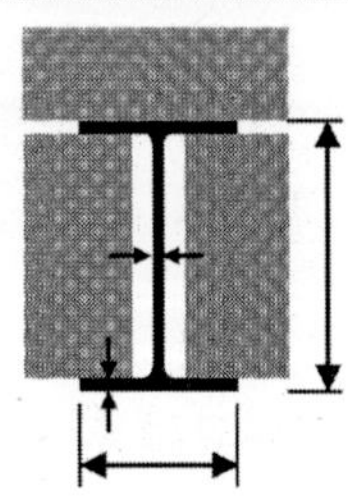
	단면적 As	$2Wt_f + Ht_w$	$2Wt_f + Ht_w$	$2Wt_f + Ht_w$	$2Wt_f + Ht_w$
	원둘레 H_s	$4W+2H$	$3W+2H$	$2W+H$	W
	복사를 받은 부분의 원둘레 H_{sr}	$2W+2H$	$W+2H$	$W+H$	W
	형태계수 F	$\frac{2W+2H}{4W+2H}$	$\frac{W+2H}{3W+2H}$	$\frac{W+H}{2W+H}$	1

가열면		전체둘레 가열	3면 가열	2면 가열	1면 가열
	적용범위	일반적인 기둥・큰보	슬래브와 밀착된 큰보	결합부의 밀착을 실험 등에 의해 확인한 것에 한함(합성내화구조 등)	
상자형 단면	단면 형상	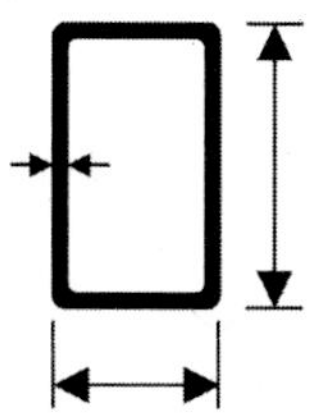	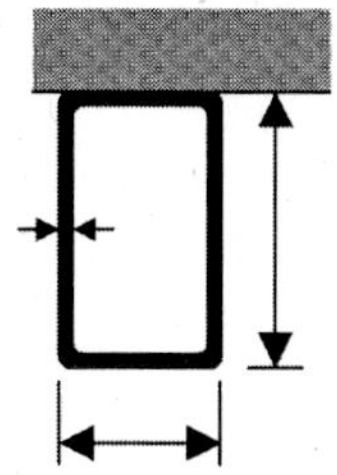	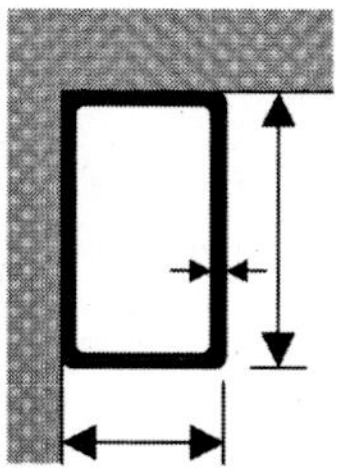	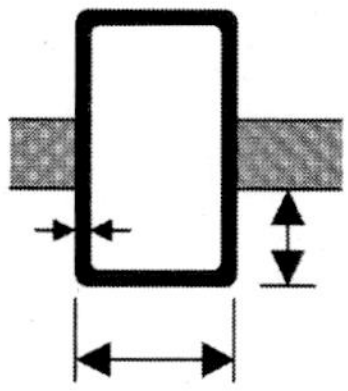
	단면적 As	$2(W+H)t$	$2(W+H)t$	$2(W+H)t$	$2(W+H)t$
	원둘레 H_s	$2(W+H)$	$W+2H$	$W+H$	$W+2H'$
	복사를 받은 부분의 원둘레 H_{sr}	$2(W+H)$	$W+2H$	$W+H$	$W+2H'$
	형태계수 F	1	1	1	1
	적용범위	일반적인 기둥・큰보		결합부의 밀착을 실험 등에 의해 확인한 것에 한함(합성내화구조 등)	

2) 복사를 받는 부분의 둘레길이(H_{sr})

복사(radiant)를 받는 부분은 강재의 단면형태에 따라 다르다. 박스형단면과 같이 표면의 어느 방향에서 보아도 화염가스의 형태계수가 1이 되는 단면에서 H_{sr}은 H_s와 동일하다. 그러나 H형 단면과 같이 단면형상에 움푹 패인 곳이 있는 경우, 들어간 부분에서 화염가스를 보았을 때의 형태계수는 1보다도 작다. 이 효과를 나타내기 위해서 그림 5.2.1과 같이 가열을 받는 부분의 외각을 연결한 선분의 길이 합을 H_{sr}(m)로 정의한다. H형 단면, 박스형 단면에 대하여 H_{sr}과 F의 계산식은 표 5.2.1에 나타내고 있다. 이 관계식을 이용하여 단면의 종횡비에 따른 형태계수를 구한 결과를 그림 5.2.2에 나타내었다.

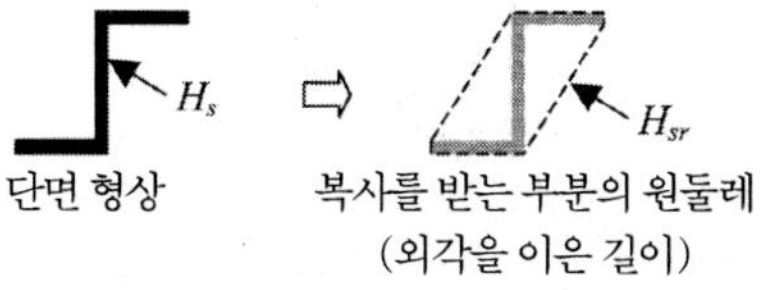

그림 5.2.1 형태계수를 구하기 위한 둘레길이

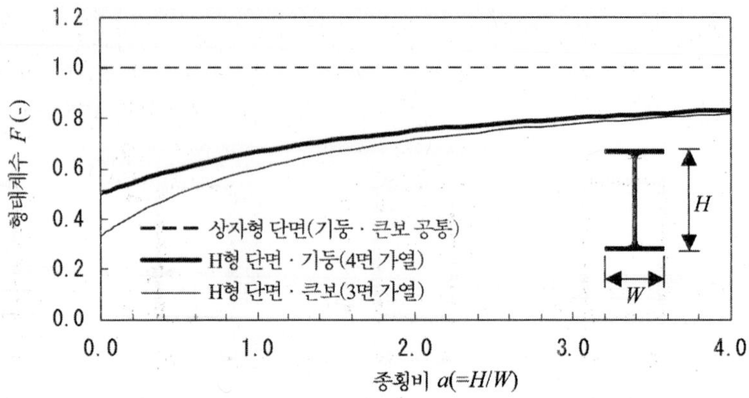

그림 5.2.2 강재표면과 화염가스 간의 형태계수(균등한 가열을 받는 경우)

참 고

그림 5.2.3에 나타내는 형상의 H형 단면에서는 단면형상이 움푹 패인 정도에 따라 형태계수를 계산한다. 플랜지 외측은 전면에 화염이 보이므로, 형태계수는

$$F_A = 1 \tag{5.2.6}$$

이 된다. 웨브 표면에서는 플랜지에 의해 차단되므로 형태계수는 작아져서

$$F_B = \sqrt{1+\left(\frac{W-t_w}{2H}\right)^2} - \frac{W-t_w}{2H} \tag{5.2.7}$$

로 주어진다. 같은 방법으로, 플랜지 내측표면에서 화염을 보았을 때의 형태계수는

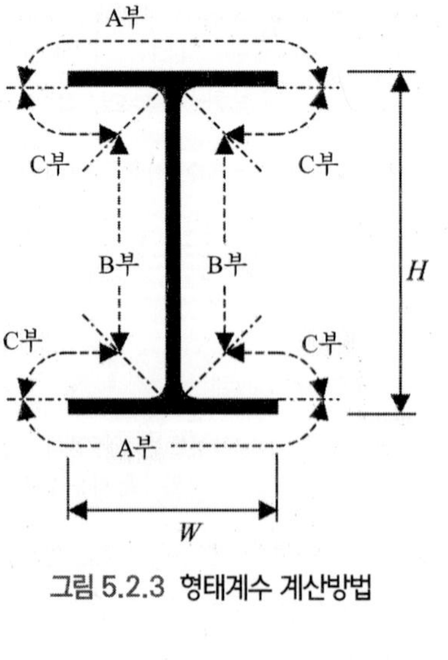

그림 5.2.3 형태계수 계산방법

$$F_C = \frac{1}{2}\left(1 - \sqrt{1 + (\frac{2H}{W - t_w})^2} + \frac{2H}{W - t_w}\right) \tag{5.2.8}$$

이 된다. 상기를 부위별 주변 둘레비로 배분하면 강재표면에서 화염을 보았을 때의 평균 형태계수가 된다.

$$F = \frac{1}{H_s}\{2(W + 2t_f)F_A + 2(H - 2t_f)F_B + 2(W - t_w)F_C\} \tag{5.2.9}$$

여기서, 플랜지두께 t_f, 웨브두께 t_w는 외경 W, H에 비해서 작으므로

$$\begin{aligned} F &= \frac{1}{H_s}\{2(W + 2t_f)F_A + 2(H - 2t_f)F_B + 2(W - t_w)F_C\} \\ &= \frac{1}{H_s}\left\{\begin{aligned} &2(W + 2t_f) + 2(H - 2t_f)\left(\sqrt{1 + \left(\frac{W - t_w}{2H}\right)^2} - \frac{W - t_w}{2H}\right) + 2(W - t_w) \\ &\times \frac{1}{2}\left(1 - \sqrt{1 + (\frac{2H}{W - t_w})^2} - \frac{2H}{W - t_w}\right) \end{aligned}\right\} \\ &\simeq \frac{2W + 2H}{H_s} \\ &= \frac{H_{sr}}{H_s} \end{aligned} \tag{5.2.10}$$

이 결과가 나타내는 바와 같이, H형강 단면에서 화염가스를 보았을 때의 평균 형태계수는 H_{sr}/H_s로 주어지므로 식 (5.2.1)의 우변 제1항은 복사에 대한 둘레길이를 H_{sr}하고 있다.

3) 수치계산방법

강재로의 전열량은 시간적으로 변화하므로, 식 (5.2.1)에서 강재온도를 계산하기 위해서는 수치계산에 의한 것이 편리하다. 식 (5.2.1)의 우변에 4장에서 나타낸 q_r, q_c를 대입하고, 인수분해로 선형화하면 다음 식이 된다.

$$\frac{dT_{st}}{dt} = K\frac{H_s}{A_s}\{T_f(t + \Delta t) - T_{st}(t + \Delta t)\} \tag{5.2.11}$$

단,

$$K = \frac{F\varepsilon_r(T_f^2 + T_{st}^2)(T_f + T_{st}) + h_c}{\rho_s c_s} \tag{5.2.12}$$

이다. 식 (5.2.11) 좌변의 온도상승률을 시각 $\Delta t(s)$에서 온도 상승으로 표하고, 우변의 온도는 새로운 시각에서의 온도로 하면 다음 식이 된다.

$$\frac{T_{st}(t+\Delta t)-T_{st}(t)}{\Delta t}=K\frac{H_s}{A_s}\{T_f(t+\Delta t)-T_{st}(t+\Delta t)\} \tag{5.2.13}$$

새로운 시각에서의 온도 $T_{st}(t+\Delta t)$에 대해서 정리하면 다음 식이 되고, 이것을 이용하면 시각 $t=0$에서의 강재온도 $T_{st}(0)$로부터 출발하여, 시간 Δt 당 강재온도를 순차적으로 구할 수 있다.

$$T_{st}(t+\Delta t)=\frac{T_{st}(t)+\Delta t\cdot K(t)\dfrac{H_s}{A_s}T_f(t+\Delta t)}{1+\Delta t\cdot K(t)\dfrac{H_s}{A_s}} \tag{5.2.14}$$

단, 계수 K에 대해서는 시간 스텝마다 경신한다.

4) 계산 예

상기의 방법으로 무내화피복 부재의 온도 상승을 계산한 결과를 나타내었다. 가열온도는 ISO 834의 표준가열온도이다.

$$T_f=345\log_{10}(8t+1)+20 \tag{5.2.15}$$

단, 이 식에 있어서 온도 T_f의 단위는 ℃, 시간 t의 단위는 분이다. 강재단면에 관한 입력치를 표 5.2.2에 나타내었다. 기둥은 H형 또는 박스형 단면의 전체 둘레로부터 가열되는 것으로 하였다. 보는 상부플랜지의 상부면이 슬래브와 밀착하고 있는 것으로 상부플랜지에서 슬래브로 열 흡수를 고려했다. 또한 강재의 복사율은 안전측의 값으로 1.0으로 했다.

표 5.2.2 강재온도의 계산조건

부 재		단면적 A_s(m²)	가열을 받은 원둘레 H_s (m)	복사를 받은 부분의 원둘레 H_{sr} (m)	단면형상계수 H_s/A_s(m⁻¹)	형태계수 F(−)
기둥	□ 300×300×9	0.0102	1.16	1.16	114	1.00
	H−200×200×8×11	0.0064	1.18	0.80	186	0.67
	H−300×300×10×15	0.0118	1.78	1.20	151	0.67
	H−400×400×13×21	0.0219	2.37	1.60	109	0.67
큰보	H−200×100×5.5×8	0.0027	0.59	0.50	221	0.85
	H−350×175×7×11	0.0063	1.04	0.88	165	0.84
	H−400×200×8×13	0.0083	1.18	1.00	142	0.84
	H−596×302×14×23	0.0222	2.09	1.79	94	0.86

계산결과를 그림 5.2.4, 그림 5.2.5에 나타내었다. 무내화피복 부재의 온도 상승은 빠르고, 20분 정도에서 강재온도는 가열온도와 거의 같아진다. 또한, 단면에 따른 차이도 있어 단면형상계수 H_s/A_s가 클수록 온도는 빠르게 상승한다. 그림 중의 ○ 표시는 같은 단면의 강재 가열실험결과이고[5.1], 계산값은 실험을 잘 재현하고 있다.

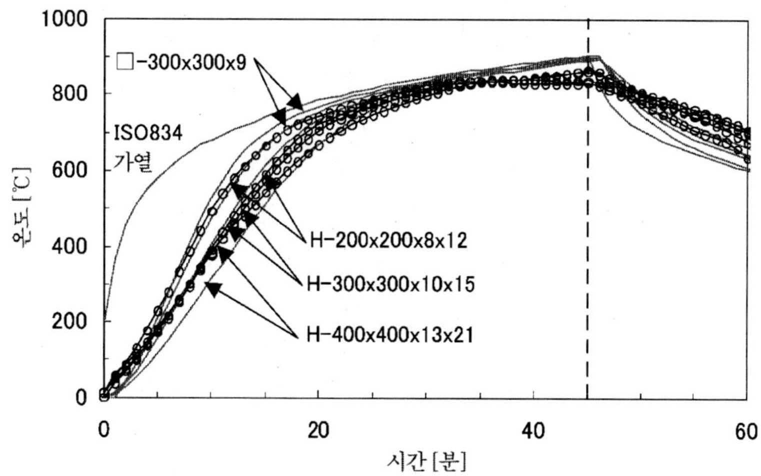

그림 5.2.4 기둥의 온도상승 계산 예 (ISO 834 가열 45분)

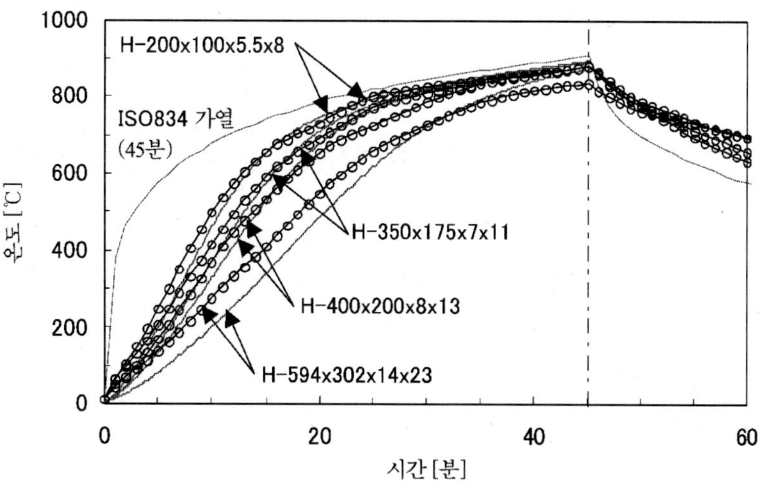

그림 5.2.5 보의 온도상승 계산 예 (ISO 834 가열 45분)

(2) 불균일한 가열을 받는 무내화피복 부재의 강재온도

1) 일반식

불균일한 가열을 받는 경우에 있어서도 열평형식의 구성은 기본적으로 식 (5.2.1)과 동일하다. 식 (5.2.2)의 우변의 총합기호는 복사에 의한 열전달을 부재의 방향별로 적용한 것이다. 예를 들면, 그림 5.2.6에서와 같은 H형강은 H_{sr}을 4분할하여 각각의 면에 대해 가열을 받는 둘레길이와 여기서의 형태계수를 구하면 좋다.

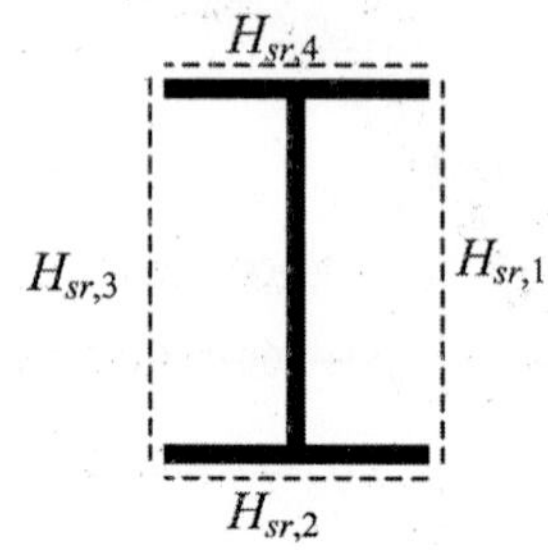

그림 5.2.6 부재가 흡수하는 열류의 계산법

2) 재축방향의 입사열 분포를 고려한 보온도의 계산방법

불균일한 가열을 받는 경우, 재축방향에 입사열의 분포가 생긴다. 국소화재에 의한 가열을 받는 경우, 이 영향을 고려한 강재온도의 계산방법이 제안되고 있다[5.2), 5.3).]

여기서, 보는 재축방향으로 복수의 구간으로 분할하고 축방향에 일차원의 열전도를 고려한다. 각 구간이 받는 가열의 강도는 화원과 위치관계에 따라 상이하고, 화원에 근접한 부분의 가열은 강하고 화원에서 떨어질수록 약하게 된다. 이 때문에 강재온도는 재축방향에 분포가 생기고, 그것으로 재축방향의 열전도가 발생한다. 재축방향의 열전도를 고려하는 것과 화원에 가장 근접한 위치의 강재온도를 보다 정확하게 예측하는 것이 가능하다. 여기서, 슬래브의 흡열과 보 단부에서 기둥 등에의 열전도는 무시한다.

또한, 보 하부에서 국소적인 가열이 있기 때문에 동일구간에 있어서도 위치에 따라 입사하는 열유속은 다르게 된다. 4장의 표 4.2.3에 나타난 바와 같이 상부플랜지 하면, 웨브, 하부플랜지 하면은 부재 근방을 흐르는 화염의 온도가 상이하므로 그림 5.2.7의 단면도에 나타난 바와 같이 위치에 의한 입사열유속의 차를 고려하여 산출할 수 있다. 이 방법을 사용하는 경우, 구획내 전체화재 등의 균등한 온도에서 가열되는 경우의 형태계수를 고려한 계산식과 상이하므로 가열을 받는 둘레길이 H_s는 복사열유속과 대류열전달에서 동일한 값을 사용한다. 또한, 실험결과와 비교로부터 대류열전달률 h_c는 0.01 kW/m^{2}K를 사용하면 실험결과와 잘 일치하는 것이 확인되고 있다[5.3].

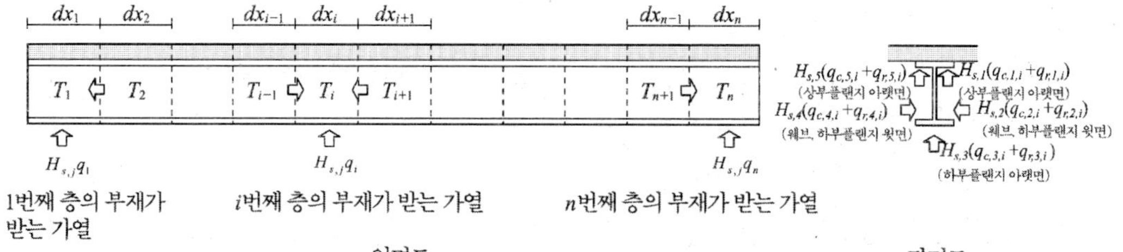

그림 5.2.7 재축방향의 입사열 분포를 고려한 계산방법의 구성

3) 계산 예

계산 예로서, 그림 5.2.8에 의한 슬래브 하부 무내화피복 H형강 보의 중앙이 슬래브 상부의 화원에 의해 가열을 받는 경우[5.4] 강재온도를 계산한 결과를 이하에 나타냈다. 화원치수 등의 계산조건은 표 5.2.3과 같다.

강재온도가 거의 정상상태가 된 15분 후의 계산결과와 동일한 가열조건으로 행한 실대실험결과[5.4]를 그림 5.2.9에 나타냈다. 그림의 횡축은 화원직상점에서 재축방향의 거리(m), 종축은 그 위치에서 강재 각 부의 온도(℃)이다. 화원직상의 정체점 영역에서는 온도를 과잉으로 계산하지만, 직상점에서 떨어진 위치에서 실험값의 최대는 거의 동일하다.

표 5.2.3 계산 조건

화원 직경 D	1.0×1.0(m)
발열 속도 Q	848 kW
화원과 부재의 거리 H_B	2.0m
강재 치수	H 400×200×13×15, 보 길이 6.0m (재축방향 300mm 간격으로 분할)
계산 시간	15분

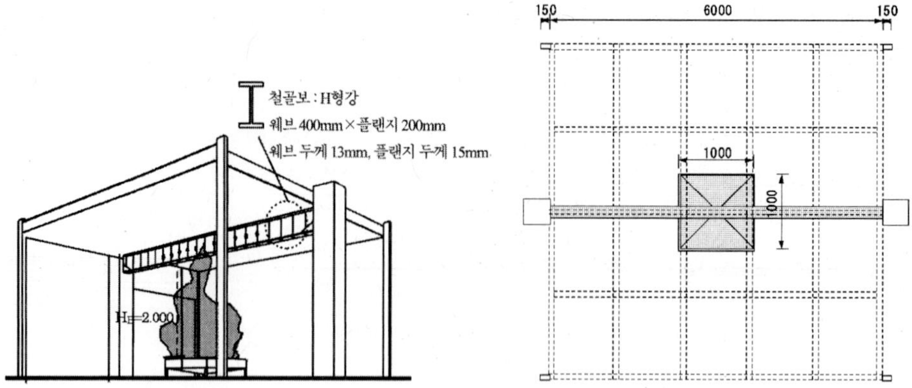

그림 5.2.8 계산대상의 모식도 [5.4)]

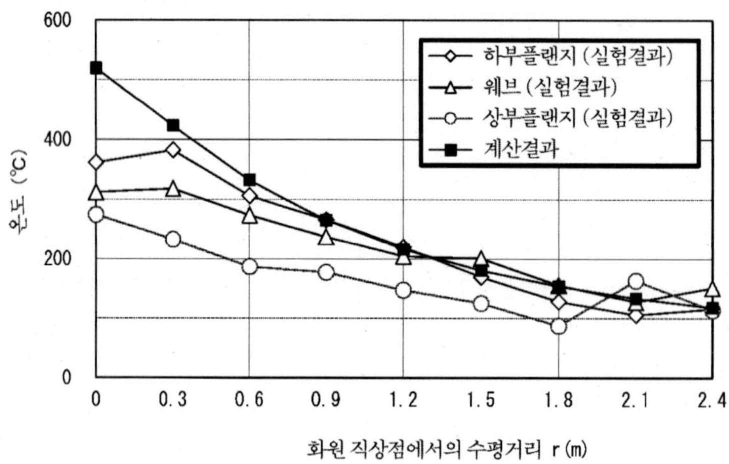

그림 5.2.9 강재온도의 계산결과

5.3 내화피복 부재

내화피복재의 강재온도는 강재와 피복재의 형상, 열물성치를 고려해서 일차원차분법과 유한요소법 등의 열전도계산으로 구한다.

(1) 일차원차분법에 의한 강재온도계산

일차원차분법을 이용한 강재온도의 계산은 피복재를 두께방향으로 n층 분할하여 각 층의 열수지를 바탕으로 온도 추이를 구한다. 시각 t에서 온도를 이하의 각 식의 우변에 대입하여

Δt 이후의 온도를 구하고, 이것을 반복하여 강재온도의 시각력을 계산한다.

1) 내화피복재 제1층의 온도

$$T_1^{new} = T_1 + \frac{\Delta t}{\rho_i c_i A_i}\left\{H_i q_c + H_{ir} q_r - H_{1,2}\frac{k_{1,2}}{\Delta x_{1,2}}(T_1 - T_2)\right\} \tag{5.3.1}$$

2) 내화피복재의 표면에서 제j층($j = 2,3,\cdots,n-1$)의 온도

$$T_j^{new} = T_j + \frac{\Delta t}{\rho_j c_j A_j}\left\{\frac{H_{j-1,j}\, k_{j-1,j}}{\Delta x_{j-1,j}}(T_{j-1} - T_j) - \frac{H_{j,j+1}\, k_{j,j+1}}{\Delta x_{j,j+1}}(T_j - T_{j+1})\right\} \tag{5.3.2}$$

3) 내화피복재의 최종층($j = n$) 및 강재온도

내화피복재의 최종층과 강재온도는 공기층의 유무에 따라 3-a) 또는 3-b)로 구한다.

3-a) 내화피복재와 강재 사이에 공기층이 없는 경우

내화피복재의 최종층($j = n$) 온도

$$T_n^{new} = T_n + \frac{\Delta t}{(\rho_i c_i A_n + \rho_s c_s A_s)}\frac{H_{n-1,n}\, k_{n-1,n}}{\Delta x_{n-1,n}}(T_{n-1} - T_n) \tag{5.3.3}$$

강재의 온도

$$T_{st}^{new} = T_n^{new} \tag{5.3.4}$$

3-b) 내화피복재와 강재 사이에 공기층이 있는 경우

내화피복재의 최종층($j = n$) 온도

$$T_n^{new} = T_n + \frac{\Delta t}{\rho_i c_i A_n}\left\{\begin{aligned}&\frac{H_{n-1,n}\, k_{n-1,n}}{\Delta x_{n-1,n}}(T_{n-1} - T_n) - H_{ii} h_{ca}(T_n - T_a)\\ &+ H_{sr}\varepsilon_{ra}\sigma(T_n^4 - T_{st}^4)\end{aligned}\right\} \tag{5.3.5}$$

공기층의 온도

$$T_a^{new} = \frac{H_{ii} T_n + H_s T_{st}}{H_{ii} + H_s} \tag{5.3.6}$$

강재의 온도

$$T_{st}^{new} = T_{st} + \frac{\Delta t}{\rho_s c_s A_s}\left\{H_s h_{ca}(T_a - T_{st}) + H_{sr}\varepsilon_{ra}\sigma(T_n^4 - T_{st}^4)\right\} \tag{5.3.7}$$

여기서, A_j : 피복재 j층의 단면적 [m^2]

A_s : 강재의 단면적 [m^2]

c_i : 피복재의 비열 (kJ/(kg·K)

c_s : 강재의 비열($=0.482+8.0\times10^{-10}(T_{st}-273)^2$(kJ/(kg·K))

q_c : 피복재가 대류열전달에 의해 흡수하는 열유속 [kW/m^2]

q_r : 피복재가 복사열전달에 의해 흡수하는 열유속 [kW/m^2]

F_f : 피복재 표면에서 화염을 볼 때의 형태계수

h_{cf} : 가열측 표면의 대류열전달률(23×10^{-3}kW/(m^2·K))

h_{ca} : 공기층 내의 대류열전달률(4.0×10^{-3} kW/(m^2·K))

H_i : 피복재의 바깥둘레길이 [m]

H_{ir} : 복사를 받는 피복재의 바깥둘레길이 [m]

$H_{j,j+1}$: 피복재의 j층과 $j+1$층 경계의 바깥둘레길이 [m]

H_{ii} : 피복재의 안쪽둘레길이 [m]

H_s : 강재의 바깥둘레길이 [m]

H_{sr} : 복사를 받는 강재의 둘레길이 [m]

$k_{j,j+1}$: 피복재의 j층과 $j+1$층 간의 열전도율 [kW/(m·K)]

T_j : 피복재 j층의 온도 [K]

T_a : 공기층 온도 [K]

T_{st} : 강재 온도 [K]

Δt : 시간 간격 [s])

$\Delta x_{j,j+1}$: 절점 j와 $j+1$ 간의 거리 [m]

ε_{ra} : 피복재 공기층 표면과 강재 표면의 복사율 합

ρ_i : 피복재의 밀도 [kg/m^3]

ρ_s : 강재의 밀도(= 7,850(kg/m^3))

σ : 스테판 · 볼츠만 정수($=5.67\times10^{-11}$ [kW/(m^2·K^4)])

(2) 재료의 정수

내화피복재의 열 정수는 온도에 의한 물성의 변화 등을 적절히 고려해서 설정한다.

단면 내의 온도분포를 상세히 구하는 경우에는 일차원차분법, 이차원차분법 및 유한요소법 등의 수치해석을 이용해도 좋다. 단, 피복재에 따라서는 가열 중 탈락이나 수축을 동반한 균열, 강재의 변형에 따른 줄눈의 벌어짐이 생기므로, 열전도계산에만 의존하여 강재온도를 예측하는 것은 바람직하지 않다. 계산으로 강재온도를 예측할 때에는 동일 또는 유사 공법에 대한 실험결과와 비교하여 적용범위를 검토한 후에 사용해야 한다. 비교대상으로

하는 실험은 재하가열시험 등과 같이 철골부재의 변형에 의한 내화피복재 간격의 발생 등의 거동을 재현하는 것이 바람직하며, 비재하가열시험 결과와 비교로는 불충분하다.

(1) 일차원차분법에 의한 강재온도 계산

1) 열수지식의 개념

일차원차분법은 피복강재의 형상을 가열측으로부터 강재까지 순서대로 나열하여 일차원 열전도해석으로 치환하는 방법이다[5.5, 5.6]. 그림 5.3.1과 같이 피복재를 두께방향으로 n층 분할하고, 각 측의 온도를 대표하는 점(이하 절점이라고 부름)을 검은 원의 위치로 설정했다. 층간의 전도열류는 절점의 온도를 사용하여 일차원으로 근사한다. 피복재형상은 바깥둘레가 가장 길고, 안쪽둘레로 갈수록 둘레길이가 짧게 되는 것을 가미하여, 층당 둘레길이와 단면적을 생각한다. 강재는 가열둘레길이 H_s, 두께 A_s/H_s의 평판으로 근사한다.

제1층은 바깥둘레부터 화재가열을 받아 온도가 상승하고, 제2층으로 전도에 의해 열을 유출한다. 바깥둘레의 가열조건은 화재성상에 따라 주어진다. 일반적인 경우에 대해서 복사와 대류에 의해 단위시간당 바깥둘레에서 유입하는 열량(kW)은 무내화피복의 경우와 같이 다음 식으로 주어진다.

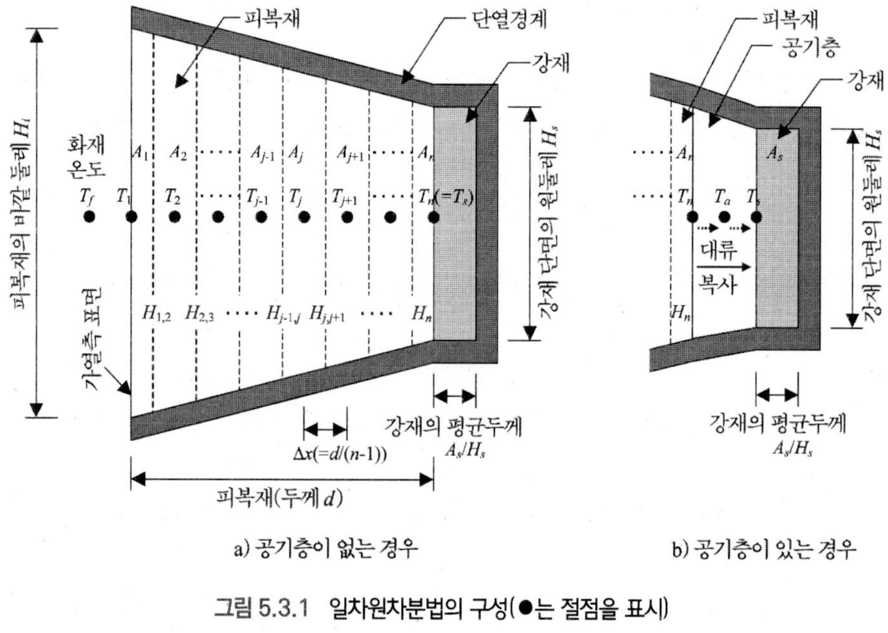

그림 5.3.1 일차원차분법의 구성(●는 절점을 표시)

$$Q_{in} = H_i q_c + H_{ir} q_r \tag{5.3.8}$$

한편, 제1층과 제2층의 온도차에 의해 피복재 내부로 열이 전도된다. 제1층에서 제2층으로 유입하는 열량(kW)은 다음 식과 같다.

$$Q_{out} = H_{1,2} \frac{k_{1,2}}{\Delta x_{1,2}} (T_1 - T_2) \tag{5.3.9}$$

여기서, $H_{1,2}$는 제1층과 제2층 경계면의 둘레길이(m), $\Delta x_{1,2}$는 절점 1과 절점 2 사이의 거리(m), $k_{1,2}$는 제1층과 제2층 사이의 열전도율(kW/(m·K))이다. 열전도율의 산출방식은 2)에서 후술한다.

유입열류와 유출량의 차이는 층 내에 축적되어 층의 온도를 상승시킨다. Q_{in}과 Q_{out}의 차가 층 내에 단위시간당으로 축적되고, 그 결과 온도상승률이 dT_1/dt가 되므로 다음 식이 성립된다.

$$\rho_i c_i A_i \frac{dT_1}{dt} = H_i q_c + H_{ri} q_r - H_{1,2} \frac{k_{1,2}}{\Delta x_{1,2}} (T_1 - T_2) \tag{5.3.10}$$

온도 상승을 시간분할 Δt 에서 제1층의 온도 변화 $T_1(t) \to T_1(t+\Delta t)$로 표현하면,

$$\rho_i c_i A_i \frac{T_1(t+\Delta t) - T(t)}{\Delta t} = H_i q_c + H_{ri} q_r - H_{1,2} \frac{k_{1,2}}{\Delta x_{1,2}} (T_1 - T_2) \tag{5.3.11}$$

위의 식을 변형하여 우변에 나타낸 온도에 현시점에서의 온도를 대입하면 새로운 시각의 제1층 온도를 구하는 식이 된다. 다음 식에서 $T_1(t+\Delta t)$을 T_1^{new}, $T_1(t)$를 T_1으로 표기한 것이 식 (5.3.1)이다.

$$T_1(t+\Delta t) = T_1(t) + \frac{\Delta t}{\rho_i c_i A_i} \times \left\{ H_i q_c + H_{ir} q_r - H_{1,2} \frac{k_{1,2}}{\Delta x_{1,2}} (T_1(t) - T_2(t)) \right\} \tag{5.3.12}$$

제2층에서 최종층의 1층 전까지는 층간의 열전도를 생각함으로써 이하의 열수지식을 얻는다. 이것을 제 j층의 온도를 구하는 형태로 변형한 것이 식 (5.3.3)이다.

$$\begin{aligned} \rho_i c_i A_j \frac{T_j(t+\Delta t) - T_j(t)}{\Delta t} = & H_{j-1,j} \frac{k_{j-1,j}}{\Delta x_{j-1,j}} \{T_{j-1}(t) - T_j(t)\} \\ & - H_{j,j+1} \frac{k_{j,j+1}}{\Delta x_{j,j+1}} \{T_j(t) - T_{j+1}(t)\} \end{aligned} \tag{5.3.13}$$

단, 식 (5.3.13)의 우변에 나타낸 온도는 전체 시각 t의 값을 사용한다. 또한, 이하의 식 (5.3.14), 식 (5.3.15), 식 (5.3.17)도 동일하게 표기된다.

피복재의 최종층에 대해서는 강재와 사이의 공기층 유무에 따라 열수지식을 선택하여 계산한다. 중공층이 없고 강재와 피복재가 밀착되어 있는 경우, 피복재의 최종층과 강재의 온도는 동일하므로, 열수지식은 다음 식과 같다.

$$(\rho_i c_i A_n + r_s c_s A_s)\frac{T_n(t+\Delta t) - T_n(t)}{\Delta t} = \frac{H_{n-1,n} k_{n-1,n}}{\Delta x_{n-1,n}}(T_{n-1} - T_n) \quad (5.3.14)$$

공기층이 있는 경우에는 그림 5.3.1의 우측과 같이 피복재 최종층 표면과 강재 표면 사이의 복사열전달과 피복재 최종층에서 공기층을 거쳐 강재 표면으로의 대류열전달을 생각하면, 최종층의 열수지는 다음 식이 된다.

$$\rho_i c_i A_n \frac{T_n(t+\Delta t) - T_n(t)}{\Delta t} = \frac{H_{n-1,n} k_{n-1,n}}{\Delta x_{n-1,n}}(T_{n-1} - T_n) + H_{ii} h_{ca}(T_n - T_a)$$
$$+ H_{sr}\varepsilon_{ra}\sigma(T_n^4 - T_{st}^4) \quad (5.3.15)$$

공기층의 온도는 피복재표면과 강재표면 사이의 대류에 의한 전 열량이 균형을 갖도록 결정된다.

$$H_{ii} h_{ca}(T_n - T_a) = H_s h_{ca}(T_a - T_{st}) \quad (5.3.16)$$

강재온도는 피복재로부터의 복사열과 공기층으로부터의 대류열을 받아 온도가 변화한다.

$$\rho_s c_s A_s \frac{T_{st}(t+\Delta t) - T_{st}(t)}{\Delta t} = H_s h_{ca}(T_a - T_{st}) + H_{sr}\varepsilon_{ra}\sigma(T_n^4 - T_{st}^4) \quad (5.3.17)$$

이상의 관계를 각 부분의 온도를 구하는 형태로 표현한 것이 식 (5.3.3)~(5.3.7)이다.

2) 층간 열전도율

내화피복재가 복층재료가 되어 재질이 층별로 상이한 경우, 열전도율이 온도의존성이 있는 경우에는 층 j와 $j+1$의 열전도율이 다르다. 이러한 경우에는 각 층의 열전도율로부터 층간 열전도율을 구할 필요가 있다[5.7].

그림 5.3.2와 같이 층 j와 $j+1$의 열전도율을 k_j, k_{j+1}, 온도를 T_j, T_{j+1}로 한다. 층의 경계면은 절점 j와 $j+1$의 거리 $f(0<f<1)$배의 위치에 있고, 경계면의 온도를

$T_{j,\,j+1}$로 한다. 이를 이용하여 층 j로부터 유출하는 열유속은

$$q_j = \frac{k_j}{f\,\Delta x}(T_j - T_{j,\,j+1}) \tag{5.3.18}$$

이 된다. 마찬가지로, 층 $j+1$에 유입된 열유속은

$$q_{j+1} = \frac{k_{j+1}}{(1-f)\,\Delta x}(T_{j,\,j+1} - T_{j+1}) \tag{5.3.19}$$

이 된다. 양자는 동일하므로, $T_{j,\,j+1}$를 소거하고, 층간의 열전도율을 이용한 표현을 얻는다.

$$q_j = \frac{k_{j,\,j+1}}{\Delta x}(T_j - T_{j+1}) \tag{5.3.20}$$

$$k_{j,\,j+1} = \frac{\dfrac{k_j}{f}\dfrac{k_{j+1}}{(1-f)}}{\dfrac{k_j}{f} + \dfrac{k_{j+1}}{(1-f)}} \tag{5.3.21}$$

또한, 경계면이 절점 중앙에 있는 경우 $f = 1/2$ 이므로, 층간의 열전도율은 각 층의 열전도율의 조화평균이 된다.

$$k_{j,\,j+1} = \frac{k_j\,k_{j+1}}{(k_j + k_{j+1})/2} \tag{5.3.22}$$

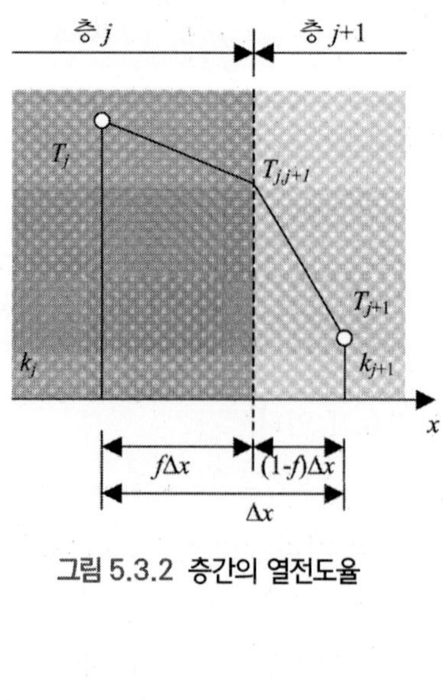

그림 5.3.2 층간의 열전도율

3) 함수재료의 취급

함수성의 재료나 상변화를 이용한 내화피복 재료에는 잠열흡수에 의해 온도상승을 특정온도에서 지연시키는 효과가 있다. 이를 고려하기 위해서는 층의 열수지식에 잠열흡수 효과를 더하면 좋다.

예를 들면, 함수성 재료에 대해서 증발온도역에 있는 층 j에서의 온도상승률을 dT_j/dt, 함수증가율을 $d\omega_j/dt$로 한다. 단위시간당의 변화에 필요한 열량은

$$Q_a = \rho_i c_i A_j \frac{dT_j}{dt} - L\rho_i A_j \frac{dw_j}{dt} \tag{5.3.23}$$

$$= \rho_i c_i A_j \frac{T_j(t+\Delta t) - T_j(t)}{\Delta t} - L\rho_i A_j \frac{w_j(t+\Delta t) - w_j(t)}{\Delta t}$$

여기서, L : 함수의 증발잠열 [kJ/kg]

w : 함수율 [kg/kg]

이다. 또한, 증발 시에는 $dw_j/dt < 0$이다. 이 관계를 제 j층의 열수지에 대입하면 다음 식을 얻는다.

$$\rho_i c_i A_j \frac{T_j(t+\Delta t) - T_j(t)}{\Delta t} - L\rho_i A_j \frac{w_j(t+\Delta t) - w_j(t)}{\Delta t}$$

$$= H_{j-1,j} \frac{k_{j-1,j}}{\Delta x_{j,j-1}} (T_{j-1} - T_j) - H_{j,j+1} \frac{k_{j,j+1}}{\Delta x_{j,j+1}} (T_j - T_{j+1}) \tag{5.3.24}$$

시각 t부터 $t+\Delta t$의 온도 상승과 함수율 감소를 관련짓기 위해서는 수분이동해석에 따르지 않고, 실제 설계용 계산은 복잡하다. 이 때문에 川越 등에 의해 제안된 근사계산에 의하면, 층의 온도가 100℃ 이하이면 함수율은 초기치 그대로 유지되고, 100℃에 달한 시점에서 온도 상승이 정지하고 함수가 없어질 때까지 100℃를 유지하며, 이후에는 다시 온도가 상승하는 것으로 되어 있다[5,6].

실용적으로는 온도와 함수율의 관계를 적절하게 관련지어두면 실용상 충분한 정밀도를 얻을 수 있다. 층의 초기 함수율을 w_0로 하고, 100℃를 사이에 두고 ΔT_e의 증발온도폭에서 수분이 일정한 비율로 증발한다고 생각한다. 그렇다면, 시간간격 Δt에 있어서 온도 변화 ΔT와 함수율 변화 $\Delta\omega$는 다음 식으로 표현된다.

$$\Delta w = -\frac{w_0}{\Delta T_e} \Delta T \tag{5.3.25}$$

그러므로 식 (5.3.24)는

$$\rho_i\left(c_i + L\frac{w_0}{\Delta T_e}\right)A_j\frac{T_j(t+\Delta t) - T_j(t)}{\Delta t}$$

$$= H_{j-1,j}\frac{k_{j-1,j}}{\Delta x_{j,j-1}}(T_{j-1} - T_j) - H_{j,j+1}\frac{k_{j,j+1}}{\Delta x_{j,j+1}}(T_j - T_{j+1}) \quad (5.3.26)$$

이 된다. 즉, 그림 5.3.3에서와 같이 함수의 증발잠열분만 비열을 증가시키면 되며, 이렇게 취급함으로써 함수율의 계산을 생략할 수 있다. 증발온도 폭 ΔT_e는 하나의 시간 간격에 있어서 층의 온도 상승보다도 크게 취급할 필요가 있다. 일반적인 내화피복 재료에서는 10℃ 이상으로 하는 것이 권장된다.

$$c_i = \begin{cases} c_p & (T_0 < T \leq 100 - \Delta T_e/2 \text{ 또는 } 100 + \Delta T_e/2 \leq T) \\ c_p + L\dfrac{w_0}{\Delta T_e} & (100 - \Delta T_e/2 < T < 100 + \Delta T_e/2) \end{cases} \quad (5.3.27)$$

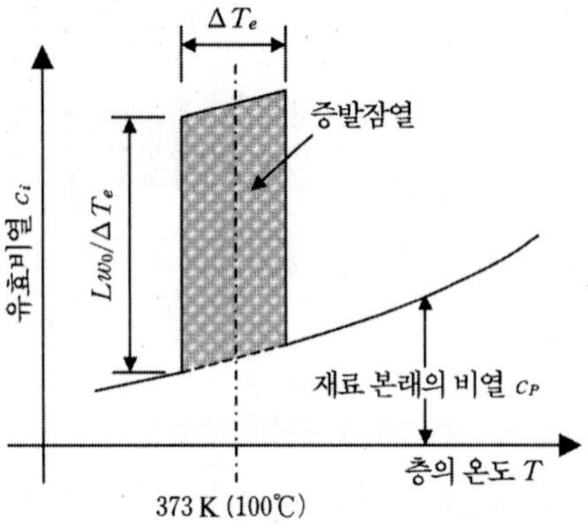

그림 5.3.3 함수의 증발잠열을 고려한 유효비열

4) 내화피복 공법과 계산방법의 대응

표 5.3.1과 같이 내화피복 공법은 강재와 피복재가 밀착하고 있는 것(직접분사공법 등)과 중간에 공기층이 있는 것(판접착공법 등)으로 나누어진다. 라스분사공법과 같이 H형강 단면의 플랜지 사이만 공기층이 발생하는 경우도 있으나, 계산상에는 공기층이 없는 경우로 취급한다. 또한, 기둥은 전체 둘레가 유효하도록 계산해도 좋으나, 보는 슬래브에 밀착한 부분을 단열경계로 취급하여, 슬래브로의 열흡수를 무시한다*.

표 5.3.1 내화피복공법의 분류와 계산방법의 대응

공법 / 부위	강재와 피복재가 밀착되어 있는 경우(직접분사공법 등)	플랜지만 밀착되어 있는 경우(라스분사공법 등)	공기층이 있는 경우 (판 접착공법 등)
기둥(전체둘레로부터 가열) $A_s = 2W \times t_f + H \times t_w$ $H_s = 4W + 2H$ $H_{sr} = 2W + 2H$	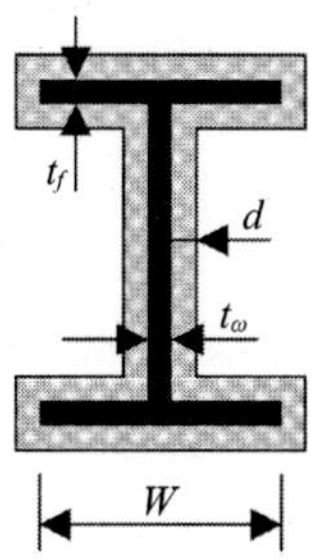 $H_{ii} = H_s$ $H_i = H_{ii} + 8d$	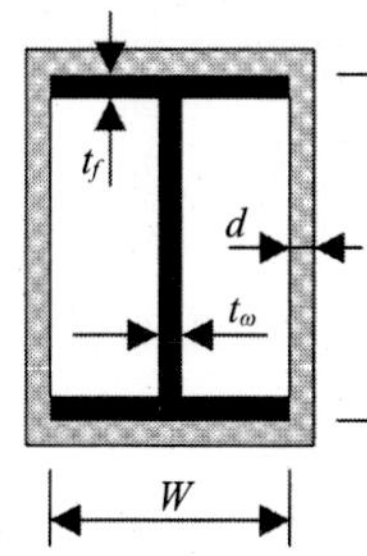 $H_{ii} = 2(W + H)$ $H_i = H_{ii} + 8d$	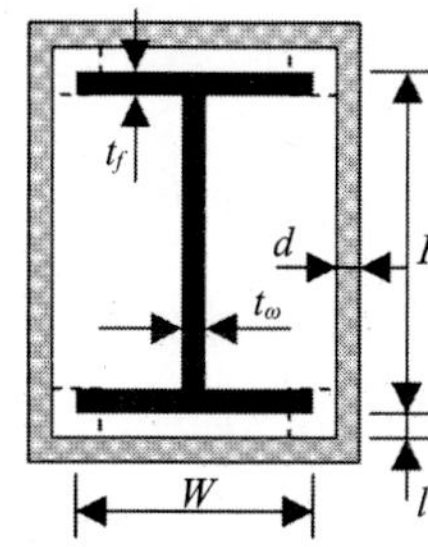 $H_{ii} = 2(W + H) + 8l$ $H_i = H_{ii} + 8d$
보(상 플랜지를 제외한 3면으로부터 가열) $A_s = 2W \times t_f + H \times t_w$ $H_s = 3W + 2H$ $H_{sr} = W + 2H$	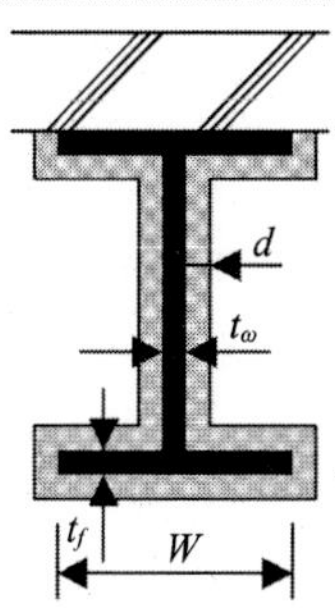 $H_{ii} = H_s$ $H_i = H_{ii} + 4d$	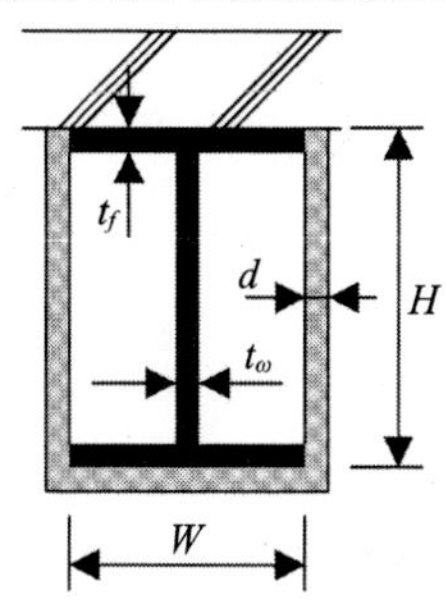 $H_{ii} = W + 2H$ $H_i = H_{ii} + 4d$	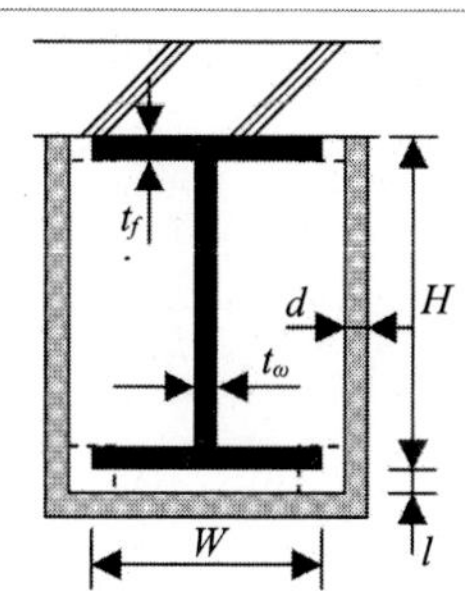 $H_{ii} = W + 2H + 4l$ $H_i = H_{ii} + 4d$
계산법	공기층이 없는 경우		공기층이 있는 경우

5) 수치계산방법

식 (5.3.1)~(5.3.6)을 수치계산으로 해석하기 위해서는 다음 순서에 의한다.

① 초기값 설정

강재온도, 피복재 온도를 초기온도로 설정한다. 전형적으로 20℃를 초기온도로 한다.

② 가열조건과 물성치 계산

현 시점에서의 온도를 이용하여 가열온도, 입사열류, 층간 열전도율(식 (5.3.21)), 각 층의 유효비열(5.3.27)을 구한다.

* 바닥슬래브로의 열흡수를 생각하면 상부플랜지의 온도가 내려간다. 이와 같은 효과를 고려할 경우 일차원 차분법은 부적절하며, 유한요소법 등에 의한 슬래브 내 온도의 이차원적 분포도 포함한 검토가 필요하다.

③ 온도 경신

온도계산식 (5.3.1)~(5.3.7)을 이용하여 피복재의 각층, 공기층, 강재온도를 경신한다.

④ 시간 경신

시간 t를 $t+\Delta t$로 업데이트하여 ②로 돌아간다.

6) 계산 예

예로 H형강 보의 재하가열시험[5.8]의 가열조건과 강재온도 추이를 계산한 결과를 그림 5.3.4에 나타내었다. 시험조건 등은 표 5.3.2와 같다. 열전도율과 비열은 부록 3의 온도 함수데이터로 부여하였다. 실험결과를 비교하면, 가열초기 강재온도의 상승은 늦지만 피복재 수분이 증발된 후의 온도는 약간 높게 계산된다.

표 5.3.2 H형강 보의 재하가열시험 조건

강재	형강	H−400×200×8×13	
	밀도	$\rho=7850$	kg/m³
	비열	$c=0.482+8.0\times10^{-10}(T_{st}-273)^2$	kJ/(kg·K)
내화 피복재	재료	뿜칠암면	
	두께	$d=65$	mm
	열전도율	$k=2.50\times10^{-10}(T-273)^2+2.9\times10^{-8}(T-273)+6.71\times10^{-5}$	kW/(m·K)
	비열	$c=2.45\times10^{-7}(T-273)^2-3.01\times10^{-4}(T-273)+1.160$	kJ/(kg·K)
	밀도	$\rho_i=320$	kg/m³
	함수율	$w_0=0.15$	kg/kg

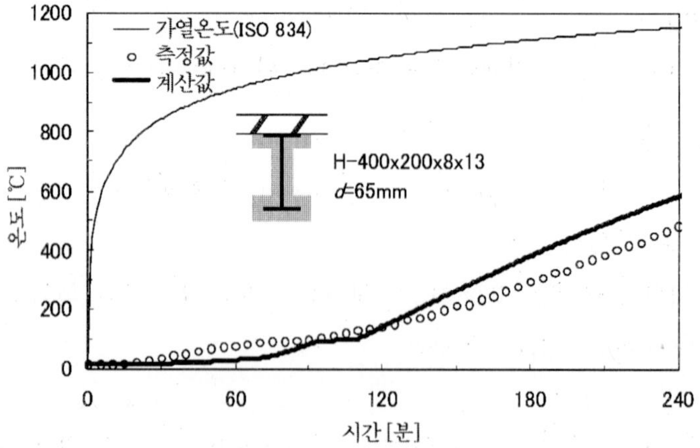

그림 5.3.4 강재온도 계산결과 (H-400×200×8×13 보, 암면 분사 65mm 피복)

(2) 재료의 열정수

일차 차분법 등의 열전도계산에 이용한 물성치는 온도의존성을 고려하여 설정하는 것이 바람직하다. 특히, 재료에 따라서는 수분의 방출에 따라 약해지는 것이나, 균열이 생기는 경우도 있어 이러한 재료에 대해서는 열전도율을 적절히 할증하는 것이 바람직하다. 또한, 피복공법에 따라 가열에 의한 열 변형으로 줄눈이 벌어지는 경우도 있고, 이러한 재료를 사용하는 경우 계산만으로 설계를 실시해서는 안 된다. 내화피복재 열정수의 측정 예는 부록 3에 수록하였다.

참고문헌

5.1) 鈴木淳一・島村　誠・石原慶大・大宮喜文・遊佐秀逸・原田和典・若松孝旺：火災時における無被覆鋼材の温度上昇簡易予測式，日本建築学会構造系論文集，No. 553，pp.143～148，2002.3

5.2) 若松高志・A.V. Pchelintsev・長谷見雄二：局部火災加熱される建築部材の温度応答予測－有限要素法による梁部材の伝熱解析－，日本建築学会構造系論文集，第 497 号，pp.197～202，1997.7

5.3) 若松高志・長谷見雄二：局部火災加熱される建築部材の温度応答予測　差分法による梁部材の伝熱解析，日本建築学会構造系論文報告集，pp.173～179，第 502 号，1997.12

5.4) T. Wakamatu, Y. Hasemi, K. Kagiya, D. Kamikawa : Heating Mechanism of Building Components Exposed to a Localized Fire－Verification using the real-scale experiment and effects of the smoke layer. －Fire Safety Science－Proc. 7th International Symposium－, 2002.06

5.5) ECCS TC3, European Recommendations for the Fire Safety of Steel Structures－Calculation of the Fire Resistance of Load Bearing Elements and Structural Assemblies Exposed to the Standard Fire, 1983

5.6) 国土開発技術研究センター：建築物の総合防火設計法(第 4 巻　耐火設計法)，日本建築センター，1989.4

5.7) スハス V. パタンカー原著/水谷幸夫・香月正司共訳：コンピュータによる熱移動と流れの数値解析，森北出版，1984

5.8) 国土交通省住宅局建築指導課・国土交通省建築研究所・日本建築主事会議・財団法人日本建築センター編集・防火材料等関係団体協議会 編集協力：2001 年版耐火性能検証法の解説及び計算例とその解説，井上書院，2001.3

CHAPTER

06

골조의 붕괴온도

CHAPTER 06

골조의 붕괴온도

6.1 개요

화재에 대한 강구조 골조의 저항한계로서 종국상태를 채택한다. 종국상태에 대한 강도 지표로서, 지침에서는 골조의 붕괴온도를 산정한다. 골조의 내화성은 구조내력의 상한으로 산정되는 골조의 붕괴온도가 화재성상 예측 및 부재온도 예측으로 산정된 상한 입력 부재온도를 상회하는 것을 검증함으로써 확인한다.

1) 붕괴온도

지침은 강구조에 의한 다층 라멘 및 다층 브레이스 골조를 대상으로 한다.

화재 시 구조의 하중을 규정하는 것은 크리프와 같은 시간의 양에 의존하는 재료특성의 영향이 무시 가능한 상황에서는 부재의 온도와 온도분포이다. 현실적인 화재지속시간범위 내에서 강재 크리프의 영향은 이차적으로 고려하는 경우가 많다. 또한 부재온도분포는 화재의 비정상성이 화재 시 종국적 구조안정에 중대한 영향을 끼친다고는 생각할 수 없기 때문에 적절한 단수 또는 복수의 정상적 분포를 설정하는 것이 공학적인 판단이라고 할 수 있다. 이러한 경우, 하중을 규정하는 것은 단일 부재온도 변수로 설정한다. 따라서 화재 시에 있어서 구조의 하중조건은 일정한 작용하중(3장 참고)과 단조 증가하는 부재온도 변수에 의한 설정이 가능하다. 이때 구조의 종국강도는 단일 부재온도 변수의 상한치와 동일시해도 좋다. 이것을 구조의 「붕괴온도」라고 부른다. 이 부재온도를 넘으면 골조는 이미 상시 작용하중을 전달할 수 없고, 전체적 또는 부분적으로 붕괴한다.

붕괴온도는 내화피복의 여부, 내화피복의 형태, 이것으로 규정된 열전달의 상태 등에는 의존하지 않는다. 바꿔 말하면 골조의 붕괴온도는 골조의 역학 성능만으로 정해지는 구조특성값이다. 그 대신 상이하게 설정한 부재온도 분포의 가정마다 상이한 붕괴온도를 얻을 수 있다.

2) 종국강도를 채용하는 이유

내화설계에 있어서 골조의 종국강도를 채용하는 것은 다음의 이유에 의한다[6.1)~6.5)].

- 화재는 강구조물에 대해서 대단히 큰 하중효과를 초래하는 한편, 그 작용은 일시적인 동시에 국소적이다.
- 부재온도 상승과 함께 발생하는 열응력은 부재온도가 상승하는 것에 따라 다음으로 발생하는 소성변형과 이것에 대응하는 응력재분배 과정으로 점차 감소한다. 종국강도의 관점에서 보면 열응력은 파생적 교란에 지나지 않고, 대부분의 경우 이것은 구조의 종국강도에 영향을 미치지 않는다.
- 화재가열을 받는 부분은 국부적이고, 내진설계된 강구조 골조는 주변골조로 응력재분배를 어느 정도 기대할 수 있다[6.44)].
- 골조의 붕괴온도는 골조가 본래 보유한 고온강도만으로 정해지는 단순한 본질적인 구조특성값이라고 생각해도 좋고, 단순함에 어울리는 간단한 붕괴온도 산정법을 설정할 수 있다. 이것으로 명확한 내화설계의 틀을 구축할 수 있게 된다.

3) 안전율

골조의 붕괴온도는 강재강도의 편차, 작지만 크리프의 영향, 내력 평가방법의 정밀도 등을 감안해서 공학적으로 하한값이라고 생각해도 좋은 값이 산정된다(2장 및 6.5절 참조). 따라서 지침에서는 특히 붕괴온도 산정을 위한 안전율은 설정하지 않는다.

6.2 붕괴온도 산정의 개요

골조의 붕괴온도는 구성부재의 고온 전소성강도에 기초해 골조의 기구붕괴강도, 기둥의 고온 휨좌굴강도, 기둥의 고온 국부좌굴붕괴내력, 보의 고온 횡좌굴내력 및 고력볼트 이음의 고온 파단내력을 고려해서 정한다.

1) 분해골조 생성

• 화재에 의해서 온도가 상승하는 구조부분 및 그 주변을 부분골조(분해골조)로 만든다. 분해골조의 경계조건은 골조전체에 있어서 지지조건의 실상에 따라 적절하게 결정한다.

• 화재 시 분해골조에 작용하는 하중은 일정한 상시 작용하중으로, 이것은 제3장의 기술에 기초해서 적절하게 결정한다.

• 각 부재에 설정하는 온도상승의 분포를 결정한다. 화재의 발달과 함께 각 부재의 온도는 일정 분포형태를 유지해서 비례적으로 상승한다고 가정한다. 분포형태는 제3장의 가연물량평가, 제4장의 화재성상 예측 및 제5장의 부재온도 예측에 기초해서 적절하게 결정한다.

이 지침에서 분해골조는 각각 큰보와 작은보로 생성된 평면골조로 가정한다. 그림 6.2.1은 분해골조의 사례를 표시하고 있다. 이 가정 하에서, 직접 붕괴메커니즘에 관여하는 부재는 검토용 분해골조 중에 포함해야만 한다. 단독부재의 붕괴에 의한 골조의 붕괴온도보다 복수의 부재가 동시에 붕괴하는 경우의 붕괴온도가 더 낮아지기 때문이다(예를 들면, 6.3절의 기둥 · 보 동시 붕괴모드와 6.4절의 브레이스 · 보 동시 붕괴모드 등을 참조). 주변 부재의 고온에 대한 구속은 고온부재의 압축력 증가(열응력에 의한 골조의 불안정화)와 응력재분배능력(강도 기여에 의한 골조의 붕괴온도 상승)이라는 상반된 효과를 동시에 유발한다. 대부분의 강구조 골조에서는 후자의 응력재분배능력이 우수하고, 실질적으로 열응력이 골조의 붕괴온도를 낮추는 것은 아니다(6.3, 6.4, 6.6~6.9절 참고). 따라서 보다 멀리까지 저온의 주변부재를 검토용 분해골조에 추가하면 붕괴온도는 적어도 저하되는 것은 아니다. 그러면 분해골조는 그림 6.2.1의 사례로 보듯이 자동적으로 필요 최소한의 부재수가 될 수 있다. 분해골조를 평면골조로 하는 것은 이것의 일환이다. 이러한 골조모델에서 얻은 붕괴온도는 실 골조의 붕괴온도의 하한이다. 골조의 실제 부정정차수(redundancy)에 대응하는 응력재분배를 무시하고 있기 때문이다.

분해골조에 작용하는 하중은 각 부재에 상온에서 상시 작용하는 하중으로 한다. 화재 시 기둥과 보에는 열응력으로 큰 압축력이 발생하지만, 이러한 종류의 열응력은 전부 무시하고 작용하중에는 고려하지 않는다. 작용하중의 조합은 3.3절을 참조한다.

분해골조의 경계조건은 실 골조로 가정된 기구운동(메커니즘 변위)과 등가한 분해골조로 형성된 것으로 정한다. 그림 6.2.1(a)~(d)에 제시된 분해골조는 각각 상기 기구운동의

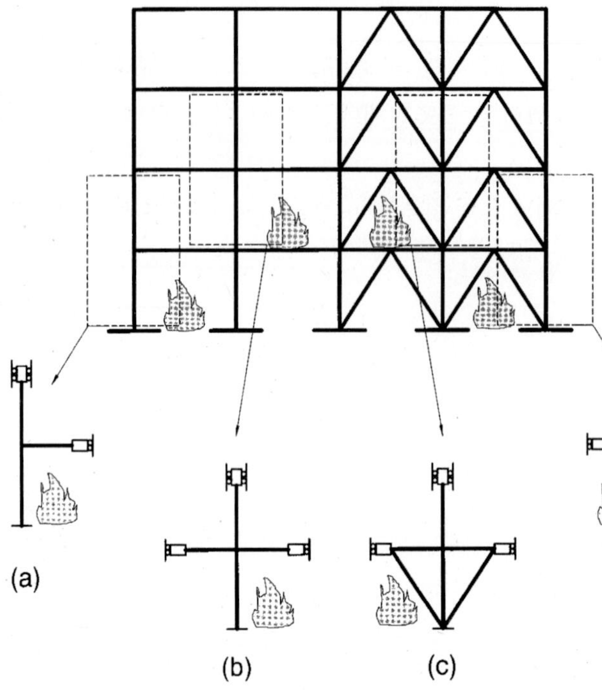

그림 6.2.1 분해골조의 적출

등가성을 고려하고, 나아가 분해영역의 크기가 최소로 되도록 잘라낸다. 각 그림 중 분해골조의 경계에 제시된 힌지는 각 분해요소에 대응하는 경계조건을 표시한다. 이러한 경계조건은 화재 시, 골조의 각 부재에 발생하는 변동축력을 정확하게 평가하기에는 적절하지 않다. 그러나 이러한 종류의 축력은 열응력으로 발생하고 있고, 붕괴온도 산정에는 전혀 영향이 없다. 이 장의 붕괴온도 산정은 형식상 어떠한 열응력도 무시한다.

분해골조 중의 온도분포를 결정할 때에는 구성부재의 온도는 부재마다 모두 동일하게 한다. 부재의 재축방향에 온도구배가 가정될 때에는 고온부의 온도를 부재온도로 한다. 5장에 있어서 일차원 열전달 모델에 기초한 부재온도 평가에 의하면, 부재단면의 춤방향으로 필연적으로 일정한 온도분포가 산정된다. 특히 구획부재에 접하는 구조부재에 대해서는 구획외의 열전달은 무시되고, 따라서 약간 높은 부재온도가 산정된다. 이러한 종류의 부재에 있어서는 화재 시 실제로는 단면의 춤방향으로 온도 구배가 발생하고, 이 때 부재는 선팽창 차이에 기초해 구배를 보인다. 이 경우 5장에 기초한 산정부재온도는 부재 중 고온측 온도에 대응한다. 또한 세장비가 특히 큰 부재가 아닌 한, 이러한 종류의 열 변형이 구조안정상 우려스러운 악영향을 미칠 정도라고 생각되지 않는 것을 근거로,

지침에서는 선팽창 차이에 의해 발생하는 열 변형이 골조의 종국강도에 미치는 영향은 무시할 수 있다고 본다.

2) 기본붕괴온도

골조의 붕괴온도를 단순소성이론에 기초해서 정한 것을 「기본붕괴온도」라고 한다. 기본붕괴온도는 붕괴온도 산정에 있어서 기본량이다. 단순소성이론의 적용 시 다음 2가지의 가정을 둔다.

- 재료는 임의의 온도에서 완전탄소성체이고, 항복강도는 제2장에 제시된 강재의 유효항복강도로 한다.
- 골조에 있어서 힘의 평형은 미소변형이론의 범위로 생각한다.

골조의 기본붕괴온도는 각 구성부재가 고온 시 전소성내력을 발휘해 얻어지는 골조 종국온도의 개략적인 결과치이다. 기본붕괴온도 산정법은 골조종류별마다 후술한다(6.3, 6.4절).

3) 붕괴온도

골조의 실제 붕괴온도는 기둥에 휨좌굴과 국부좌굴, 보의 횡좌굴, 고력볼트이음의 파단을 고려하면, 분해골조를 검토하는 경우 붕괴온도는 기본붕괴온도 이하로 된다. 한편, 화재 시 부정정차수가 큰 골조는 주변부재가 고온부재를 구속하는 것으로 응력재분배가 발생하고, 해당 고온부재가 기온붕괴온도에 도달해도 골조가 종국상태에 도달하지 않는 경우도 있다. 이상을 고려해서 붕괴온도는 다음과 같이 평가한다.

① 기둥의 좌굴온도는 기둥의 유효좌굴길이 및 상온 시 축력비에 따라 산정한다(6.6절에 후술).

② 기둥의 국부좌굴에 지배되는 골조의 붕괴온도는 기둥의 폭 두께비 및 상온 시 축력비에 따라 산정한다(6.7절에 후술).

③ 단, 골조 전체로 검토한 결과 화재구획외의 주변부재가 화재구획 내의 기둥을 매달아 올리는 힘이 기둥의 상온 시 축력을 상회하는 경우, 해당 기둥을 포함한 골조의 붕괴온도는 상기 ①과 ②에 관계없이 평가해도 된다(6.8절에 후술).

④ 골조 중 무보강 보는 화재 시 횡좌굴을 피하기 어렵다고 생각하고, 이러한 형태의 붕괴온도를 저감한다(6.9절에 후술).

⑤ 상온 시에 보가 슬래브와 합성보로 설계된 경우, 고온 시에도 그 효과를 기대할 수 있으므로 합성보의 고온 시 내력을 이용하여 붕괴온도를 평가한다(6.10절에 후술).

⑥ 고력볼트 이음은 화재 시 파단하지 않도록 이음의 고온 시 내력을 고려해서 골조의 붕괴온도를 평가한다(6.11절에 후술).

기본붕괴온도 및 상기 ①~⑥의 요인으로 규정된 골조의 붕괴온도는 서로 독립으로 산정된다. 이것들의 붕괴온도 중 최소의 부재온도를 골조의 붕괴온도 산정값으로 한다.

4) 열응력과 가력순서

이미 서술했듯이, 골조의 붕괴온도는 작용하중(장기하중)을 일정하게 유지해서 부재온도를 점증시킬 때 골조가 안정을 유지하기 위한 부재온도의 상한치이다. 단, 이 장에서 산정된 골조의 화재 시 종국상태는 위와 같은 하중을 일정하게 하고 부재온도를 상승시킬 때의 종국상태인지, 아니면 부재온도를 고온으로 일정하게 유지해두고 하중을 증가시킬 때의 것으로 하는지 혼동되는 경우가 있다. 이 장에서 제시된 모든 산정공식은 어느 것이나 가력이력에 의존하는 열응력을 무시한 형태로 되어 있기 때문에 상기 어느 것의 가력순서를 고려해도 동일한 종국상태가 산정된다. 여기서 말하는 가력순서란 하중과 부재온도의 작용순서에 대한 약칭이다. 따라서 이 지침에 준하는 한 열응력과 가력순서를 특별히 고려할 필요는 없지만, 강구조물의 내화설계 일반에 있어서는 이것들은 항상 염두에 두는 것이 바람직하다. 실제 해설의 상당 부분 열응력은 어떻게 제외되었는지의 설명에 충실하다. 따라서 이 지침에 기초한 내화설계에 있어서도 가력순서는 화재 시에 있어서 본래의 것, 즉 일정하중을 가하고 나서 부재온도를 상승시키는 순서를 상정해 두어야만 한다. 이것에 관련한 사항은 조금 더 상세하게 말하면 다음과 같다.

화재 시 골조가 붕괴에 이를 때의 모습을 개념적인 식으로 표현하면 다음과 같다. 하중 W를 지지하기 위한 골조의 필요내력 L을 W의 함수 $L(W)$로 표시하고, 부재온도 T에서 골조의 저항 R을 T의 함수 $R(T)$로 나타낸다. L은 W의 단조증가함수, R은 T의 단조감소함수로 생각할 수 있다. 가력순서로 화재 시에 있어서 본래의 것, 즉 하중을 일정값 W_0로 하고, 부재온도 T를 상승시킨다는 순서를 고려한다. 그러면 골조의 종국상태란, T를 점증시키는 도중 골조의 저항 R이 일정하중 W_0를 지지할 수 있는 한계까지 저하된 상태, 즉 부재온도가 다음 식을 만족하는 온도 T_u까지 상승한 상태이다. 이 경우 T_u가 골조의 붕괴온도이다.

$$L(W_0) = R(T_u) \tag{6.2.1}$$

그러나 단순소성이론에서는 골조의 부재온도에 있어서 저항 $R(T)$란, 부재온도에서 골조에 허용된 모든 저항 중의 상한적인 저항을 의미한다. 이것은 부재온도 T, 강재의 항복강도, 골조의 기하학적 형상 및 하중의 방향(골조의 어디에 어떠한 분포로 작용하는는지)이 주어지면 그것으로 정해지고, T에 이르기까지 발생하는 열응력과 강재의 영계수에는 의존하지 않는다[6.6]. 이것은 한편으로는 하중 W_0에 대한 붕괴온도 T_u가 이론상 간명한 구조 특성값을 얻는 것을 의미한다. 한편, 골조의 종국상태는 가력순서에 의존하지 않는다는 단순소성이론 특유의 성질도 도출할 수 있다. 즉, 동일한 골조에 대해 최초 무하중 상태에서 우선 부재온도를 T_u로 상승시켜서 온도를 유지하고, 다음으로 하중 W를 이 하중에 작용하는 방향에 준해서 0부터 증가시켰을 때 골조의 종국상태를 생각한다. 골조의 상한저항 $R(T_u)$는 이처럼 일차적으로 정해진다. 그러면 $L(W)$는 단조증가로 있기 때문에 이것이 $R(T_u)$까지 도달할 때, 즉 식 (6.2.1)이 만족되어질 때가 종국상태이다. 즉, 단순소성이론에서는 하중 W_0를 먼저 작용시켜서 붕괴온도 T_u를 구하거나 부재온도 T_u를 먼저 작용시키고 종국하중 $W_0{}'$를 구해도, 골조의 종국상태는 같고 $W_0{}' = W_o$에 귀결된다. 따라서 후자의 가력순서에 따라서 종국 하중 W_0를 구하고, 반대로 산정한 하중 W_0에 대응하는 골조의 붕괴온도가 T_u로 있다고 생각해도 지장이 없다.

이하 골조의 기본붕괴온도를 예시하는 절에서는 종국 시 힘의 균형을 식 (6.2.1)의 형태로 나타낸다(6.3, 6.4절). 브레이스가 좌굴하는 골조와 기둥이 전체좌굴 또는 국부좌굴을 나타내는 골조 또는 무보강보가 횡좌굴을 나타내는 골조의 붕괴온도를 구할 때에도 열응력을 제외하고, 식의 형태상으로는 이것과 동일하게 전개한다(6.4, 6.6, 6.7, 6.9절). 이러한 경우, 이미 기술했듯이 부재온도, 하중 어느 것을 먼저 작용시켜도 산정된 골조의 종국상태는 결과로써 같다. 종국상태의 산정방법도 상기 단순소성이론의 가정으로 행한 방법과 형태가 동일하다.

실제 구조에 있어서는 가열과 하중의 순서가 다르면 골조의 종국상태가 동일하게 되는 것은 열전달의 성질상 일반적으로는 불가능하다. 이것을 무시하고, 부재온도, 하중 어느 것을 먼저 작용시키는지도 부재온도분포·하중분포 모두 동일한 상태에 이른다고 가정하면, 종국상태는 가력순서에 의존하지 않기 때문이다. 강구조의 경우, 강재의 열전달률은 크고, 부재를 구성하는 판 두께는 얇고, 부재온도는 판의 두께방향 및 재축방향으로 빠르게 전달된다. 따라서 적어도 강구조에서는 위의 가력순서에 관계하는 실험을 일반적으로 부자연스럽게 받아들일 수 있다.

골조의 붕괴온도 계산에는 위에서 보듯이 이론상 또는 형태상 가력순서에 의존하지 않는다. 그러나 화재 시 골조의 구조안정성을 고려하는데 있어서는 가력순서로써 화재 시 본래의 것, 즉 하중을 일정하게 해서 부재온도를 상승시킨다는 순서를 항상 염두해야 한다. 이것은 이 지침에 기초한 강구조물의 내화설계에 있어서도 마찬가지이다. 기둥의 좌굴, 브레이스의 좌굴, 국부좌굴, 보의 횡좌굴 등 불안정현상 자체는 열응력의 영향을 받는다. 따라서 일반론으로써는 이러한 불안정에 지배되는 골조의 종국상태도 열응력의 영향을 받을 우려가 있고, 열응력의 크기는 가력순서에 의존하기 때문이다. 지침에서는 사용상의 편리와 간편함을 고려해 기둥의 좌굴, 브레이스의 좌굴, 국부좌굴 또는 보의 횡좌굴을 동반한 골조의 붕괴온도 산정에 관해서도 앞에서 서술했듯이 열응력에 의존하지 않는 형태의 공식으로 제공된다. 실제 많은 골조에 대해서 화재 시 종국상태는 열응력의 영향을 대부분 받지 않지만, 받아도 부차적인 수준에 머무른다. 그러나 유도된 산정 공식은 어디까지나 본래의 가력순서를 근거로 실제의 근사적 표현으로 있는 것을 명기한다. 이 장의 해설에서는 이러한 산정공식의 타당성은 정산해석에 기초한 수치해로 확인한다는 방침이다. 이 장에서 말하는 계산해석이란, 2.2절의 강재의 구성식, 골조의 유한변위 및 열응력의 해석이 조합된 탄소성유한요소해석이다[6.5]. 이 장에서 모든 계산해석은 구조불안정과 열응력 성장의 시각력을 검토하기 위해서 화재 시 본래의 가력순서가 설정된다.

6.3 라멘의 기본붕괴온도

라멘의 기본붕괴온도는 전체골조에서 추출한 부분골조의 붕괴기구(보 붕괴모드, 기둥 붕괴모드, 기둥·보 동시 붕괴모드), 하중조건, 강재의 고온 유효항복강도에 기초하여 정한다.

골조의 기본붕괴온도는 단순 탄소성이론에 기초해서 해석한다. 즉, 구조불안정이 발생하는 것이 아니고 부재 단면의 고온 전소성강도가 완전하게 발휘될 때의 붕괴온도이며, 골조 붕괴온도의 가장 기본량이다. 그러나 기본붕괴온도는 기둥이 좌굴 또는 국부좌굴을 동반할 때 및 무보강보가 횡좌굴을 나타낼 때의 붕괴온도 산정치를 하회하는 것은 아니다. 설계용으로는 후자의 불안정을 고려한 것보다 낮은 붕괴온도를 보인다. 이 경우, 기본붕괴온도는 기둥의 세장비와 판요소의 폭두께비 등 구조불안정을 지배하는 요소가 실제 어느 정도 붕괴온도를 저하시키는지를 측정할 때의 기준 참고치로써 역할을 한다. 그림 6.3.1에 제시된

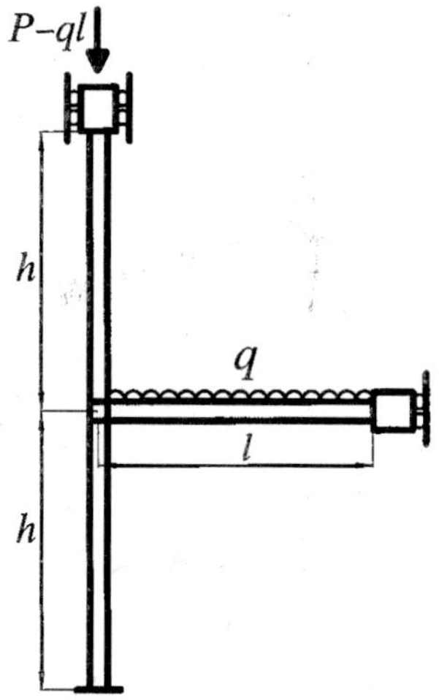

그림 6.3.1 외부기둥을 포함한 분해골조

라멘을 예제로써, 이 골조의 기본붕괴온도 산정법을 설명한다[6.5), 6.7)]. 이것은 균등 다층라멘으로 2개 층의 외부 기둥과 이것에 인접한 보에 대한 분해골조(부분골조) 모델이다. 이것은 그림 6.2.1(a)의 적출 예에 해당한다. 기둥은 상하층 모두 같은 치수의 정사각형 단면이고, 보는 H형강으로 한다. 단면 형상을 특정하고 있는 것은 계산을 구체적으로 진행하기 위한 것이다. 이 절에서 나타낸 계산은 원리적으로 기둥 및 보의 단면 형태를 선택하지 않는다.

화재는 하층의 기둥과 보를 포함한 스팬 내의 구획화재를 상정한다. 하층의 기둥과 보는 동일하게 온도가 상승한다고 가정한다. 한편, 직상층의 기둥은 하층과 똑같이 온도가 상승하는 경우와 상온에 머무는 경우 2가지를 설정한다. 구획화재가 완전하게 실현된다면 후자의 하중 설정이 맞아떨어진다. 전자를 설정하는 것은 붕괴온도 산정모델의 가장 단순한 기본형이고, 이 경우 붕괴온도의 가장 안전측의 평가치가 얻어지기 때문이다. 또한 두 경우의 붕괴온도를 비교하는 것으로 골조 내의 부재온도 분포가 다르면 붕괴온도도 다르다는 것이 사례로 증명된다.

기둥에는 일정한 수직력, 보에는 일정한 등분포력 q가 작용하고 있다. 이것은 언제나 상시 작용하중이다. 경계조건, 즉 보 우측단, 상층기둥 상단, 하층기둥 하단의 경계조건은 그림과 같이 보 우단 및 상층 기둥 상단의 각 수직변위만 이동하고, 이외의 모든 변위 및 회전은 구속되어 있다. 보 우측단의 축방향 변위를 구속한 것은 보의 우측방향 연장부분은 지금 생각하고 있는 화재구획의 외부에 강하게 구조부에 인접한 것을 상정하고 있기 때문이다.

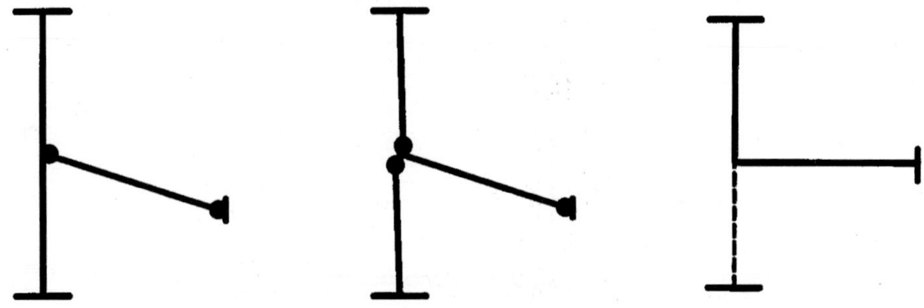

그림 6.3.2 골조의 붕괴모드

따라서 이 분해골조는 전체로써 수평이동하지 않는다. 이렇듯 경계조건을 설정하는 것에 따라서 화재는 구조의 국소범위에 한정되고, 화재 시 구조안정을 의심받는 부위는 주변의 안정된 저온부분에 구속된다는 구획화재에 특징적인 상황이 대부분 모사된다.

상기의 골조에 단순소성이론을 적용하면, 그 종국상태는 그림 6.3.2에 나온 3가지 붕괴모드 중 하나가 된다. 그림 중의 ●는 소성힌지이다. 그림 중 (c)의 파선은 하층 기둥이 축방향으로 소성 수축한 것을 나타낸다. 단순소성이론에서는 종국상태도 강재의 선팽창과 이것과 함께 발생하는 열응력에는 의존하지 않는다[6.5), 6.8)]. 실제 화재에 의해 부재온도가 상승해서 부재에 소성힌지가 형성되고, 더욱더 부재온도가 상승해서 이것이 회전하는 것은 아니며, 소성변형이 진행하고 있는 부재의 열응력이 점차 감소하는 응력재분배가 행해진다. 종국 시에는 붕괴골조를 형성하고 있는 골조부분의 열응력은 소멸되어버린다. 따라서 골조의 기본붕괴온도를 산정할 때는 강재의 유효항복강도 저하만을 고려하고, 강재의 선팽창은 모두 무시한다.

그림에서 골조의 붕괴온도는 다음과 같이 구할 수 있다. 우선 세 부재 모두 온도가 상승하는 경우의 해를 구한다. 종국상태는 열응력이 소멸할 때에 대응하고, 특히 일정하게 온도가 상승하는 경우 보의 축력이 0으로 회복할 때에 대응하므로 골조의 종국 시에 힘의 균형은 극히 단순하게 유도된다. 즉, 상온에서 기둥 및 보의 전소성모멘트를 각각 M_p, M_{pB} 기둥의 항복축력을 N_{yC}라고 하면, 각 붕괴모드에 대응하는 종국 시 힘의 균형은 다음 식으로 주어진다.

$$\text{보 붕괴모드 : } ql^2 = 4M_{pB} \tag{6.3.1-a}$$

$$\text{기둥·보 동시 붕괴모드 : } ql^2 = 4M_p + 2M_{pB} \tag{6.3.1-b}$$

$$기둥\ 붕괴모드:P= N_{yC}(즉,\ M_p = 0) \tag{6.3.1-c}$$

단, M_{pB}는 상기 이론보다 무축력 시 보의 전소성모멘트이다. 또한 M_p는 압축력 P가 작용할 때 기둥의 전소성모멘트이다. 정확을 기하면, 상기 제2의 기둥·보 동시 붕괴모드에 있어서 상층 기둥 상단 및 화재층 기둥 하단에 형성된 소성힌지의 저항을 고려해도 좋다. 위의 예에서는 양쪽 소성힌지의 기구 회전은 나머지 세 번째 소성힌지보다 훨씬 작다고 생각해서 양쪽 소성힌지의 저항을 무시한다. 이것은 골조의 저항을 일부 무시한 것으로 대응하기 때문에 붕괴온도를 산정할 때 안전측의 가정이다. 보의 춤이 층고에 비해 무시할 수 없을 정도로 큰 골조에 대해서는 이 가정은 안전측을 초과한다. 또한 기둥의 붕괴는 단순소성이론에서는 순압축붕괴를 의미하고, 식 (6.3.1-c)에 대응한다. 기둥의 좌굴이나 국부좌굴은 별도로 검토한다(6.6, 6.7절 참조).

정사각형 각형강관 기둥의 강도 상관관계는 다음의 함수로 표현할 수 있다.

$$\tau(p)= \frac{M_p}{M_{po}} = \begin{cases} 1-4/3\cdot p^2 & : 0 \le p \le 1/2 \\ 4/3\cdot(1-p) & : 1/2 \le p \le 1 \end{cases} \tag{6.3.2}$$

여기서, $p= P/(\sigma_y A_C)$는 이 온도에서 기둥 축력비(σ_y는 해당 온도에서 강재의 유효항복강도, A_C는 기둥의 단면적), M_{po}는 무축력시 기둥의 전소성모멘트이다. M_p, M_{po}, M_{pB}, p는 상온 시의 값이고, 기호명에 bar를 붙여서 각각 $\overline{M}_p$, $\overline{M}_{po}$, $\overline{M}_{pB}$, $\overline{p}$로 표시하며, M_{pB} 및 M_p는 각각 다음 식으로 나타낸다.

$$\begin{aligned} M_{pB} &= \kappa(T)\cdot \overline{M}_{pB} \\ M_p &= \kappa(T)\cdot \tau\left(\frac{\overline{p}}{\kappa(T)}\right)\cdot \overline{M}_{po} \end{aligned} \tag{6.3.3}$$

여기서, $\kappa(T)$는 제2장에서 나타내고 있는 강재의 유효항복강도 저하율이고, 식 (2.1.2)와 같다. 상기를 이용해서 식 (6.3.1)의 각 식을 무차원화한다. (a), (b)식에 대해서는 양변을 $4\overline{M}_{pB}$로 나눈다. 또한 (c)식이 성립하는 것은 식 (6.3.2)의 경우 $p=1$의 때이다. 이것에 의해서 다음 식을 얻을 수 있다.

$$보\ 붕괴모드:\tilde{q}= \tilde{q}_{\mathrm{I}}(T)= \kappa(T) \tag{6.3.4-a}$$

$$기둥 \cdot 보\ 동시\ 붕괴모드 : \tilde{q} = \tilde{q}_{\mathrm{II}}(T) = \kappa(T)\left\{\frac{1}{2} + \tau\left(\frac{\overline{p}}{\kappa(T)}\right)\tilde{Z}\right\} \tag{6.3.4-b}$$

$$기둥\ 붕괴모드 : \overline{p} = \kappa(T_{\mathrm{III}}) \tag{6.3.4-c}$$

여기서, $\tilde{q} = \dfrac{ql^2}{4\overline{M}_{pB}}$ (보 상부하중의 무차원값) (6.3.5)

$$\tilde{Z} = \frac{\overline{M}_{po}}{\overline{M}_{pB}} \text{ (기둥 · 보 강도 비)} \tag{6.3.6}$$

$$\overline{p} = \frac{P}{\overline{\sigma}_y A_c} \text{ (기둥의 상온 시 축력비)} \tag{6.3.7}$$

식 (6.3.4-a, b)에 있어서 $\tilde{q}_{\mathrm{I}}$, $\tilde{q}_{\mathrm{II}}$는 각각 최우변의 식에 의해서 정의된 T의 함수를 나타내고, 또한 동식(c) 중의 T_{III}는 기둥이 압축력에 의해서 항복하는 온도를 나타낸다.

상기 (6.3.4)의 세 식이 주어지는 관계, 즉 $\tilde{q}_{\mathrm{I}} \sim T$, $\tilde{q}_{\mathrm{II}} \sim T$ 및 T_{III} 값은 $\tilde{Z}$, $\overline{p}$의 값이 지정되면 정해진다. 인장강도 400N/mm^{2}급 강재의 경우를 예로 들면, 이것은 그림 6.3.3(a)에 나타나듯이 세 곡선으로 그려진다. 실제의 종국강도는 3개 중 최소치이다. 이것은 그림의 원점에서 보면 가장 안쪽에 위치하는 곡선을 포함하는 곡선, 즉 그림 중의 굵은 실선이다. 이것을 「기본붕괴곡선」이라고 부른다. $\tilde{Z}$, $\overline{p}$ 및 $\tilde{q}$가 지정된 골조의 기본붕괴온도는 기본붕괴곡선상의 $\tilde{q}$ 값에 대응하는 횡좌표로 주어진다. $\tilde{q}_{\mathrm{I}} \sim T$ 관계는 식 (6.4.3-a)에 의해 제2장 그림 2.1.1의 $\kappa(T) \sim T$곡선과 일치한다. 또한, 식 (6.3.4-c)에서 T_{III}는 $\tilde{q}_{\mathrm{I}} \sim T$ 곡선 위에 $\tilde{q}_{\mathrm{I}}$ 값이 $\tilde{p}$로 동등할 때의, 즉 그림 6.3.3(a) 중의 D점의 횡좌표에 일치한다. 한편, $\tilde{q}_{\mathrm{II}} \sim T$ 곡선은 그림 중 세 점 A, B 및 C를 연결한 선분으로 대부분 오차 없이 근사할 수 있다. 3점의 좌표는 각각 A(0, $1/2 + \tau(\overline{p})\tilde{Z}$), B(300, $1/2 + \tau(\overline{p})\tilde{Z}$), C($T_{\mathrm{III}}$, $\overline{p}/2$)이다.

이 경우 기본붕괴곡선의 특징적인 사항을 열거하면 다음과 같다.

[1] 기본붕괴곡선은 열응력에 의존하지 않고, 따라서 l/h로 좌우하지 않는다.

[2] T_{III}는 붕괴온도의 상한이고, 어떠한 골조도 이 온도를 넘을 수가 없다.

[3] 보 하중이 증가하는 것 없이 골조의 붕괴형은 기둥 단독붕괴 → 기둥 · 보 동시붕괴 → 보 단독붕괴로 이동하고, 이것에 따라서 붕괴온도는 감소한다.

[4] $\tilde{q} = 1$은 보 상부하중의 상한치이다. 이것은 상시 보 작용하중이 $\tilde{q} = 1$일 때 보가 상온

에서 붕괴하는 것을 의미하고, 실용적으로 이러한 것은 있을 수 없다. 특히 내진설계를 실시한 라멘구조의 보는 상시 보에 작용하는 하중에 대해서 상당한 여유가 있어 실용적으로는 $\tilde{q}$ 는 1보다는 매우 작다.

[5] 기둥의 수직력 $\bar{p}$ 값이 크게 되면 기본붕괴곡선은 원점으로 향하면서 수축된다. 따라서 붕괴온도는 저하한다.

[6] 기둥·보 강도비($\tilde{Z}$)가 크게 되면 $\tilde{q}_{\rm II} \sim T$ 곡선이 원점에서 보면 외측으로 팽창한다.

그림 6.3.1의 골조에 있어서 화재층의 직상층 기둥이 상온의 경우도 붕괴온도가 열응력에 의존하지 않는 것은 세 부재 모두 온도상승의 경우와 동일하다. 실제, 보 붕괴형 골조에서는 종국 시 보의 축력은 감소한다. 기둥·보 동시 붕괴모드에 있어서는 종국 시 상층 기둥과 화재층 기둥의 전단력은 없어져 합쳐지지 않기 때문에, 보에는 약간의 축력(인장력)이 발생한다. 그러나 이것은 열응력에서는 없다. 보통의 라멘 골조에서 이 축력은 보의 전소성모멘트를 유의미하게 저하시킬 정도의 크기가 되지 않기 때문에 무시한다. 기둥 붕괴형 골조의 경우, 보 및 상층 기둥에 열응력이 남아있지만 붕괴하는 하층 기둥의 붕괴온도는 이 열응력의 영향을 받지 않는다. 이 경우 기본붕괴곡선도 식 (6.3.4)의 세 식으로 나타난다. 단, 기둥·보 동시 붕괴형에 대응하는 식 (6.3.4-b)는 다음 식으로 변경된다.

$$\tilde{q}_{\rm II} = \frac{1}{2}\left\{\kappa \cdot \tau\left(\frac{\bar{p}}{\kappa}\right) + \tau(\bar{p})\right\} \cdot \tilde{Z} + \frac{1}{2}\kappa \tag{6.3.8}$$

따라서, $\tilde{q}_{\rm I} \sim T$ 곡선 및 $T_{\rm III}$은 앞의 경우와 동일하다. $\tilde{q}_{\rm II} \sim T$ 곡선은 그림 6.3.3(b)에 나타난다. 이 곡선상의 A 및 B점은 변경되지 않는다. C점은 식 (6.3.8)보다 ($T_{\rm III}$, $1/2(\bar{p}+\tau(\bar{p})\tilde{Z})$로 변경된다. 기둥의 축력비가 그다지 크지 않을 때는 그림 6.3.3(b)에 있어서 C점은 D점의 바로 위에 위치한다. 따라서 이 경우 기둥·보 동시 붕괴는 일어나지 않고 기본붕괴곡선은 그림 중 굵은 실선, 즉 식 (6.3.4-a) 및 식 (6.3.4-c)에 의해 주어진다.

이상으로 골조의 기본붕괴온도는 온도상승에 동반되는 강재의 항복점 저하를 고려하고, 단순 소성이론을 직접 적용하는 것으로 용이하게 산정 가능하다는 것을 알 수 있다. 산정이 간단하게 되는 것은 기본붕괴온도가 열응력에 의존하지 않기 때문이다. 또한 골조가 붕괴온도 까지 도달하는 것은 소성화한 부분의 소성변형의 성장과 응력재분배가 행해지는 과정에서 열응력이 점차적으로 감소하기 때문이고, 따라서 부재에는 일정 정도 이상의 소성변형능력이 필요하다.

그림 6.3.4에 기본붕괴온도의 산정 예를 나타낸다. 이것은 그림 6.3.1에 나타난 ㅏ형 골조

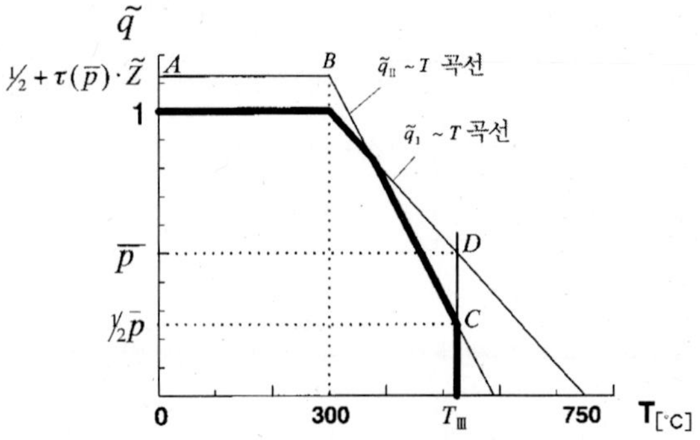

(a) 전부재 온도 일정의 경우

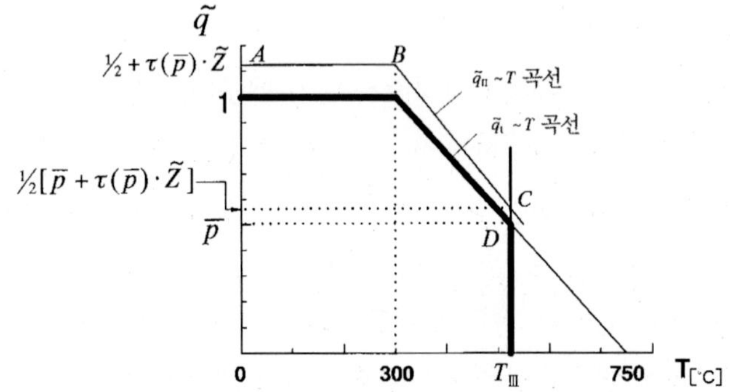

(b) 상부기둥 상온의 경우

그림 6.3.3 기본붕괴곡선

($l/h=1$, $\tilde{Z}=1.5$, 화재 직상층 상온의 경우)의 기본붕괴온도이다. λ는 6.6절에서 나타낸 기둥의 세장비이다. 이 그림의 작성은 제2장에서 나타낸 인장강도 400N/mm^{2}급, 490N/mm^{2}급 강재의 특성값을 이용한다. 그림 6.3.4 중에 나타난 산정 예는 그림 6.3.3(b)에 대응하는 경우이고, 이 골조에 작용된 축력비의 범위는 기둥 · 보 동시 붕괴모드는 발생하지 않는다. 그림 중에는 기둥의 좌굴온도(파선, 6.6에 후술) 및 유한요소해석에 의한 보 처짐한계에 달하는 온도(검정 플롯점 ●, 6.9절 참조)와 같은 해석에 의한 붕괴온도(흰색 플롯점 ○)가 병기되어 있다. 그림에서 기본붕괴온도, 기둥의 좌굴온도 및 해석 붕괴온도 세 가지를 비교하면 다음을 알 수 있다. 보 붕괴형 골조($\tilde{q}$가 비교적 큰 골조)에 대해서 기본붕괴온도는 보 처짐이 증가하기 시작하는 온도와 유사하다. 해석 붕괴온도는 이것을 상회한다(6.9절 참조). 기둥 붕괴형 골조($\tilde{q}$가 작은 골조)에 대해서 기본붕괴온도가 실 붕괴온도에 근사되어 얻을 수 있는 것은 기둥의 세장비가 작을 때로 한정된다. 그림 6.3.4에 제시된 계산 예는 이 경우에 해당한다. 그렇지 않을 때 기본붕괴온도는 위험측을 벗어난다. 이것은

기둥의 좌굴에 의한 구조불안정이 골조의 붕괴온도를 저하시키기 때문이다(6.6절 참조).

그림 6.2.1(b)에 나타난 내부 기둥을 포함한 라멘 분해골조에 대해서도 동일하게 기본붕괴온도의 계산을 진행하는 것이 가능하다. 이 형태의 골조에 대한 붕괴온도 산정은 6.6 및 6.7절에서 구체적으로 해설한다.

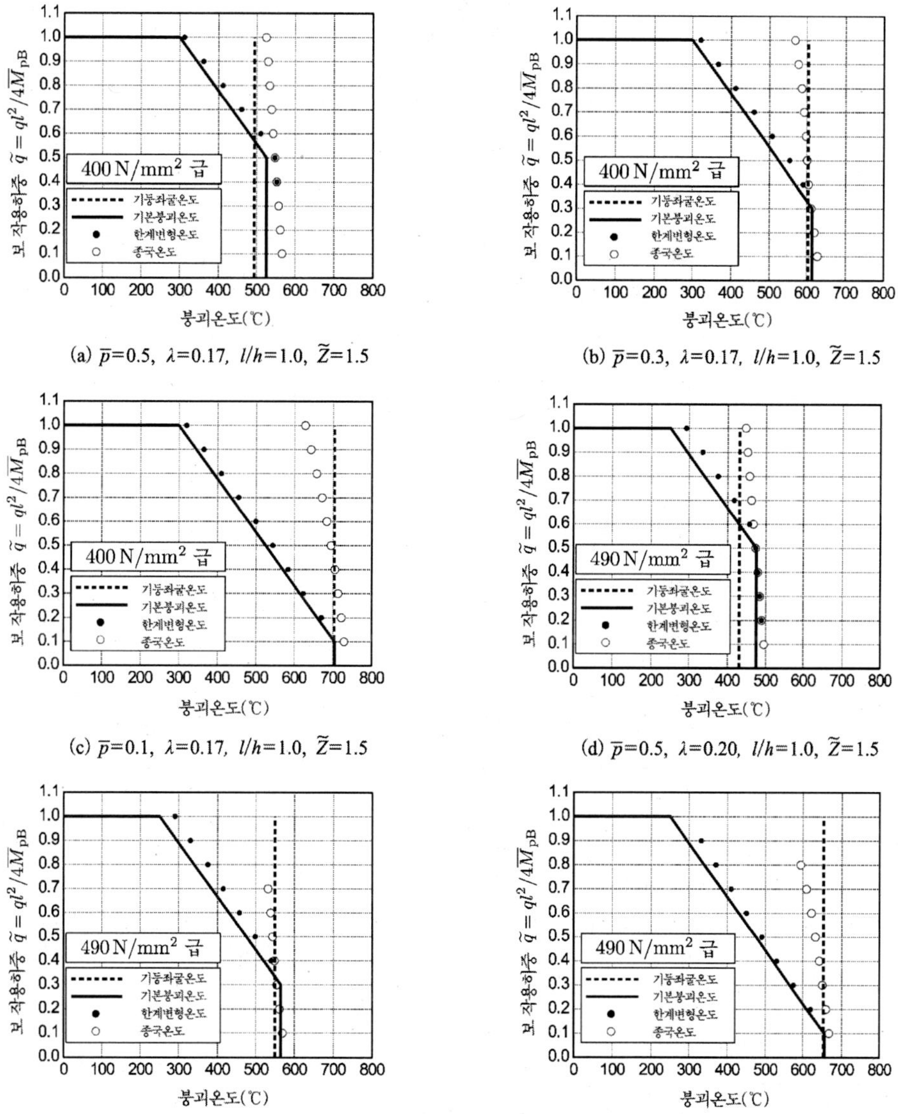

(a) $\overline{p}$=0.5, λ=0.17, l/h=1.0, $\widetilde{Z}$=1.5

(b) $\overline{p}$=0.3, λ=0.17, l/h=1.0, $\widetilde{Z}$=1.5

(c) $\overline{p}$=0.1, λ=0.17, l/h=1.0, $\widetilde{Z}$=1.5

(d) $\overline{p}$=0.5, λ=0.20, l/h=1.0, $\widetilde{Z}$=1.5

(e) $\overline{p}$=0.3, λ=0.20, l/h=1.0, $\widetilde{Z}$=1.5

(f) $\overline{p}$=0.1, λ=0.20, l/h=1.0, $\widetilde{Z}$=1.5

그림 6.3.4 외부기둥을 포함한 ㅏ형 분해골조의 기본붕괴온도

6.4 브레이스부착 골조의 기본붕괴온도

브레이스부착 골조의 기본붕괴온도는 화재 시에 있어서 브레이스의 하중부담 유・무에 따라서, 전체골조에서 추출한 부분골조의 붕괴기구(보 붕괴모드, 기둥 붕괴모드, 기둥・보 동시 붕괴모드, 브레이스・보 동시 등의 붕괴모드), 하중조건, 강재의 고온항복강도에 기초하여 정한다.

일반적으로 브레이스는 지진 등의 수평력에 대한 저항요소로 설계되고, 장기하중에 의한 연직력은 부담하지 않는 경우가 많다. 한편, 지침에서는 화재 시 지진하중과 풍하중에 의한 수평력이 작용하는 확률은 낮다고 생각하고, 화재 시 하중으로써 장기하중만을 고려하는 것으로 한다. 장기하중을 부담하지 않는 브레이스는 화재 시 골조의 붕괴형에 영향을 미치지 않는다고 생각하므로, 이 경우 브레이스를 무시하고 분해골조의 붕괴를 생각하면 좋다. 또한, 브레이스가 장기하중을 부담하는 경우, 브레이스를 포함한 분해골조의 붕괴형을 고려해서 기본붕괴온도를 산정한다.

어느 경우도, 라멘과 같이 부재 및 분해골조의 종국상태는 열응력에 의존하지 않는다고 생각한다. 따라서, 골조가 기본붕괴온도에 달하기 위해서는 부재에 충분한 소성변형능력이 요구된다. 바꿔 말하면 종국상태에 이르는 과정에서 선행해서 형성된 소성힌지의 내력은 온도상승 없이 감소해 가지만, 해당 온도에서 재료강도에 대응하는 내력의 값을 하회하지는 않는다. 특히, 브레이스를 포함한 분해골조에서 기본붕괴온도에 도달하기 전에 열응력으로 브레이스가 좌굴할 가능성이 있는 경우, 종국상태에서 가정한 축력을 부담할 수 있는지 없는지에 대해서는 주의가 필요하다.

여기서는 브레이스부착 골조의 붕괴온도 산정에 대해서도 단순소성이론의 범위로 취급하는 것을 전제로 한다. 또한 브레이스 내력은 좌굴 후 변형이 증대한 때의 안정내력을 취하여 안전측의 평가를 하는 것으로 한다.

이하에 브레이스부착 골조의 기본붕괴온도 산정법에 대해서 예제를 통해 해설한다. 예제에서는 공통으로 이하의 조건을 가정한다.

① 기둥은 정사각형 각형강관 단면, 보 및 브레이스는 H형강 단면으로 한다.

② 브레이스 양단은 핀접합된 것으로 한다.

③ 부재 단면은 각각 동일한 것으로 한다.

④ 부재온도는 화재층(아래층)의 기둥과 보가 균일하게 고온으로 되고, 비화재층(상층)의 기둥은 상온으로 한다.

⑤ 6.3절과 동일하게 안전측으로 가정하고, 상층기둥 상단 및 하층기둥 하단의 소성힌지 저항은 고려하지 않는다.

또한, 기둥의 좌굴이나 보의 횡좌굴에 대해 이 절에서는 취급하지 않지만 6.6, 6.7, 6.9절에 기초해 이 절에서 나타내는 균형식에 대응하는 부재내력을 저감해서 고려하는 것으로 한다.

우선, 브레이스가 장기하중을 부담하지 않는 경우로써 그림 6.4.1(a)에 나타난 X형 브레이스를 포함한 골조를 예로 든다. 이 골조는 브레이스의 존재를 무시하고, 그림 6.4.1(b)와 같이 분해골조로 모델링한다. 이때, 기둥·보 접합부가 강접합이면 라멘의 기본붕괴온도와 완전 동일하게 취급할 수가 있다. 기둥·보 접합부가 핀접합일 때에는 스팬 중앙에 하나의 소성힌지가 형성된 시점에서 보 붕괴모드가 된다. 또한, 보 단부가 핀접합이기 때문에 기둥·보 동시 붕괴모드는 형성되지 않는다. 따라서, 이 분해골조의 붕괴모드는 그림 6.4.2에 나타난 두 가지가 된다. 그림 중의 ●는 소성힌지, ○는 핀절점, 파선은 기둥 또는 브레이스가 축력만으로 붕괴하는 상태를 나타낸다. 6.3절과 동일 기호를 사용해서 각 붕괴모드에 대응하는 힘의 균형은 다음 식으로 주어진다.

$$\text{보 붕괴모드 : } ql^2 = 2M_{pB} \tag{6.4.1-a}$$

$$\text{기둥 붕괴모드 : } P = N_{yC} \tag{6.4.1-b}$$

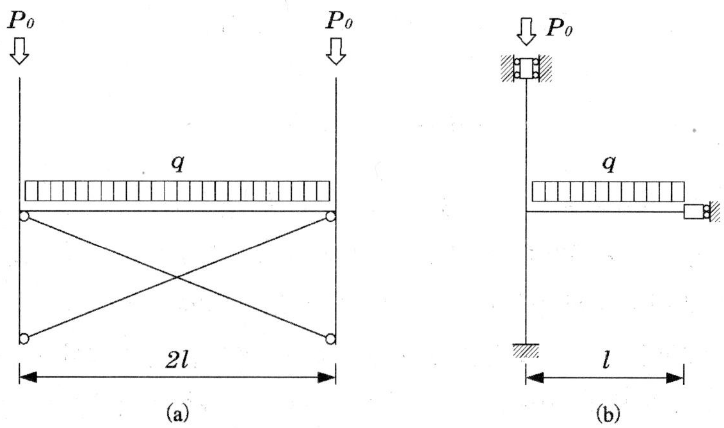

그림 6.4.1 X형 브레이스부착 골조와 분해골조 모델

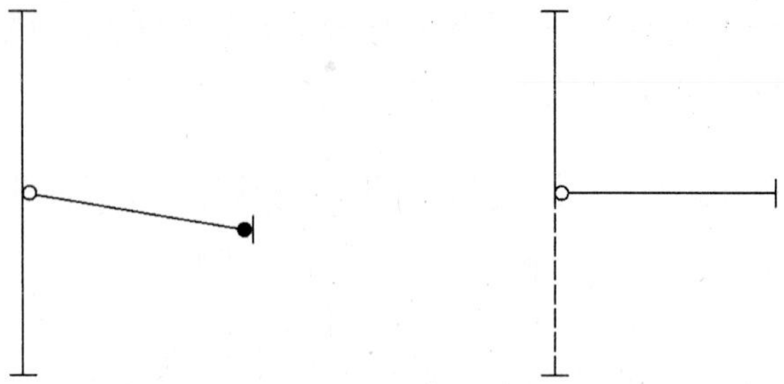

(a) 보 붕괴모드　　　(b) 기둥 붕괴모드

그림 6.4.2 보 단부 핀접합의 경우 붕괴모드

6.3절과 같이 식 (6.4.1−a)를 보의 상온 무축력 시 전소성모멘트 $\overline{M}_{pB}$로 무차원화한다. 또한, 식 (6.4.1−b)가 성립하는 것은 고온 시 기둥축력비가 $p=1$이 될 때이다. 이상으로 다음 식을 얻는다.

$$\text{보 붕괴모드} : \tilde{q}=\tilde{q}_{\mathrm{I}}(T)=\frac{1}{2}\kappa(T) \tag{6.4.2-a}$$

$$\text{기둥 붕괴모드} : \bar{p}=\kappa(T_{\mathrm{III}}) \tag{6.4.2-b}$$

여기서,

$$\tilde{q}=\frac{ql^2}{4\overline{M}_{pB}}\text{(보 상부 하중의 무차원 값)} \tag{6.4.3-a}$$

$$\bar{p}=\frac{P}{\bar{\sigma}_y A_C}\text{(기둥 상온 시 축력비)} \tag{6.4.3-b}$$

T_{III} : 기둥의 붕괴온도

이 경우 기본붕괴온도 곡선은 식 (6.4.2−a,b)의 최소값으로 주어진다. 여기서, 식 (6.4.2−b)는 식 (6.3.4−c)와 동일하다. 식 (6.4.2−a)에서는 식 (6.3.4−a)의 κ의 계수가 1/2이 되고, 이것은 보 단부가 핀접합되어 소성힌지가 발생하지 않기 때문이다.

다음으로, 브레이스가 연직하중을 부담하는 경우를 생각한다. 브레이스가 장기하중을 부담하는 것은 K형 브레이스처럼 보 스팬의 중간부에 브레이스 절점이 있는 경우가 많다. 여기서는 그림 6.4.3의 분해골조 모델을 대상으로 기본붕괴온도 산정기법을 해설한다. 이것은 좌우대칭 골조의 2층분을 추출한 모델로, 하부층에 K형 브레이스가 있고 기둥・보 접합부는 강접합으로 한다.

이 분해골조는 그림 6.4.4에 나타난 7종류의 붕괴모드가 상정된다. 그림 중의 ●, ○, 파선의 의미는 그림 6.4.2와 동일하다. 이것들의 붕괴모드에 대응하는 힘의 균형은 다음 식으로 주어진다.

보 붕괴모드 : $ql^2 = 16M_{pB}$ (6.4.4-a)

기둥・보 동시 붕괴모드 1 : $ql^2 = 4M_{pB}\left(1+\sqrt{\frac{1}{2}+\frac{M_{p1}+M_{p2}}{2M_{pB}}}\right)^2$ (6.4.4-b)

브레이스・보 동시 붕괴모드 : $ql^2 = 2(2M_{pB} + N_{sBR}l\sin\alpha)$ (6.4.4-c)

브레이스・기둥・보 동시 붕괴모드 : $ql^2 = 2(M_{pB} + M_{p1} + M_{p2} + N_{sBR}l\sin\alpha)$ (6.4.4-d)

기둥・보 동시 붕괴모드 2 : $ql^2 = 2\{2M_{pB} + (N_{yC} - P_0)l\}$ (6.4.4-e)

기둥・보 동시 붕괴모드 3 : $ql^2 = 2\{M_{pB} + M_{p2} + (N_{yC} - P_0)l\}$ (6.4.4-f)

브레이스・기둥 동시 붕괴모드 : $ql^2 = (N_{yC} - P_0 + N_{sBR}\sin\alpha)l$ (6.4.4-g)

여기서, M_{pB} : 보 고온 시 휨내력

M_{p1} : 하층 기둥의 고온 시 휨내력

M_{p2} : 상층 기둥의 상온 시 휨내력

N_{yC} : 하층 기둥의 고온 시 축방향내력

P_0 : 상층 기둥의 축내력

N_{sBR} : 브레이스의 고온 시 축방향 안정 내력

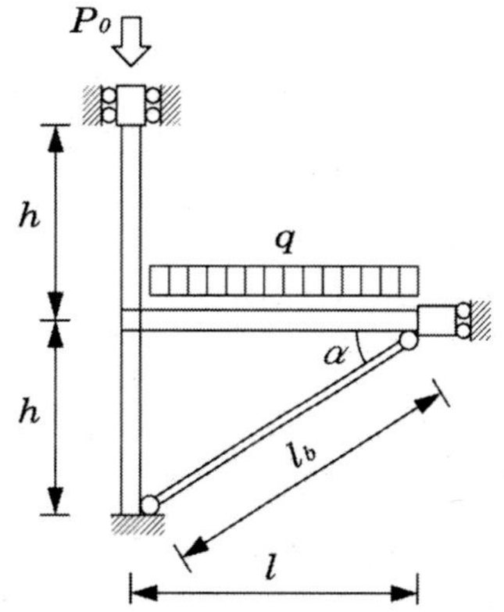

그림 6.4.3 K형 브레이스부착 분해골조 모델

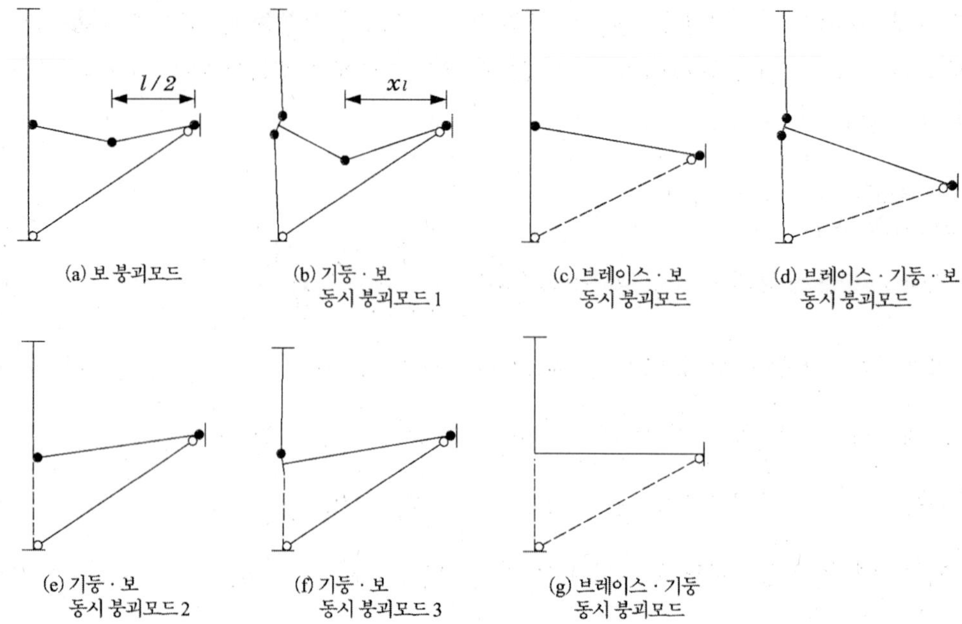

그림 6.4.4 상정된 붕괴모드

식 (6.4.4-e), (6.4.4-f), (6.4.4-g)는 N_{yC}를 양으로 한다. 이것은 이들의 세 식에 대응하는 붕괴가 기둥의 압축붕괴를 동반하는 것을 의미한다. 이들 세 식을 각각 N_{yC}에 대해서 풀은 형태의 값은 균형상 모든 하부층 기둥의 종국 시 축력 P에 일치해야만 한다. 따라서, 이들 세 식은 결국 다음의 단일 방정식으로 표현된다.

$$P = N_{yC} \tag{6.4.4-h}$$

브레이스의 좌굴 후 안정내력에 대해서는 상온 시를 대상으로 몇 가지의 평가식이 제안되고 있다. 여기서는 식의 간략화 관점에서 「강구조 좌굴설계지침」의 트러스 현재에 대한 안정내력식을 고온 시에 확장해서 사용한다.

$$\frac{N_{sBR}}{N_{yBR}} = \frac{1}{\sqrt{1+45\lambda^2}} \tag{6.4.5}$$

여기서, N_{sBR} : 고온 시 좌굴 후 안정 내력

$N_{yBR} = \kappa(T)\sigma_{yRT}A_{BR}$: 고온 시 항복축력

A_{BR} : 브레이스 부재의 단면적

$\lambda = \frac{1}{\pi}\sqrt{\frac{\sigma_{yRT}}{E_{RT}}}\frac{l_{BR}}{i}$: 브레이스 부재의 세장비

E_{RT} : 상온 시의 영계수

σ_{yRT} : 상온 시의 항복응력도

l_{BR} : 브레이스 부재의 좌굴길이

i : 브레이스 부재의 단면2차반경

식 (6.4.5)에서는 단면의 항복축력 N_{yBR}에 온도에 의한 영향을 고려하는 것으로, 고온 시 안정 내력 N_{sBR}을 평가한다.

여기서, 6.3절과 마찬가지로 식 (6.4.4)를 무차원화해서 이하의 붕괴곡선 군을 얻는다.

보 붕괴모드 : $\tilde{q} = \tilde{q}_{\mathrm{I}}(T) = 4\kappa(T)$ (6.4.7-a)

기둥 · 보 동시 붕괴모드 1 : $\tilde{q} = \tilde{q}_{\mathrm{II}}(T)$

$$= \left(1 + \sqrt{\frac{1}{2} + \frac{1}{2\kappa(T)}\left\{\tau\left(\frac{\bar{p}}{\kappa(T)}\right)\kappa(T) + \tau(\bar{p}')\right\}\tilde{Z}}\right)^2 \kappa(T)$$

(6.4.7-b)

브레이스 · 보 동시 붕괴모드 : $\tilde{q} = \tilde{q}_{\mathrm{III}}(T) = (1 + 3\tilde{Z}_{BR})\kappa(T)$ (6.4.7-c)

브레이스 · 기둥 · 보 동시 붕괴모드 :

$$\tilde{q} = \tilde{q}_{\mathrm{IV}}(T) \tag{6.4.7-d}$$

$$= \frac{1}{2}\left[1 + \frac{1}{\kappa(T)}\left\{\tau\left(\frac{\bar{p}}{\kappa(T)}\right)\kappa(T) + \tau(\bar{p}')\right\}\tilde{Z} + 6\widetilde{Z_{BR}}\right]\kappa(T)$$

기둥의 압축붕괴를 동반하는 다음 세 가지 붕괴모드

기둥 · 보 동시 붕괴모드 2

기둥 · 보 동시 붕괴모드 3

브레이스 · 기둥 동시 붕괴모드

에 대해서는 동일 식 (6.4.4-h)를 적용하고, 이것을 무차원화해서 다음 식을 얻는다.

$$\bar{p} = \kappa(T_V) \tag{6.4.7-e}$$

T_V는 라멘골조의 기둥 붕괴모드에 대응하는 붕괴온도와 동일하다(식 (6.3.4-c) 참조). 무차원화할 때 새로운 아래의 기호를 이용한다.

$$\tilde{Z}_{BR}=\frac{\overline{N}_{yBR}l\sin\alpha}{6\overline{M}_{pB}}\frac{1}{\sqrt{1+45\lambda^2}} \tag{6.4.8}$$

$\overline{p}$는 하부층 기둥의 종국 시 축력의 상온 시 항복축력에 대한 비이고, $\overline{p}'$는 상부층 기둥의 상온 시 축력비이다.

식 (6.4.8)에서 정의되고, 그림 중에서도 주어진 변수 $\tilde{Z}_{BR}$은 브레이스 · 보 붕괴모드(c)의 붕괴온도가 보 붕괴모드(a)에 일치할 때 정확히 1이 되도록 브레이스 좌굴 후 안정내력의 보 소성모멘트에 대한 무차원 비이다.

그림 6.4.5에 상기 각 붕괴모드에 대한 $\tilde{q}$와 골조 붕괴온도의 관계도를 400N/mm^{2}급 강재의 경우에 대해 두꺼운 실선으로 표시하였다. 모든 관계도도 그림에 보듯 꺾인 선으로 근사가 가능하다.

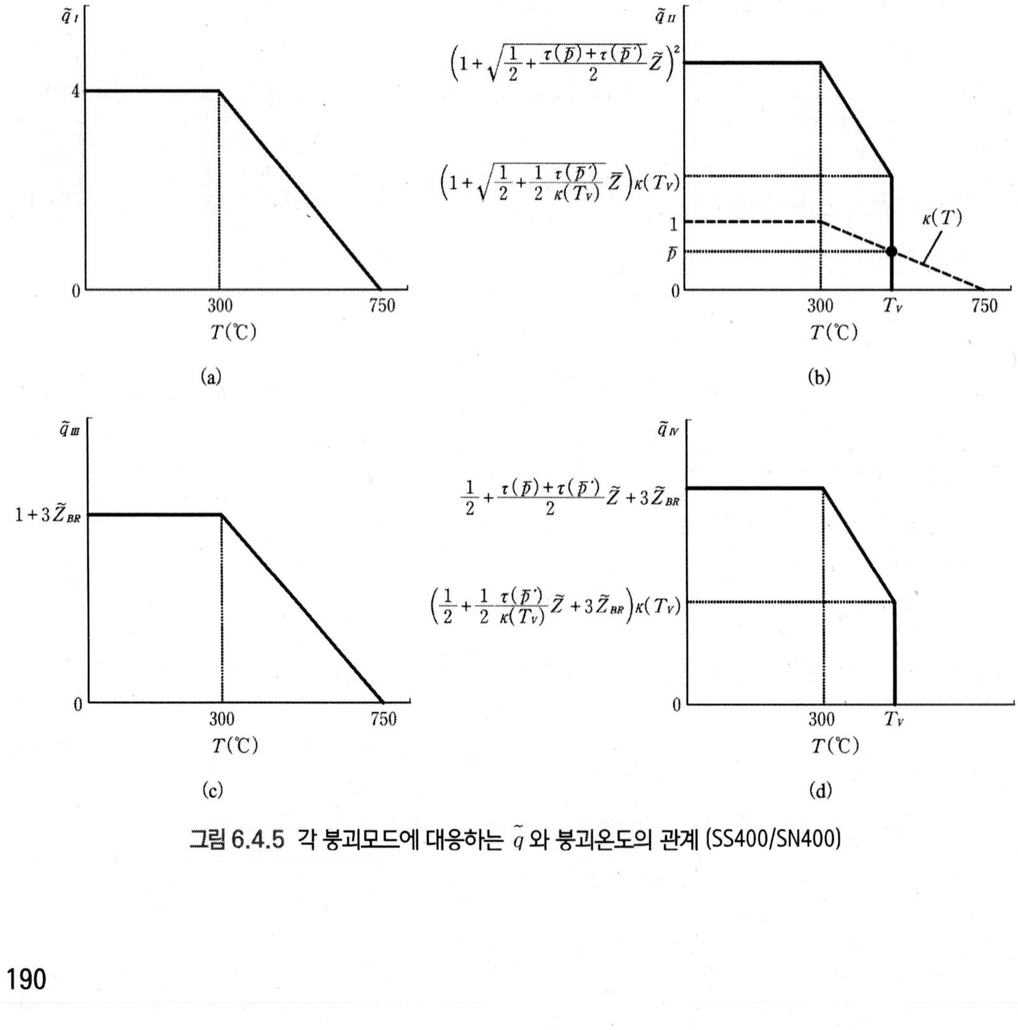

그림 6.4.5 각 붕괴모드에 대응하는 $\tilde{q}$와 붕괴온도의 관계 (SS400/SN400)

기둥이 압축붕괴할 때의 온도 T_V는 $\tilde{q}$에 관계없이 일정하고, 붕괴온도의 상한치이다. 이것은 그림 (b)와 그림 (d)에서 $\tilde{q}$축에 평행한 선으로 표시된다. 골조의 실제 붕괴온도는 상기 전체 붕괴모드에서 주어진 붕괴온도의 최소치이다. $\tilde{q}$와 골조 붕괴온도의 관계도는 그림 6.4.5에서 (a), (b), (c) 및 (d) 4개의 그림을 겹쳐서 전체 곡선의 최소 내부를 포함하는 곡선을 그리는 것으로 얻어진다.

그러나 위에서 나타낸 소성해석에 있어서 기둥의 축력비 $\bar{p}$는 기둥의 종국 시 작용축력과 상온 시 항복내력의 비, 즉 P/N_{yC}이다. P는 작용하중 P_0와 q에 의해서만 확정되지 않고, 붕괴모드 유형에도 의존한다. 이것은 브레이스부착 골조와 그것에 작용하는 하중이 주어졌을 때 골조 중 기둥이 중국시 어떠한 하중 P를 받는가를 정하는 계산이 복잡하게 된다는 것을 의미한다. 이것을 피하기 위해 실용상으로는 하층 기둥의 작용축력 및 축력비를 제일 근사적으로 다음 식으로 각각 평가하는 것이 좋다.

$$P_n = P_0 + ql, \ \ \bar{p}_n = P_n / \overline{N}_{yC} \tag{6.4.9}$$

이것은 하중의 크기만으로 정하는 평가식이므로 설계에 적용하기에 좋다. 붕괴모드에 대한 붕괴온도는 식 (6.4.7)의 각각 $\bar{p}$의 곳에 $\bar{p}_n$을 대입해서 추정한다. 이러한 근사치에 따라 붕괴온도의 안전측, 즉 낮은 평가치가 얻어진다. 기둥의 휨붕괴를 동반하는 모드 (b), (d)의 경우 응력재분배에 의해 기둥의 축력이 변화해도 P가 p_n을 상회하지는 않는다. 또한, 기둥의 압축붕괴를 동반하는 모드 (e), (f), (g)의 경우에도 브레이스의 축력 부담분을 무시해서 생각하기 때문에 평가는 안전측이 된다.

그림 6.4.6에 브레이스부착 골조의 기본붕괴온도에 대한 산정 예를 나타내었다. 그림은 기둥의 축력비가 일정할 때 골조의 기본붕괴온도 곡선과 이것에 대응하는 수치정산해를 표시한 것이다. 강재는 제2장에서 표시한 SS400/SN400으로 한다. 그림 6.4.6의 각 그림에 있어서 실선은 식 (6.4.7)에 기초해서 앞에서 서술한 방법을 이용해서 얻은 골조의 기본붕괴곡선이다.

그림 6.4.6의 각 그림에서 T축에 수직한 3개의 실선은 그림의 우측에서 기둥의 축력비 $\bar{p}_n$가 각각 0.1, 0.3, 0.5일 때 기둥 붕괴모드의 붕괴온도, 즉 T_V이다. 이것에 따라 파선은 대응하는 기둥의 이론좌굴온도(6.6 참조)이고, 모두 T_V를 하회한다. 그림에서 보 붕괴모드(a), 브레이스 · 보 붕괴모드(c), 어느 경우도 붕괴온도는 브레이스가 없는 라멘골조보다 상승하고, 따라서 브레이스가 붕괴온도를 상승시키는 것을 알 수 있다.

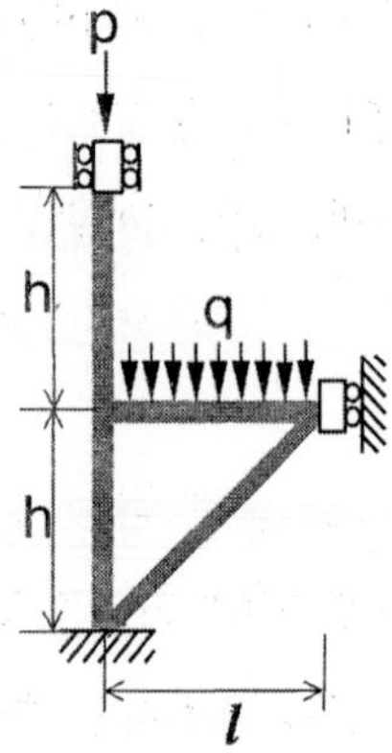

대상골조

기둥세장비 λ_c	$\tilde{Z}_{BR}$	브레이스 단면	브레이스 세장비
0.23 **(h=l=300cm)**	**2.0** **0.5**	**H-402×300×11×15** **H-263×150×6×9**	**0.27** **0.41**
0.46 **(h=l=600cm)**	**2.0** **0.5**	**H-351×300×10×13** **H-250×125×7×9**	**0.60** **0.90**

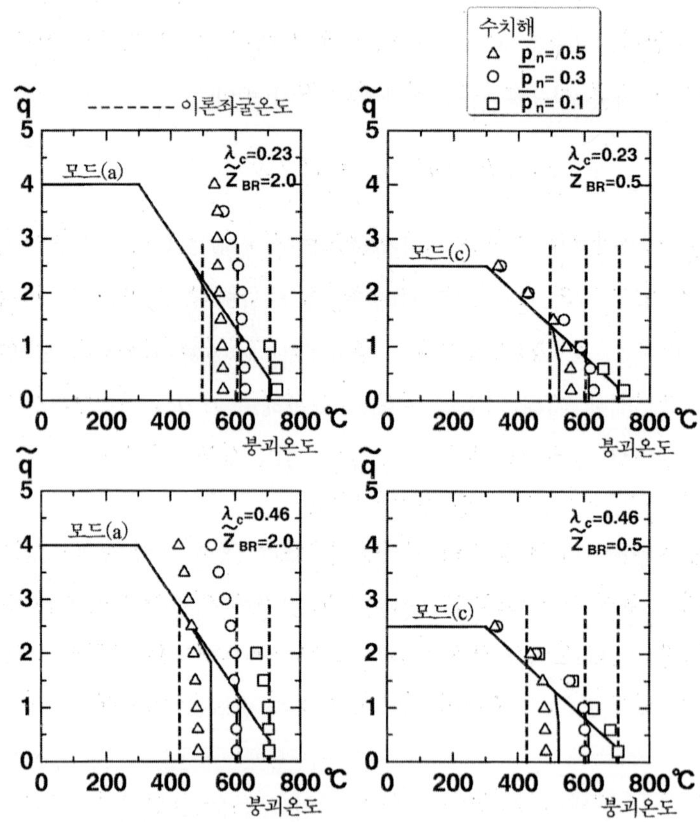

그림 6.4.6 브레이스부착 골조의 기본붕괴온도, 기둥의 좌굴온도 및 붕괴온도의 수치 해

그림에서 표시한 점들은 유한요소해석으로 얻은 골조의 정산붕괴온도이다. 기본붕괴온도와 정산해를 비교하는 것으로 다음의 것을 알 수 있다.

① 모드(c)의 붕괴에 대해서 기본붕괴온도와 계산해는 잘 대응하고 있다. 따라서 식 (6.4.5)에 의한 브레이스의 잔여내력평가는 타당하다.

② 식 (6.4.9)에 의한 기둥의 축력비평가도 타당하다.

③ 정산해, 기본붕괴온도 및 기둥의 이론좌굴온도 세 가지를 비교하면 기본붕괴온도, 좌굴온도 두 산정치의 작은 것을 브레이스 골조의 붕괴온도로 해야만 하는 것을 알 수 있다.

6.5 고온크리프의 영향

강재의 고온크리프가 골조의 붕괴온도에 미치는 영향은 강구조물의 형상과 치수, 하중조건 및 실제 화재 지속시간의 범위 내에서는 무시할 수 있다.

1) 기둥의 크리프좌굴

강재의 고온크리프가 미치는 영향 중 화재 시 가장 우려해야 하는 것은 일정 축력에 있어서 기둥의 크리프좌굴이다. 이 경우 크리프좌굴이란, 기둥에 초기부터 존재하는 휨변형, 열응력과 함께 발생한 휨변형이 시간과 함께 증폭하고, 마침내 발산해버리는 현상이다. 이하에 일정온도와 점증온도에서 강재 기둥의 크리프 좌굴거동을 구분하여 설명한다.

그림 6.5.1은 그림 6.3.1과 함께 골조 중 기둥(외부 기둥)이 고온에서 중심압축하중을 받는 상태에서 크리프 좌굴할 때까지의 시간 t_{cr}을 수치계산으로 나타낸 것이다[6.11].

크리프의 영향을 명확하게 파악하기 위한 그림의 예에서 시간-온도관계는 실제 화재와 다른 것이 설정되고 있다. 즉, 화재발생 후 바로 골조 중 전부재의 온도를 다음 절에서 얻어지는 기둥좌굴온도보다 ΔT℃ 낮은 온도까지 상승시키고, 다음에 이 온도가 계속 유지되는 시간-온도관계를 가정한다. 그림의 세로축은 ΔT이다. 한편, t_{cr}은 상기 설정온도(기둥좌굴온도보다 ΔT℃ 낮은 온도)에서 축력을 일정하게 해서 시간이 경과하여, 최종적으로는 기둥이 좌굴한 때까지 필요한 시간(크리프좌굴시간)이다.

$\Delta T = 0$이 되면 골조는 즉시 좌굴하고, 이로 인해 크리프좌굴이 발생할 때까지 필요한 시간 $t_{cr} = 0$이다. 설정온도를 이것보다 낮게 하면(즉, ΔT를 크게 하면), t_{cr}는 증가한다. 그림 6.5.1의 해석결과(기호 표기)를 보면 t_{cr}은 기둥 축력비에 그다지 의존하지 않고, 오로지 세장비와 설정온도 ΔT에 의존하고 있는 것을 알 수 있다.

상기 해석에서 설정한 시간~온도관계, 즉 기둥이 가열 후 바로 상한온도에 도달해서 당해온도를 유지하는 경우, 화재 시 크리프의 영향도 현저하게 나타나는 경우라고 생각된다. 화재지속시간의 상한치를 240분으로 가정하면, 그림 6.5.1에서 $t_{cr} = 240$에 대응하는 ΔT는 최대 약 40℃이다. 뒤에서 설명하는 세장비 $\lambda = 1$의 실험결과 그림 6.5.7에서도 이것이 나타나고 있다. 이 온도차가 고온 크리프의 영향에 의한 붕괴온도 저하의 상한치라고 생각된다. 강재의 고온강도에는 편차가 있어 지침에서 설정한 강재 유효항복강도는 편차의 하한을 충분히 하회하도록 선택된다(제2장 참조). 따라서 40℃를 상한으로 하는 정도의 온도차는 유효항복강도 설정 중에 흡수되어 버린다고 생각된다.

이 근거를 상세하게 나타내기 위해 이하에 우선 계산값을 이용한 변형거동모델, 다음으로 계산값 결과와 실험결과의 대응, 마지막으로 가력순서를 바꾼 실험에 의한 고찰을 나타냈다.

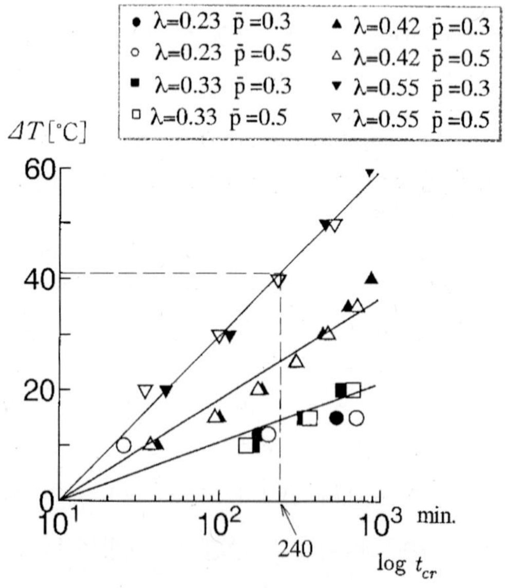

그림 6.5.1 골조 중 기둥이 크리프좌굴에 이를 때까지의 시간(SS400)

2) 강재의 고온크리프를 고려한 변형거동모델

강재의 고온크리프를 고려한 대표적인 변형거동모델은 이하와 같다.

a) 점탄성모델(통일형모델)[6.12), 6.13)]

$$d\varepsilon = d\varepsilon_e + d\varepsilon_\nu + d\varepsilon_T \tag{6.5.1}$$

여기서, $d\varepsilon$: 전체 변형증분, $d\varepsilon_e$: 탄성변형증분, $d\varepsilon_\nu$: 시간의존성의 소성변형증분, $d\varepsilon_T$: 열팽창변형증분이다. 속도의존성의 소성변형증분 $d\varepsilon_\nu$에는 다수의 제안식이 있다[6.16), 6.17)].

b) 탄소성크리프모델[6.14), 6.15)]

$$d\varepsilon = d\varepsilon_e + d\varepsilon_p + d\varepsilon_c + d\varepsilon_T \tag{6.5.2}$$

이 모델은 상기 식 (6.5.1) 중의 소성변형증분 $d\varepsilon_\nu$을 속도비의존성의 소성변형증분(즉시 소성변형증분) $d\varepsilon_p$와 속도의존의 소성변형증분(크리프변형증분) $d\varepsilon_c$의 합으로 표현한 것이다. 크리프변형증분 $d\varepsilon_c$에도 다수의 제안식이 있다[6.16), 6.17)].

c) 간이모델(탄소성모델)

$$d\varepsilon = d\varepsilon_e + d\varepsilon_{tp} + d\varepsilon_T \tag{6.5.3}$$

이것은 소성변형증분 $d\varepsilon_\nu$의 속도의존성을 속도비의존성의 소성변형증분 $d\varepsilon_{tp}$에 포함하여 근사적으로 표현한 간이모델이다. 그러므로 통상의 탄소성해석법을 이용하여 수치계산을 실시하는 것이 가능하다.

저탄소강을 포함한 금속재료는 고온으로 강도저하와 함께 속도(시간)의존성의 소성변형을 나타내게 된다[6.16), 6.17)]. 그림 6.5.2의 좌측 그림은 SN490B 강재의 일정한 온도에서 인장시험에 의한 응력-변형률 관계이다[6.18)]. 400℃ 이상의 강재온도에서는 변형률이 2%를 경계로 변형속도를 1.67×10^{-5}/s에서 8.33×10^{-5}/s으로 변화되는 시험(파선)과 1.67×10^{-4}/s에서 3.33×10^{-4}/s로 변화시키는 시험(파선)을 해서 고온상태에서 강재의 변형속도의존성을 조사했다. 일정한 축하중에서 점증가열된 강재기둥의 붕괴거동을 설명할 때에는 이러한 고온 고응력 영역의 시간의존성거동을 명확하게 할 필요가 있다. 그림 6.5.2의 우측 그림은 식 (6.5.2)에서 표시한 탄소성크리프 모델을 이용해서 시뮬레이션 한 것이다.

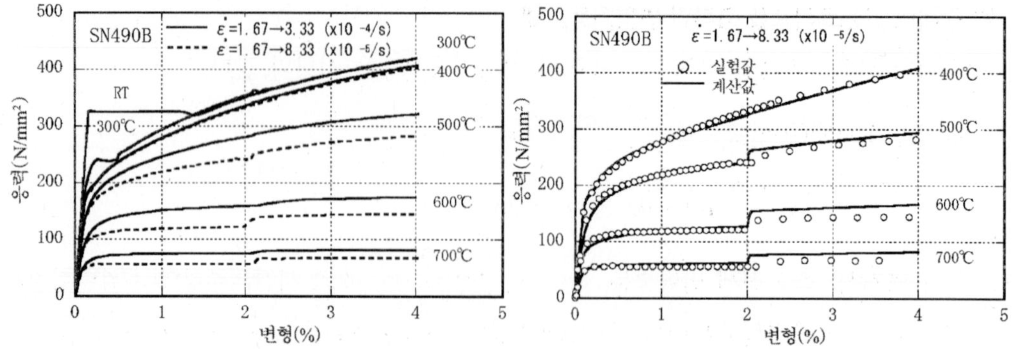

그림 6.5.2 SN490B 강재의 고온 시 인장시험결과[6.18)]

3) 일정 고온에서 강재 기둥의 크리프좌굴에 관한 실험결과와 계산결과의 대응[6.19), 6.20)]

강재 기둥의 고온 시 크리프좌굴에 관한 실험적 연구 예를 그림 6.5.3에 나타냈다. 그림 6.5.3에서는 편심 축하중을 받는 H형 단면 기둥의 중앙부의 변형과 축변형의 시각이력이 실선으로 나타난 것으로, 선재의 이론에 기초한 계산값이 파선으로 나타내고 있다. 이러한 실험결과의 비교에 기초하여 계산방법의 타당성을 나타내고 있으며, 적절한 재료 모델을 이용한 계산법으로 고온 시 강재 기둥의 크리프좌굴거동의 해석이 가능한 것을 나타내고 있다.

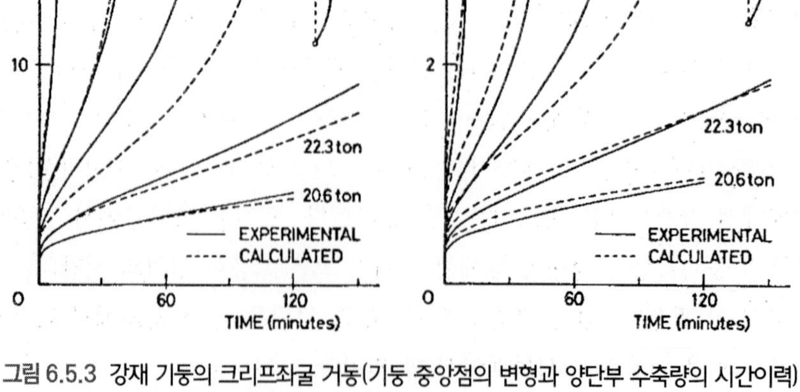

그림 6.5.3 강재 기둥의 크리프좌굴 거동(기둥 중앙점의 변형과 양단부 수축량의 시간이력)

4) 점증온도에서 냉간 프레스성형 각형강관기둥(BCP325)의 크리프좌굴에 관한 실험결과와 계산결과의 대응

4-1) 실험에 의한 축변형 거동[6.21]

일정 축하중에서 점증온도 가열을 받는 강재 기둥의 실험거동의 예로서, 실대규모의 냉간 프레스성형 각형강관기둥(BCP325)의 재하가열시험의 거동을 그림 6.5.4에 나타냈다. 기둥 실험체의 단면치수는 □-600×600×28, 길이는 4,300mm, 지점 중심간 거리는 4,600mm이다. 그림 6.5.4의 좌측은 장기허용압축축력에 대한 축력비 0.6(실험명 B-CS06)의 실험결과를, 우측은 축력비 1.0(실험명 B-CS10)의 실험결과이다. 또한 그림 6.5.4의 상단은 기둥 단면의 온도 시각이력을 실선으로, 하단은 기둥 실험체의 신축량 시각이력을 ○ 표시하였다. 양쪽 실험 모두 가열 초기에는 온도 상승과 함께 열팽창에 의한 변형(팽창)이 발생하지만, B-CS06의 경우 단면온도 약 500℃에서, B-CS10의 경우 약 400℃에서 팽창이 정지하고 수축으로 전환한다. 이후 온도상승과 함께 수축이 진전되고, 최종적으로는 축하중 유지가 불가능한 상태가 된다. 이때의 단면온도가 붕괴온도이고, B-CS06의 경우 약 600℃, B-CS10의 경우 약 500℃이다. 실험 후 실험체에는 휨좌굴 기본모드형의 잔류변형이 나타났다.

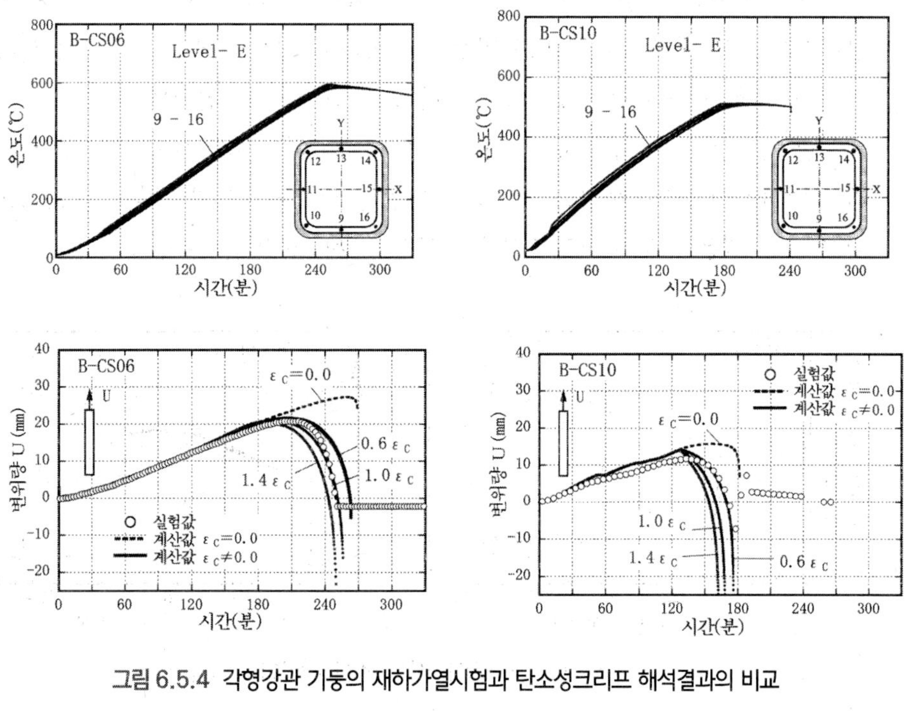

그림 6.5.4 각형강관 기둥의 재하가열시험과 탄소성크리프 해석결과의 비교

4-2) 탄소성크리프 모델에 의한 계산결과와 대응[6.21)]

그림 6.5.4의 하단에는 탄소성크리프 모델에 의한 실험결과를 실선으로 나타내었다. 고온크리프가 실험결과에 미치는 영향을 볼 목적으로 고온크리프량의 40%를 유지시킨 3개 예($0.6\varepsilon_c$, $1.0\varepsilon_c$, $1.4\varepsilon_c$) 및 고온크리프를 완전히 무시한 예($\varepsilon_c = 0.0$)를 나타내었다. B-CS06의 탄소성크리프 계산값(실선)은 실험값을 정확하게 모사하고 있다. 고온크리프를 무시한 탄소성 계산값(파선)은 실험의 붕괴온도 이상까지 증가를 계속하였고, 40℃ 이내의 범위에서 위험측의 예측을 나타낸다. B-CS10의 탄소성크리프 계산값(실선)은 실험값(○ 표기)보다도 약간 조기에 수축거동을 한다. 고온크리프를 무시한 계산결과는 $1.0\varepsilon_c$의 계산결과에 대해 40℃ 정도 위험측으로 예측하고 있다.

4-3) 간이모델에 의한 계산결과와 대응[6.22)]

지침에서 사용되고 있는 강재의 응력-변형관계 및 간이모델에 의한 실험결과(AIJ)의 비교는 그림 6.5.5와 같다. 또한 그림에는 유로코드(EC3)에 의한 결과도 병기하고 있다. 2장에서 서술한 응력-변형관계는 일정한 온도와 변형속도의 실험결과(steady-state test)에서 얻어진 응력-변형관계를 낮게 함수로 근사한 것이다. 또한 인장시험에서 얻어진 변형속도는 약 5.0×10^{-5}/s이지만, 500℃ 이상의 강재온도에서 인장시험은 어느 정도 고온크리프 변형이 발생하여 약간 늦은 변형속도가 된다. 그러므로 이러한 응력-변형관계도 고온크리프의 영향이 포함된 것이다.

그림 6.5.5의 좌측에는 B-CS06이 180분까지 해석치가 실험체를 정확하게 예측하고 있지만, 이 지침에 기초한 붕괴시간은 실험보다도 60분 짧다. 이상으로 강구조내화설계지침은 상당히 안전측의 붕괴시간을 준다고 말할 수 있다.

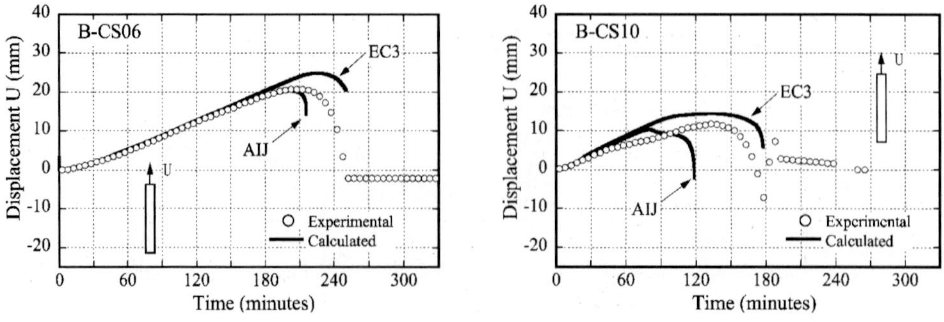

그림 6.5.5 간이모델에 의한 탄소성 해석결과 (AIJ와 EC3)

5) 하중과 온도의 이력이 상이한 기둥 실험에 의한 고온크리프의 영향평가

동일 조건으로 제작한 기둥 실험체를 이용하여 하중과 온도의 이력이 상이한 두 종류의 실험, 일정 온도에서 축압축실험(이하 (A)실험이라 함)과 일정 축하중에서 점증온도 실험(이하 (B)실험이라 함)을 실시하고, 실험결과에서 강재의 고온크리프가 강재기둥의 붕괴온도에 미치는 영향을 평가하는 실험을 했다.

(A)실험은 무재하의 상태에서 실험체의 온도를 실험온도까지 상승시키고, 일정온도에서 비교적 짧은 시간에서 축하중을 가력하여 실험결과에서 최대축하중-온도관계를 얻었다. (B)실험은 최초에 축하중을 가력하고, 이것을 일정치로 유지한 상태에서 실험체가 붕괴할 때까지 온도를 매분 5℃ 속도로 상승시킨 것으로, 실험결과에서 일정한 축하중-붕괴온도관계를 얻었다. (A)실험결과는 가력에 중요한 시간이 짧기 때문에 고온크리프의 영향은 작고, (B)실험은 일정한 축하중에서 붕괴에 이르도록 점증가열시간 내의 고온크리프 영향을 포함하고 있다. 그러므로 (A)실험과 (B)실험의 결과를 하나의 축하중-온도관계로 나타내면, 동일한 축하중(종축의 값)에 대한 (A)실험과 (B)실험의 온도(횡축의 값) 차가 강재 기둥의 붕괴온도에 미치는 고온크리프 영향이라고 생각할 수 있다.

건축구조용 강재의 기둥 모형에 의한 실험[6.18]에서는 강재 SN490B로 제작한 폭 26mm×두께 10mm를 갖는 박스형 실험단면 강재 기둥 실험체를 이용해서 양단 힌지지지의 중심압축에서 (A), (B)실험을 행한 것으로 휨좌굴만이 발생했다. 실험체의 세장비율은 $\lambda' = 0.4$, 0.6, 0.8, 1.0의 4종류이고, 실험 후 모든 실험체에서 정현반곡의 좌굴모드의 잔류변형이 발견됐다.

그림 6.5.6은 세장비율 $\lambda' = 0.6$ 실험체의 실험 시 재축방향의 온도분포도이다. 여기서, 파선은 (A)실험, 실선은 (B)실험의 온도분포이고, 양 실험 모두 부재중앙부의 온도가 400, 500, 600, 700℃가 될 때의 온도분포를 묘사하고 있다. 이 그림에서 (A), (B) 두 실험의 온도분포는 실험체 내에서 균일하게도 보이지만, 엄밀하게 동일하지 않다는 것을 알 수 있다. (A)실험에서 실험체 중앙부의 최대온도를 실험온도로, (B)실험에서 붕괴 시의 실험체 중앙부 최대온도를 붕괴온도로 하고 있다.

그림 6.5.7은 세장비율이 $\lambda' = 0.4$와 1.0의 경우 축내력-온도관계이다. 여기서, 그림 중의 파선은 (A)실험의 결과를, 실선은 (B)실험의 결과를 나타내고 있다. 세장비 $\lambda' = 0.4$ 실험체(□ 표시)는 파선과 실선의 차가 거의 없는 예이고, 세장비 $\lambda' = 1.0$ 실험체(▼ 표시)는 파선과 실선의 차가 가장 큰 예이다. 세장비가 $\lambda' = 0.6$과 0.8의 경우, $\lambda' = 0.4$와 1.0의 중간적인 차를 나타내므로 여기서는 생략한다. 이 실험결과에서 강재 고온크리프의

영향에 의한 강재 기둥의 붕괴온도 저하는 $\lambda' = 1.0$ 시험체(▼ 표시)에서 최대 40℃ 정도인 것을 알 수 있다.

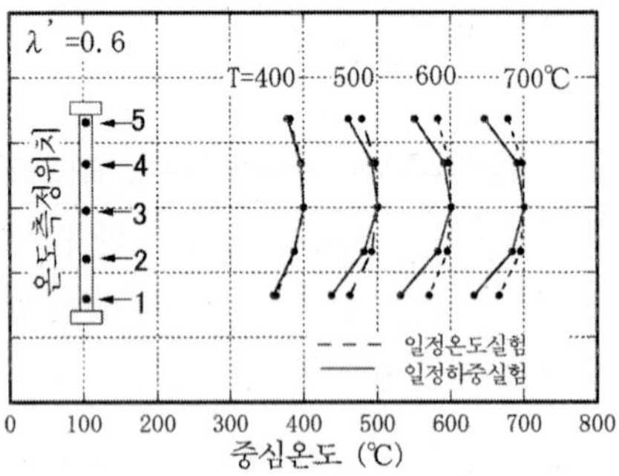

그림 6.5.6 기둥 축방향의 온도분포

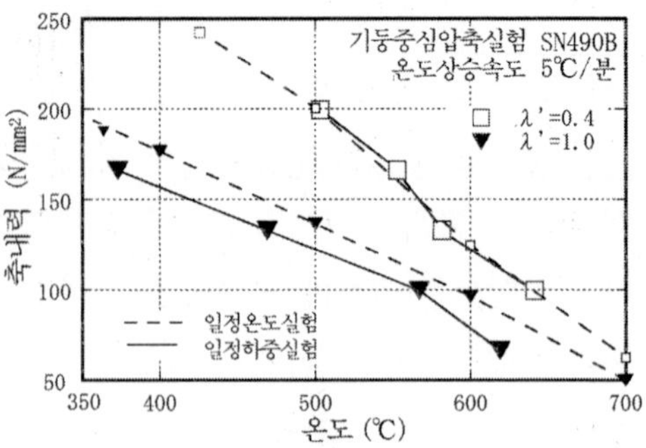

그림 6.5.7 기둥 축력과 온도의 관계

냉간성형각형강관 기둥에 의한 실험[6.23]은 폭 100mm의 냉간성형각형강관 STKR 400으로 제작한 단주실험체와 장주실험체의 압축실험을 했다. 단주실험체의 기둥 길이는 폭의 3배, 기둥 실험체의 세장비율은 $\lambda' = 0.28$, 강관 두께는 $t = 6.0,\ 4.5,\ 3.2\text{mm}$의 3종류이고, 폭두께비는 각각 $B/t = 16.7,\ 22.2,\ 31.3$이다. 단주압축실험은 양쪽 단부를 평평하게 만들어서 실시하고, 장주압축실험은 양단 핀지지의 중심압축실험을 했다. 실험 후 관찰에서는 단주실험체 모두 국부좌굴모드의 잔류변형이, 장주실험체에는 휨좌굴모드와 국부좌굴모드의 잔류변형이 보였다.

그림 6.5.8은 폭두께비 $B/t = 16.7,\ 31.3$의 단주실험체 축내력–온도관계이고, 그림 6.5.9는 동일 폭두께비 $B/t = 16.7,\ 31.3$의 장주실험체 축내력–온도관계이다. 여기서, 그림 중의 파선은 (A)실험, 실선은 (B)실험결과를 나타내고 있고, $B/t = 22.2$의 예는 두 실험의 차가 작으므로 생략한다.

그림 6.5.8에서 폭두께비 $B/t = 16.7$(○ 표시)의 단주실험체에서는 (A)실험(파선)과 (B)실험(실선)의 온도차는 최대 25℃ 정도, 폭두께비 $B/t = 31.3$(▲ 표시)의 경우 온도차는 최대 40℃ 정도인 것을 알 수 있다. 또한, 그림 6.5.9에서 폭두께비 $B/t = 16.7$(○ 표시)과 $B/t = 31.3$(▲ 표시)의 기둥 실험체에서는 (A)실험(파선)과 (B)실험(실선)의 온도차는 최대 30℃ 정도이다.

이상으로, 건축구조용강재의 기둥 모형과 냉간성형강관으로 제작한 기둥 실험체의 점증온도 크리프좌굴에서도 고온크리프 영향에 의한 붕괴온도는 최대 30~40℃ 정도 저하한다는 것을 알 수 있다. 단, 이 절 서두의 1) 기둥의 크리프좌굴에서도 설명했듯이 어느 정도의 온도차는 유효항복강도설정으로 흡수된다고 생각할 수 있다.

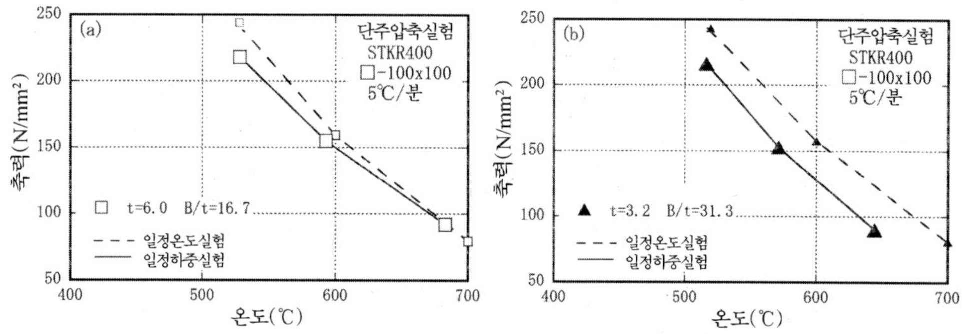

그림 6.5.8 단주의 기둥 축력과 온도의 관계

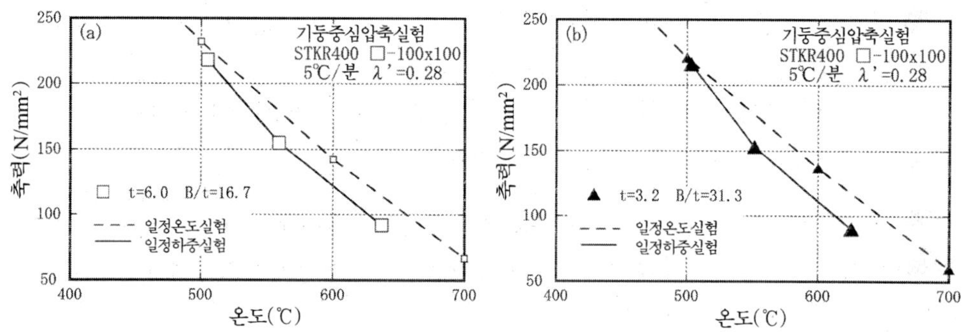

그림 6.5.9 장주의 기둥 축력과 온도의 관계

6.6 기둥 좌굴을 동반한 골조의 붕괴온도

횡이동하지 않는 기둥의 세장비 λ는 층고를 유효좌굴길이 l_e로 하고, 이것에 대응하는 세장비로 한다. 횡이동을 동반한 기둥은 작용하는 상시 축력을 1.3배로 늘리고, 유효좌굴길이는 인접하는 부재의 좌굴 구속도에 따라서 별도로 정한다.

기둥의 좌굴온도 T_{cr}(℃)는 다음 식으로 산정한다.

$\lambda < 0.1$일 때 :

(SS400, SN400, BCR295, BCP235) $T_{cr} = T_{prime} = 750 - 450\bar{p}$ (6.6.1-a)

(SM490, SN490, BCP325) $T_{cr} = T_{prime} = 700 - 450\bar{p}$ (6.6.1-b)

$0.1 \le \lambda \le 1$일 때 :

$$T_{cr1} = T_{prime} - 55.8(\bar{p} + 30\bar{p}^2)(\lambda - 0.1) \tag{6.6.2}$$

$$T_{cr2} = 500\sqrt{1 - \frac{1+0.267\lambda^2}{1-0.24\lambda^2}\bar{p}} \tag{6.6.3}$$

로써

$T_{cr1} \ge 500$℃ 라면 $T_{cr} = T_{cr1}$

$T_{cr1} < 500$℃ 라면 $T_{cr} = \max\{T_{cr1}, T_{cr2}\}$ (6.6.4)

여기서, $\lambda = \frac{1}{\pi\sqrt{\bar{E}/F}} \cdot \frac{l_e}{i}$: 기둥의 세장비

l_e : 기둥의 유효좌굴길이 [m]

i : 기둥의 단면이차반경 [m]

$\bar{E}$: 강재의 상온 시 탄성계수, 205,000 [N/mm^2]

F : 강재의 항복강도 [N/mm^2]

T_{prime} : 기둥 붕괴모드에 대응하는 골조의 기본붕괴온도 [℃]

$\bar{p}$: 기둥의 상온 시 축력비 [-]

횡이동을 동반하는 기둥에 대해서는 축력비 $\bar{p}$ 는 증가한 축력에 대해서 평가한다.
상기 식은 $\lambda \le 1.0$의 범위로 적용한다. 이외 기둥은 지침에서 대상으로 하지 않는다.

1) 좌굴온도곡선

접선계수이론에 의하면, 기둥의 좌굴내력(좌굴 시 평균압축응력도)은 다음 식으로 주어진다.

$$\sigma_{cr} = \frac{\bar{\varepsilon}_y E_t}{\lambda^2} \tag{6.6.5}$$

여기서, $\bar{\varepsilon}_y = F/\bar{E}$ 이다. 이것은 이론식이고, 부재가 상온인지 고온인지에 관계없이 성립한다. 고온 시의 경우, 접선계수 E_t는 강재의 고온 시 응력-변형도 곡선상에서 응력이 σ_{cr} 시의 접선구배, 즉 $E_t = \left.\frac{d\sigma(\varepsilon,\ T)}{d\varepsilon}\right|_{\sigma = \sigma_{cr}}$로 주어진다. 지침에서 접선계수는 제2장 식 (2.2.1)을 미분해서 얻어진다. 식 (6.6.5)는 σ_{cr}과 T가 주어지면 λ에 대해서 쉽게 푸는

형태로 되기 때문에 직접 λ, $\bar{p}=\sigma_{cr}/F$ 및 T와의 관계가 얻어진다. 이것을 도표한 것이 그림 6.6.1(a) 중의 파선군이다. 이것은 $\bar{p}$를 변수로써, λ와 T(기둥의 좌굴온도)의 관계를 표현하고 있다. 이것을 이론 좌굴온도곡선이라고 부른다. 설계용 좌굴온도곡선의 일부이고, 식 (6.6.1)과 식 (6.6.2)는 파선군에 대한 접선근사식이며 그림 중의 두꺼운 실선의 일부가 된다. $\lambda \leq 0.1$ 범위의 단주 붕괴온도는 좌굴의 영향을 거의 받지 않는다고 보고, 이때의 T_{cr}의 식 (6.6.1)은 기둥 붕괴형골조의 기본붕괴온도 T_{prime}에 일치한다.

그림 6.6.1(a) 중의 이론 좌굴온도곡선이 λ축과 평행해지는 것은 기둥의 좌굴응력도가 강재의 고온 항복참응력도 σ_{yT}(2장의 표 2.2.1 및 그림 2.2.1 참조)에 일치하는 것을 의미한다. 이론적으로는 그림에서 보듯이 넓은 범위의 세장비에 걸쳐서 기둥은 항복응력도를 지지할 수 있는 것으로 되지만, 실상에서는 각각의 부조합의 원인으로 좌굴내력이 이보다 저하할 우려가 있고, 설계상 이것을 고려할 필요가 있다. 여기서, 이 세장비의 범위에 있는 기둥의 좌굴내력은 상온 시와 동일형식의 이른바 허용압축응력도에 의해 평가한다. 즉, 항복응력도 σ_{yT}의 강재로 이루어진 기둥의 단기 허용압축응력도 σ_{cr}는 일본 「강구조 설계규준」에 의하면 다음 식으로 주어진다.

$$\frac{\sigma_{cr}}{\sigma_{yT}}=\frac{\bar{\sigma}_y}{\sigma_{yT}}\bar{p}=\frac{1-0.24\lambda^2}{1+0.267\lambda^2} \tag{6.6.6}$$

영계수 저하에 의한 λ의 변경은 무시한다. $\sigma_{yT}/\bar{\sigma}_y$는 2장의 표 2.2.1을 참조해서 다음 식으로 주어진다.

$$\frac{\sigma_{yT}}{\bar{\sigma}_y}=1-4\times10^{-6}T^2 \tag{6.6.7}$$

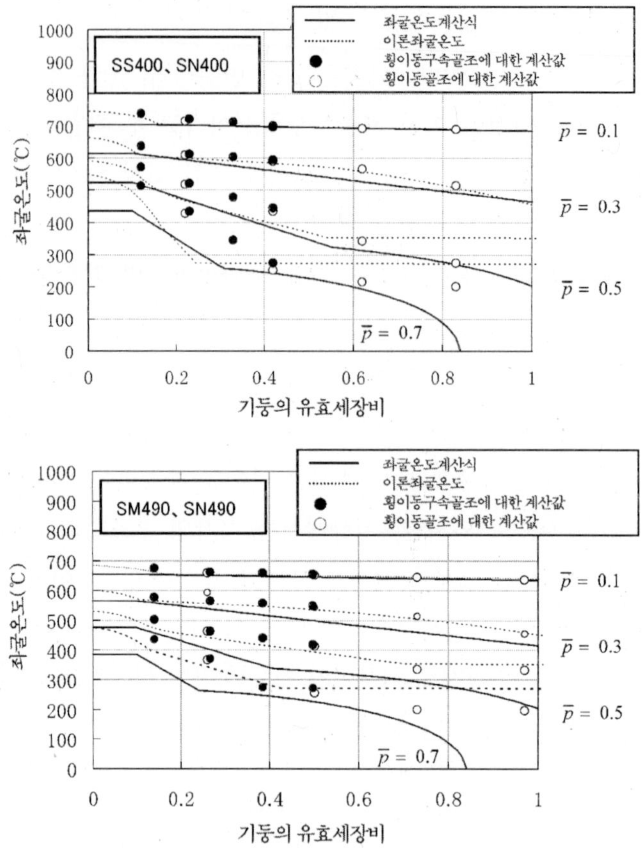

(a) 기둥의 좌굴온도

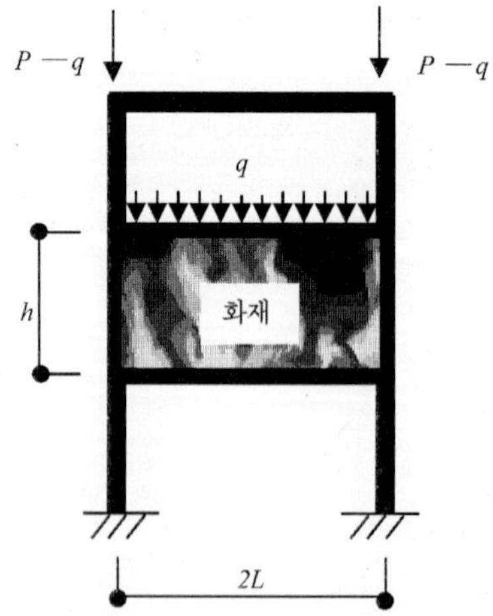

(b) 좌굴 시 기둥의 횡이동을 동반하는 골조

그림 6.6.1 기둥의 좌굴온도

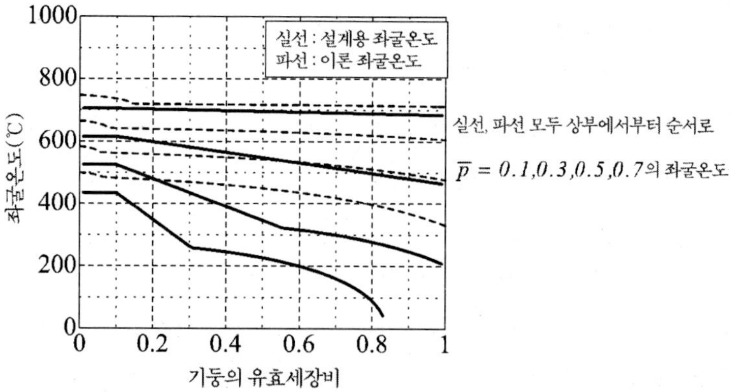

(c) 기둥의 좌굴온도(BCR295)

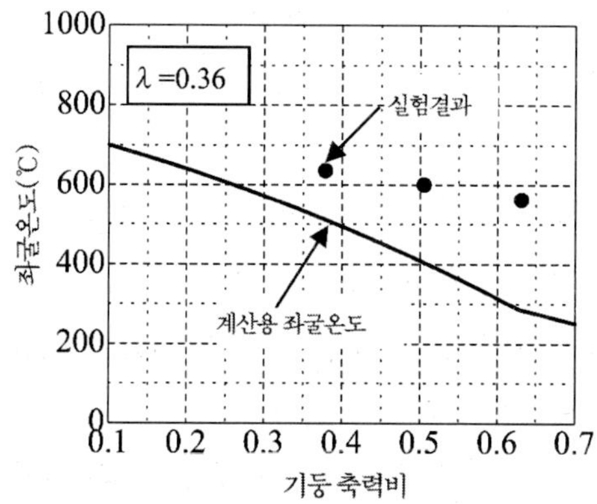

(d) BCR295 기둥의 설계용 좌굴온도와 기존 실험결과의 비교

그림 6.6.1 기둥의 좌굴온도(계속)

위 식 (6.6.7)을 식 (6.6.6)에 대입해서 $\sigma_{yT}/\bar{\sigma}_y$를 소거하고 이것을 T에 대해서 풀면, λ 범위의 기둥에 대한 좌굴온도는 식 (6.6.3)을 얻는다. 식 (6.6.7)이 의미 있는 온도범위, 즉 T가 500℃를 하회하는 범위에서는 식 (6.6.2)와 식 (6.6.3)의 큰 값을 기둥의 좌굴온도로 한다. 그림 6.6.1(a) 중 앞의 두꺼운 절선에 연속하는 곡선부분이 식 (6.6.3)에 의한 설계용 좌굴온도곡선이다.

건축구조용 냉간롤성형 각형강관기둥(BCR295)의 경우, 2장 2.2절에 있어서 고온 시 응력-변형관계식이 제안되고 있으므로 응력-변형관계식에 따라 이론좌굴온도곡선이 개별 평가된다. 그림 6.6.1(c)는 BCR295의 응력-변형관계식 (2.2.1)을 이용한 경우, 접선계수 이론의 이론좌굴온도곡선과 식 (6.6.1)~(6.6.4)에 의한 설계용 좌굴온도곡선을 나타내고 있다. 여기서, 축력비 $\bar{p}$는 BCR295의 F값으로 산정한 것이다. 동일 그림에서 보면, 이론좌굴온도는 λ와 $\bar{p}$가 큰 범위에서 설계용 좌굴온도를 상회하는 것을 알 수 있다. 이 이유는 2장의 식 (2.2.1)에서 정의된 BCR295의 응력-변형관계식은 상온~300℃에 걸쳐 항복참이 없는 것, 응력-변형관계의 형상계수 n의 값이 타 강종에 비해 크다는 것을 들 수 있다. 그렇지만 지침에서는 BCR295에 대해서도 다른 400N/mm^2 강종과 동일한 설계용 좌굴온도(그림 6.6.1(c)의 실선)를 설정하여 BCR295의 설계용 좌굴온도를 낮춰서 평가하는 것으로 했다. 이것은 BCR295의 좌굴온도평가에 관한 기존 실험결과가 적어 고온좌굴성상에 관한 불명확한 점도 많기 때문이다. 그림 6.6.1(d)는 BCR295 기둥의 재하가열시험[6.24]에서 얻은 좌굴온도와 설계용 좌굴온도를 비교한 결과이다. 양단 핀지지의 피복강재 기둥에 대해 λ를 일정하게 하고, $\bar{p}$를 변수로 설정하여 ISO834의 표준가열곡선으로 기둥의 좌굴온도를 구했다. 그림 6.6.1(d)에서 보면, BCR295의 F값으로 축력비를 설정한 경우 설계용 좌굴온도(실선)는 BCR295 기둥의 기존 실험결과를 안전측으로 평가하는 것을 알 수 있다.

식 (6.6.4)의 적용범위는 $\lambda \leq 1$이다. 내진설계를 실시한 강재 기둥은 거의 이 세장비의 범위에 포함된다. 이것 이외의 기둥은 지침에서는 대상 외로 한다. 식 (6.6.4)에 의해 얻어진 좌굴온도가 마이너스 값이라면, 이러한 λ와 $\bar{p}$를 가진 기둥은 상온에서 이미 좌굴되었다는 것을 의미하고 식 (6.6.4)는 의미가 없게 된다.

그림 6.6.2는 실험에 의해 각 강종의 일정온도 아래에서 기둥의 좌굴내력을 조사한 예이다[6.25, 6.26]. 그림 중 ●○표시는 SM490 및 SN490 강판으로 제작한 직사각형 단면 강재기둥에 의한 실험 시 최대하중이고, 실선은 인장실험으로 얻은 응력-변형도 곡선[6.25]을 이용해서 산정한 접선계수 이론값이다. 인장시험에서 변형속도는 0.1%/분 정도가 되듯이 좌굴실험도 실험기 크로스헤드의 이동속도는 실험체의 축방향 변형으로 환산해서 0.1%/분 정도가 되도록 제어했다. 실험값과 접선계수 이론값은 잘 대응하고 있고, 접선계수이론에 의한 고온 시 기둥의 좌굴내력을 정밀도가 양호하게 예측할 수 있는 것을 알 수 있다.

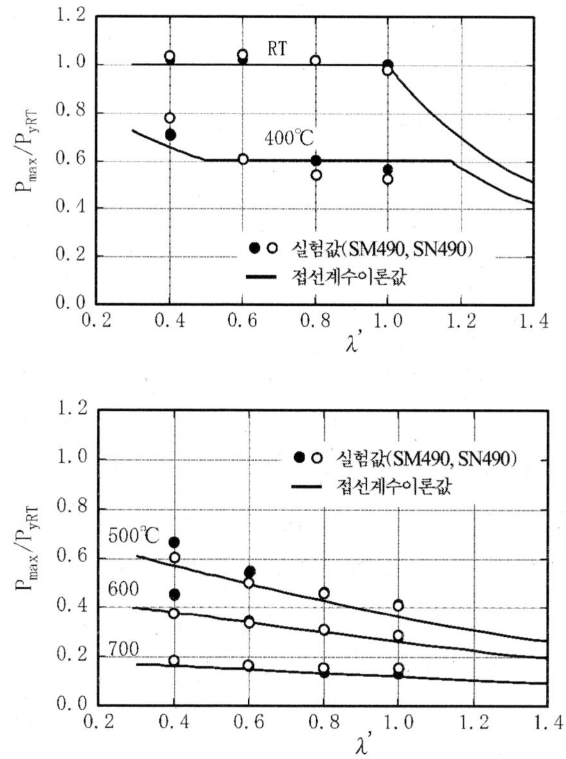

그림 6.6.2 좌굴곡선(일정 온도실험)

2) 유효좌굴길이와 붕괴온도의 저감

(1) 횡이동이 구속된 기둥

기둥 붕괴형 골조(그림 6.3.2 참조)의 기본붕괴온도 T_{prime} 은 기둥이 휨을 받지 않고, 일정하게 압축항복에 이를 때 기둥의 부재온도이다. 그러나 골조 중의 기둥이 화재가열을 받을 때, 실제 붕괴형은 국부좌굴이 발생 또는 중첩되지 않고 휨좌굴이 된다.

골조 중 기둥이 좌굴로 골조가 붕괴에 이르는 과정은 그림 6.3.1에 이미 표시한 ㅏ형 골조에서 전형적으로 관찰된다. 이 골조의 화재층 기둥은 라멘의 외부 기둥에 해당하고, 좌굴에 의해 횡이동하지 않는다. 골조가 붕괴에 이를 때까지의 과정을 바르게 잡기 위해서는 화재 시에 있어서 본래의 가력순서를 설정할 필요가 있다. 즉, 기둥과 보에 작용하는 연직하중을 일정하게 유지해서 화재구획 내의 부재온도를 점증시킨다. 그렇게 되면 부재온도 점증과 함께 기둥은 보의 선팽창에 의해 외측으로 밀려난다. 이것에 따라서 기둥은 먼저 beam-column에 해당하는 저항을 나타낸다. 더욱 부재온도가 상승하면 기둥의 휨에 의한 불안정성이 두드러져서 골조의 붕괴에 이른다. 기둥의 불안정은 그 부재

단부에 불안정 휨을 구속하는 휨모멘트가 생기기 시작하는 것으로 관찰하는 것이 가능하다[6.5]. 화재 시에 있어서 기둥의 고온좌굴이라고 불리는 것은 상기와 같이 beam-column적인 큰 탄소성거동을 경과한 후의 안정문제로 있는 것이 많고, 중심압축기둥의 분기적인 좌굴 문제와는 다르다. 또한, 도중에서 지나가는 탄소성거동은 외측으로 크게 밀려나는 외부 기둥과 그렇지 않은 내부 기둥은 상당부분 다르다. 따라서 상기처럼 골조의 정확한 붕괴온도를 정하기 위해서는 실험이나 계산 등에 의한 자세한 검토를 필요로 한다.

계산에 의하면, 횡이동하지 않는 기둥 붕괴형골조의 붕괴온도는 화재층 층고의 0.7배를 유효좌굴길이로 하는 중심압축기둥이 휨좌굴에 이르는 온도에 거의 일치하는 것을 알 수 있다[6.11), 6.27)]. 이것은 좌굴을 이루는 기둥이 외부기둥인지 내부기둥인지에 의하지 않는다. 상기의 내용을 외부기둥의 좌굴을 포함한 골조에 대해서 제시한 것이 그림 6.6.1(a)이다. 그림 중 다수 표시되어 있는 검정색 점(●)의 종좌표는 그림 6.3.1과 같이 ㅏ형 골조에 대한 계산붕괴온도이고, 횡좌표는 이 골조 기둥의 가정 세장비(층고×0.7에 대응하는 세장비)이다. 계산해는 유한변위이론에 기초한 유한요소해석으로 구해진 것이고, 기둥의 좌굴 등 골조의 안정성이 고려되어진 해를 얻을 수 있다. 그림 중 오른쪽 아래의 선 상태에 분포하고 있는 4행의 플롯점 군은 위의 행부터 $\bar{p}$가 0.1, 0.3, 0.5 및 0.7일 때의 계산결과이다. 그림에서 보듯이, 식 (6.6.4)에 의한 좌굴온도곡선은 계산해 분포의 아래측으로 대응하고 있다. 이것으로 상기의 유효좌굴길이 평가가 타당하며, 좌굴온도곡선에 의한 골조의 붕괴온도평가가 타당하다는 것을 알 수 있다. 내부기둥의 좌굴을 포함한 골조에 대해서는 6.8절에서 해설한다.

상기의 사실에도 불구하고, 지침에서는 층고를 횡이동하지 않는(횡구속) 기둥의 유효좌굴길이로 한다. 기둥의 불안정 휨변형이 동반되어 국부좌굴이 중첩할 가능성을 부정할 수 없고, 이 경우 붕괴온도를 저감할 필요가 있기 때문이다[6.28)]. 좌굴 시 횡이동하지 않는 기둥은 화재층 전체 중의 일부분을 둘러싼 화재구획 중에 배치되어 있다. 해당 화재구획의 외부에 있는 저온의 골조부분이 좌굴하는 기둥의 횡이동을 구속하고 있다. 이 경우 좌굴하는 기둥의 주변에 있는 골조부분이 이 기둥의 선팽창에 의한 변형을 구속하고, 이것이 기둥의 국부좌굴을 유발한다. 화재 시 기둥의 전체좌굴(휨좌굴)과 국부좌굴이 합성하는 경우로써 다음 2가지가 고려된다.

1. 전체 좌굴변형이 성장하는 경우, 곡률이 큰 부분(기둥 중앙부)에 국부좌굴이 발생한다(그림 6.6.3(a)).

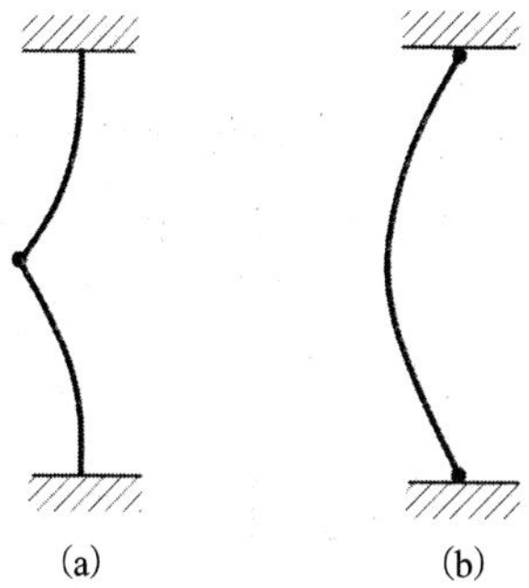

그림 6.6.3 기둥의 휨좌굴과 국부좌굴의 합성

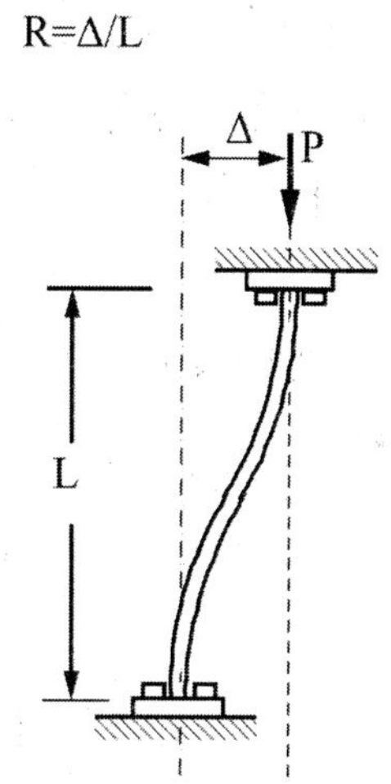

그림 6.6.4 강제 부재각을 받는 기둥부재

2. 보의 과대한 변형에 의해 기둥 양단에 국부좌굴을 발생시키고, 양단의 휨에 대한 구속도가 감소하여(완화되어) 기둥의 전체 좌굴을 유발한다(그림 6.6.3(b)).

지침에서는 상기 어느 경우에 대해서도 국부좌굴 발생개소의 휨에 대한 저항을 무시하고, 이것을 힌지로 치환해서 문제를 단순화한다. 그림 6.6.3 중의 둥근 표시는 변환 힌지이다. 실제 이것이 힌지라면, 기둥의 유효좌굴길이는 정확하게 층고와 같다. 횡이동하지 않는 기둥의 유효좌굴길이를 층고에 일치시키는 것은 상기 내용을 포함한 조치이다. 또한, 이 검토에서는 국부좌굴부의 휨에 대한 저항은 무시되었지만 축력에 대한 저항, 즉 축력 전달능력은 손상되지 않는다고 가정된다. 국부좌굴부의 축력 전달능력은 6.7절에서 검토한다.

동일 층에 비화재구획이 있어 화재 시에 층의 횡이동을 동반하지 않고 화재구획 보의 선팽창으로 측면 기둥에 부재각이 발생하는 경우, 측면 기둥의 전체 휨좌굴 내력은 부재각이 없는 경우와 거의 다르지 않다. 여기서, 보의 선팽창에 의한 변형이 기둥의 전체 휨좌굴 내력에 미치는 효과를 다룬 연구 예[6.29]를 그림 6.6.5에 소개한다. 이 그림은 그림 6.6.4에 제시한 부재 양쪽 단부의 회전 및 횡이동 자유도를 고정단으로 기둥을 시험체에 이용한 것이고, 기둥의 유효좌굴길이는 부재 길이의 0.5배가 된다. 시험체의 단면은 10mm×26mm의 직사각형 단면이고, 국부좌굴은 발생하지 않는다. 실험은 초기에 시험체 온도를 실험온도까지 상승시킨 후, 기둥에 소정의 강제 부재각 R을 작용하여 유지한 채 축하중을 점증시켜 최대축하중 $P_{\max}$를 조사한 것이다. 축하중 재하 시의 실험기 크로스헤드의 이동속도는 시험체의 축방향 변형으로 환산해서 0.1%/분 정도가 되도록 제어했다. 따라서 이 모델에서는 보의 선팽창에 의한 변형의 효과를 기둥의 부재각 R로 표시하였다. 그림 중 □ 표시는 실험값이고, 실선과 파선은 수치계산에 의한 계산값이다.

그림 6.6.5에서 상온 시에는 강제 부재각 R의 효과에 의한 기둥 최대축하중 $P_{\max}$가 명확하게 감소하지만, 400℃ 이상의 고온상태에서는 강제 부재각 R의 크기는 최대축하중 $P_{\max}$에 거의 영향을 미치지 못하는 것을 알 수 있다.

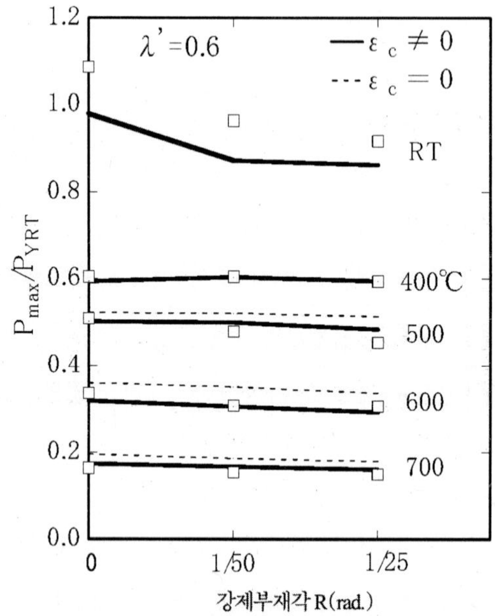

그림 6.6.5 최대축하중

(2) 횡이동을 동반하는 기둥

화재층이 단일 화재구획을 형성할 때는 고온화한 기둥의 좌굴은 횡이동을 동반한다. 이 경우 해당 화재층의 모든 기둥이 동시에 좌굴하고, 기둥의 유효좌굴길이 l_e는 층고 h를 상회한다. 이 경우 기둥의 유효좌굴길이를 정확하게 평가하기에는 좌굴 처짐각법(Slope-deflection Method) 등의 계산으로 구하는 것이 정확한 방법이지만, 좌굴하는 기둥이 고온에 있는 것을 근거로 다음의 약산에 의해도 좋다[6.30].

그림 6.6.6(a)에 이 경우의 골조와 발생화재 상황의 전형 예를 나타낸다. 화재층의 모든 기둥이 고온화하고, 이것들이 동시에 횡이동을 동반해 좌굴하는 경우를 상정한다. 각

기둥의 온도가 일정하지 않을 때는 보다 고온을 이루는 기둥의 온도에 주목한다. 고온으로 기둥이 소성좌굴을 나타낼 때 기둥이 가진 접선계수 E_t 는 화재구획의 외부에 위치하고, 상온으로 있는 주변 부재가 가진 영계수 $\overline{E}$ 보다 훨씬 작다. 따라서 좌굴하는 기둥은 주변 부재에 의한 큰 좌굴 구속을 받는다고 생각하고, 우선 골조에서 화재층만을 그림 6.6.6(b)처럼 잘라낸다. 그림 6.6.6(b)의 문형 라멘의 기둥 하단, 화재층의 하부는 상대적으로 강하다고 가정하고 고정으로 한다. 한편, 화재층보다 위의 층에 있는 골조부분의 구속효과는 무시하고, 절단된 문형 라멘은 단층으로 한다. 이 라멘에 있어서 기둥 전체의 좌굴에 대한 보 전체의 회전구속효과를 평균적으로 평가하기 위해 개념상 각 보의 중앙부에 횡 이동이 가능한 힌지를 설치한다. 그림 6.6.6(b)의 라멘 좌굴은 모든 기둥을 1개소에 집약하면, 그림 6.6.6(c)에 나타낸 단일 캔틸레버 기둥의 좌굴로 귀착한다. 이 경우 집약 기둥의 단면2차모멘트 l_c 는 이 층에 있어서 모든 기둥의 단면2차모멘트의 합, 즉 $\sum_{i \in \text{Columns}} I_{Ci}$ 와 일치한다. 화재층에서 모든 보의 효과는 캔틸레버 기둥 상단에 설치된 횡이동이 가능한 회전 스프링으로 치환한다. 회전 스프링의 스프링 강성 k 는 $6E' \sum_{i \in \text{Beams}} I_{Bi}/l_i$ 으로 평가된다. 여기서, 전체 합은 화재층의 고온화한 보 전체이고, E'는 보 전체의 평균적인 탄성계수이며, $I_{Bi} \cdot l_i$는 각 보의 단면2차모멘트, 스팬길이의 절반 등이다. 그림 6.6.6(c)의 기둥 유효좌굴길이계수 $\gamma(=l_e/h)$는 방정식 $\pi/\gamma\cot(\pi/\gamma)=-k/(E_t I_c/h)$의 해로 구해진다. $E'=E_t$로 가정해서 이 방정식을 풀은 해 γ를 그림 6.6.6(a)에 있어서 화재층 기둥의 유효좌굴길이계수라 한다. 즉, 식 (6.6.8)은 화재층에서 기둥과 보의 기하학 형태에 의해 정해지는 γ의 계산값이다.

$$\frac{\pi}{\gamma}\cot\frac{\pi}{\gamma} = -6\frac{\sum_{i \in \text{Beams}} I_{Bi}/l_i}{\sum_{i \in \text{Columns}} I_{Ci}/h} \tag{6.6.8}$$

그림 6.6.1(a)에는 식 (6.6.8)의 타당성을 검토한 예가 병기되고 있다. 그림 중의 하얀 플롯점군은 그림 6.6.1(b)의 골조가 화재 시 횡이동을 동반한 좌굴할 때의 계산 결과이다. 각 표시점의 세로 좌표는 계산 붕괴온도이고, 가로 좌표는 화재층 기둥의 식 (6.6.8)로 평가된 세장비이다. 각 표시점은 색칠된 점군과 거의 같은 곡선상에 있다고 간주되고, 색칠된 점의 경우와 동일하게 식 (6.6.4)에 의한 좌굴온도곡선은 표시점의 분포 아래측을 따라 예측곡선으로 되고 있다.

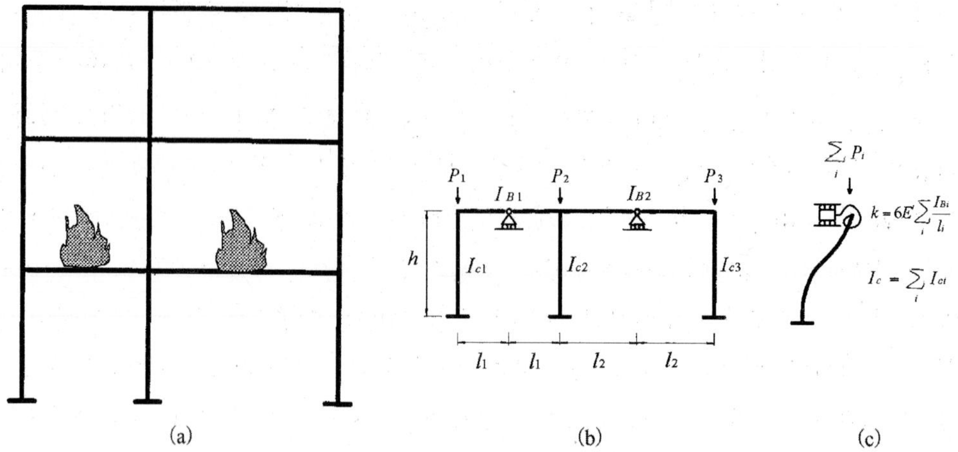

그림 6.6.6 횡이동을 동반하는 기둥의 고온좌굴

지침에서는 횡이동을 동반한 골조의 붕괴온도를 식 (6.6.4)로 산정할 때에는 상기 기둥의 유효좌굴길이 평가와 함께 기둥에 작용하는 상시 축력을 1.3배 할증해서 안정성을 확보한다. 이미 서술했듯이, 기둥이 횡이동을 동반해서 좌굴하는 것은 화재층에 횡이동을 구속하는 골조가 존재하지 않는 경우, 즉 화재층 전층이 단일 화재구획을 형성하고 있는 경우에 해당한다. 이 경우 좌굴하는 기둥은 주변 골조의 강한 구속을 받지 않는 대신 좌굴 후 골조 전체로 행해지는 응력재분배도 전혀 기대할 수 없다(6.8절 참조). 기둥의 작용축력을 할증하는 것은 이러한 사실에 대한 조치이다.

6.7 기둥의 국부좌굴을 동반한 골조의 붕괴온도

지침은 정사각형중공단면 기둥, H형단면 기둥 및 중공원형단면 기둥의 국부좌굴을 대상으로 한다. 이하의 붕괴온도 산정식에 있어서, $p_{\max}$의 값은 단면형에 따라 표 6.7.1에 대응하는 항목의 식을 이용해서 평가한다. 아래의 모든 산정식은 SS400, SN400, SM490, SN490의 강재 및 건축구조용 냉간성형각형강관(BCP235, BCR295, BCP325)에 대해서 동일하게 적용된다.

(1) 라멘

i) 국부좌굴을 보이는 외부기둥을 포함한 분해골조의 붕괴온도는 아래 세 식으로 주어진 붕괴온도 중 최소값으로 한다. 붕괴모드 이름 및 기호는 6.3절의 정의에 준한다.

① 보 붕괴모드에 대한 붕괴온도

$$\tilde{q} = \kappa(T) \tag{6.7.1-a}$$

② 기둥·보 동시 붕괴모드에 대한 붕괴온도

$$\tilde{q} = \frac{1}{2}\left[p_{\max}\kappa\tau\left(\frac{\overline{p}}{p_{\max}\kappa}\right) + \tau(\overline{p})\right]\tilde{Z} + \frac{1}{2}\kappa \tag{6.7.1-b}$$

③ 기둥 붕괴모드에 대한 붕괴온도(T'_{III})

$$\overline{p} = p_{\max}\kappa(T'_{\mathrm{III}}) \tag{6.7.1-c}$$

ii) 내부기둥의 국부좌굴을 동반한 라멘 분해골조의 붕괴온도는 위의 식 (6.7.1-a) 및 (6.7.1-c) 두 식으로 주어지는 붕괴온도 중 작은 것으로 한다.

(2) 브레이스 부착 골조

붕괴모드 이름 및 기호는 6.4절의 정의에 준한다.

i) 보 단부가 핀접합된 X형 브레이스 분해골조의 붕괴온도는 다음 두 식으로 주어지는 붕괴온도 중 작은 것으로 한다.

① 보 붕괴모드에 대한 붕괴온도

$$\tilde{q} = \frac{1}{2}\kappa(T) \tag{6.7.2-a}$$

② 기둥 붕괴모드에 대한 붕괴온도(T'_{V})

$$\overline{p} = p_{\max}\kappa(T'_{\mathrm{V}}) \tag{6.7.2-b}$$

ii) 보 단부가 강접합된 K형 브레이스부착 분해골조의 붕괴온도

a) 국부좌굴을 보이는 외부기둥을 포함한 분해골조의 붕괴온도는 다음 5개의 붕괴모드로 주어진 붕괴온도 중 최소값으로 한다.

① 보 붕괴모드에 대한 붕괴온도

$$\tilde{q} = 4\kappa(T_{\mathrm{I}}) \tag{6.7.3-a}$$

② 기둥·보 동시 붕괴모드에 대한 붕괴온도

$$\tilde{q} = \left(\sqrt{\kappa} + \sqrt{\frac{1}{2}\kappa + \frac{1}{2}\left[p_{\max}\kappa\cdot\tau\left(\frac{\overline{p}}{p_{\max}\kappa}\right) + \tau(\overline{p}')\right]\tilde{Z}}\right)^2 \tag{6.7.3-b}$$

③ 브레이스 · 보 동시 붕괴모드에 대한 붕괴온도

$$\tilde{q} = 4(1 + 3\tilde{Z}_{BR})\kappa \tag{6.7.3-c}$$

④ 브레이스 · 기둥 · 보 동시 붕괴모드에 대한 붕괴온도

$$\tilde{q} = \frac{1}{2}\left\{\kappa + \left[p_{\max}\kappa \cdot \tau\left(\frac{\overline{p}}{p_{\max}\kappa}\right) + \tau(\overline{p}')\right]\tilde{Z} + 6\kappa\tilde{Z}_{BR}\right\} \tag{6.7.3-d}$$

⑤ 기둥의 압축붕괴를 동반하는 모드에 대응하는 붕괴온도(T_V')

$$\overline{p} = p_{\max}\kappa(T_V') \tag{6.7.3-e}$$

b) 내부기둥의 국부좌굴을 동반하는 브레이스 분해골조의 붕괴온도는 위의 식 (6.7.3-a), (6.7.3-c), (6.7.3-e) 세 식으로 주어지는 붕괴온도 중 최소값으로 한다.

1) 개요

화재 시 열응력에 의해 부재 국부에는 큰 압축변형이 발생한다. 실제 적용되는 폭두께비를 갖는 강구조 부재는 국부좌굴이 발생하고, 이것에 의해 정도의 차이는 있지만 골조의 붕괴온도는 저하한다.

화재 시, 국부좌굴은 중저온 영역에서 발생하는 것도 적지 않다. 그러나 국부좌굴의 발생이 골조의 붕괴에 직결하는 것이 아니고, 국부좌굴 후 잔여내력의 존재에 의해 골조는 더욱더 고온까지 견디는 것이 가능하다. 내진설계를 시행한 강구조 부재의 폭두께비는 작은 것이 많고, 이 경우 국부좌굴부의 좌굴 후 내력열화는 비교적 완만하기 때문에 내화설계에 있어서 적어도 이 잔여내력을 기대할 수가 있다. 따라서, 이 경우 골조의 붕괴온도는 국부좌굴 발생 시의 부재온도가 아니고, 국부좌굴 후 골조가 안정적인 균형을 유지하는 부재온도의 상한을 의미한다. 기둥의 배치 상태에 따라서 화재 시 기둥의 하중 · 변형상태를 상정하고, 이 기둥이 국부좌굴에 이른 후 축력전달능력의 종국한계를 산정한다.

2) 기둥의 고온 국부좌굴 후 잔여내력

기둥이 국부좌굴할 때 골조의 붕괴온도를 구하기 위해서는 우선, 국부좌굴을 받은 부재부분이 고온 시에 나타내는 내력열화성상의 실태를 파악하는 것이 필요하다. 이것을 검토하기 위한 기초자료로써 단주(stub column) 고온 시 압축시험결과를 이용한다. 그림

6.7.1(a)는 보통강 SS400, SM490 및 내화강 SM400FR, SM490FR로 이루어진 정사각형중공단면 단주 수십 개의 고온압축시험결과를 정리해서 나타내었다[6.31]. 그림의 횡축 ε은 국부좌굴 형성부의 평균압축변형이다. 종축의 B/t, σ, σ_o는 각각 단주의 폭두께비, 일정한 부재온도에서 변형 ε시 단주의 평균압축응력, 동일온도 및 변형 시 인장시험편에서 제시한 인장응력이다. 그림과 같이 전체 단주의 $\dfrac{\sigma(\varepsilon)}{\sigma_0(\varepsilon)}\dfrac{B}{t} \sim \varepsilon$ 관계는 미세한 띠 모양(帶状)으로 묶여 있고, 이것은 강종과 부재온도에 그다지 의존하지 않는다는 것을 의미한다. 이러한 곡선군의 하안에 대해 다음의 곡선을 국부좌굴 후 기둥의 잔여내력으로 한다.

$$\frac{\sigma(\varepsilon)}{\sigma_0(\varepsilon)} = \left[\sqrt{\frac{6.25}{\varepsilon}} + 3\right]\frac{t}{B} \tag{6.7.4}$$

그림 중의 두꺼운 실선이 상기 식의 관계이다. 이 식의 값이 1을 상회하는 압축변형영역에서 기둥은 국부좌굴에 이르지 않고, 이때 기둥의 응력변형도 관계는 $\sigma = \sigma_o(\varepsilon)$이다. 따라서 식 (6.7.4)는 이것이 1을 하회하는 압축변형 영역에서 의미를 갖는다.

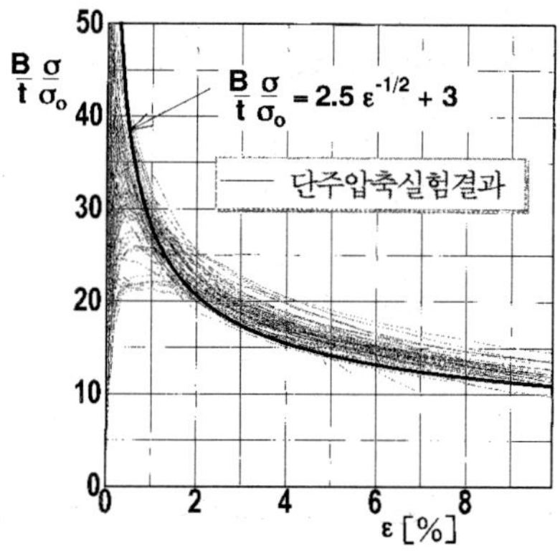

(a) 정사각형 박스형 단면 단주의 고온국부좌굴 후 거동[6.31]

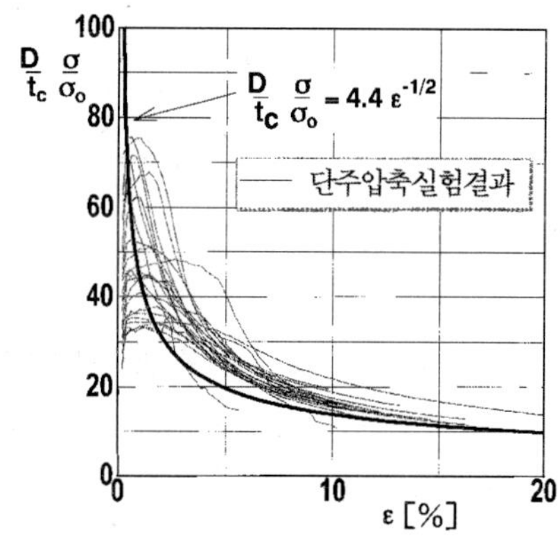

(b) 원형강관 단주의 고온국부좌굴 후 거동[6.32]

그림 6.7.1 철골 단주의 고온 국부좌굴 후 거동

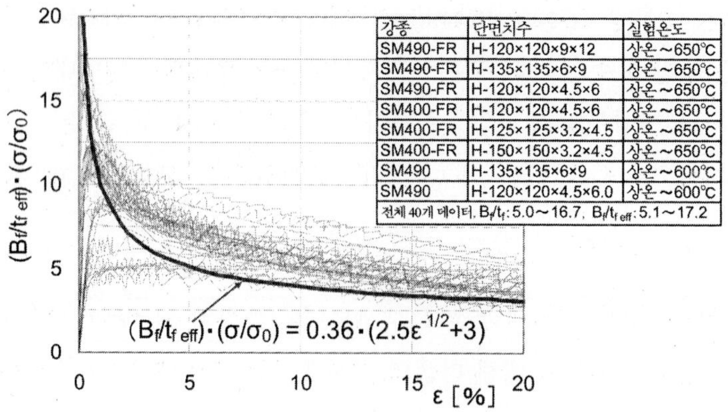

(c) H형 단면 단주의 고온국부좌굴 후 거동[6.35), 6.38), 6.39)]

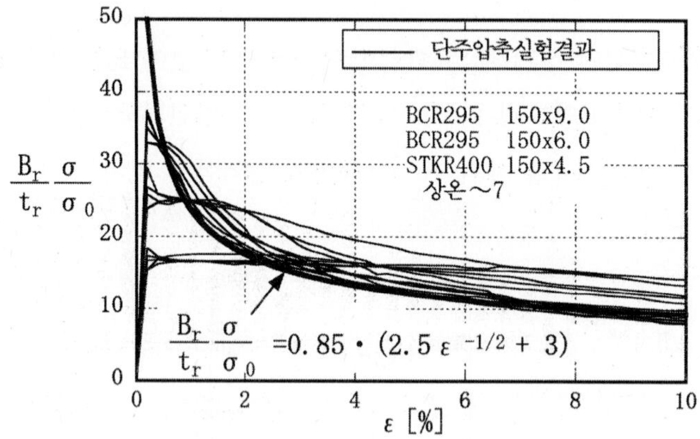

(d) 냉간롤성형각형강관 단주의 고온국부좌굴 후 거동[6.41)]

그림 6.7.1 철골 단주의 고온 국부좌굴 후 거동(계속)

3) 정사각형중공단면의 외부기둥을 포함한 라멘 분해골조의 붕괴온도

이하에서는 우선 정사각형중공단면 기둥(냉간성형부재 제외)을 갖는 골조의 붕괴온도 산정법[6.36)]을 설명한다. 원형중공단면 기둥, H형단면 기둥 및 냉간성형 기둥의 경우에 대해서는 후술한다.

그림 6.3.1에 제시한 외부기둥을 포함한 라멘 분해골조에 대해서 기둥에 국부좌굴이 발생한 때의 붕괴온도를 구한다. 국부좌굴은 골조에서 하층기둥의 상단에 형성된다고 가정한다. 화재 시 보의 선팽창에 의해 외부기둥은 외측으로 밀려나고, 이 부분에 소성변형이 집중하기 때문이다. 골조 이외의 부분에는 기본붕괴온도산정 시와 동일하게 내력열화 없이 소성힌지가 형성된다. 이 골조의 기본붕괴온도를 구할 때(6.3절 참조)와

마찬가지로, 3개의 붕괴모드가 상정된다. 붕괴모드마다 골조의 붕괴온도를 구한다.

i) 보 붕괴모드

보 단독 붕괴모드(그림 6.3.2(a))의 붕괴온도는 보 국부좌굴을 무시하고, 다음 식으로 주어진다.

$$\tilde{q} = \tilde{q}'_{\mathrm{I}}(T) = \kappa(T) \qquad \text{본문 중의 식 (6.7.1-a)}$$

이 관계는 보 붕괴형 라멘의 기본붕괴온도, 즉 식 (6.3.4-a)와 일치한다.

ii) 기둥 붕괴모드

화재층의 기둥 상단에는 국부좌굴변형을 동반한 힌지가 형성된다고 가정한다. 국부좌굴부는 기둥에 작용하는 축력으로 수축하는 것이 아니라, 기둥이 보에 의해 골조의 외측으로 밀려서 소성적인 휨변형을 받는다. 국부좌굴부의 이러한 변형을 평가하기 위해서 이 부분의 기둥단면 춤방향으로 분포하는 변형을 그림 6.7.2(a)①에 나타내어 가정한다. 이것은 단면의 압축단 및 인장단의 압축변형치가 각각 ε_1 (4%) 및 ε_0 (=1%)가 되는 직선분포이다. 이 변형분포에 대응하는 응력분포는 식 (6.7.4)를 적용해서 구한다. 이 식에 있어서 $\sigma_o = \kappa\bar{\sigma}_y = \sigma_y$로 가정한다. 이것은 ε_0가 변형값에 관계없이 일정하다는 것, 즉 강재의 변형 경화를 무시하는 것으로 대응하기 때문에 국부좌굴부의 내력평가에 있어서 안전측으로 가정된다. 그림 6.7.2(a)②와 ③은 이렇게 해서 얻은 단면 내 응력분포의 전형 예이다. 국부좌굴부의 응력분포를 단면 전체에 걸쳐 적분해서 얻은 압축력을 해당 국부좌굴부의 축방향 내력으로 한다.

이것을 구하기 위한 예측으로, 단면적 A', 춤 B의 사각형 단면에 상기의 변형분포가 주어졌을 때의 축내력을 계산한다(그림 6.7.2(c) 참조). ε_{cr}을 식 (6.7.4)의 값을 1로 하는 변형값으로 하면, 단면 내의 응력은 변형이 ε_{cr}보다 크게 되면 국부좌굴로 열화된다. ε_{cr}는 다음 식으로 주어진다.

$$\varepsilon_{cr} = 6.25\left(\frac{t}{B'}\right)^2 \tag{6.7.5}$$

여기서, $B' = B - 3t$이다. 따라서, $B/t > 28$이면, ε_{cr}는 $\varepsilon_0 = (1\%)$보다 작고, 단면전체는 이미 내력열화하고(그림 6.7.2(a)② 참조), 이 경우 정사각형중공단면의 축내력은 다음 식으로 주어진다.

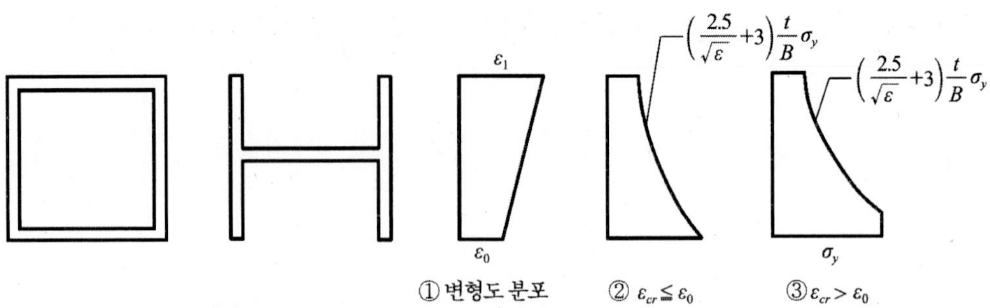

(a) 압축붕괴하는 국부좌굴단면으로 가정된 변형과 응력 분포

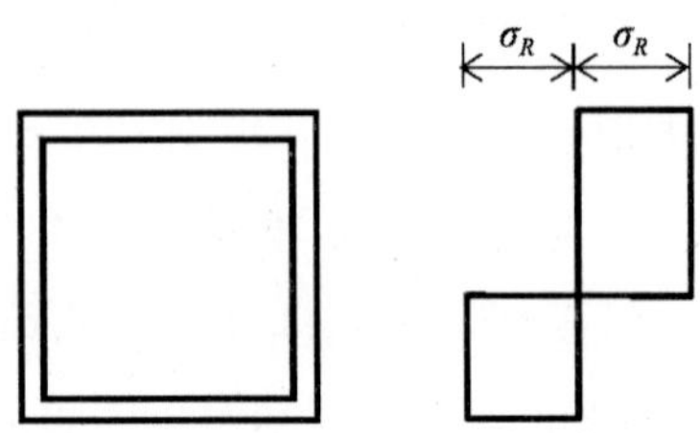

(b) 압축력과 휨을 받는 국부좌굴단면으로 가정된 응력 분포

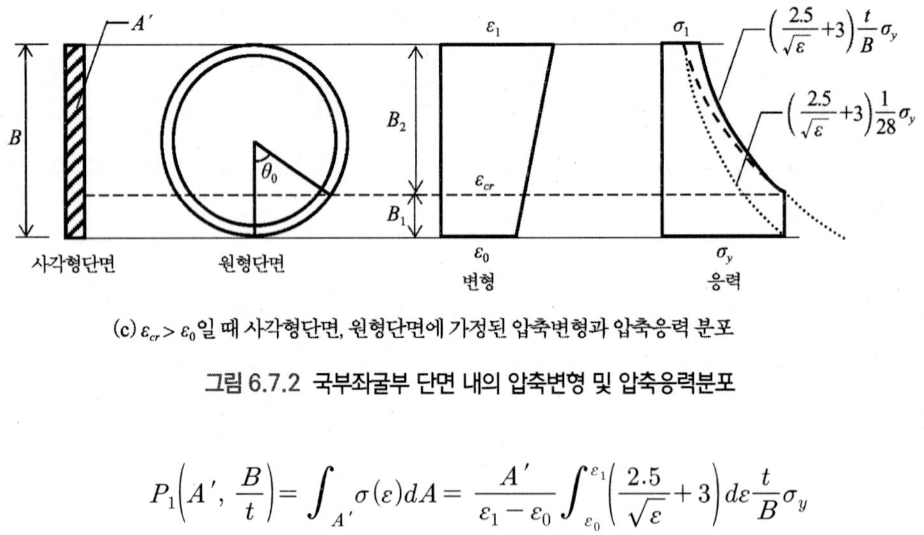

(c) $\varepsilon_{cr} > \varepsilon_0$일 때 사각형단면, 원형단면에 가정된 압축변형과 압축응력 분포

그림 6.7.2 국부좌굴부 단면 내의 압축변형 및 압축응력분포

$$P_1\left(A',\ \frac{B}{t}\right) = \int_{A'} \sigma(\varepsilon)dA = \frac{A'}{\varepsilon_1 - \varepsilon_0}\int_{\varepsilon_0}^{\varepsilon_1}\left(\frac{2.5}{\sqrt{\varepsilon}} + 3\right)d\varepsilon\frac{t}{B}\sigma_y \tag{6.7.6}$$

$$= \left(\frac{5}{\sqrt{\varepsilon_1} + \sqrt{\varepsilon_0}} + 3\right)A'\frac{t}{B}\sigma_y = 19.7\,A'\frac{t}{B}\sigma_y$$

한편, $B/t < 28$이면, ε_{cr}는 (=1%)보다 크고, 그림 6.7.2(c)①에서 보듯이 정사각형중공단면에서 인장측 B_1 폭의 단면은 σ_y를 유지하고, 나머지 B_2의 폭은 내력 열화한다. 이때 정사각형중공단면의 축내력은 다음 식으로 평가한다.

$$P_2\left(A',\ \frac{B}{t}\right) = \sigma_y A' \frac{B_1}{B} + P_1(A',\ 28)\frac{B_2}{B}$$

이것은 그림 중 파선의 응력분포를 적분한 것에 대응하고, 축내력평가로 안전측이다. 상기 식에서

$$\frac{B_1}{B} = \frac{\varepsilon_{cr} - \varepsilon_0}{\varepsilon_1 - \varepsilon_0} = \frac{6.25\left(\dfrac{t}{B'}\right)^2 - 0.01}{0.03} = 208\left(\frac{t}{B'}\right)^2 - 0.33$$

$$\frac{B_2}{B} = 1 - \frac{B_1}{B} = 1.33 - 208\left(\frac{t}{B'}\right)^2 \qquad (6.7.7\text{-a, b})$$

를 대입해서, P_2 의 다음 식을 얻는다.

$$P_2\left(A',\ \frac{B}{t}\right) = \left\{0.604 + \frac{62.0}{(B/t - 3)^2}\right\}A' \sigma_y \qquad (6.7.8)$$

위의 예비계산으로 P_1과 P_2를 이용하면, 단면적 A, 길이 B의 정사각형중공단면의 축내력 $P_{\max}$는 다음 식으로 평가된다.

$B/t > 28$일 때 :

$$P_{\max} = \frac{A\sigma_y}{4}\left(\frac{2.5}{\sqrt{0.01}} + 3\right)\frac{t}{B} + P_1(A/2,\ B/t) + \frac{A\sigma_y}{4}\left(\frac{2.5}{\sqrt{0.04}} + 3\right)\frac{t}{B}$$

$B/t \le 28$일 때 :

$$P_{\max} = \frac{A\sigma_y}{4} + P_2(A/2,\ B/t) + \frac{A\sigma_y}{4}\left(\frac{2.5}{\sqrt{0.04}} + 3\right)\frac{t}{B} \qquad (6.7.9\text{-a, b})$$

이것을 $P_y = \sigma_y A$로 나눠서 축내력의 무차원값 $P_{\max}$를 얻는다. 즉,

$$p_{\max} = \frac{P_{\max}}{P_y}\begin{cases} 20.7\dfrac{t}{B} & : \dfrac{B}{t} > 28 \\ 0.552 + 3.88\dfrac{t}{B} + \left(\dfrac{5.56}{B/t - 3}\right)^2 & : \dfrac{B}{t} \le 28 \end{cases} \qquad (6.7.10\text{-a, b})$$

상기 축내력이 작용내력 $P = \overline{p}\,\overline{P}_y$를 하회할 때, 기둥은 이미 축력을 전달할 수 없다. 따라서, 기둥 붕괴모드로 주어지는 붕괴온도 T'_{III}은 다음 식으로 주어진다.

표 6.7.1 기둥의 각 단면형상에 대한 $p_{\max}$

기둥의 단면형상	폭두께비	국부좌굴 후 축내력의 무차원 값
박스형 중공단면 (열간성형 또는 용접제작부재)	$B/t > 28$일 때	$p_{\max} = 20.7\dfrac{t}{B}$
	$B/t \le 28$일 때	$p_{\max} = 0.552 + 3.88\dfrac{t}{B} + \left(\dfrac{5.56}{B/t - 3}\right)^2$
박스형 중공단면 (냉간성형부재)	$B_r/t_r > 24$일 때	$p_{\max} = 17.7\dfrac{t_r}{B_r}$
	$B_r/t_r \le 24$일 때	$p_{\max} = 0.552 + 3.30\dfrac{t_r}{B_r} + \left(\dfrac{4.73}{B_r/t_r - 2.55}\right)^2$
H형강(강축)	$B_f/t_f > 10$일 때	$p_{\max} = \left(15.6\dfrac{A_f}{A} + 7.09\dfrac{A_w}{A}\right)\dfrac{t_f}{B_f}$
	$B_f/t_f \le 10$일 때	$p_{\max} = \dfrac{A_f}{A} + 5.58\dfrac{A_f}{A}\dfrac{t_f}{B_f} + \left\{0.604 + \left(\dfrac{2.83}{B_f/t_f - 1.08}\right)^2\right\}\dfrac{A_w}{A}$
H형강(약축)	$B_f/t_f > 10$일 때	$p_{\max} = \left(14.2\dfrac{A_f}{A} + 6.67\dfrac{A_w}{A}\right)\dfrac{t_f}{B_f}$
	$B_f/t_f \le 10$일 때	$p_{\max} = \left\{1.21 + \left(\dfrac{4.00}{B_f/t_f - 1.08}\right)^2\right\}\dfrac{A_f}{A} + 6.77\dfrac{A_w}{A}\dfrac{t_f}{B_f}$
원형중공단면	$D/t_c > 38.7$일 때	$p_{\max} = \dfrac{35.6}{D/t_c + 10.6}$
	$D/t_c \le 38.7$일 때	$p_{\max} = 0.72 + 0.089\theta_o$ θ_o는 $\cos\theta_o = 1.67 - \left(\dfrac{35.9}{D/t_c + 5.28}\right)^2$을 만족하는 0 이상 π 미만의 각

[주] $p_{\max}$가 1을 넘는 작은 폭두께비를 갖는 기둥은 $p_{\max} = 1$로 한다.

B/t : 정사각형중공단면의 폭두께비　　B_r/t_r : 냉간성형각형강관의 폭두께비

B_f/t_f : H형단면 플랜지 절반의 폭두께비　　D/t_c : 원형중공단면의 폭두께비

A_f, A_w, A는 H형단면 기둥의 플랜지, 웨브 및 전체 단면적

$$\bar{p} = p_{\max}\kappa(T'_{\text{III}})$$ 본문 중의 식 (6.7.1-c)

표 6.7.1에 정사각형중공단면의 $p_{\max}$로 주어진 식은 식 (6.7.10)과 다른 것이 아니다.

iii) 기둥 · 보 동시 붕괴모드

$P_{\max}$가 $\bar{p}\bar{P}_y$을 상회할 때 국부좌굴부는 휨저항을 갖는다고 생각된다. 기둥 · 보 동시 붕괴모드에 있어서 국부좌굴부에 설정된 휨모멘트는 이 휨저항에 상당한다.

이것을 평가하는 것은 축압축력 $P_{\max}$가 미치는 국부좌굴단면 내의 평균응력을 이용한다.

$$\sigma_R = P_{\max} / A = p_{\max} \sigma_y = p_{\max} \kappa(T) \overline{\sigma}_y$$

국부좌굴부의 휨저항은 응력 σ_R에 의해 형성된 전소성형의 응력분포(그림 6.7.2(b))가 초래한 휨모멘트 성분으로 한다. 그러면 이 부분의 축력성분은 $P = \overline{p}\,\overline{\sigma}_y A$이므로 휨모멘트 성분은 다음 식으로 주어진다.

$$M_R = Z_{pc} \sigma_R \tau \left(\frac{P}{\sigma_R A} \right) = \overline{M}_{p0} p_{\max} \kappa \tau \left(\frac{\overline{p}}{p_{\max} \kappa} \right)$$

여기서, Z_{pc}는 기둥의 소성단면계수이다. 그러면, 이 모드에 대응하는 골조의 붕괴온도는 식 (6.3.8)에 있어서 화재층 기둥 상단의 휨저항을 나타내는 항 $\kappa\tau(\overline{p}/\kappa)$를 국부좌굴부의 휨저항 $p_{\max}\kappa\tau(\overline{p}/(p_{\max}\kappa))$로 바꿔놓은 식에 해당하는 것을 알 수 있다. 즉,

$$\tilde{q} = \tilde{q}'_{\mathrm{II}}(T) = \frac{1}{2}\left[p_{\max} \kappa \tau \left(\frac{\overline{p}}{p_{\max} \kappa} \right) + \tau(\overline{p}) \right] \tilde{Z} + \frac{1}{2}\kappa \qquad \text{본문 중의 식 (6.7.1-b)}$$

그림 6.7.3 중에 파선으로 표시한 것은 이 골조의 기본붕괴온도곡선(6.3절 참조) 및 상기의 관계로 얻은 $\tilde{q}'_{\mathrm{II}} \sim T$ 곡선 및 직선 $T = T'_{\mathrm{III}}$이다. 기본붕괴곡선을 정할 때와 동일하게 세 곡선, 즉 기본붕괴곡선, $\tilde{q}'_{\mathrm{II}} \sim T$곡선 및 직선 $T = T'_{\mathrm{III}}$의 가장 내부를 포함하는 곡선, 즉 그림 중의 두꺼운 실선이 이 경우의 붕괴곡선이다.

위에서 얻은 곡선은 기둥의 폭두께비에 의존하고, 보·기둥 길이비에 의존하지 않는다. 그러나 실용적인 보·기둥 길이비의 범위 내에서는 이 식을 적용하는 것으로 붕괴온도가 크게 위험측으로 벗어나지 않는다. 그림 6.7.3에는 기둥의 국부좌굴을 고려한 유한요소해석[6.37]에 의한 계산붕괴온도가 플롯점으로 병기되어 있다. 대상 골조는 그림 6.3.1의 ㅏ형 골조이다. 계산에 의하면, 골조의 붕괴온도는 약간 l/h에 의존한다. 보의 선팽창에 의해 늘어난 외부기둥이 부재각을 초래하고, 이것이 기둥단부 국부좌굴 형성부의 압축변형을 증가시키고, 이 저항을 감소시키기 때문이다. 그러나 그림에서 보듯이, 계산붕괴온도는 국부좌굴 온도산정치(두꺼운 실선의 횡좌표)를 하회하는 것은 아니다.

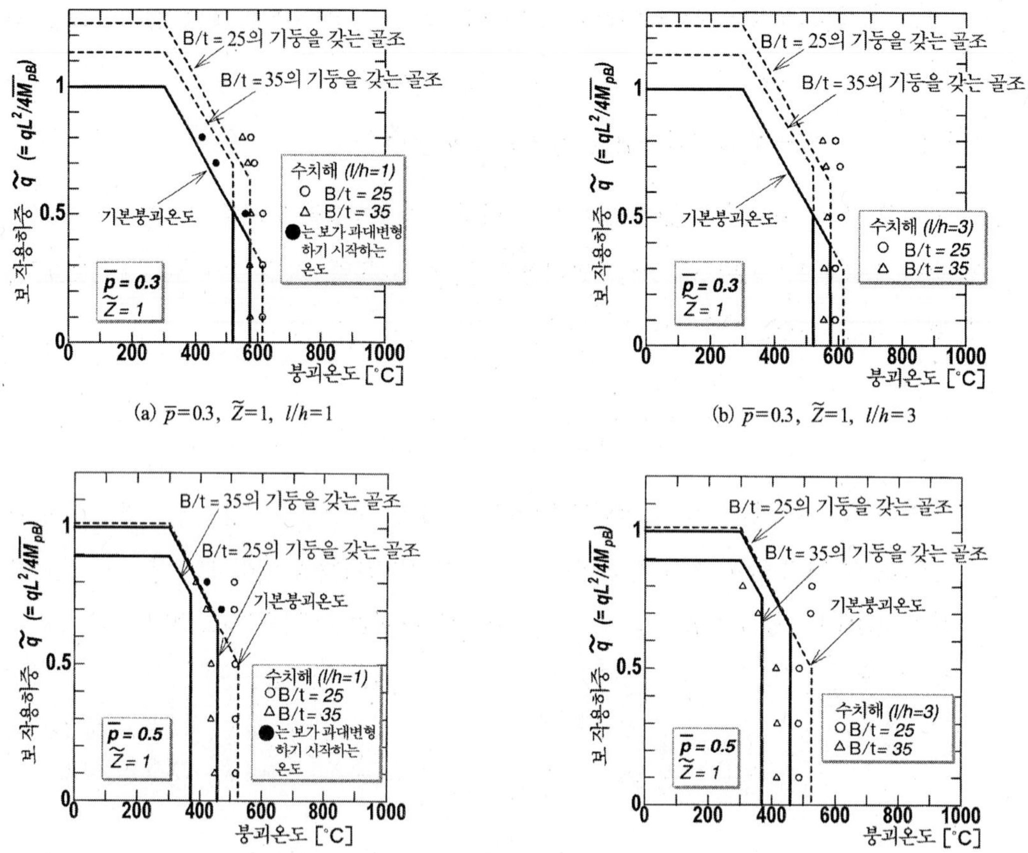

(a) $\overline{p}=0.3$, $\widetilde{Z}=1$, $l/h=1$

(b) $\overline{p}=0.3$, $\widetilde{Z}=1$, $l/h=3$

(c) $\overline{p}=0.5$, $\widetilde{Z}=1$, $l/h=1$

(d) $\overline{p}=0.5$, $\widetilde{Z}=1$, $l/h=3$

그림 6.7.3 외부기둥의 국부좌굴을 동반한 골조의 붕괴온도

4) 내부기둥을 포함한 라멘 분해골조의 붕괴온도

화재 시 내부기둥이 고온에 이를 때는 이것을 포함한 골조의 붕괴온도는 식 (6.7.1-a), 식 (6.7.1-c) 두 식만으로 산정하면 된다. 이 경우 기둥·보 동시붕괴가 발생하는 것은 거의 없다고 생각되기 때문이다[6.33)].

5) 기둥이 국부좌굴할 때 브레이스부착 분해골조의 붕괴온도

브레이스부착 골조도 라멘의 경우와 동일하게 국부좌굴은 화재층의 주두부에만 형성되도록 한다. 국부좌굴부도 소성힌지로 있는 것은 변함없고, 외부기둥을 포함한 브레이스부착 분해골조에 있어서 종국 시 고려할 붕괴모드는 6.4절에서 취급한 것과 동일하다(그림 6.4.2 및 그림 6.4.3 참조). 이 절의 본문 중 붕괴온도 산정식, 즉 식 (6.7.2) 및 식

(6.7.3)의 각 식은 다음의 두 조건에 따른다.

i) 6.4절의 식 (6.4.7) 각 식에 있어서 화재층의 주두에 형성된 소성힌지의 휨저항을 나타내는 항 $\kappa\cdot\tau(\bar{p}/\kappa)$을 국부좌굴의 휨저항을 나타내는 항 $p_{\max}\kappa\tau(\bar{p}/(p_{\max}\kappa))$으로 치환한다.

ii) 6.4절에 있어서 기둥의 압축붕괴를 동반할 때 골조의 붕괴온도 산정식, 즉 식 (6.4.2-b) 및 식 (6.4.7-e)에서 표시된 $\bar{p}=\kappa(T)$를 $\bar{p}=p_{\max}\kappa(T)$로 치환한다.

내부기둥을 포함한 브레이스부착 분해골조는 내부기둥을 포함한 라멘의 경우와 동일하게, 기둥・보 붕괴모드(화재층 주두와 보 중앙부에 동시에 소성힌지가 형성되는 모든 붕괴모드)는 대부분 발생하지 않고, 이 붕괴모드의 붕괴온도 산정은 생략해도 좋다.

6) 중공원형단면, H형단면, 냉간성형 각형강관 기둥의 국부좌굴 후 잔여 저항

이상은 정사각형중공단면을 갖는 기둥을 대상으로 한 골조붕괴온도의 산정이다. 원형중공단면(원형강관) 및 H형단면 및 냉간성형 각형강관 단주(stub column)의 고온압축시험결과를 참조하면, 어느 것에 대해서도 국부좌굴 후 내력열화성상과 등가성상을 나타내는 정사각형중공단면 단주를 각각 색인하는 것이 가능하다. 그림 6.7.1(b), (c), (d)는 등가성을 검증하고 있는 단주의 고온압축시험결과이다[6.34), 6.35), 6.38), 6.39), 6.41)]. 이것을 정리하면 다음과 같다.

i) 원형중공단면 기둥

다음 식으로 연결되는 원형중공단면 기둥과 정사각형중공단면 기둥은 등가 국부좌굴 후 거동을 갖는다[6.34)].

$$\frac{D}{t_c}=1.76\left(\frac{B}{t}-6\right) \tag{6.7.11}$$

여기서, D, t_c는 각각 단면의 외경, 강관두께이다.

ii) H형단면 기둥

다음 식으로 연결되는 H형단면 기둥과 정사각형중공단면 기둥은 등가 국부좌굴 후 거동을 갖는다.

$$\frac{B_f}{t_f}=0.36\frac{B}{t} \tag{6.7.12}$$

여기서, B_f, t_f는 각각 플랜지의 절반 폭, 플랜지의 두께이다. 단, 후술하는 t_f는 필요에 따라 t_{feff}로 대체할 수 있다.

iii) 냉간성형 각형강관 기둥

다음 식으로 연결되는 냉간성형 각형강관 기둥과 정사각형중공단면 기둥은 등가 국부좌굴 후 거동을 갖는다.

$$\frac{B_r}{t_r} = 0.85\frac{B}{t} \tag{6.7.13}$$

여기서 B_r, t_r는 각각 냉간성형 각형강관 기둥의 변의 길이, 판 두께이다.

지침에서는 식 (6.7.11), 식 (6.7.12), 식 (6.7.13)에서 각각 주어진 등가성이 골조의 붕괴온도에 직접 반영한 것으로 본다.

H형단면 기둥의 경우, 웨브의 폭두께비 d/t_w가 플랜지의 폭두께비 B_f/t_f에 비해서 크게 되면 국부좌굴 및 그 후의 하중변형성상이 열화한다. 일본건축학회편 「건축내진설계에 있어서 보유내력과 변형성능(1990)」에 의하면 H형단면 기둥의 랭크 분류에 있어서 $\dfrac{d}{t_w} > 2\dfrac{B_f}{t_f}$일 때 $\dfrac{B_f}{t_f} + 0.16\dfrac{d}{t_w}$가 일정하면, 강종에 관계없이 기둥의 하중변형성상은 변하지 않는다. 그림 6.7.1에 있어서 고온압축시험으로 제공한 H형단주는 어느 것이나 거의 $\dfrac{d}{t_w} \approx 2.5\dfrac{B_f}{t_f}$이다[6.35]. 그러면, 웨브의 국부좌굴 영향을 고려한 플랜지의 등가폭두께비 $\dfrac{B_f}{t_{feff}}$는 다음의 식에 의해 계산된다.

$$\frac{B_f}{t_{feff}} + 0.16 \times 2.5 \times \frac{B_f}{t_{feff}} = \frac{B_f}{t_f} + 0.16\frac{d}{t_w}$$

이것으로 다음 식을 얻는다.

$$\frac{d}{t_w} \leq 2\frac{B_f}{t_f} \text{ 일 때 : } \frac{B_f}{t_{feff}} = 0.94\frac{B_f}{t_f}$$

$$\frac{d}{t_w} > 2\frac{B_f}{t_f} \text{ 일 때 : } \frac{B_f}{t_{feff}} = 0.72\frac{B_f}{t_f} + 0.11\frac{d}{t_w} \tag{6.7.14}$$

웨브 국부좌굴의 악영향이 우려될 때는 식 (6.7.12)에서 $\dfrac{B_f}{t_f}$는 위 식의 $\dfrac{B_f}{t_{feff}}$로 바꾼다. 골조의 붕괴온도산정에 있어서 표 6.7.1을 이용할 때에도 $\dfrac{B_f}{t_f}$는 필요에 따라서 $\dfrac{B_f}{t_{feff}}$로 바꾼다.

7) H형단면, 원형중공단면, 냉간성형 각형강관 기둥이 국부좌굴을 나타내는 골조의 붕괴온도

H형단면, 원형중공단면 및 냉간성형 각형강관 기둥을 갖는 골조에 있어서도 국부좌굴이 화재층의 기둥 상단에 형성된 것은 앞에서 설명한 정사각형중공단면 기둥의 경우와 동일하다. 해당 국부좌굴부분의 압축저항을 표시하는 항 $p_{\max}(=P_{\max}/P_y)$을 단면형태로 평가하고, 이것을 본문의 붕괴온도 산정식으로 대입하는 것에 의해 기둥이 국부좌굴을 나타내는 골조의 붕괴온도를 얻는다. $P_{\max}$는 정사각형중공단면의 경우와 동일하게 평가된다. 즉, 종국 시 그림 6.7.2에 제시한 응력이 단면 춤 방향에 분포하고 있다고 가정하고, 이 응력분포의 단면전체에 걸쳐 적분으로서 $P_{\max}$를 구한다. 이것을 각 단면 형태마다 계산하면 다음과 같다.

i) 골조도면에 H형단면 기둥이 강축으로 배치된 경우

정사각형중공단면에 대한 식 (6.7.9)를 구한 방법을 답습하면 이 경우 $P_{\max}$는 다음과 같이 계산된다.

$B/t > 28(B_f/t_f > 10)$인 경우 :

$$P_{\max} = A_f\sigma_y\left(\frac{2.5}{\sqrt{0.01}}+3\right)\frac{t}{B} + P_1(A_w, B/t) + A_f\sigma_y\left(\frac{2.5}{\sqrt{0.04}}+3\right)\frac{t}{B} \quad (6.7.15\text{-a})$$

$B/t \leq 28(B_f/t_f \leq 10)$인 경우 :

$$P_{\max} = A_f\sigma_y + P_2(A_w, B/t) + A_f\sigma_y\left(\frac{2.5}{\sqrt{0.04}}+3\right)\frac{t}{B} \quad (6.7.15\text{-b})$$

여기서, A_f, A_w는 각각 플랜지, 웨브의 단면적이다. 위의 식에 등가 폭두께비의 식 (6.7.12)를 대입해서 B/t를 제거하고, 이것을 P_y로 나눠서 무차원화한 $p_{\max}$가 표 6.7.1 중의 해당란에 정리되어 있다. 표 중에서 $a_f = A_f/A$, $a_w = A_w/A$이다.

ii) 골조도면에 H형단면 기둥이 약축으로 배치된 경우

상기와 동일하게, $P_{\max}$는 다음과 같이 계산된다.

$B/t > 28(B_f/t_f > 10)$인 경우 :

$$P_{\max} = P_1(2A_f, B/t) + A_w \sigma_y \left(\frac{2.5}{\sqrt{0.025}} + 3 \right) \frac{t}{B} \tag{6.7.16-a}$$

$B/t \le 28(B_f/t_f \le 10)$인 경우 :

$$P_{\max} = P_2(2A_f, B/t) + A_w \sigma_y \left(\frac{2.5}{\sqrt{0.025}} + 3 \right) \frac{t}{B} \tag{6.7.16-b}$$

이하의 내용은 상기 i)항 강축의 경우와 동일하다.

iii) 원형중공단면

$\varepsilon_{cr} < 1\%$, 즉 $B/t > 28$(즉 $D/t_c > 38.7$)일 때, 그림 6.7.2(a)②의 응력분포 총계로써 이 경우의 축내력을 구한다. 즉,

$$p_{\max} = \frac{P_{\max}}{P_y} = \frac{1}{\sigma_y \cdot \pi D t_c} \int_0^{\pi} \left(\frac{2.5}{\sqrt{\varepsilon}} + 3 \right) \sigma_y \frac{t}{B} \cdot D t_c d\theta \tag{6.7.17}$$

$$= \left\{ \frac{1}{\pi} \int_0^{\pi} \left(\frac{2.5}{\sqrt{\varepsilon}} + 3 \right) d\theta \right\} \frac{t}{B} = 20.2 \frac{t}{B}$$

여기서, $\varepsilon = \varepsilon_0 + (\varepsilon_1 - \varepsilon_0)/2 \cdot (1 - \cos\theta)$이다. 최우변의 식은 $\varepsilon_1 = 4\%$, $\varepsilon_{cr} = 1\%$로써 수치적분에 의해서 구한다. 이것에 등가 폭두께비의 식 (6.7.11)을 대입한다.

$\varepsilon_{cr} > 1\%$의 때는 그림 6.7.2(c)①의 응력분포 총계를 구한다. 앞의 두 단면과 동일한 약산을 실시한다. 응력이 국부좌굴에 의해 열화하기 시작하는 단면 내의 위치 θ_0는 다음 식으로 주어진다(그림 6.7.2(c) 참조).

$$\frac{B_1}{B} = 208 \left(\frac{t}{B'} \right)^2 - 0.33 = (1 - \cos\theta_0)/2 \tag{6.7.18}$$

이때, 국부좌굴부의 압축내력은 다음 식으로 계산된다.

$$p_{\max} = \frac{P_{\max}}{P_y} = \frac{\theta_0}{\pi} + \frac{20.2}{28} \cdot \frac{\pi - \theta_0}{\pi} = 0.72 + 0.089\theta_0 \tag{6.7.19}$$

여기서, 식 (6.7.18)에서 θ_0는 다음 식을 만족하는 $0 \leq \theta_0 < \pi$ 범위의 각이다.

$$\cos\theta_0 = 1.67 - 416\left(\frac{t}{B'}\right)^2 = 1.67 - \left(\frac{35.9}{D/t_c + 5.28}\right)^2 \tag{6.7.20}$$

표 6.7.1에는 식 (6.7.17) 및 식 (6.7.19)가 해당란으로 주어진다.

iv) 냉간성형 각형강관

정사각형중공단면에 대한 식 (6.7.9)를 구한 순서와 동일하게 $P_{\max}$는 다음과 같이 계산된다.

$B/t > 28(B_r/t_r > 24)$일 때 :

$$P_{\max} = \frac{A\sigma_y}{4}\left(\frac{2.5}{\sqrt{0.01}} + 3\right)\frac{t}{B} + P_1(A/2, B/t) + \frac{A\sigma_y}{4}\left(\frac{2.5}{\sqrt{0.04}} + 3\right)\frac{t}{B} \tag{6.7.9-a}$$

$B/t \leq 28(B_r/t_r \leq 24)$일 때 :

$$P_{\max} = \frac{A\sigma_y}{4} + P_2(A/2, B/t) + \frac{A\sigma_y}{4}\left(\frac{2.5}{\sqrt{0.04}} + 3\right)\frac{t}{B} \tag{6.7.9-b}$$

위의 식에 등가 폭두께비의 식 (6.7.13)을 대입해서 B/t를 제거하고, 이것을 P_y로 나눠서 무차원화한 $p_{\max}$가 표 6.7.1 중의 해당란에 정리되어 있다.

H형단면 단주의 고온 시 휨압축실험 결과[6.39]를 그림 6.7.4로 제시한다. 소정의 온도까지 가열한 H형단면 단주에 일정한 축력을 주고, 화재 시 강재보의 열팽창을 상정한 강제 수평변위를 단주의 강축방향으로 휨이 발생하도록 하고, 국부좌굴이 발생한 상태에서 단주가 축력을 유지하는가를 확인한 실험이다. 그래프의 횡축은 국부발생 위치의 상대회전각이고, 층간변형각의 약 2배 값에 대응한다. 고층철골골조 48동의 열응력해석결과에 의하면, 화재 시 외부기둥에서 발생하는 층간변형각은 크더라도 1/30 이하가 된다[6.40]. 따라서 상대회전각이 2/30까지 이르는 과정에서 축방향변위의 급증이 보이지 않는 것은 강재보의 열팽창에 의해 외부기둥에 국부좌굴이 발생한 상태에서도 축력을 유지할 수 있거나 잔여저항을 할 수 있다고 말할 수 있다. 그림 6.7.4에 제시한 결과(폭두께비 $b_f/t_f = 10$, 축력비 $\bar{p} = 0.5$)에서는 500℃에서 변형각이 2/30를 넘어도 축력을 유지할 수 있으나, 550℃에서는 변형각이 1/30 정도에서 축력을 유지할 수 없게 된다. 이 실험에 이용한 FB 랭크의 H형단면에서는 표 6.7.1에 제시한 $P_{\max}$가 1.34($P_{\max} = 1$이라고 바꿔 읽는다)

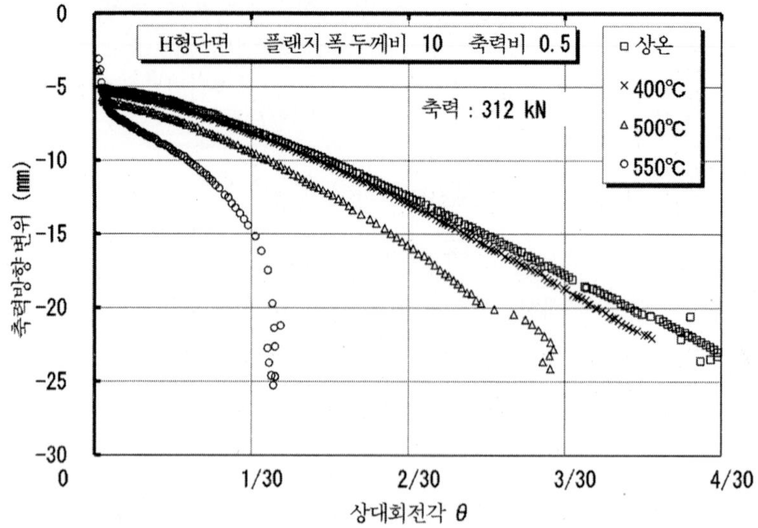

그림 6.7.4 H형단면 기둥(H-120×120×4.5×6)을 이용한 고온 시 휨압축실험결과 [6.39)]

이고, 식 (6.7.1-c) 및 식 (2.1.2)에 의한 붕괴온도는 475℃가 된다. 따라서, 이 475℃를 상회하는 500℃에서도 국부좌굴 후의 잔여저항을 유지한다는 실험결과를 우선 확인할 수 있다. 단, 실험결과는 그 실험에 이용한 강재의 고온강도에 의존한다. 따라서, 이 실험에 사용한 SM490의 고온인장시험결과에서 얻은 고온 시 0.2% 오프셋 내력으로 산정하였고, 고온 시 항복축력에 대한 작용축력의 비로 평가했다(당시의 고온인장시험에서는 1% 변형 시의 응력도를 취득하지 않았다). 이 비는 500℃에서는 0.85이고, 550℃에서는 1.0이다. 즉, 550℃의 휨압축 실험에서는 고온 시 항복축력에 가까운 축력을 받은 상태에서 수평변형에 의한 국부좌굴이 발생한 후에 잔여저항을 손실해서 축력을 유지할 수 없게 되었다.

식 (6.7.1-c)에 의한 붕괴온도 평가에 있어서는 표 6.7.1에 제시한 P_{max}가 1 이상의 기둥에서는 국부좌굴의 영향을 받지 않는다. 한편, 그림 6.7.4에 제시한 실험결과(P_{max}가 1을 넘는 H형단면의 550℃ 결과)에서는 국부좌굴의 영향을 받고, 표 6.7.1에 제시한 값이 약간 위험측의 평가를 줄 가능성을 시사하고 있다. 그러나 강재의 고온항복강도 설정에 있어서 하안치를 이용하고 있고, 더욱 다음 절에서 설명할 골조의 응력재분배효과가 작용하며, 일부 기둥의 잔여저항이 저하해도 골조의 안정성이 유지되는 것을 고려하면 표 6.7.1에 제시한 값이 약간 위험측으로 평가를 받아도 문제없다.

8) 강재 종류

그림 6.7.1은 강재 단주의 고온압축시험결과이다[6.31), 6.34), 6.35), 6.41)]. 각 고온압축시험에 사용된 강재를 정리하면 다음과 같다.

- 정사각형중공단면 단주 : SS400, SM490 및 이것에 해당하는 내화강 4강종
- 중공원형단면 단주 : SS400 및 이것에 해당하는 내화강 4강종
- H형단면 단주 : SS400, SM490에 상당하는 내화강 3강종
- 냉간성형 각형강관 단주 : BCR295, STKR400

그림 6.7.1에서 보듯이, 고온 단주압축시험에 의하면 국부좌굴 발생 후 변형의 진행과 함께 압축내력이 열화하는 비율은 단주의 재질에 의존하지 않는다고 말한다. 이 절의 내용은 SS400, SN400, SM490, SN490 및 건축구조용 냉간성형 각형강관(BCP235, BCR295, BCP325)에 동등하게 적용된다.

6.8 전체골조의 붕괴온도에 미치는 응력재분재의 영향

기둥의 좌굴온도 및 국부좌굴온도는 골조의 응력재분배능력을 고려해서 산정한 전체골조의 붕괴온도를 상한으로 증가시키는 것이 가능하다. 단, 고온좌굴하는 기둥에 작용하는 하중이 비화재부분 주위의 골조에 안정화되어 재분배 가능하고, 응력재분배과정에서 발생하는 변형으로 화재구획을 구성하는 구획부재의 연소방지성능 및 구조체의 내화피복 등의 단열성능이 손상하지 않는 경우에 한한다.

전체골조의 붕괴온도 T_{ult}(℃)는 다음 식으로 산정한다.

$$F_p \leq P \text{일 때 } T_{ult} = T_{cr} \tag{6.8.1-a}$$

$$F_p > P \text{일 때 } T_{ult} = T_2 \tag{6.8.1-b}$$

여기서, T_{cr} : 식 (6.6.1-a), (6.6.1-b), (6.6.4), (6.7.1-c)에 의한 기둥의 좌굴온도 또는 국부좌굴온도 [℃]

P : 기둥 또는 기둥 군에 상시 작용하는 축력 [kN]

F_p : 골조의 응력재분배능력 [kN]

T_2 : 식 (2.1.2)에서 유효항복강도가 0이 되는 온도 [℃]

1) 화재 시 전체골조의 붕괴메커니즘

화재 시 기둥붕괴모드(기둥의 소성붕괴, 휨좌굴 또는 국부좌굴)를 형성하는 라멘의 붕괴온도는 식 (6.6.1)~(6.7.4)에 의해 산정된다. 기둥의 전체좌굴에 관한 붕괴온도는 기둥에 상시하중이 작용하는 것으로 선팽창계수이론에 기초하여 산정된다. 그러나 화재 시에 가열된 골조 내의 기둥은 온도 상승으로 발생한 열팽창이 주변골조에 의해 구속되므로 열응력을 받는다. 그러므로 해당 기둥의 붕괴온도는 이론좌굴온도보다 저하하는 것이다. 한편, 가열된 기둥이 항복 또는 좌굴된 후 기둥의 압축방향의 변형이 증가해서 주두가 화재전의 위치보다도 저하하고, 주변골조는 침하하는 기둥에 작용하고 있는 하중을 부담하게 된다. 이것으로 기둥에 작용하는 연직력은 주변의 상온부재에 재분배되고, 기둥의 고온좌굴에 의해 바로 골조 전체가 붕괴에 달하지 않는 경우도 있다[6.42].

골조에 의한 열응력·응력재분배작용을 포함한 기둥의 고온좌굴 및 전체골조의 붕괴기구 관계에 대해서 해설한다. 그림 6.8.1, 그림 6.8.2에 나타난 것과 같이 다층 다스팬의 골조에서 화재가 발생하면 종국 시에는 전체골조의 붕괴메커니즘이 형성된다. 붕괴형은 화재의 발생위치, 구조조건, 응력재분배능력에 따라 상이하다. 골조의 응력재분배능력이 기대되는 조건에서는 골조의 내측 스팬에서 발생한 화재에 의해 가열된 기둥이 좌굴 또는 항복하고, 수축하면 화재구획에 인접한 스팬의 보에 소성힌지가 형성되어 그림 6.8.1(a)와 같이 침하형의 전체골조 붕괴메커니즘이 형성된다. 이것 외에도 골조의 응력재분배능력의 다소에 따라 그림 6.8.1(b)와 그림 6.8.1(c)에서 보는 좌굴붕괴모드와 보의 국소붕괴모드가 발생한다.

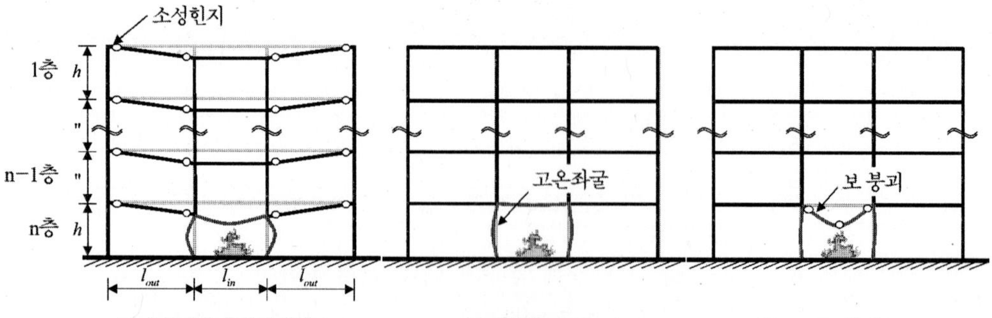

(a) 응력재분배 완전발휘모드　(b) 좌굴붕괴모드　(c) 보 국소붕괴모드

그림 6.8.1 내측 스팬 화재 시 골조 전체의 붕괴모드

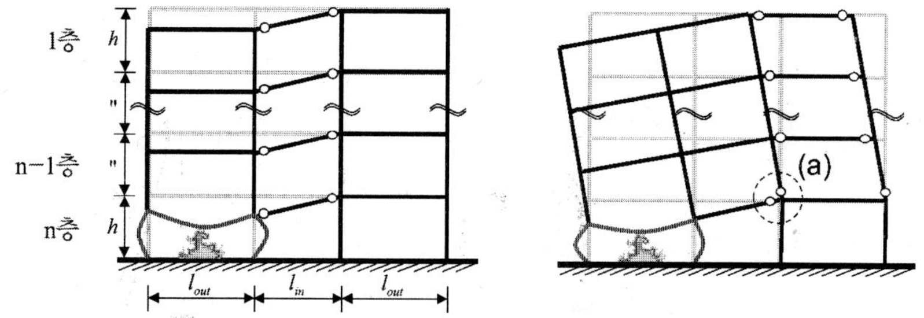

(a) 침하형 붕괴모드 (b) 전도형 붕괴모드

그림 6.8.2 외측 스팬 화재 시 골조 전체의 붕괴모드

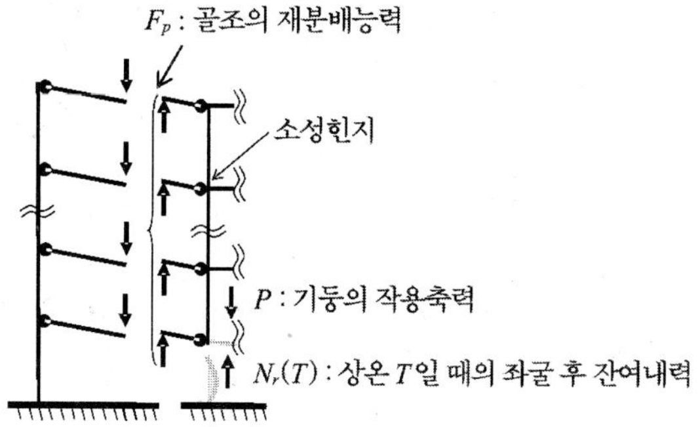

그림 6.8.3 종국 시 골조의 균형

그림 6.8.3에 나타난 것과 같이 종국시 골조의 균형, 전체골조의 붕괴모드가 형성된 실제골조의 거동과 응력재분배의 효과를 그림 6.8.4에 골조를 축약한 구조모델을 이용해서 해설한다[6.42]. 그림 6.8.4(a)는 그림 6.8.3의 골조의 각 부재를 고온좌굴하는 기둥을 중앙의 기둥 C_{heat}, 주변골조의 보군을 보 B, 주변골조의 기둥을 강한 외측기둥 C_{out}로 대표하고 있다.

그림 6.8.4(b)~(d)에는 보 B의 하중변형관계를 $F(\delta)$, 온도 T일 때 C_{heat}의 하중변형관계를 $N_{cr}(T, \delta)$, 상시하중을 P로 나타내고 있고, 그림 6.8.4(a)는 구조모델에서 $P-F(\delta)$ (상시하중에서 변위에 관계없이 보에 작용하는 힘을 감한 값)와 $N_{cr}(T, \delta)$의 관계, 골조의 종국상태 관계가 나타나고 있다. 여기서, 그림의 횡축 δ는 A점(C_{heat}와 보 B의 접합부)의 연직방향 변위이다. 화재 전의 기둥 C_{heat}의 주두와 보 B 단부의 변형량을 $\delta=0$으로, 초기변위에서 하향방향으로 변형하는 방향(기둥이 수축하는 방향)을 정(+)으로 하고 있다. 종축은 $P-F(\delta)$ 또는 $N_r(T, \delta)$의 크기이다. 또한, 보 하중변형관계 $F(\delta)$에

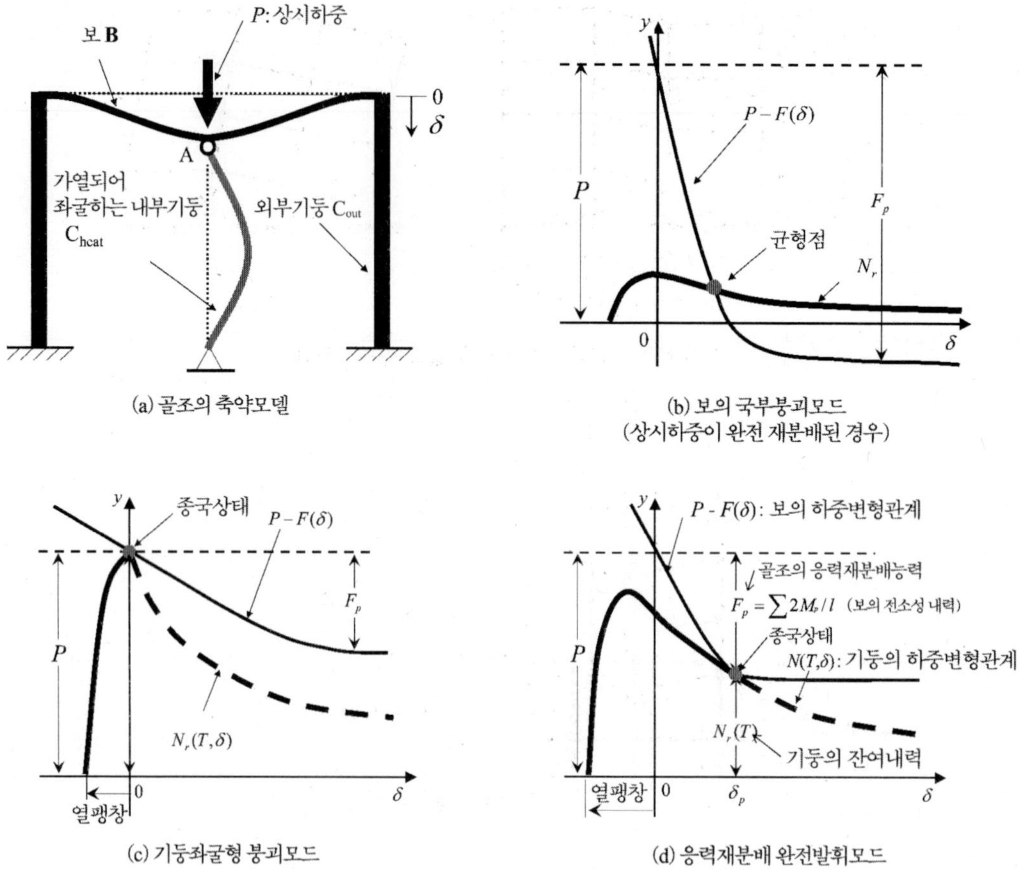

(a) 골조의 축약모델

(b) 보의 국부붕괴모드 (상시하중이 완전 재분배된 경우)

(c) 기둥좌굴형 붕괴모드

(d) 응력재분배 완전발휘모드

그림 6.8.4 골조의 축약모델과 종국 시 골조의 역학적 균형

있어서 $\delta = 0$일 때 보에는 힘이 작용하지 않는 것으로 $F(0) = 0$, 기둥이 수축하는 $\delta > 0$일 때 $F(\delta) > 0$으로 하고 있다.

그림 6.8.4(b)에는 $P - F(\delta)$만 표현하고 있다. 이것은 단순하게 고온좌굴한 기둥의 영향을 무시한 것이고, 즉 기둥의 잔여내력에 기대하지 않는 경우와 고온화해서 내력이 거의 0이 될 경우의 조건이다. 이 경우, 보 B의 내력이 충분히 크게 되면, A점이 일정정도 침하할 때 보에 의한 응력재분배작용이 발생하고, P를 강한 외측기둥 C_{out}에 전달 가능하다. 그림 6.8.4(c), (d)는 $P - F(\delta)$에 추가하여 온도 T일 때의 C_{heat}의 하중변형관계 $Nr(T, \delta)$가 표현되고 있다. 또한, 고온화한 기둥의 하중–변형관계는 열팽창 부분만, 횡축이 부(−)측으로 오프셋(off set)되고 있다. 그림 6.8.4(c)는 열팽창한 기둥이 축력으로 수축되고, 기둥의 고온 시 좌굴내력이 P가 되는 시점에서 종국상태로 되어 바로 골조가

붕괴하는 경우의 거동이다. 그림 6.8.4(c)에서 보의 휨강성 · 내력은 그림 6.8.4(b)의 보다도 작은 조건을 상정하고 있고, 기둥의 수축과 함께 좌굴 후 내력의 저하보다도 편측 보 단부의 하향변위를 동반하여 발생한 전단력의 증가(보에 의한 응력재분배작용)가 작으므로 보의 응력재분배능력은 기둥 내력의 열화부분을 보충할 수 없다. 한편 그림 6.8.4(d)는 보가 일정정도의 휨강성 · 내력을 유지하고, 기둥좌굴 후의 수축과 함께 안정적인 응력재분배가 되고, 보가 전소성내력에 달할 때까지 골조의 응력재분배능력이 발휘되는 경우의 거동이다. 그 후 변형이 진전되고, 보강성의 저하와 기둥좌굴 후 내력의 저하로 P를 전달할 수 없게 된다. 이 모드가 형성되는 경우 종국 시에 골조의 변형은 크게 되기 쉽다.

그림 6.8.1(a)의 침하형 붕괴모드는 골조 전체의 응력재분배능력을 남김없이 사용하여 골조가 붕괴하는 경우(응력재분배 완전발휘모드)이다. 이때의 역학적 균형은 그림 6.8.3과 같고, 그림 6.8.4(d)에 나타난 거동을 거쳐서 화재구획에 인접하는 스팬의 보에 소성힌지가 형성되고, 주변골조의 응력재분배능력 F_p과 온도 T일 때 기둥의 좌굴 후 내력 $N_r(T)$의 합력이 상시축력 P와 균형이 없어지는 시점에서 붕괴에 이른다. 그림 6.8.1(b)는 골조의 강성 · 응력재분배능력이 작은 경우($F_p < 0.4P$)와 기둥의 좌굴 후 내력열화가 큰 경우에 발생하는 붕괴모드(좌굴붕괴모드)에서 전체골조는 기둥의 좌굴에 의해 바로 구조안전성을 상실한다. 이때, 그림 6.8.4(c)에서 좌굴에 이를 때까지 기둥이 받는 열응력은 작으므로 응력재분배의 효과와 열응력의 영향은 거의 무시할 수 있고, 전체골조의 붕괴온도는 기둥의 좌굴온도가 된다. 한편, 골조의 강성 · 응력재분배능력이 극도로 큰 경우(그림 6.8.4(a)), 기둥의 고온 시 내력이 저하 또는 최종적으로 기둥을 상실하여도 하중은 주변골조에 의해 전달된다. 즉, 전체골조는 붕괴에 이르지 않고, 화재실 보의 국소붕괴모드(그림 6.8.1(c))가 형성되고, 기둥의 좌굴변형과 침하량은(그림 6.8.4(d))의 경우에 따라 발달하지 않는다.

한편, 다층 다스팬 골조의 외측 스팬에서 화재가 발생한 경우에는 주변골조의 응력재분배능력에 따라 상이한 붕괴메커니즘이 형성된다. 후보가 되는 메커니즘의 하나는 그림 6.8.2(a)와 같이 화재구획에 인접한 스팬의 보와 그 상부 보에 힌지가 형성되는 침하형 붕괴메커니즘이다. 또 다른 후보는 그림 6.8.2(b)에 나타낸 바와 같이 화재구획보다도 2스팬 이상 분리된 주변골조 부분이 화재구획방향으로 이동(sway)하고, 이것에 적합할 수 있도록 화재구획을 포함한 부분골조가 절점(a) 주변에 강체 회전하는 전도형의 붕괴메커니즘이다. 내측 스팬의 경우와 동일하게 기둥의 좌굴붕괴, 보의 국소붕괴가 남는 붕괴모드도 형성된다. 일반적으로 외측스팬 화재에 있어서는 골조의 응력재분배능력이 작고, 내측스팬 화재에 비교해서 효과를 기대하기 어렵다.

지침에서는 골조의 응력재분배능력이 기둥 또는 기둥 군에 상시 작용하는 축력을 상회하는 경우, 즉 $F_p > P$에 한해서 골조전체의 응력재분배효과를 활용하는 것으로 하고 있다. 이것은 $F_p \le P$로 되는 경우 골조의 대변형과 기둥의 국부좌굴을 동반한 기둥의 잔여내력의 급격한 저하 등과 골조의 응력재분배의 관계를 충분히 평가하는 것이 불가능하기 때문이다. 실제 골조에 있어서 화재구획에 면한 기둥이 다소 있는 경우 등에서 3차원적인 응력재분배효과도 기대되지만, 이것에 대해서 검토는 충분하지 않다. 또한 고온 좌굴한 기둥에 작용하고 있는 하중이 전달되는 주변골조의 상온 기둥에 대해서는 응력재분배에 대해 추가된 축력과 휨모멘트를 고려해서 좌굴 등이 발생하지 않고, 응력을 전달가능하다는 것을 확인하는 것이 필요하다. 화재 시 골조의 응력재분배능력을 고려할 때에는 전체골조가 일정 정도 이상의 강성과 내력을 갖고 있다고 하는 것이 전제로 되지만, 내진설계가 되어진 일반적인 라멘은 이것을 만족하는 것으로 생각된다.

2) 기둥의 고온좌굴에 미치는 열응력의 영향과 응력재분배효과

화재가열을 받고 좌굴하는 기둥에 대해서 주변골조부분은 좌굴 전에는 해당 기둥을 구속해서 압축력을 증가시키는 작용과 좌굴 후에는 기둥이 침하하고 기둥에 발생했던 응력을 부담해서 재분배한다고 하는 2가지 역할을 전후로 펼친다. 그림 6.8.4에 있어서 골조의 붕괴온도에 대한 주변골조부분의 두 작용의 영향을 이하에 해설한다.

상기의 두 작용은 다음과 같이 정식화할 수 있다. 주변부재에 구속된 기둥의 좌굴온도가 저하한다고 말하는 관계는 다음 식으로 주어진다.

$$N_{cr}(T) = P + F' \qquad (6.8.2)$$

여기서, $N_{cr}(T)$: 부재온도 T에서 기둥의 좌굴내력

P : 기둥에 상시 작용하는 압축력

F' : 늘어난 기둥을 주변 골조 부분이 탄성적으로 구속하는 힘(열응력)

한편, 주변 부재가 좌굴한 기둥을 끌어올려서 골조의 붕괴온도가 상승한다고 말하는 관계는 다음 식으로 주어진다.

$$N_r(T) + F_p = P \qquad (6.8.3)$$

여기서, $N_r(T) \approx \kappa(T)\overline{N}_r$: 부재온도 T에서 기둥의 좌굴 후 잔여내력

$\overline{N}_r$: 상온 시 기둥의 좌굴 후 잔여내력

$\kappa(T)$: 강재의 유효항복강도 잔존율

F_p : 주변골조의 응력재분배능력(주변골조가 부담 가능한 힘의 상한) (그림 6.8.3)

주변부재에서 가열을 받는 기둥에 발생하는 열응력이 증가되면 기둥의 좌굴온도에 어떠한 영향을 미치며, 동일한 주변부재의 응력재분배능력이 가열된 골조의 붕괴온도상승에 어떠한 효과를 미치는가를 수치해석에 의한 예제로 본다. 여기서는 다양한 내진골조에 관한 일련의 화재응답해석결과를 상기의 논점에 기초하여 정리하고, 기둥의 좌굴온도와 붕괴온도의 관계를 해설한다. 또한 수치해석은 $T_1 = 350℃$, $T_2 = 850℃$에서 근사 가능한 강재의 응력변형관계에 기초하고 있다[6.43].

골조는 그림 6.8.1과 유사한 12층 3스팬 강구조 골조이다. 표 6.8.1에 골조에 대한 3수준의 밑면전단계수(base shear coefficient) C_b(① 0.083, ② 0.167, ③ 0.33)와 2종류의 스팬 길이 $l_{out} \times l_{in} \times l_{out}$(A골조 : 6m×6m×6m, E골조 : 14m×6m×14m)을 설정하고, 지진력을 상정한 수평력과 보 작용하중을 전달 가능한 최약의 보유수평내력설계를 실시하고 있다[6.44), 6.45), 6.46]. 또한 해당 골조에 있어서 FA랭크 부재(SS400)를 이용한 경우 표준적인 밑면전단계수는 $C_b = 0.167$이고, ①, ③은 부재 랭크는 그대로 하고, 각각 C_b를 1/2배, 2배로 한 조건이다.

그림 6.8.5 및 그림 6.8.6은 내측스팬 화재에 있어서 골조의 각층 내부기둥의 이론좌굴온도, 수치해석에 의한 기둥의 좌굴온도 및 골조의 붕괴온도이다. 또한 그림 6.8.7 및

표 6.8.1 해석대상골조의 조건

지진시 붕괴모드	-	보 붕괴
골조 층수	-	12
스팬 수	-	3
스팬 길이	(m)	(6, 6, 6), (14, 6, 14)
층고	h(m)	4.0
강재의 종류	-	SS400
구조특성계수	D_s(−)	0.25
C_b	-	0.083, 0.167, 0.33

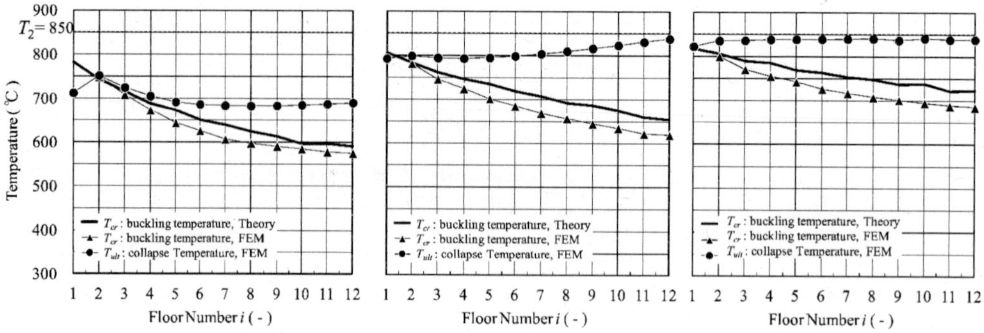
(a) 12F−A−1, C_b=0.083 (b) 12F−A−3, C_b=0.167 (c) 12F−A−6, C_b=0.33

그림 6.8.5 12층 3스팬 골조 12F-A 내측스팬 화재

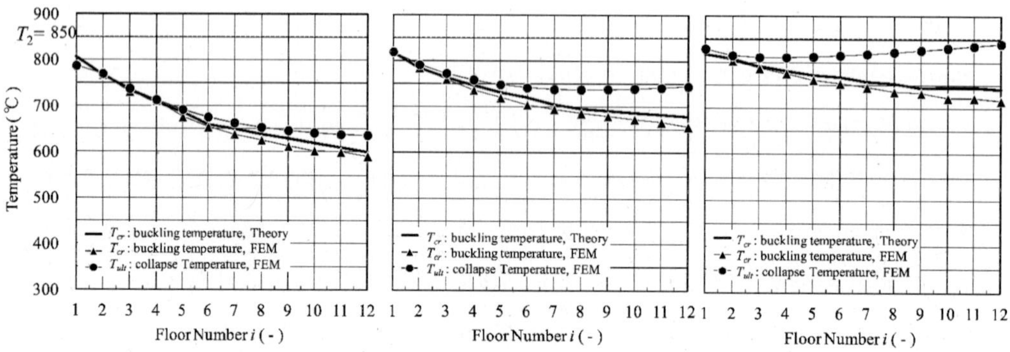
(a) 12F−E−1, C_b=0.083 (b) 12F−E−3, C_b=0.167 (c) 12F−E−6, C_b=0.33

그림 6.8.6 12층 3스팬 골조 12F-E 내측스팬 화재

그림 6.8.8은 외측스팬 화재에 의한 골조의 각층 내부기둥・외부기둥의 이론좌굴온도, 수치해석에 의한 내부기둥・외부기둥의 좌굴온도 및 골조의 붕괴온도이다. 또한 그림의 횡축은 화재층 위치이고, 최상층을 1, 최하층을 12로 나타내고 있다. 이론좌굴온도는 접선계수이론에 기초한 좌굴온도이고 이것을 식 (6.8.2)에서 열응력을 무시하고, $F'=0$으로 할 때의 기둥좌굴온도이다. 한편 해석에 의한 기둥의 좌굴온도(그림 중 ▲, ■)는 가열된 기둥의 좌굴파형이 현저하게 시작할 때의 온도이고, 열응력의 영향을 받는다. 골조 전체의 붕괴온도(그림 중 ●)는 가열에 의해 종국상태에 이를 때의 온도이고, 이것은 골조의 응력재분배효과를 포함한다. 즉, 전체골조의 붕괴온도는 식 (6.8.3)을 성립되는 온도이다.

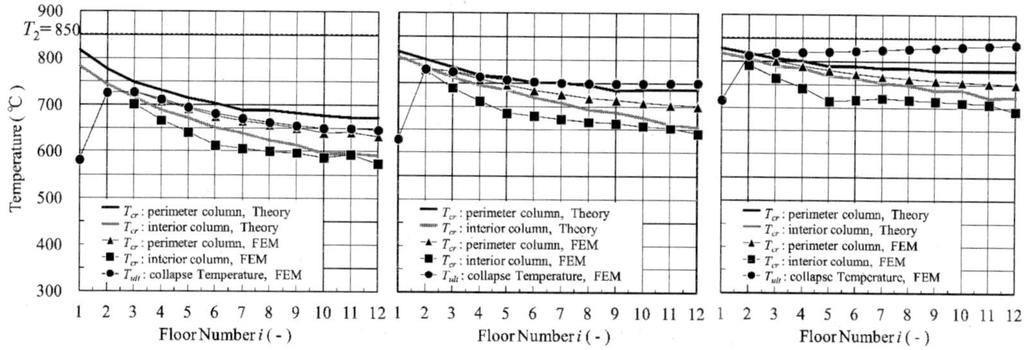

(a) 12F−A−1, C_b=0.083 (b) 12F−A−3, C_b=0.167 (c) 12F−A−6, C_b=0.33

그림 6.8.7 12층 3스팬 골조 12F-A 외측스팬 화재

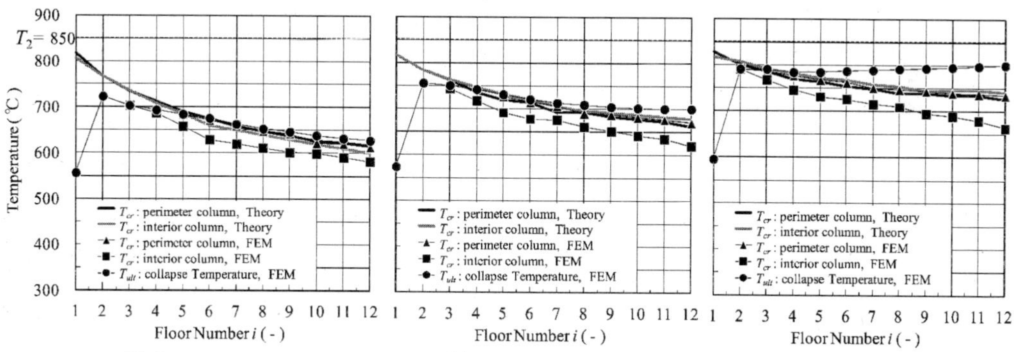

(a) 12F−E−1, C_b=0.083 (b) 12F−E−3, C_b=0.167 (c) 12F−E−6, C_b=0.33

그림 6.8.8 12층 3스팬 골조 12F-E 외측스팬 화재(화재층의 위치는 최상층을 1로 층수를 표시)

내측스팬 화재의 경우, 최상층 화재의 경우를 약간 제외하고 구획에 면한 양단의 내부 기둥과 이것 사이의 중앙 스팬의 보가 고온화되고, 기둥이 좌굴하거나 보가 과대변형을 동반하는 것의 어느 것에 의해 골조가 종국에 도달한다. 그림 6.8.5, 그림 6.8.6에서도 명확하게 화재가열을 받은 기둥의 좌굴에 대해서 열응력의 영향・응력재분배의 효과, 이 양자의 작용이 확인된다. 기둥은 열응력의 영향을 받아서 이론좌굴온도보다도 낮은 온도에서 좌굴변형이 현재화되기 시작하고, 기둥의 압축내력은 좌굴변형의 성장과 함께 잔여 내력이 저하한다. 그러나 이것에 의해 골조는 곧 붕괴하는 것은 아니고, 변형과 함께 주변 골조부분이 이 기둥에 작용하고 있는 하중을 부담하기 시작하고, 내력저하한 기둥이 지탱한 연직력의 일부는 주변의 건전한 기둥에 재분배되어 더 높은 고온에 버티게 된다. 이 때문에 전체골조의 붕괴온도는 주변골조의 응력재분배작용으로 기둥의 이론좌굴온도를 상회하는 것을 알 수 있다. 특히, 골조의 붕괴온도가 이론좌굴온도보다 높게 되는 것은

건축물의 하부층(i가 큰 경우)과 스팬 길이가 짧은 경우, 밑면전단력 계수가 큰 경우 등의 주변골조의 구조성능이 큰 경우이다. 한편, 그림 6.8.6(a)에 보면 C_b가 작고 스팬길이가 긴 경우에는 이론좌굴온도에 대한 전체골조의 붕괴온도의 여유도는 작게 된다. 그러므로 붕괴모드가 상이한 최상층을 제외하고 이론좌굴온도를 하회하는 것은 없다.

외측스팬 화재의 경우, 그림 6.8.7, 그림 6.8.8에 있어서 내부기둥의 이론좌굴온도(그림 중의 회색 실선)와 해석에 의한 좌굴온도(그림 중 ■)를 비교하면, 기둥의 좌굴온도는 이론좌굴온도를 하회하는 것을 알 수 있다. 내측스팬 화재를 상정한 경우의 좌굴온도와 동일하게 C_b가 크고, 화재구획에 인접한 스팬길이가 짧을수록 열응력의 영향이 크고, 좌굴온도가 보다 저하하고 있다. 축력이 큰 내부기둥이 좌굴한 후 외부기둥의 좌굴변형이 현재화되기 시작한다. 어느 것도 골조에 있어서 외부기둥의 좌굴온도(그림 중 ▲)는 이론좌굴온도(그림 중의 검은색 실선)와 거의 동일하지만, 이것을 하회한다. 외부기둥의 좌굴온도가 이론좌굴온도를 하회하는 것은 외부기둥에 발생한 열응력의 영향은 아니고, 내부기둥이 좌굴한 것에 의해 내부기둥이 부담하고 있던 하중이 외부기둥에 재배분되기 때문이다. 외부기둥이 좌굴한 직후에 골조가 붕괴에 도달하는가 아닌가는 골조의 응력재분배능력에 극도로 크게 의존하고, $C_b = 0.083$의 골조 12F-A-1(그림 6.8.7(a))에서는 골조의 붕괴온도는 외부기둥의 이론좌굴온도를 하회한다. 한편, $C_b = 0.167$, $C_b = 0.33$을 설정한 골조 12F-A-3, 6(그림 6.8.7(b), (c)), 12F-E-3(그림 6.8.8(b))의 상부층을 제외한 부분에서는 골조의 붕괴온도가 외부기둥의 이론좌굴온도를 하회한다. 이것들은 골조에서 부재의 강도가 크기 때문에 응력재분배능력이 크고, 또한 외부기둥에 재배분된 하중이 골조 12F-A-1에 비해 작기 때문이다.

외측스팬에서 화재가 발생한 경우, 골조의 거동 추이는 어느 것도 분기(分岐)가 있고 복잡하다. 그러나 내부기둥의 좌굴 후에는 골조의 응력재분배작용이 붕괴온도의 상승에 대해 유효하게 움직인다고 생각하는 것이 가능하고, 통상의 내진설계가 되어진 조건이라면 골조의 붕괴온도는 기둥의 좌굴온도와 동등하거나 크게 하회하지 않는 것이 확인된다.

그림 6.8.9, 그림 6.8.10은 식 (6.8.3)을 변형한 다음 식에 주목해서 해석 예를 정리하여 고친 것이다. 또한, 표 6.8.1과 유사 골조에 대해서 해석 예를 표 6.8.2와 같이 늘리고 있다. 그림 6.8.9(a)는 골조의 응력재분배능력이 충분히 발휘된 그림 6.8.1(a), (c), 그림 6.8.2의 붕괴모드가 발생하는 경우 골조의 붕괴온도(골조의 붕괴온도 $T_{ult} \geq T_{cr}$가 되는 경우)를 나타내고 있고, 그림 6.8.9 및 그림 6.8.10(b)는 좌굴붕괴모드가 발생하는 경우 골조의 붕괴온도($T_{ult} = T_{cr}$)를 각각 분리해서 나타내고 있다.

$$\text{내측스팬 화재 } \kappa(T_{ult}) = \frac{P - F_p}{\overline{N}_r} \tag{6.8.4}$$

$$\text{외측스팬 화재 } \kappa(T_{ult}) = \frac{(1+r)(P - F_p)}{\overline{N_r^{in}} + \overline{N_r^{out}}} \tag{6.8.5-a}$$

$$r = \frac{l_{out}}{l_{out} + l_{in}} \tag{6.8.5-b}$$

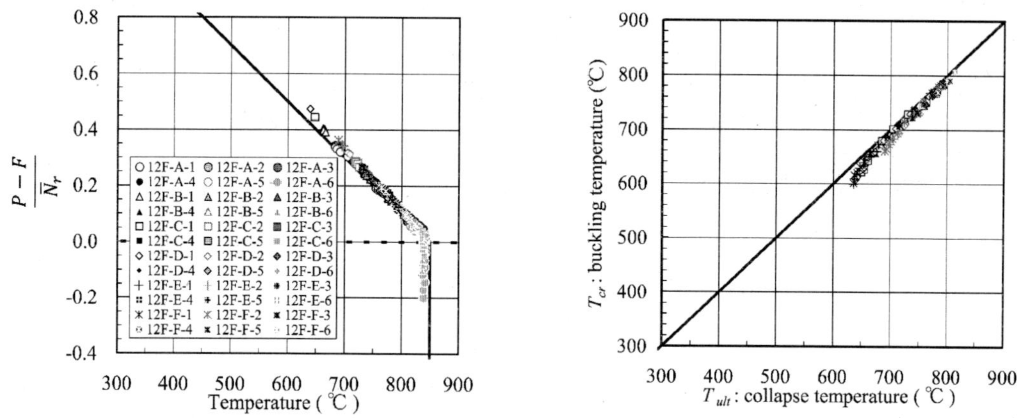

(a) 골조의 붕괴온도와 $\kappa(T)$의 관계

(b) 골조의 붕괴온도와 좌굴온도

그림 6.8.9 12층 3스팬골조의 붕괴온도(내측스팬 화재)

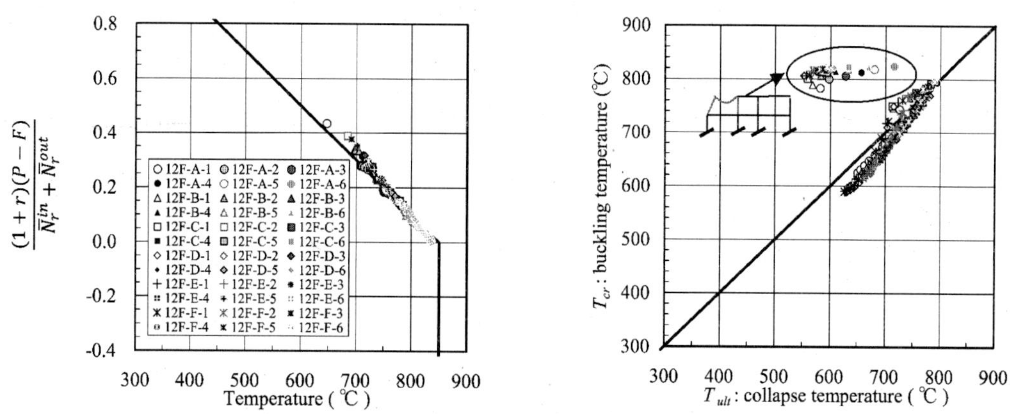

(a) 골조의 붕괴온도와 $\kappa(T)$의 관계

(b) 골조의 붕괴온도와 좌굴온도

그림 6.8.10 12층 3스팬골조의 붕괴온도(외측스팬 화재)

표 6.8.2 해석 예 일람

골조의 층수	12					
스팬 수	3					
베이스시어의 배수	0.50	0.75	1.00	1.25	1.50	2.00
C_b	0.083	0.125	0.167	0.21	0.25	0.33
스팬 길이(m)	Symbol					
6×6×6	12F-A-1	12F-A-2	12F-A-3	12F-A-4	12F-A-5	12F-A-6
8×6×8	12F-B-1	12F-B-2	12F-B-3	12F-B-4	12F-B-5	12F-B-6
10×6×10	12F-C-1	12F-C-2	12F-C-3	12F-C-4	12F-C-5	12F-C-6
12×6×12	12F-D-1	12F-D-2	12F-D-3	12F-D-4	12F-D-5	12F-D-6
14×6×14	12F-E-1	12F-E-2	12F-E-3	12F-E-4	12F-E-5	12F-E-6
16×6×16	12F-F-1	12F-F-2	12F-F-3	12F-F-4	12F-F-5	12F-F-6
8×8×8	12F-G-1	12F-G-2	12F-G-3	12F-G-4	12F-G-5	12F-G-6
10×10×10	12F-H-1	12F-H-2	12F-H-3	12F-H-4	12F-H-5	12F-H-6
12×12×12	12F-I-1	12F-I-2	12F-I-3	12F-I-4	12F-I-5	12F-I-6
14×14×14	12F-J-1	12F-J-2	12F-J-3	12F-J-4	12F-J-5	12F-J-6
16×16×16	12F-K-1	12F-K-2	12F-K-3	12F-K-4	12F-K-5	12F-K-6

여기서, l은 스팬길이, T_{ult}는 붕괴온도이다. 기호의 첨자 in, out은 내측스팬 부재, 외측스팬 부재를 나타내고 있다. 또한, 내측스팬 화재에 대해서는 화재가열된 내부기둥과 외부기둥에 작용하는 축력을 각각 P, rP로 구분하고, 응력재분배능력을 $(1+r)F_p$로 하고 있다.

그림 6.8.9 및 그림 6.8.10에 플롯한 점의 횡축은 수치해석에 의한 각 층 화재에 대한 전체골조의 붕괴온도이다. 종축은 각 케이스에 대한 식 (6.8.4), (6.8.5-a) 우변의 값이다. F_p는 종국 시 골조의 메커니즘에 따라 추론된 좌굴한 기둥에 작용하는 하중에 대해 부담 가능한 힘의 상한이고, 그림 6.8.1(a)의 내측스팬 화재에서 제 i층 화재의 경우 다음 식으로 평가한다.

$$\text{내측스팬 화재 } F_p = \sum_{k=1}^{i} 2\,\overline{M}_{p,k} / l_{out} \tag{6.8.6}$$

여기서, $\overline{M}_{p,k}$는 k층 상부스팬에 배치된 보의 상온 시 전소성모멘트, l_{out}은 그림 6.8.1에 나타난 골조 외측부의 스팬길이이다. 총계는 화재층보다 상부에 있는 층 전체에 미치는 것을 의미하고 있다.

외측스팬 화재에 있어서 그림 6.8.2(a)의 침하형 붕괴모드가 형성되는 경우 다음 식에 의한다.

$$F_p = \frac{l_{out} + l_{in}}{2l_{out} + l_{in}} \cdot \frac{\sum M}{l_{in}} \tag{6.8.7-a}$$

$$\sum M = 2\sum M_p \tag{6.8.7-b}$$

그림 6.8.2(b)의 전도형 붕괴모드에 대해서는 다음 식에 의한다.

$$F_p = \frac{l_{in}}{l_{out} + l_{in}} \cdot \frac{\sum M}{l_{in}} \tag{6.8.8-a}$$

$$\sum M = 2\sum M_p^{out} + \sum M_{cp} + M_p^{in} \tag{6.8.8-b}$$

그림 6.8.9(a) 및 그림 6.8.10(a)에서 보면, 플롯한 점은 $\kappa(T)$ 선에 거의 일치하고 있다. 또한 종축에서 부(−)의 값이 있는 것은 $F_p > P$가 되는 조건이고, 고온좌굴하는 기둥의 축력은 완전하게 주변골조에 재분배되는 것을 의미한다. 플롯한 점과 선의 일치는 골조의 종국상태가 골조 내의 각 부재의 강도와 외력 간의 단순소성이론에 준한 균형에 의해 제일 근사적으로 확정하는 것을 나타내고 있다. 이것은 동시에 유한변위에 의한 불안정, 열응력의 발달, 상온재료의 변형경화 등 그 밖의 인자가 골조의 종국상태에 미치는 영향이 부차적인 것도 의미한다. 그러므로 압축재의 좌굴 후 잔여내력 N_r, 주변골조 부분의 전소성내력 F_p 및 작용하중 P의 관계를 강재 유효항복강도의 잔존율과 등치하여 추정된 전체골조의 붕괴온도는 화재가열을 받는 분해골조의 기본붕괴온도에 대해 단순소성이론에 의거하는 골조 전체의 기본붕괴온도라고 하는 것이 가능하다. 즉, 전체골조의 붕괴온도는 분해골조에 채용된 기본붕괴온도의 개념을 구조 전체에 확장하는 것이고, 부분골조에 대한 기본붕괴온도의 확정방법과 동일한 체계의 연장상에 있는 것과 위치한다.

그림 6.8.9(b) 및 그림 6.8.10(b)에 보면, 골조의 붕괴온도 추정치가 $T_{ult} < T_{cr}$이 되는 경우에 있어서 골조의 붕괴온도는 기둥의 이론좌굴온도에 거의 일치하고 있다. 이것은 골조의 붕괴온도가 $T_{ult} < T_{cr}$로 추정되는 경우 골조의 응력재분배효과에 의한 온도상승을 거의 기대할 수 없고, 좌굴한 직후에 전체골조가 붕괴에 이르는 것을 의미하고 있다. 그림 6.8.10(b)에 있어서 골조의 붕괴온도가 좌굴온도보다 크게 괴리되어 있는 플롯은 종국 시에 보 붕괴모드를 나타낸 것이다.

화재 시 전체골조에 있어서 응력재분배가 행해지는 것은 골조에 국부적으로 소성화와 손상이 진행되어도 골조 전체의 안전성이 훼손되지 않는다고 말하는 현상에 대응한다. 안정이 확보되는 것은 손상 전에 형성되고 있던 힘의 흐름과는 별도 루트의 힘의 흐름(Load Path)이 골조에 형성되는 것이다. 이러한 성질이 초래하기 위해서 골조는 부정정이어야 하고, 손상과 함께 내력의 열화는 심각하지 않아야 하며, 손상을 받는 요소의 주변은 일정 정도 이상의 강성과 강도를 가져야 하는 세 가지 조건이 필요하다. 골조의 이러한 성능을 리던던시(redundancy)라고 말한다. 이것에 기초하면, 붕괴온도에 근접함에 따라서 골조 내의 열응력이 소멸한다고 하는 현상도 골조의 리던던시로 나타나는 것 중 하나라는 것이 가능하다. 즉, 이 지침에서 부분골조에 대해 기본붕괴온도는 골조의 리던던시를 근거로 기둥의 좌굴에 대해 이론좌굴온도를 위험온도로 취급하는 것이다.

3) 기둥의 고온국부좌굴이 골조전체의 붕괴온도에 미치는 영향[6.47), 6.48), 6.49)]

전체골조의 붕괴온도는 화재가열을 받고 좌굴하는 기둥의 잔여내력 크기에 큰 영향을 받는다. 특히, 기둥에 국부좌굴이 발생하고 급격한 내력 저하가 발생하면, 전체골조의 붕괴온도는 저하할 우려가 있다. 이하에서는 전체골조의 붕괴온도에 미치는 기둥국부좌굴의 영향에 대해서 강구조의 내화응답해석결과에 기초해서 해설한다.

그림 6.8.11은 그림 6.8.1(a)와 유사한 15층 3스팬 골조의 내측스팬 화재에 대해서 골조의 밑면전단력 계수 C_b와 고온좌굴하는 기둥의 폭두께비를 변수로 화재응답해석으로 골조의 거동을 재현한 결과이다. 그림의 횡축은 고온화하는 부재의 온도, 종축은 좌굴한 기둥의 연직방향 수축량 δ를 외측스팬의 보 길이 l_{out}로 나눈 것이다. 그림 6.8.11(a)와 같이 가열을 받는 기둥은 600℃ 정도까지 연직방향으로 늘어나고, 그 후 수축으로 바뀐다. 기둥에 휨좌굴만 발생하고 국부좌굴이 발생하지 않는 조건에서 기둥은 수축하여 (c)점(◎)에 이른다. 국부좌굴이 발생하는 조건은 기둥 온도가 상승하는 과정에서 (a)~(b)에 급격한 수축이 발생한다. 골조의 응력재분배능력이 높고 $C_b = 0.25$의 경우(그림 6.8.11(a)), 그림 중 (a)점(○)에서 국부좌굴이 발생하여도 그 후(그림 중 (b)점(●)) 다시 안정을 회복하고, 붕괴온도는 휨좌굴만의 경우와 대부분 차이가 없게 된다. 그러나 다수의 경우, 그림 6.8.11(b)에서 보듯이 국부좌굴 후 안정 상태로 회복하지 못하고, 휨좌굴만 발생하는 것보다 전체좌굴의 붕괴온도가 저하한다.

통상적으로 골조에 사용하는 강재의 폭두께비 범위에서는 가열기둥의 휨좌굴 변형이 성장하는 과정에서 국부좌굴이 발생하는 것이 많다. 그림 6.8.12는 400N/mm^2 강재에서 폭두께비 $B/t=15, 33$일 때 각형강관기둥의 고온 시 좌굴거동을 세장비 λ(15, 25), 부재온도(600, 700, 800℃)를 변수로 비교한 것이다. 그림 중의 곡선은 그림 6.7.1(a)의 강재 단주의 고온 시 국부좌굴거동(정사각형중공단면 단주)에 있어서 하중 변형관계를 유한요소해석으로 재현한 결과이다. 그림 중의 점선이 전체좌굴 시의 거동이고, 플롯이 국부좌굴을 고려할 때의 거동이다. $\lambda=15$일 때, $B/t=15$에서 5%의 수축 시 전체좌굴에 비해 내력이 약 절반이 되고 있는 것에 대해 폭두께비가 $B/t=33$에서는 0.5% 변형에서 내력이 절반이 되고 있다. 이 영향을 고려한 화재응답해석에 의한 전체골조의 붕괴온도를 그림 6.8.13 및 그림 6.8.14에 나타냈다. 전 항과 동일하게 C_b, 스팬길이, B/t의 차이에 의해 골조마다 붕괴온도 비교를 한 것이다. 또한, 그림의 횡축은 골조의 응력재분배능력과 작용축력의 관계를 명확하게 하기 위해 응력재분배율 $x(=F_p/P)$로 하고 있다. 또한, $x>1$ 조건은 화재가열을 받는 기둥 또는 기둥군에 작용하는 하중이 주변골조 전체에 재분배 가능한 것을 의미하고 있다.

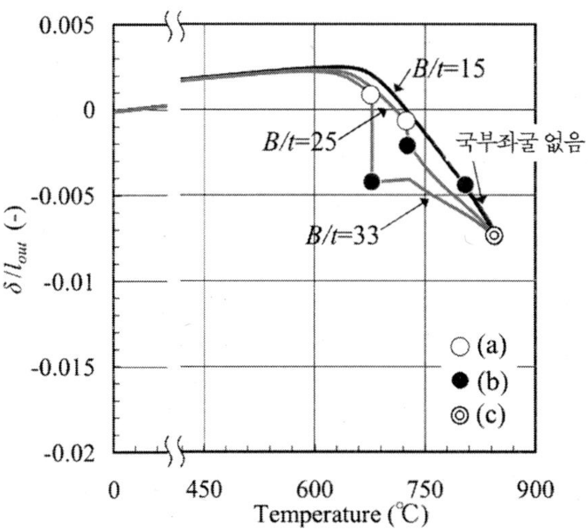

(a) 15층 3스팬골조(C_b = 0.25)

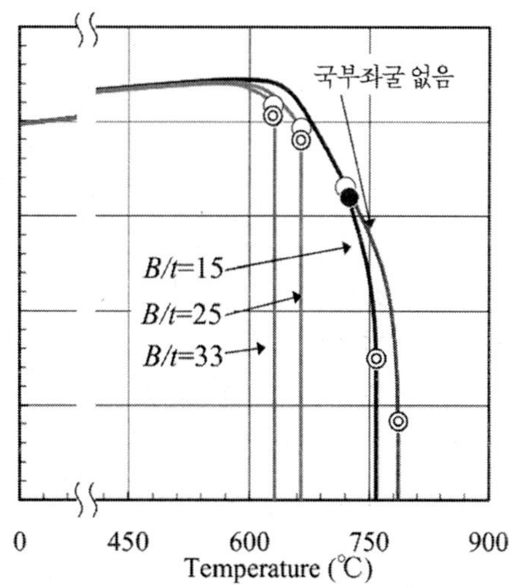

(b) 15층 3스팬골조(C_b = 0.15)

그림 6.8.11 국부좌굴의 유무에 의한 골조의 변형거동

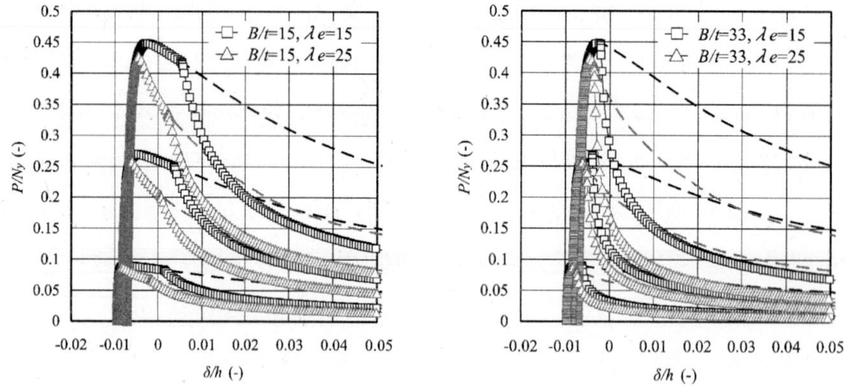

(a) $B/t=15$ (b) $B/t=33$

그림 6.8.12 고온 시 기둥의 하중-변형관계 (600℃, 700℃, 800℃)

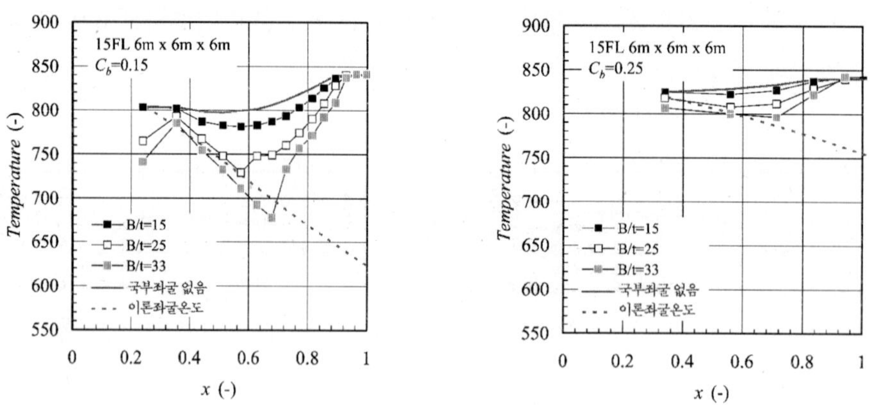

(a) $C_b=0.15$ (b) $C_b=0.25$

그림 6.8.13 골조의 응력재분배율 $x(=F_p/P)$과 붕괴온도의 관계(스팬 18m(6×6×6m))

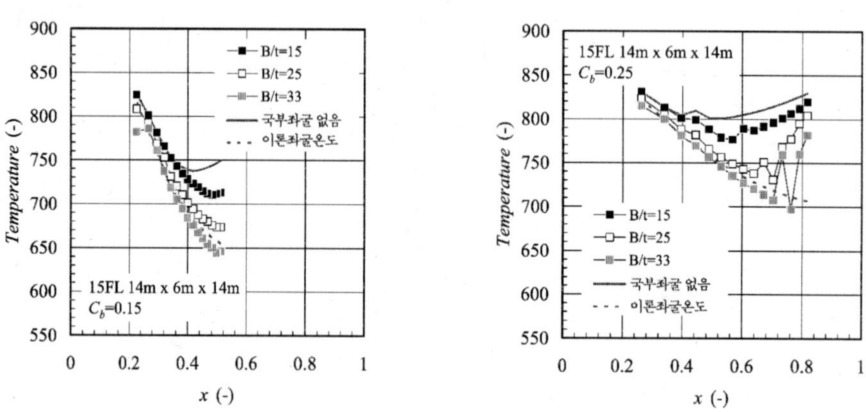

(a) $C_b=0.15$ (b) $C_b=0.25$

그림 6.8.14 골조의 응력재분배율 $x(=F_p/P)$과 붕괴온도의 관계(스팬 34m(14×6×14m))

각각의 그림에 있어서 실선은 전체좌굴이 발생하는 경우 골조의 붕괴온도를 나타낸 것이고, 흙색, 백색, 회색의 플롯이 각각 $B/t = 15, 25, 33$의 조건에서 국부좌굴의 영향을 고려한 골조의 붕괴온도이다. 그림 중 점선은 이론좌굴온도이다. 어느 골조에 있어서도 C_b의 크기에 관계없이 B/t가 크게 되면 붕괴온도가 저하한다. B/t가 클수록 좌굴 후의 열화구배가 크고, 그림 6.8.4(a)의 균형조건이 성립되지 않으며, 골조의 응력재분배의 효과가 발휘되지 않는 것이 요인이다. 국부좌굴이 발생하지 않는 경우에 비해, 특히 x가 0.4~0.9의 범위에서 국부좌굴에 의한 골조의 붕괴온도 저하가 현저하다. 한편, $x < 0.4$, $x > 1$을 넘는 영역에서는 B/t의 차이에 의한 골조의 붕괴온도 차는 작은 경향이 있다. 이것은 골조가 응력재분배작용을 발휘해서 골조가 붕괴에 이를 때에는 국부좌굴의 영향도 크게 되는 것을 나타내고 있으며, 가열기둥의 좌굴붕괴(그림 6.8.1(b))와 보의 국소붕괴(그림 6.8.1(c))에 의해 붕괴모드가 형성되는 경우에는 그 영향이 작다는 것을 나타내고 있다. 또한, 최상층 화재에서 붕괴온도(가장 좌측 플롯)가 이론좌굴온도보다 하회하는 것은 보의 변형에 의해 기둥이 횡 이동해서 붕괴하기 때문이다.

기둥의 이론좌굴온도와 골조의 붕괴온도를 비교하면, $B/t = 25$ 골조의 일부를 제외하고 골조의 붕괴온도가 이론좌굴온도에 비해 상회하고 있다. 또한 FA랭크 제한 근방의 부재라면 이론좌굴온도로 골조의 붕괴온도 하한을 추정 가능하다는 것을 말한다. 한편, 국부좌굴의 영향을 상세히 검토하지 않고, 골조의 응력재분배능력을 활용 가능한 것은 $x(= F_p/P) > 0.9$의 범위로 한정된다는 것도 알 수 있다.

4) 종국 시 골조 전체의 변형 [6.50)]

골조의 응력재분배가 발휘되는 과정에서 골조에 적지 않은 변형이 발생한다. 골조의 변형은 내화설계에 있어서 구조체와 동일한 주요 부위에 있는 화재구획의 연소방지성능에 영향을 미칠 우려가 있다. 여기서는 골조의 화재응답해석결과에 기초한 골조의 응력재분배능력과 붕괴 시 골조의 변형량의 관계에 대해서 설명한다.

그림 6.8.15는 그림 6.8.1(a) 및 표 6.8.1과 유사한 다층 3스팬 골조의 내측스팬화재에 있어서 종국 시 외측스팬의 보 부재각(δ/L)과 골조의 응력재분배율 x의 관계를 비교한 것이다. 여기서는 골조붕괴 시 기둥의 수축량 δ와 인접스팬의 길이를 $L(= l_{out})$로 하고 있다. 그림에서 보면 보 부재각을 지표로 골조의 변형과 x의 관계는 거의 하나의 경향으로 수렴하는 것을 알 수 있다. 이것으로도 종국 시 골조의 변형은 인접스팬 보의 변형에 강하게 의존하고 있는 것을 알 수 있다. 그림 6.8.15에서 $x < 0.4$영역에서 x의 값이

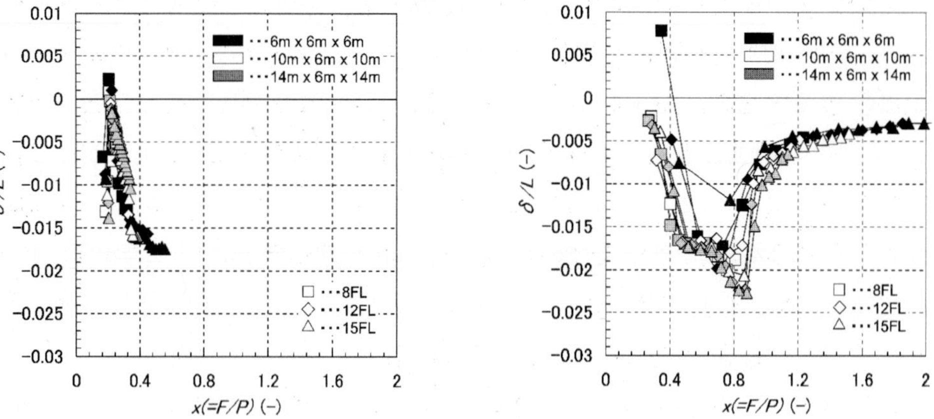

(a) C_b=0.083 (b) C_b=0.35

그림 6.8.15 골조의 응력재분배율 x와 보 부재각(내측스팬화재)

작을수록 골조의 변형은 감소하고 있다. 이것은 x가 작게 되는 것에 따라 그림 6.8.1(b)의 좌굴붕괴모드가 형성되기 쉽고, 그림 6.8.4(c)의 균형상태에서 종국을 맞기 때문이다. 또한 x가 0.4~0.8의 영역에서 부재각은 0.02 전・후의 값이 된다. 이것은 골조의 응력재분배가 충분히 발휘되어 그림 6.8.1(a)의 붕괴모드를 형성하고, 그림 6.8.4(d)의 균형상태에서 종국을 맞기 때문이다. $x>0.8$영역에서 다시 변형량이 작게 된다. x가 크게 되면 골조는 그림 6.8.1(c)의 보 국소붕괴모드를 형성하기 쉽고, 그림 6.8.4(b)의 균형상태에서 종국을 맞게 된다. 즉, 골조 전체가 붕괴에 이르는 것은 아니고, 보의 국소붕괴만으로 머물게 된다.

그림 6.8.16은 그림 6.8.2(b)의 전도형 붕괴모드가 형성되는 것으로 외부기둥의 수축량 δ를 외측스팬과 내측스팬의 보 길이를 모두 더한 $L(=l_{out}+l_{in})$로 나눈 것과 x의 관계를 비교한 것이다. 내측스팬화재는 보 변형각을 지표로 골조형상에 관계없이 골조변형의 특징을 확인하는 것이 가능하지만, 외측스팬화재는 x가 대략 0.4 이하에서 동일한 경향을 나타내고, x가 이것보다 큰 영역에서 보 변형각으로 다양한 골조의 종국 시 변형의 특징을 확인할 수 없다.

내측스팬화재, 외측스팬화재 어떤 경우도 골조의 응력재분배가 충분히 발휘되기 위해서는 좌굴붕괴모드와 국소붕괴모드가 형성되는 조건을 제외하고, 인접스팬 보의 부재각이 1/50 정도에 달할 때까지 기둥이 수축할 필요가 있다. 이러한 변형량은 구획부재와 내화피복재의 변형추종성을 고려하면 극도로 크고, 화재구획의 연소방지성능은 상실하고, 기둥의 내화피복은 균열과 탈락이 발생하여 고온화가 조장된다. 이 지침에서는 이것을

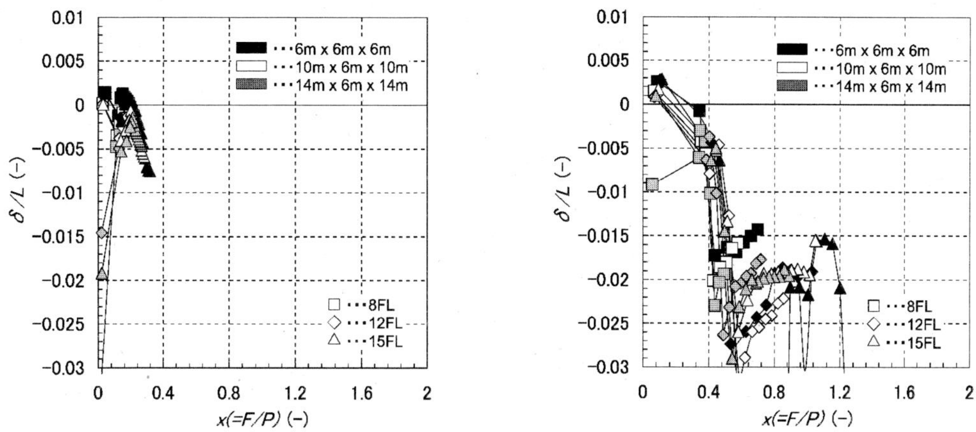

(a) C_b=0.083 (b) C_b=0.35

그림 6.8.16 골조의 응력재분배율 x와 보 부재각(외측스팬화재)

근거로 하여 $F_p > P$의 범위에 대해 골조의 응력재분배능력의 효과를 고려해서 기둥의 붕괴온도를 산정했다.

6.9 보 붕괴형 골조의 붕괴온도

보 상단의 면외방향 횡 이동이 재축방향으로 연속적으로 구속되어 있는 강재 보를 포함한 골조의 붕괴온도산정에 있어서 보 붕괴모드의 붕괴온도는 같은 모드의 기본붕괴온도로 한다. 이것은 식 (6.3.4-a)로 주어진다. 한편, 무보강구간을 갖는 보를 포함한 골조의 붕괴온도산정에 있어서 보 붕괴모드의 붕괴온도는 다음과 같은 식으로 산정된다.

$$\tilde{q} = \frac{1}{2}\left(1 + \frac{Z_{pBY}}{Z_{pBX}}\right)\kappa(T) \tag{6.9.1}$$

여기서, Z_{pBX}, Z_{pBY}는 각각 강재보의 강축, 약축의 소성단면계수이다.

또한 보 휨붕괴모드에 의한 골조의 붕괴온도를 보 전단붕괴모드에 의한 붕괴온도와 비교하고, 낮은 쪽의 온도를 보붕괴형 골조의 붕괴온도로 한다. H형단면 보의 전단붕괴모드에 의한 붕괴온도는 다음 식과 같다.

$$\tilde{q}_s = \frac{ql}{F \cdot A_W / \sqrt{3}} = \kappa(T) \tag{6.9.2}$$

여기서, F : 강재의 항복강도 [N/mm²]
A_W : H형단면 보 웨브의 단면적 [mm²]
l : 보 전체 길이의 절반 [mm]
$\kappa(T)$: F에 대한 온도 T℃에 있어서 유효항복강도의 비(강도잔존율)
$\tilde{q}_s$: 전단력에 관한 보 상부하중의 무차원값
q : 보 상부 등분포하중 [N/mm]

1) 기본붕괴온도

보가 붕괴할 때의 기본값은 이미 서술한 보 붕괴형에 대응하는 골조의 기본붕괴온도이다. 기존에는 보의 내화성을 검토하는 다음의 Robertson-Ryan의 변형한계식이 이용되었다[6.51].

$$\delta_l = \frac{L^2}{800d} \tag{6.9.3}$$

여기서, d는 보 춤, L은 보의 스팬길이이고, 그림 6.3.1로 보면 $2l$에 해당한다. 상기 식은 보 재하가열시험 시, 단순지지보의 중앙부 변형이 이 값에 근접하는 부재온도에 달하면 그 후 급격하게 보 붕괴가 진행한다는 실험결과를 정리한 경험식이다. 이때의 변형은 보의 상온 시 탄성한계변형의 수배에 해당한다. 보 탄성한계변형의 크기는 강재의 탄성한계변형의 크기에 비례하고, 강재의 탄성변형의 크기는 상온·고온에 관계없이 거의 일정하므로, 상기 한계식은 상온·고온에 관계없이 탄성한계변형의 수배의 변형에 상당한다고 생각된다.

이 정도의 큰 변형이 생기면, 보에는 (붕괴)메커니즘이 거의 형성된다고 생각된다. 따라서 보 변형이 상기 한계치에 이를 때의 부재온도는 횡좌굴이 발생하지 않으면, 보 기본붕괴온도에 거의 일치한다고 생각된다. 그림 6.3.4는 그림 6.3.1과 동일한 골조에 대해 계산으로 이것을 확인한 예가 포함되어 있다. 그림에서는 기본붕괴온도(실선), 계산에 의한 종국온도(○점) 및 계산으로 얻은 보 변형한계(식 (6.9.3)에서 주어진 변형치)에 이르는 온도(●점)의 세 가지가 비교되고 있다. 그림 6.3.4에서 기본붕괴온도는 오히려 한계변형도달 시에 잘 대응하는 것을 알 수 있다.

횡좌굴이 발생하지 않으면 보 부재온도는 이 온도를 넘어서 상승한다. 그러면, 보 변형의 증가와 함께 보의 압축력이 감소하고, 보 전체의 축력은 인장력으로 전환되어 보는

케이블(Catenary)과 같은 안정한 평형상태로 이동한다. 보가 붕괴하는 온도영역에서 보 양단에서 보를 지지하는 부재, 즉 기둥이 건전하기 때문이다. 이러한 안정 평형은 부재 온도가 더욱 높아져서 기둥 단부에 소성힌지가 형성될 때까지 계속된다.

2) 보가 횡좌굴을 나타낼 때의 골조 붕괴온도

그림 6.3.4에서 보듯이 골조가 보 붕괴를 나타내는 경우는 보 상부하중이 일정 정도 이상 작용하는 경우로 국한된다. 따라서 보는 보에 작용하는 상부하중을 전달하는 부재로써 횡이동이 구속된다. 특히, 바닥슬래브 등으로 보 상단의 면외변위가 거의 연속적으로 구속되는 경우, 보 기본붕괴온도 미만의 온도범위에서는 보의 횡좌굴은 발생하지 않는다고 생각된다.

골조 중의 보 부재는 선팽창에 의한 변위가 주변의 골조로 구속됨에 따라 화재 시 휨 모멘트뿐만 아니라 압축력을 받는다. 후자는 열응력이다. 그러나 슬래브가 있는 보는 슬래브보다 강재보 부분이 고온으로 되기 때문에 선팽창 차이에 의한 열변형이 발생하고, 이것은 보 상부하중으로 발생한 하향방향의 변형을 더욱 증가시킨다. 보 중앙부에서는 합성보의 휨에 대한 중립축은 슬래브 내부에 있고, 강재보 자체는 휨에 의해 인장력을 받는다. 또한 보 하향방향의 변형이 열응력으로 발생한 압축력을 완화하여 강재보에 작용하는 압축력은 크게 진전되지 않는다고 생각된다. 이것과 상기의 실험결과를 병행하여 고려하면, 합성보의 횡좌굴은 무시해도 좋다.

한편, 무보강구간을 갖는 보를 포함한 골조에 있어서는 화재 시 부재가 고온화하는 과정에서 이 구간의 횡좌굴은 피할 수 없다고 생각된다. 슬래브가 있는 보일수록 압축력이 완화되지 않기 때문이다. 이러한 종류의 보에 대해서는 좌굴 후 보가 전도된 상태로 저항하는 것을 고려해서 보 붕괴모드의 붕괴온도를 다음과 같이 정한다. 붕괴모드는 기본붕괴온도를 구할 때의 보 붕괴모드, 즉 그림 6.3.2(a)와 동일하다고 가정한다. 다만, 이하 이 절에서는 문제를 보 전체 스팬으로 생각한다. 그림 6.3.2(a)의 보 우측 단은 여기서는 보 중앙이고, 이하 이 점은 보 중앙이라고 부른다. 이 모드에 있어서 보 양단에는 보의 강축방향으로 전소성모멘트 $M_{pB}= Z_{pBX}\,\sigma_y$를 갖는 소성힌지가 생성되고, 보 중앙에는 보의 약축 방향으로 전소성모멘트를 갖는 소성힌지가 생성된다고 가정한다[6.52]. 후자는 보 중앙부의 단면은 횡으로 전도되고, 여기에 휨저항은 M_{pB}를 하회하는 것을 근거로 한 것이다. 보 중앙부에 보강재가 붙은 경우, 이 붕괴모드는 안전측의 가정이다. 종국 시, 보의 축압축력은 소멸된다고 가정하고 전소성모멘트의 축력에 의한 저감은 고려하지 않는다. 그러면, 보의 종국 시 힘의 균형은 다음 식으로 주어진다.

$$ql^2 = 2Z_{pBX}\,\sigma_y + 2Z_{pBY}\,\sigma_y \tag{6.9.4}$$

상기의 양변을 $4\overline{M}_{pB}$로 나눠서 무차원화하면 식 (6.9.1)을 얻는다.

보 · 기둥 동시 붕괴모드에 대해서도 무보강 보의 중앙에 가정한 소성힌지의 저항은 횡좌굴을 고려해서 저감시켜야 하지만, 실제 기둥 축력비의 범위에서는 이 모드에서 얻어진 골조의 붕괴온도는 보의 붕괴모드를 하회하지는 않는다(6.3절 참조).

3) 보 전단붕괴모드에 의한 붕괴온도

보 춤에 대해 스팬이 짧은 보는 전술한 보 붕괴형 골조의 기본붕괴온도에 이르기 전 전단력에 의해 붕괴할 가능성이 있다. 종국한계 시, 양단회전이 구속된 보에 발생하는 전단력은 골조가 수평하중을 받는 경우에 비해 연직하중만 받는 경우 2배 이상이 된다(그림 6.9.1 참조). 또한 화재 시 보 웨브의 온도는 보 하부플랜지와 동일한 정도가 되므로 화재에 의한 보 전단력의 저하는 휨내력의 저하와 동등 또는 그것을 약간 상회한다. 이것으로 화재 시 보 전단붕괴가 휨붕괴에 선행할 가능성이 있고, 이후 언급할 2층 강접 강구조골조의 가열실험에서도 전단붕괴가 나타났다. 그러므로 제3판의 개정에서 보 전단붕괴모드에 의한 붕괴온도를 추가하였고, 보 휨붕괴모드에 의한 골조의 붕괴온도보다 낮은 경우, 이 온도를 보 붕괴형 골조의 붕괴온도로 한다.

고온 시에 있어서 H형단면 보의 전단내력은 보 웨브의 전단항복내력으로 주어진다. 보 웨브가 항복해서 전단좌굴이 발생한 후에도 장력장이 발생하여 전단내력이 증가하는 것을 생각할 수 있다[6.53](「강구조 좌굴설계지침」 6.3절). 즉, 화재 시 보 웨브의 전단항복내력으로 산정한 붕괴온도는 실붕괴온도를 약간 하회한다고 생각된다. 단, 양자의 온도차는 크지 않고, 복잡한 붕괴온도 산정식을 피하기 위해 안전측으로 가정해서 보 전단에 대한 붕괴온도는 보 웨브의 전단항복강도에 기초하여 산정한다. 그러므로 보 종국 시 힘의

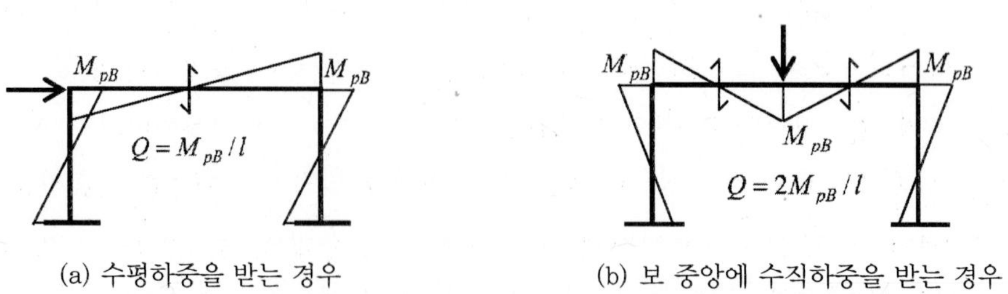

그림 6.9.1 보 휨붕괴 시에 발생하는 전단력의 예 (l : 보 스팬의 절반)

균형은 다음 식으로 주어진다.

$$ql = A_W \frac{\sigma_y}{\sqrt{3}} \tag{6.9.5}$$

상기 식의 양변을 상온 시의 전단내력 $A_W F / \sqrt{3}$ 로 나눠서 무차원화하면 식 (6.9.2)를 얻는다. 식 (6.3.5)와 식 (6.9.2)의 관계에서 보 휨붕괴가 선행하기 위한 조건은 다음 식으로 주어진다.

$$\frac{4\overline{M}_{pB}}{l} \le \frac{FA_W}{\sqrt{3}} \tag{6.9.6}$$

4) 단순지지 보의 시험에 의한 붕괴온도 검증

그림 6.9.2는 보의 붕괴온도 및 붕괴온도에 미치는 횡좌굴의 영향을 검토한 실험결과이다[6.54]. 실험체는 정정단순지지보이고, 2점 가력으로 순수휨구간이 있는 시험체이다. 그림에는 보 및 철근콘크리트 슬래브가 있는 합성보의 재하가열시험결과 세 가지 예가 제시되어 있다. 순수휨구간에서 균등하게 화재가열을 받은 경우의 붕괴온도와 하중의 관계이다. 보의 순수휨구간은 무보강이고, 양단은 횡으로 불안정변위에 대해 거의 핀지지 조건이다. 보는 축방향으로 자유롭게 변형되고, 이 방향에는 모든 구속은 받지 않는다. 해당 구간 강재보의 세장비(시험구간 길이를 보의 약축세장비로 나눈 비)는 세 실험체 모두 약 100이다. 보는 SS400 강재를 사용했다.

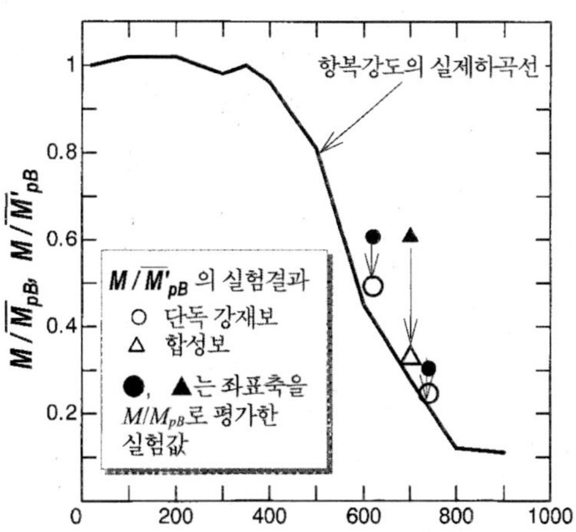

그림 6.9.2 강재보 및 합성보의 붕괴온도

그림 중 가로축은 실험체의 붕괴온도(하부플랜지 온도), 세로축은 보에 작용하는 모멘트를 보 전소성모멘트로 나눈 무차원화 하중이다. 가로축 값이 동일한 2개의 점은 동일 실험체의 실험결과이고, 보 작용모멘트의 크기에 따라 2개의 평가가 실시되고 있다. ○, ●는(슬래브가 없는) 강재보의 실험결과이다. △, ▲는 슬래브가 있는 보(합성보)의 실험결과이다. 세 가지 예에 대해서 색칠된 점(●, ▲)의 세로축 값은 작용모멘트를 강재보 전소성모멘트 $\overline{M}_{pB}$로 나눈 값이다. 한편, 흰색 점(○, △)의 세로축 값은 작용모멘트 산정 시 중립축을 강재보의 압축 상부플랜지와 웨브가 접하는 점(강재보의 경우) 또는 상부플랜지와 슬래브 부분이 만나는 점(합성보의 경우)으로 하고, 인장측 강재가 전소성상태가 될 때의 반력을 압축측 강재가 없고 콘크리트가 완전히 분담한다고 가정해서 구한 전소성모멘트 $\overline{M}'_{pB}$로 나눈 값이다. $\overline{M}'_{pB}$는 $\overline{M}_{pB}$보다 크다. 후자의 작용휨모멘트 무차원 값은 가열 시 보 춤방향에 부재온도의 구배가 확인된다(실재 화재는 보에 대해 3면 가열로 인해 보압축 측의 보상부 쪽이 부재온도가 낮다). 종국 시 압축측 부재부분은 대부분 소성변형이 관측되지 않는 것을 근거로 실상을 보다 근사할 수 있는 하중 평가치는 그림에서 보듯이 색칠된 점(●, ▲)으로 표시된 공칭하중 평가치보다 작다. 그림 중의 실선은 사용강재의 고온유효항복강도(변형율 1% 강도) 잔존율이다. 이것은 해당강재 인장시험편의 고온인장시험에 기초해서 작성된 것이고, 2장의 설계용 고온유효항복강도 잔존율과 다르다.

그림 6.9.2에서 흰색 플롯점은 강재의 강도저하률곡선에 거의 동일하다는 것을 알 수 있다. 이것은 단순지지 보의 붕괴온도가 기본붕괴온도에 거의 일치한다는 것을 나타내며, 따라서 횡좌굴에 의한 불안정의 영향은 거의 확인되지 않는다는 것을 의미한다. 슬래브가 없는 강재보 실험체가 종국 시 횡좌굴을 보이지 않는 것은 보 춤방향의 부재온도가 구배를 갖는 것에 의해 저온의 압축측 상부플랜지는 거의 탄성범위에 머물고, 횡좌굴 내력의 저하는 적으며 소성변형은 오로지 고온측 인장부분에 집중하기 때문이다. 슬래브가 있는 보는 더욱 횡좌굴이 발생할 우려가 거의 없다. 강재보의 붕괴온도는 슬래브의 효과를 무시하고, 작용휨모멘트가 강재보 단독의 고온 시 공칭전소성모멘트와 일치한다고 생각하면 안전측이다(붕괴온도가 낮게 평가된다). 그림에서 흰색 점(○, △)과 색칠된 점(●, ▲)의 세로축 값의 차이가 이것을 말한다.

5) 2층 강접골조의 실험에 의한 보 붕괴온도의 검증

그림 6.3.2의 골조 붕괴모드 가운데 (a) 보 붕괴모드의 상황을 고찰하기 위해 2층 강접

골조의 재하가열실험이 실시되었다[6.55]. 검토대상이 된 가열보는 양단부에 각형강관기둥과 강접합되었고, 보 단부의 휨모멘트가 항복모멘트의 2/3가 되는 하중이 가해졌다. 휨모멘트에 관한 보상부하중의 무차원치 $\tilde{q}$는 0.53, 전단력에 관한 보 상부하중의 무차원치 $\tilde{q}_s$는 0.30이다. 그러므로 상온에서는 보의 휨붕괴가 선행하는 골조이다. 동일 골조실험체의 보를 500℃까지 가열한 후 실시한 가열냉각 후 재하실험에서 보 휨붕괴가 되고, 상온 시 붕괴하중까지 도달했다. 그러나 재하가열실험에서는 보 전단붕괴가 선행했다.

보 전단붕괴가 선행한 이유는 보 중앙부에 비해 보 단부의 온도가 상당히 낮고, 보 단부의 휨내력의 저하가 작았기 때문이다. 그림 6.9.3에 보 중앙부와 보 단부의 평균 강재온도 및 보 웨브의 온도를 나타내었다. 이 실험에서는 가열 개시 71분 후 골조에 발생한 열응력이 거의 0이 되고, 보 변형속도가 급증했다. 이때 보 중앙단면의 평균온도는 677℃, 보 단부단면의 평균온도는 487℃, 보 웨브의 평균온도는 698℃이다. 그림 6.9.4는 보에 사용한 SN400B 강재의 고온시 강도잔존율이다. 고온인장시험의 변형도 1%시 응력에 의한 강도잔존율을 식 (6.9.2)에 적용하면 보 전단붕괴모드에 의한 골조의 붕괴온도는 682℃가 되고, 실험종국 시 보 웨브온도 698℃와 잘 일치한다. 이것으로 식 (6.9.2)의 타당성을 보여준다.

지침의 방법으로 골조의 기본붕괴온도를 산정하면 그림 6.9.4에서 511℃이고, 실험붕괴 시 보 중앙부의 평균온도 677℃보다도 상당히 낮다. 이러한 이유는 강재의 고온 시 강도를 하한치로 주고 있는 것에 추가하여 전술한 보 단부의 온도가 상당히 낮게 억제되었기 때문이다. 보 단부의 온도 저하는 주변부재로의 열전도 때문이며 열경계조건에도

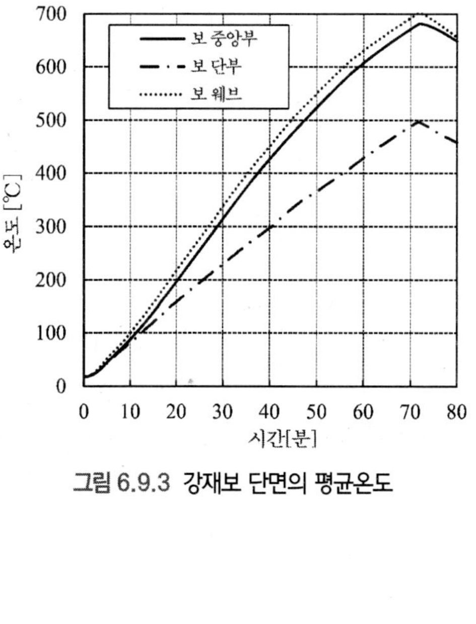

그림 6.9.3 강재보 단면의 평균온도

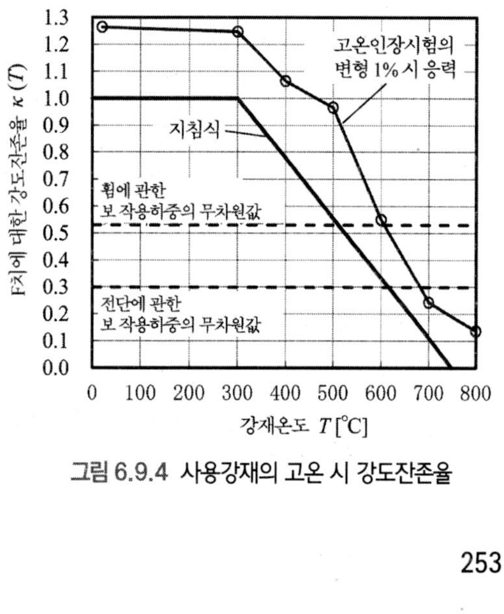

그림 6.9.4 사용강재의 고온 시 강도잔존율

의존하지만 화재 시에는 보 단부에서 보 이음부까지 온도는 그 외 부분에 비해 낮게 된다. 그러므로 보 단부와 보 중앙부의 온도가 동일하다고 가정한 식 (6.3.4-a)에 의한 기본붕괴온도는 극도로 안전측의 결과를 부여한다.

6) 보 등가하중의 산정

무보강구간을 포함한 보 상부에 단수 또는 복수의 집중하중이 작용할 때 이것 또는 이것에 등가한 $\tilde{q}$를 이용하여 다음 식으로 산정한다.

$$\tilde{q} = \frac{1}{4\bar{M}_{pB}}\left[\sum_{i\in \text{left half}} Q_i x_i + \sum_{i\in \text{right half}} Q_i (L - x_i)\right] \tag{6.9.7}$$

여기서, Q_i는 보 상부 집중하중, x_i는 보 좌단부터 Q_i까지의 거리, $L(=2l)$은 보 전체길이이다. $\sum_{i\in \text{left half}}$ 는 보 왼쪽 절반 상부에 작용하는 하중 총계, $\sum_{i\in \text{right half}}$ 는 오른쪽 절반 상부에 작용하는 하중 총계를 의미한다.

6.10 합성보의 화재 시 종국내력

강재보가 상온 시 콘크리트 슬래브와 완전합성보로 설계된 경우, 보 휨붕괴모드의 기본붕괴온도 T는 바닥슬래브와 합성효과를 고려하여 다음 식을 이용할 수가 있다.

$$\tilde{q} = \frac{1}{2}\left(1 + \frac{Z_{pBC}}{Z_{pBS}}\right)\kappa(T) \tag{6.10.1}$$

여기서, Z_{pBS}는 강재보의 소성단면계수, Z_{pBC}는 합성보의 정휨모멘트에 관한 소성단면계수이다. 합성보는 완전합성보로 하는 것을 원칙으로 하지만, 양단 핀접합의 큰보 및 작은보는 불완전합성보로 해도 좋다. 합성보의 전단붕괴모드에 의한 붕괴온도는 식 (6.9.2)에 의한다.

1) 합성보의 휨내력

이 절은 철근콘크리트 슬래브 또는 데크플레이트 위에 타설된 콘크리트 슬래브와 이것을 지지하는 강재보를 스터드로 결합하는 것으로 양자가 공동으로 휨에 저항하는 구조, 즉 합성보에 적용된다. 합성보에 있어서 슬래브의 합성효과는 화재 시에도 기대하는 것이 가능하다[6.57)~6.60)]. 후술하는 합성보의 재하가열실험[6.58)]에서 보 중앙부의 정휨모멘트에 대한 종국휨내력은 합성단면의 전소성모멘트로 평가 가능한 것이 확인되고 있다.

합성보의 정휨내력은 슬래브의 유효압축력 C와 강재보 항복내력의 대소관계에 따라서 소성중립축의 위치가 웨브 내부, 플랜지 내부, 슬래브 내부에 따라 각 영역마다 내력의 표현이 상이하다. 적산치는 부재단면을 슬래브, 스터드, 상부플랜지, 웨브, 하부플랜지 5개 요소로 구분하여 요소마다 상이한 온도에 대응하는 재료강도를 이용하고, 가정한 응력상태의 임의 점 모멘트를 합하여 구할 수 있다. 정산에 의하지 않는 경우, 합성단면의 전소성모멘트 M_{pBC}는 아래에 따라 산정해도 좋다. 아래의 내력식은 소성중립축의 각 경계점을 직선으로 연결한 간략식이다[6.61].

스팬 중앙부와 단부의 휨내력은 각각 합성보의 정휨내력 M_{pBC}, 강재보의 전소성모멘트 M_{pBS}를 사용하고, 식 (6.9.1)과 동일한 형식으로 보 휨붕괴모드의 붕괴온도를 표현하여 식 (6.10.1)을 구한다. 식 (6.10.1)에서 Z_{pBC}는 M_{pBC}를 강재의 고온 유효항복강도 $F{\cdot}\kappa(T)$로 나눈 값이다.

(i) 완전합성보

a) $C \leq {}_wP_y$ 의 경우(소성중립축이 웨브 내에 있는 경우)

$$M_{pBC} = M_{pBS} + C{\cdot}e_1 \tag{6.10.2}$$
$$e_1 = 0.25h + h_{re} + 0.5t_{ce} + 0.5t_f$$

b) ${}_wP_y < C \leq P_y$의 경우(소성중립축이 상부플랜지에 있는 경우)

$$M_{pBC} = 0.5P_y{\cdot}(h - t_f) + C{\cdot}e_2 \tag{6.10.3}$$
$$e_2 = h_{re} + 0.5t_{ce} + 0.5t_f$$

c) $C > P_y$의 경우(소성중립축이 슬래브 내에 있는 경우)

$$M_{pBC} = P_y{\cdot}\{e_3 + 0.5t_{ce}{\cdot}(1 - P_y/C)\} \tag{6.10.4}$$
$$e_3 = 0.5h + h_{re} + 0.5t_{ce}$$

(ii) 불완전합성보

a) $C \geq Q_u \geq C/2$ 또는 ${}_wP_y \geq Q_u$의 경우(소성중립축이 웨브 내에 있는 경우)

$$M_{pBC} = M_{pBS} + Q_u{\cdot}e_4$$

$$e_4 = 0.25h + h_{re} + t_{ce} + 0.5t_f + 0.5a \tag{6.10.5}$$

$$a = Q_u \cdot t_{ce} / C$$

b) $C \geq Q_u \geq C/2$ 또는 ${}_wP_y < Q_u \leq P_y$의 경우(소성중립축이 상부 플랜지 내에 있는 경우)

$$M_{pBC} = 0.5P_y \cdot (h - t_f) + Q_u \cdot e_5 \tag{6.10.6}$$

$$e_5 = h_{re} + t_{ce} + 0.5t_f - 0.5a$$

기호 M_{pBC} : 합성보의 정휨소성모멘트

M_{pBS} : 강재보의 전소성모멘트

C : 콘크리트 슬래브의 유효압축내력 $= 0.85 f_c \cdot t_{ce} \cdot b_e$

P_y : 강재보 전단면의 항복축력 $= 2 \cdot {}_fP_y + {}_wP_y$

${}_wP_y$: 강재보 웨브의 항복축력 $= (h - 2t_f) \cdot t_w \cdot \sigma_y$

${}_fP_y$: 강재보 플랜지의 항복축력 $= A_f \cdot \sigma_y$

f_c : 콘크리트의 고온강도

500℃ 이하의 영역 : $f_c = 2/3 F_c$, F_c : 콘크리트의 설계기준강도

500℃ 초과영역 : $f_c = 0$

σ_y : 2.1절에 의한 강재의 고온유효항복강도 $= F \cdot \kappa(T)$

h : 강재보 춤

t_f : 플랜지의 두께

t_w : 웨브의 두께

t_{ce} : 콘크리트 슬래브의 유효두께(500℃ 이하의 영역) $= t_c - d$

t_c : 콘크리트 슬래브의 두께(데크플레이트를 사용한 경우 골 상부면의 두께)

d : 콘크리트 슬래브의 500℃를 넘는 영역

h_{re} : $= h_r + d$

h_r : 데크플레이트 골의 높이(데크플레이트를 사용하지 않은 경우 $h_r = 0$ 으로 한다)

b_e : 콘크리트 슬래브의 유효 폭. 인접한 보와 보 사이 폭의 1/2, 외단보의 경우 슬래브 단부까지의 거리로 한다.

Q_u : 소성힌지점과 보 단부 간에 배치된 스터드 고온전단내력의 합 $= \Sigma q_s$

q_s : 식 (6.10.7)에 의한 스터드 1본당의 고온전단내력

또한 특별한 조사 또는 연구결과에 기초하여 콘크리트의 고온강도 및 콘크리트 슬래브의 높이방향(춤방향)의 평균온도를 적절하게 평가하여 산출하는 것이 가능한 경우, 이하의 값을 사용하는 것이 가능하다.

f_c : 콘크리트 슬래브의 평균온도 T_c에 대한 콘크리트강도 $= F_c \cdot \kappa_c(T_c)$

t_{ce} : $= t_c$

h_{rc} : $= h_r$

2) 스터드커넥터의 전단내력

스터드의 전단내력 q_s는 평가온도에 스터드온도를 사용하고, 콘크리트의 국부파괴로 결정되는 내력 q_{s1}과 스터드의 파단으로 결정되는 내력 q_{s2}의 작은 값으로 아래에 나타낸 식으로 산정한다. 스터드의 온도에 대해서 특별한 조사 또는 연구를 하지 않은 경우, 평가온도는 강재보의 온도를 이용한다. 스터드의 설계, 배치 등에 관해서는 일본건축학회 「각종합성구조설계지침 · 동해설」[6.62]의 제1편에 따른다.

$$q_{s1} = \min(q_{s1}, q_{s2}) \tag{6.10.7}$$

$$q_{s1} = \alpha \cdot 0.5 \cdot {}_{sc}a \cdot \sqrt{f'_c \cdot E_c} \quad \text{: 콘크리트의 국부 파괴} \tag{6.10.8}$$

$$q_{s2} = \alpha \cdot {}_{sc}a \cdot {}_{sc}\sigma_u \quad \text{: 스터드 파단} \tag{6.10.9}$$

여기서, 철근콘크리트 슬래브의 경우 : $\alpha = 1$

데크플레이트 합성슬래브의 경우 : $\alpha = \dfrac{0.85}{\sqrt{n_d}} \cdot \dfrac{b_d}{h_r} \cdot \left(\dfrac{{}_{sc}L}{h_r} - 1\right) \le 1$

기호 f'_c : $= 2/3 F_c$(F_c : 콘크리트의 설계기준강도)

또한, 특별한 조사 또는 연구결과에 기초한 콘크리트의 고온강도를 적절하게 평가해서 산출하는 것이 가능한 경우, 스터드의 온도 T_{sc}에 대한 콘크리트 강도 $f_c' = F_c \cdot \kappa_c(T_{sc})$를 사용하는 것이 가능하다.

E_c : 콘크리트 상온 영계수(일본건축학회 편 「각종합성구조설계지침」[6.62]에 의함)

${}_{sc}\sigma_u$: 스터드의 고온인장강도

$$ {}_{sc}\sigma_u(T) = {}_{sc}F_u \cdot {}_{sc}\kappa(T) \tag{6.10.10} $$

$$ {}_{sc}\kappa(T) = \begin{cases} 1 & : T_{RT} \le T \le T_1 \\ 1 - \dfrac{T - T_1}{T_2 - T_1} & : T_1 < T < T_2 \end{cases} \tag{6.10.11} $$

${}_{sc}F_u = 400[\mathrm{N/mm^2}]$, $T_1 = 300$ [℃], $T_2 = 650$ [℃]

${}_{sc}a$: 스터드의 축부단면적

n_d : 데크플레이트 1개 골당 스터드 수이며, 3개를 초과하는 경우 3개로 한다.

b_d : 데크플레이트 골의 평균 폭

h_r : 데크플레이트의 전체 춤

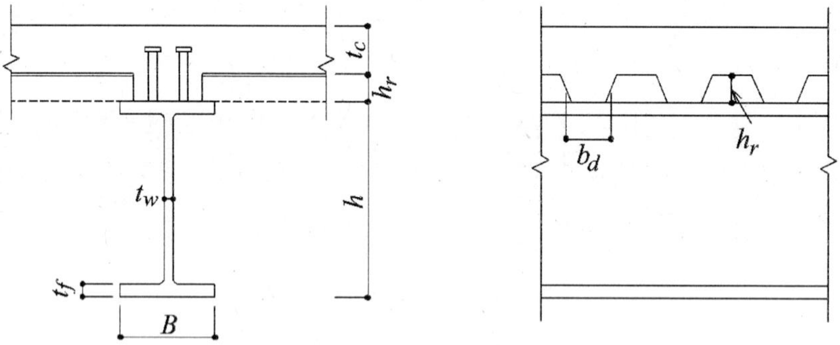

그림 6.10.1 기호의 정의

3) 합성보의 재하가열실험에 의한 붕괴온도의 검증

문헌 6.58)에서 스터드의 전단파괴가 선행하는 불완전합성보를 대상으로 재하가열실험 결과와 함께 소성설계법에 기초한 불완전합성보의 종국휨내력 평가법을 고찰하고 있다. 시험체는 H형강 강재보와 데크플레이트 합성슬래브를 스터드로 결합한 실대 치수의 합성보이고, 단순지지조건의 합성율이 1 이하의 불완전합성보이다. 재하방법은 시험체를 단순지지 2점 재하에 의한 균등 휨구간을 갖는 정휨모멘트 재하이고, 강재보의 항복모멘트 M_{yBS}를 기준으로 휨모멘트를 균등 휨구간으로 작용시킨 상태에서 시험체의 하향방향에서 가열하고 있다. 제1시리즈의 시험체는 강재보의 항복모멘트 M_{yBS}에 대해 4/3배, 3/3배의 초기 휨모멘트를, 제2시리즈의 시험체는 M_{yBS}에 대해 2/3배의 초기 휨모멘트를 작용시키고 있다. 실험에 사용된 강재보는 H−400×200×8×13(SS400)이고, ϕ19 스터드를

200mm 간격으로 1열 배치되어 있다. 슬래브의 상온 콘크리트 압축강도는 제1시리즈 : 22N/mm^2, 제2시리즈 : 35N/mm^{2}이다.

시험체의 가열시 휨내력과 하부플랜지 온도의 관계를 그림 6.10.2에 나타내었다. 그림 중의 ○표시는 각 시험체의 붕괴온도 실험값이다. 합성보의 가열시 휨내력 M_{pBC}는 그림 6.10.3과 같이 부재단면을 슬래브, 스터드, 상부플랜지, 웨브, 하부플랜지의 5개 요소로 구분하고, 요소마다 실험 시에 측정된 온도에 대응하는 재료강도를 사용하여 가정한 응력상태의 임의점모멘트를 합하여 구하였다. 슬래브의 콘크리트강도는 슬래브 평균온도 T_c에 대응하는 압축강도를 사용하고, 강재보 각 부의 강재강도는 유효항복강도(변형율 1%시 응력)를 이용하고 있다. 스터드의 전단내력은 식 (6.10.7)로 산정한다. 그림 6.10.2에는 M_{pBC}와 강재보의 전소성모멘트 M_{pBS}를 나타내었다. 각 휨내력은 상온의 강재보 전소성모멘트 M_{pBS}로 나누어 무차원화하고 있다. 단순보의 경우, 스팬 중앙의 정휨모멘트가 일정하므로 합성보 부재의 휨내력이 어느 정도 저하할 때에 붕괴에 이른다. 각 시험체의 붕괴온도(붕괴 시 시험온도)를 이용한 휨내력 계산값과 실험값은 잘 대응하여 나타나고 있다. 이것으로 불완전합성보에 있어서도 화재 시 휨내력은 그림 6.10.3의 응력상태를 가정한 단면온도에 따른 재료강도를 사용하여 평가 가능하다고 생각된다.

문헌 6.59)는 단부의 회전을 구속한 합성보의 재하가열실험을 실시하였다. 실험에서는 보 단부에 웨브의 항복에 연계되어 국부좌굴이 발생하였고, 붕괴 시의 부휨모멘트 M_B는 강재보의 전소성모멘트 M_{pBS}보다 저하되고 있다. 실험에 사용된 강재보는 H−400×200×8×13이고, 보의 폭두께비 종별은 FB그룹이다. 이러한 플랜지와 웨브의 판 두께가 작은

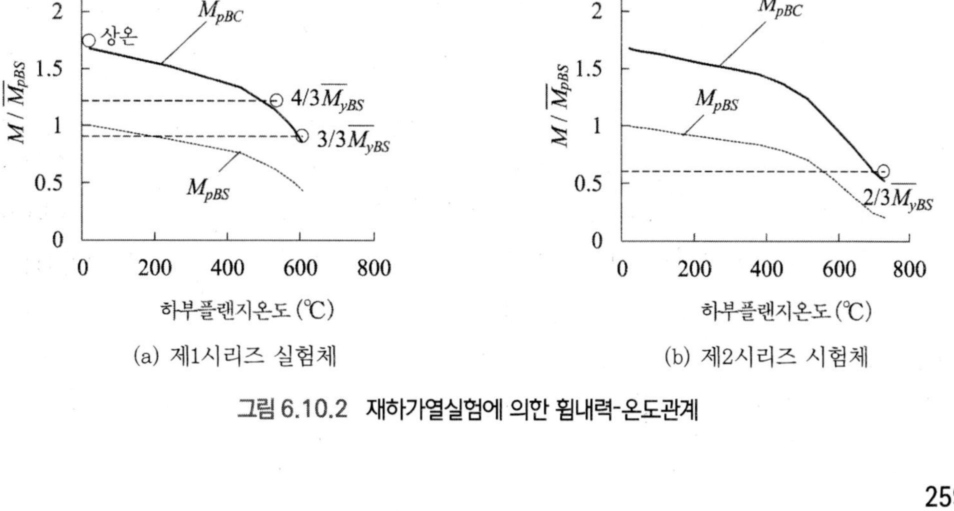

그림 6.10.2 재하가열실험에 의한 휨내력-온도관계

보는 보 중앙부가 합성보로 정휨내력을 발휘하기 전에 보단부의 국부좌굴발생이 유발되어 부휨내력의 저하 또는 보웨브의 전단붕괴가 발생할 우려가 있다. 단부의 회전이 구속된 합성보의 화재 시 종국내력에 관해서는 아직 실험 자료가 제한되어 추가적인 검토가 필요하다.

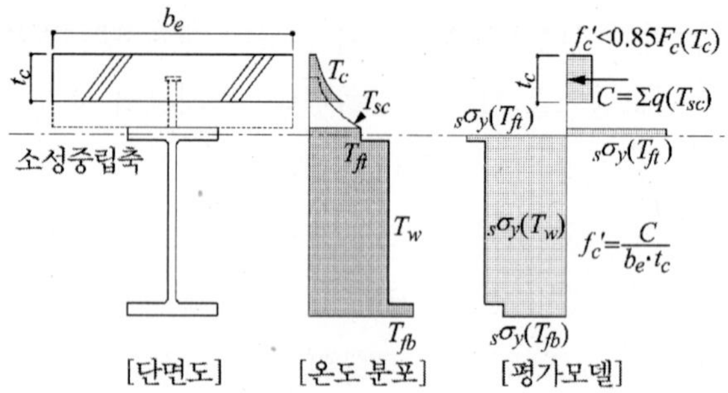

그림 6.10.3 합성단면의 응력상태 모식도

4) 화재 시 스터드의 전단내력

문헌 6.60)에서는 화재가열을 슬래브 하부면에서 받는 펀칭시험으로 화재 시 스터드의 파괴형식 및 전단내력을 파악하고, 전단내력평가법을 제안하고 있다. 시험체는 H형강과 슬래브(동일 두께 슬래브, 데크플레이트 합성슬래브)를 스터드로 결합한 합성부재이다. 실험은 소정의 초기하중을 재하한 후, 그 하중을 일정하게 유지한 상태에서 슬래브 하부면을 가열했다.

스터드의 전단내력과 온도의 관계를 그림 6.10.4에 나타냈다. 그림 중의 ○표시는 콘크리트가 국부좌굴한 시험체, ●표시는 스터드가 파단한 시험체이다. 그림에는 식 (6.10.8)과 식 (6.10.9)에 의한 계산값을 부과하여 나타내고 있다. 그림 중의 굵은 선은 콘크리트의 국부파괴로 결정되는 내력 q_{s1}과 스터드의 파단으로 결정되는 내력 q_{s2}의 최소치 q_s이다. 또한 슬래브의 콘크리트강도와 스터드의 고온 시 강도는 재료시험 결과값을 사용하고 있다. 스터드의 고온 시 인장시험결과를 그림 6.10.5에 나타냈다. 지침에서는 이 시험결과를 기초로 스터드의 고온 시 인장강도를 식 (6.10.10)으로 산정한다. 실험에서 확인된 파괴형식과 평가식에 의한 파괴형식은 기존 결과와 일치하고 있다. 평가식은 고온에 있어서 전단내력의 저하를 적절하게 표현하고 있고, 또한 실험값을 안전측으로 평가하고 있다. 이것으로 고온 시 스터드의 전단내력은 스터드 · 데크플레이트 합성슬래브 모두 q_{s1}과 q_{s2}의 최소치로 평가하는 것이 가능하다고 생각된다.

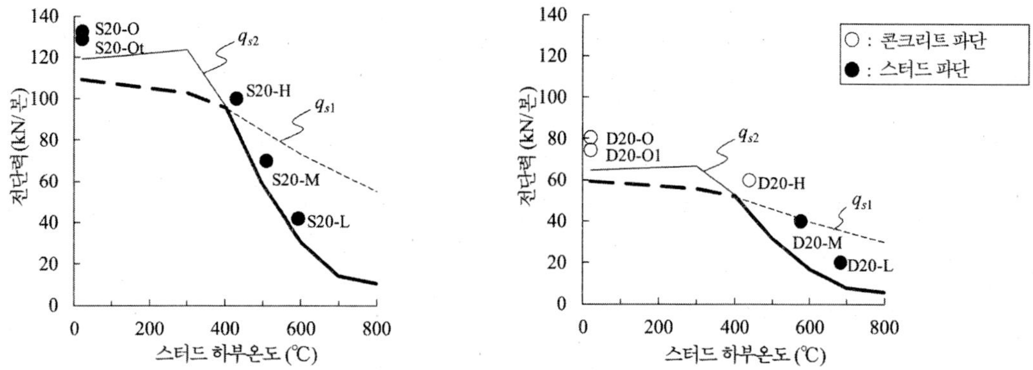

(a) 철근콘크리트 슬래브 (b) 데크플레이트 합성슬래브

그림 6.10.4 스터드의 전단내력-온도관계

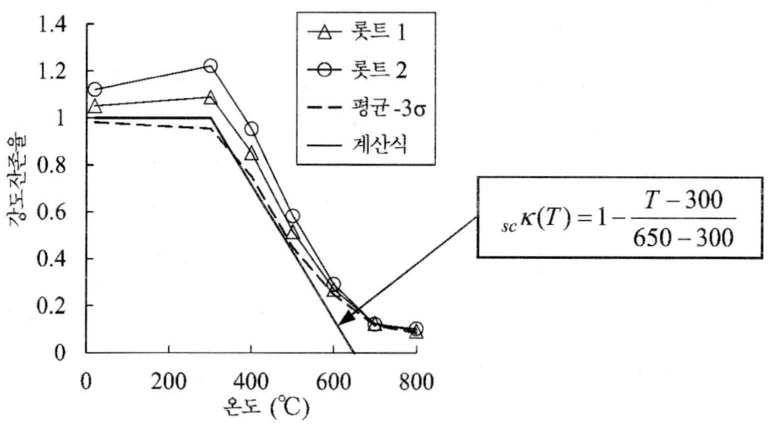

그림 6.10.5 스터드 소재의 고온 시 인장강도

6.11 고력볼트 마찰접합이음을 갖는 골조의 붕괴온도

(1) 고력볼트 마찰접합에 의한 보 이음

일본건축학회편 「강구조접합부 설계지침」에 기초하여 골조가 종국한계상태에 달할 때까지 보 이음이 파단하지 않도록 설계된 경우, 고력볼트 마찰접합이음을 갖는 보의 붕괴온도 $_jT_\mathrm{I}$ 는 다음 식을 해로 구할 수 있다.

$$_jT_\mathrm{I}=\min(_jT_{\mathrm{I}\,M},\,_jT_{\mathrm{I}\,Q}) \tag{6.11.1}$$

여기서, ${}_{j}T_{\mathrm{I}\,M}$: 보이음의 고력볼트파단에 의한 보 휨붕괴온도

${}_{j}T_{\mathrm{I}\,Q}$: 보이음의 고력볼트파단에 의한 보 전단붕괴온도

식 (6.11.1)에서 ${}_{j}T_{\mathrm{I}\,M}$, ${}_{j}T_{\mathrm{I}\,Q}$는 식 (6.11.2) 및 식 (6.11.3)으로 구한다.

$$\tilde{q}=\frac{1}{2}\frac{1}{\left(1-\dfrac{l_b}{l}\right)^2}\{\kappa({}_{j}T_{\mathrm{I}\,M})+\gamma_m\cdot\kappa_b({}_{j}T_{\mathrm{I}\,M})\} \tag{6.11.2}$$

$$\tilde{q}_s=\frac{1}{1-\dfrac{l_b}{l}}\gamma_Q\kappa_b({}_{j}T_{\mathrm{I}\,Q}) \tag{6.11.3}$$

여기서, $\tilde{q}$: 보 작용하중의 무차원화치(6.3절 참조)

$\tilde{q}_s$: 전단력에 관한 보 작용하중의 무차원화치(6.9절 참조)

l : 보 전체 길이의 절반

l_b : 보 단부에서 보 이음까지의 거리

$\kappa(T)$: 식 (2.1.2)에서 강재의 항복강도 F에 대한 온도 T℃의 유효항복강도 비

$\kappa_b(T)$: 식 (2.3.2)에서 고력볼트의 인장강도 F_{bu}에 대한 T℃의 인장강도 비

γ_M : 보 전소성모멘트에서 볼트파단 시 보이음의 최대휨내력 비

γ_Q : 보 웨브항복에 의한 전단력으로 볼트파단 시 보이음의 최대휨내력 비

(2) 작은보 단부의 핀접합

보 단부가 핀접합으로 설계된 작은보의 붕괴온도는 다음 식으로 구한다.

$${}_{j}T_{\mathrm{II}}=\min({}_{j}T_{\mathrm{II}\,M},{}_{j}T_{\mathrm{II}\,Q}) \tag{6.11.4}$$

여기서, ${}_{j}T_{\mathrm{II}\,M}$: 보 단부의 휨내력을 0으로 한 보 휨붕괴온도

${}_{j}T_{\mathrm{II}\,Q}$: 보 단부 힌지접합부의 볼트파단에 의한 보 전단붕괴온도

식 (6.11.4)에서 ${}_{j}T_{\mathrm{II}\,M}$ 및 ${}_{j}T_{\mathrm{II}\,Q}$는 식 (6.11.5) 및 식 (6.11.6)으로 정한다.

$$\tilde{q}=\frac{1}{2}\kappa({}_{j}T_{\mathrm{II}\,M}) \tag{6.11.5}$$

$$\tilde{q}_s=\gamma_Q\kappa_b({}_{j}T_{\mathrm{II}\,Q}) \tag{6.11.6}$$

단, 식 (6.11.4)에서 구한 붕괴온도는 작은보의 강재온도를 하회하도록 하는 것은 화재 시 작은보가 붕괴하지 않도록 하는 최소조건이다. 더욱, 발생열응력 및 화재가열 후의 냉각과정에서 작은보가 붕괴하지 않도록 조치를 강구할 필요가 있다.

(1) 고력볼트 마찰접합에 의한 보이음

고력볼트 마찰접합에 의한 보이음은 골조에서 발생한 보의 응력을 전달할 수 있는 내력을 보유하도록 설계되고, 골조가 종국한계상태에 달할 때까지 파단하지 않도록 설계된다[6.63]. 바꿔 말하면, 지진이나 강풍 시에 있어서 보 모재가 항복하기 전에 보 이음부가 미끄러지지 않는 것과 보 모재가 전소성 내력을 발휘하기 전에 보 이음부가 파단하지 않는 것을 확인하고 있다. 한편, 열처리 및 성분 조정에 의한 상온 시 강도를 높인 고력볼트는 2.3절에서 제시했듯이 일반강재에 비해 고온 시 강도 저하가 약간 심하다. 그러므로 상온 시에는 보이음의 최대휨내력이 보모재의 전소성모멘트를 상회하는 경우에도 고온 시에는 이것이 역전될 가능성이 있다. 내화설계에서는 전강도접합된 보이음에서도 파단에 대한 추가 검토가 필요하다.

지침에서는 강구조 골조의 화재 시 붕괴방지를 달성하는 것을 목적으로 종국강도형의 구조설계와 동일한 방법을 채용한다. 즉, 화재가열을 받은 강구조 부재가 항복하는 것은 허용하고, 강구조 골조가 종국상태에 이르지 않도록 설계하고 있다. 이것과 동일하게 지침에서는 보이음이 미끄러지는 것은 허용하지만 보이음이 파단하지 않도록 한다.

일본건축학회편 「강구조 접합부 설계지침」(이하 6.11절에서는 접합부지침)[6.63]에서는 소재강도의 실제치 및 변형경화를 고려한 접합부계수를 설정하고, 보이음의 최대내력이 보전소성모멘트를 상회하기 위한 조건을 부여하고 있다. 이 검토에 사용한 보이음의 최대내력은 ① 모재의 유효단면으로 결정되는 최대내력, ② 이음판의 유효단면으로 결정되는 최대내력, ③ 보 모재의 연단파단으로 결정되는 최대내력, ④ 이음판의 연단파단으로 결정되는 최대내력, ⑤ 고력볼트의 파단으로 결정되는 최대내력, 이상 5항목의 최대내력 중 최소값이 사용된다. 보 모재와 이음판에 사용된 강재가 동일 강종이고, 또한 강재의 인장강도에 고온 시 잔존율(상온인장강도와 공칭치에 대한 고온유효항복강도의 비)이 유효항복강도의 고온 시 잔존율(상온항복강도의 공칭치 F에 대한 고온유효항복강도의 비)과 동등하다면, 보이음의 최대내력은 보 전소성모멘트를 고온 시에도 상회한다. 그러므로 이 경우 일반강재의 고온 시 강도잔존율이 작은 고력볼트의 파단에 대해서만 검토해도 좋다.

그림 6.11.1의 (a)와 (b)에 SN400과 SN490의 유효항복강도 및 인장강도에 관한 고온 시 잔존율의 평균값[6.64]을 나타냈다. 전체적으로 양자의 차이는 작다. SN400은 유효항복강도보다도 인장강도의 고온 시 잔존율 쪽이 약간 낮은 고온영역도 있지만, 접합부 지침에 기초하여 보이음은 보의 전소성모멘트보다 1.15배 이상(SN400B의 경우) 큰 내력을 갖는다. 그러므로 모재와 이음판의 유효단면 또는 연단파단에 의한 보이음의 고온 시 최대내력은

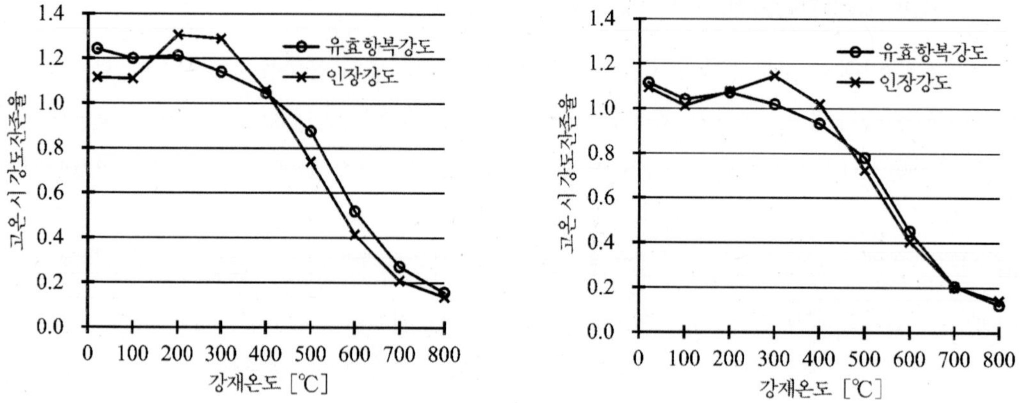

(a) SN400 (b) SN490

그림 6.11.1 유효항복강도와 인장강도에 관한 고온 시 강도잔존율

그 온도에서의 보 전소성모멘트와 동등 이상이 된다고 생각된다. 단, 2장에서 서술한 지침의 근거로 한 강재의 고온인장시험결과는 1998년 이전의 JIS G 0567에 준해 얻은 데이터이다. 이 방법에서는 항복내력을 얻은 후 변형속도가 약 0.03 min^{-1}(0.00005s^{-1})에서 약 0.075 min^{-1}(0.00125s^{-1})로 바뀌고, 500℃를 넘은 후에는 온도영역에서 변형속도를 바꿀 때(그림 6.11.2의 데이터는 0.05변형일 때) 응력이 급증한다. 즉, 강재의 고온인장강도는 시험 시 변형속도의 영향을 받고, 기존 데이터에 의한 고온인장강도의 대개는 변형속도를 0.075 min^{-1}로 바꾼 경우의 결과이다. 그러므로 이 변형속도에서 얻은 고온인장강도를 사용한 것의 타당성도 설명할 필요가 있다. 일정 하중에서 이음의 온도가 점증하는 경우, 이음이 파단하기 조금 전부터 국소적으로 변형이 집중되고, 이 부분의 변형속도가 급증하기 때문에 변형속도가 바뀐 후의 고온인장강도를 사용한 이음의 최대인장내력을 평가 가능한 것이 분명하게 되고 있다[6.65]. 그림 6.11.3은 연단파단된 고력볼트 마찰접합이음의 고온인장실험결과와 접합부지침에 의한 이음의 연단파단 내력식에 변형속도 0.075 min^{-1}에서 얻은 고온인장강도를 적용한 실험결과의 비교이다[6.63]. 하중일정 · 온도점증실험(그림 중 TR : ▲과 ●)에 의한 이음의 최대내력은 항상 온도일정 · 하중점증실험(그림 중 ST : △과 ○)에 의한 최대내력을 상회하고, 접합부지침식에 변형속도 0.075 min^{-1}에서 얻은 고온인장강도를 적용한 계산결과와 동등 이상이다. 즉, 종래의 시험방법으로 얻은 고온인장강도에 기초하여 이음의 고온 시 연단파단내력을 평가할 수 있다. 볼트구멍 결손부의 유효단면에서 파단하는 경우, 강재의 고온인장시험 상황에 근접하게 파단 직전에 볼트구멍 결손부의 변형속도가 급증하므로, 이것도 기존 데이터에 의한 고온인장강도를 사용해서 고온 시 최대

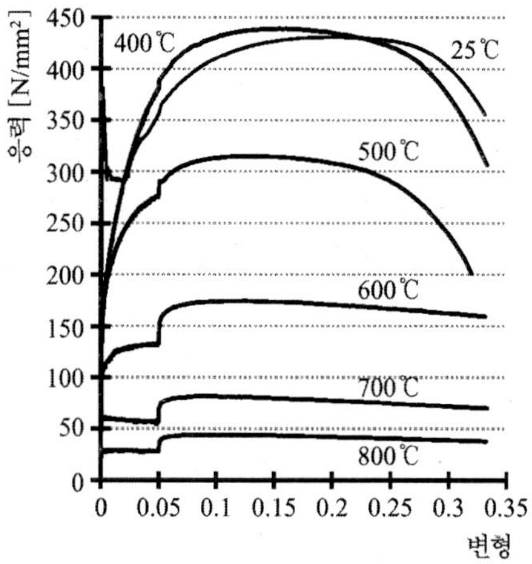

그림 6.11.2 SN400B의 응력-변형관계의 예[6.65)]

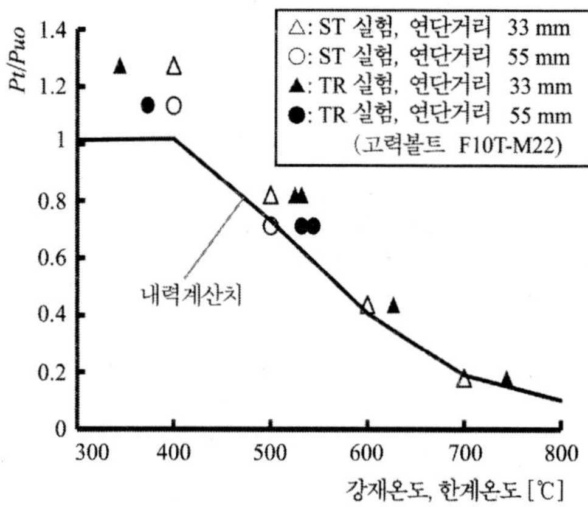

그림 6.11.3 이음부의 연단파단내력[6.65)]

내력을 평가할 수 있다. 이상의 고찰과 그림 6.11.1에 나타낸 결과에서, 모재 전소성내력평가를 위한 유효항복강도와 이음 최대내력평가를 위한 인장강도에 관한 고온 시 잔존율은 동등하다고 보여진다. 그러므로 상온 시에 골조가 종국한계상태에 달할 때까지 파단하지 않도록 설계된 보이음은 모재 또는 이음판의 고온인장강도에서 결정되는 최대내력(전술한 ①~④)에 관한 검토를 생략할 수 있다.

한편, 앞에 설명한바와 같이 고력볼트는 일반강재에 비해 고온 시 강도잔존율이 작기 때문에 고온 시 볼트파단에 의해 이음이 파단할 가능성이 있다. 식 (6.11.2), 식 (6.11.3)으로 평가된 보이음의 휨·전단 붕괴온도 ${}_jT_{IM}$, ${}_jT_{IQ}$는 보 이음부에 배치된 고력볼트의 전단파단으로 보이음의 휨 및 전단붕괴모드가 형성된 경우의 붕괴온도이다. 보이음은 보 단부보다 내측에 설치되는 경우가 많고, 이때 보이음에 작용하는 휨모멘트 및 전단력은 보 단부에 작용하는 것보다 작다. 보이음이 휨모멘트의 반곡점 위치 근방에 설치되는 경우, 보이음에 생기는 단면력은 장기하중에 의한 전단력과 열팽창변형의 구속에 의한 축력(즉, 발생 열응력)이다. 6.2절에서 서술한대로 단순소성이론에서 발생 열응력은 온도 상승과 함께 발생하는 소성변형과 이것에 동반되는 응력재분배에 의해 소멸한다. 그러므로 보이음이 파단하는 골조에 대해서도 단순소성이론을 적용하고, 기본붕괴온도와 같은 동일한 범주로 붕괴온도를 평가한다. 보이음이 파단하는 경우 붕괴모드 시 힘의 적합조건은 아래 식이 된다[6.66)].

보이음의 휨 붕괴모드(그림 6.11.4(a)) :

$$\frac{q(l-l_b)^2}{2} = M_{pB} + {}_jM_u \tag{6.11.10}$$

보이음의 전단 붕괴모드(그림 6.11.4(b)) :

$$q(l-l_b) = {}_jQ_u \tag{6.11.11}$$

식 (6.11.10)에서 보이음의 볼트파단에 의한 고온 시 최대휨내력 ${}_jM_u$은 하기 식 (6.11.12), 식 (6.11.11)에서 보이음의 볼트파단에 의한 고온 시 최대전단력 ${}_jQ_u$은 식 (6.11.13)으로 주어진다.

$${}_jM_u = {}_j\overline{M}_u \cdot \kappa_b(T) \tag{6.11.12}$$

여기서, ${}_j\overline{M}_u = n_f \cdot m_f \cdot A_{bf} \cdot d_b \cdot 0.6\,F_{bu}$ (6.11.12-a)

$${}_jQ_u = {}_j\overline{Q}_u \cdot \kappa_b(T) \tag{6.11.13}$$

여기서, ${}_j\overline{Q}_u = n_w \cdot m_w \cdot A_{bw} \cdot 0.6F_{bu}$ (6.11.13-a)

n_f, n_w : 플랜지, 웨브에 배치된 고력볼트의 수

m_f, m_w : 플랜지, 웨브의 전단면 수

A_{bf}, A_{bw} : 플랜지, 웨브에 배치된 고력볼트의 축부단면적

F_{bu} : 고력볼트용 강재의 인장강도

식 중 $\kappa_b(T)$는 식 (2.3.2)에 의한 고력볼트용 강재의 인장강도 F_{bu}에 대한 온도 T(℃)의 인장강도 비이고, 일반강재와 마찬가지로 기존 실험데이터에 관한 「${\sigma_{bu}}^{AV}-3\sigma$」와 동등하게 설정된 값이다. 고력볼트 고온강도 실제값의 하한치에 이미 대응하는 값이다. 일반강재와 동일하게 고력볼트 인장강도는 변형속도 대체 후(변형속도 $0.075\,\text{min}^{-1}$)의 값을 사용한다. 이 근거는 2.3절에 의한다. 식 (6.11.12-a)과 식 (6.11.13-a)에 있어서 상온 시 최대내력은 볼트 축부단면적을 사용하여 산정한다. 고온 시 최대내력에 대해서 볼트 축부단면적을 이용하여 산정하는 근거도 2.3절에 의한다. 식 (6.11.12)의 타당성은 보이음을 갖는 단순지지보의 재하가열실험결과의 분석에서 제시되고 있다[6.67].

다음에, 그림 6.11.4에서 보이음의 휨 및 전단붕괴형에 대해 각각 붕괴온도를 평가한다. 식 (6.11.10)의 보에 작용하는 하중 q를 상온 시에 보가 휨붕괴할 때의 보 작용하중 $4\overline{M}_{pB}/l^2$로 나눠서 무차원화하면, 보이음의 휨붕괴를 나타내는 식 (6.11.2)를 얻는다.

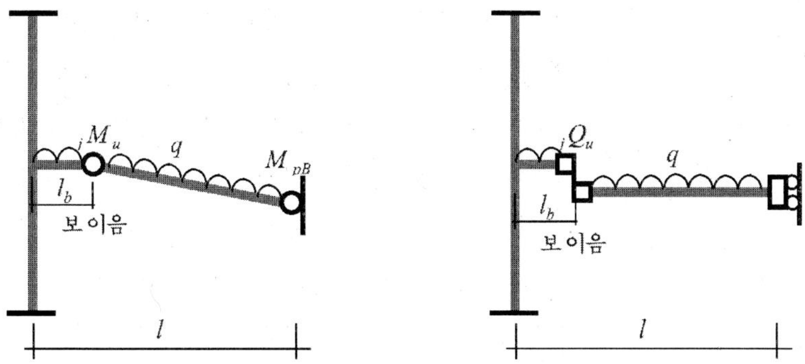

(a) 휨 붕괴모드 (b) 전단붕괴모드

그림 6.11.4 보 이음의 파단을 동반하는 골조의 붕괴모드

$$\text{보이음의 휨 붕괴온도 } {}_jT_{IM} \ : \ \tilde{q} = \frac{1}{2}\frac{1}{\left(1-\dfrac{l_b}{l}\right)^2}\left\{\frac{M_{pB}}{\overline{M}_{pB}} + \frac{{}_j\overline{M_u}}{\overline{M}_{pB}}\cdot\frac{{}_jM_u}{{}_j\overline{M}_u}\right\} \tag{6.11.2}$$

$$= \frac{1}{2}\frac{1}{\left(1-\dfrac{l_b}{l}\right)^2}\left\{\kappa({}_jT_{IM}) + \gamma_M\kappa_b({}_jT_{IM})\right\}$$

식 (6.11.11)의 보에 작용하는 하중 q를 전단붕괴할 때의 하중 $F\cdot A_W/\sqrt{3}\,l$로 나눠서 무차원화하면 보이음의 전단붕괴를 나타내는 식 (6.11.3)을 얻는다.

$$\text{보이음의 전단 붕괴온도 } {}_jT_{IQ} \ : \ \tilde{q}_s = \frac{1}{1-\dfrac{l_b}{l}}\cdot\frac{{}_j\overline{Q_u}}{F\cdot A_W/\sqrt{3}}\cdot\kappa_b({}_jT_{IQ}) \tag{6.11.3}$$

$$= \frac{1}{1-\dfrac{l_b}{l}}\cdot\gamma_Q\cdot\kappa_b({}_jT_{IQ})$$

그림 6.11.5에 식 (6.11.2), 식 (6.11.3)에서 얻어진 보이음의 휨붕괴온도 ${}_jT_{IM}$와 전단붕괴온도 ${}_jT_{IQ}$를 나타내었다. 그림 6.11.5에서 파선은 $\tilde{q}_s \sim {}_jT_{IQ}$ 곡선을, 일점쇄선은 $\tilde{q} \sim {}_jT_{IM}$ 곡선이다. 실선은 보 붕괴형의 기본붕괴온도곡선($\tilde{q}_I \sim T_I$곡선)이다. 대상으로 한 보이음은 전강도이음 조건을 최저 만족하는 보이음, 즉 볼트 수가 최소가 되도록 구조설계를 실시한 경우의 보이음이다. 대상 골조는 그림 6.11.6(a)에 제시한 ㅏ형 골조이다. 식 (6.11.2)와 식 (6.11.3)으로 얻은 보이음의 휨・전단붕괴온도는 보이음 내의 고력볼트는 완전탄소성체라고 가정해서 얻은 붕괴온도의 이론해이다. 한편, 실제 보이음의 회전능력은 유한하다.

특히, 미끄러짐이 발생한 후의 보이음은 고력볼트의 지압효과에 의해 힘이 전달되고, 지압 상태에서 고력볼트가 갖는 전단변형능력은 보 모재가 갖는 변형능력에 비해 작다. 이 때문에 실제 강구조 골조에서는 그림 6.11.4에 제시한 붕괴모드의 형성이 충분히 원활하지 않아 보이음부의 고력볼트가 고온파단할 우려가 있다. 이것을 검토하기 위해서 보이음을 갖는 강구조 골조에 대해 유한요소해석을 하였다. 보이음을 포함한 강구조 골조의 유한요소 모델은 문헌 6.66)을 이용한다. 수치해석결과는 그림 6.9.4의 점(●, ○)으로 제시한다. 이것들은 보이음의 전단파단으로 골조가 붕괴한 경우의 계산붕괴온도이다. 수치해석모델은 그림 6.11.6(a)에 제시한 ㅏ형 골조 외에 그림 6.11.6(b)에 제시한 2층 9스팬 골조도 대상으로 한다. 후자는 가열된 보의 변형이 주변 골조에 의해 강하게 구속된 골조이고, 화재발생구역의 보는 큰 압축력(열응력)이 발생한다. 2층 9스팬 골조의 경우, 발생열응력이 응력재분배되기 때문에 보 모재와 고력볼트에는 큰 소성변형능력이 요구된다. 보·기둥 및 이음부 플레이트의 강재는 SS400이다. 고력볼트는 F10T이고, 고온 시 역학특성은 그림 6.11.7에 제시한 고력볼트의 고온 전단력-전단변형관계를 이용한다. 각 온도의 전단최대내력은 $0.6\overline{F}_{bu}\cdot\kappa_b(T)$에 일치한다. 그림에서 보듯이, 고력볼트의 전단변형은 「전단면의 슬립」이다. 부재온도가 일정한 고력볼트 마찰접합이음에 대한 변위제어형의 인장실험을 하면 300℃ 이하에서는 최대내력 도달 후에 바로 파단하지만, 400℃를 넘으면 고력볼트는 최대내력 도달 후에 바로 파단하는 것은 아니고, 그 후도 전단면의 미끄러짐의 증대와 함께 잔여내력을 갖고 볼트직경까지 미끄러져 내력이 0이 된다[6.68)]. 그림 6.11.7 중에 제시된 고력볼트의 고온전단응력-전단변형관계는 기존의 실험결과로 밝혀진 고온 시 고력볼트 특유의 전단변형거동을 근거로 모델화된 것이다.

그림 6.11.5에서 보 작용하중 $\tilde{q}$가 작은 골조는 보이음의 전단붕괴온도 $_jT_{IQ}$가 가장 낮고, $\tilde{q}$가 크게 되면 보 붕괴형의 기본붕괴온도 T_I이 가장 낮다. 즉, $_jT_{IQ}$과 T_I 교점의 온도보다 낮은 범위에서는 보이음이 파단하는 것은 아니고, 보 붕괴형이 된다. 한편, $_jT_I$가 T_I보다 낮은 범위에서는 보이음의 파단이 보 붕괴보다 선행할 뿐만 아니라, 보이음의 전단붕괴온도 $_jT_{IQ}$를 하회하는 온도역에서 보이음이 파단할 우려가 유한요소해석의 결과에서 알 수 있다(그림 6.11.5 ●). 이러한 범위에서는 보 상부하중(작용하중) $\tilde{q}$가 작기 때문에 가열된 보의 아래쪽 처짐 발생도 적고, 보 안의 열응력은 좀처럼 개방되지 않는다. 그렇기 때문에 발생열응력의 응력재분배가 불완전하여 고력볼트의 전단변형능력이 소비되어 보이음이 파단할 가능성이 있다. 지침 제2판에서는 이 열응력의 영향을 고려하여 보이음의 파단을 동반한 붕괴온도 $_jT_I$이 보붕괴형의 기본붕괴온도 T_I을 상회하는 것을 조건으로 하고 있다.

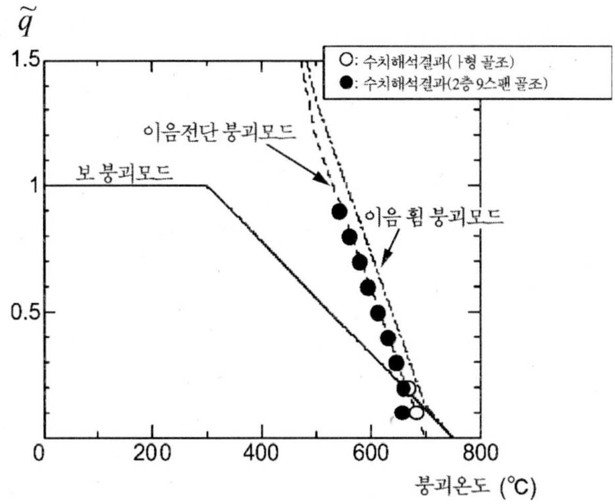

그림 6.11.5 보이음의 파단을 동반한 골조의 붕괴온도 ($\bar{p}=0.1$, $l/h=1$)

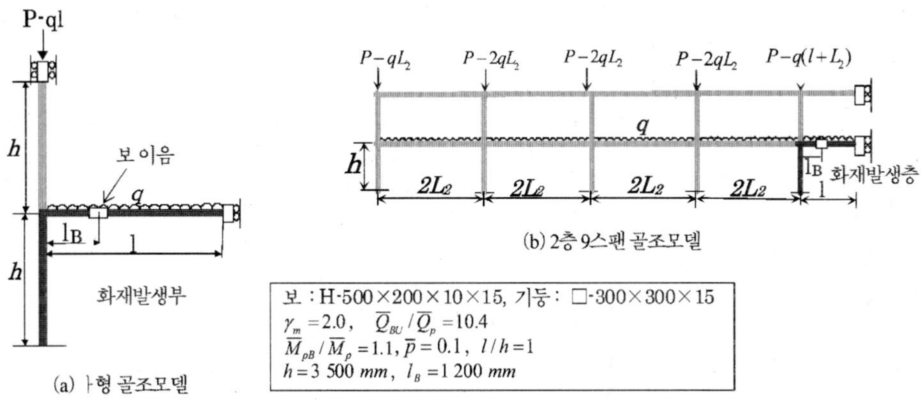

보 : H-500×200×10×15, 기둥 : □-300×300×15
$\gamma_m=2.0$, $\bar{Q}_{BU}/\bar{Q}_p=10.4$
$\bar{M}_{pB}/\bar{M}_p=1.1$, $\bar{p}=0.1$, $l/h=1$
$h=3\ 500\ mm$, $l_B=1\ 200\ mm$

그림 6.11.6 해석대상 모델

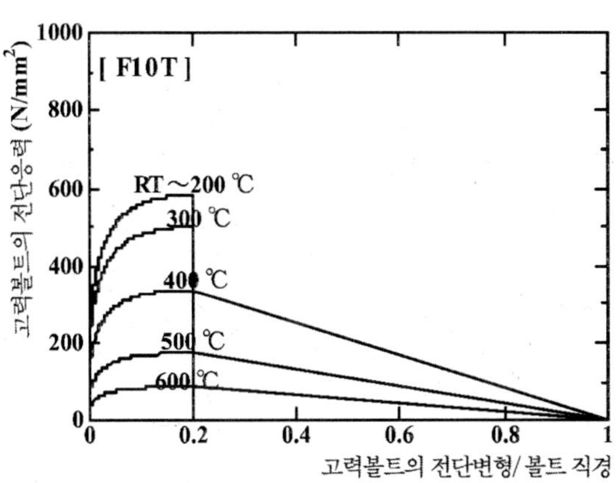

그림 6.11.7 고력볼트(F10T)의 고온전단응력-전단변형 관계

그러나 상기 유한요소해석에서 무시되고 있는 상하플랜지 이음판이 전단력 전달에 기여하는 효과[6.69]와 실설계에서 보웨브에 투입된 볼트 수에 여유가 있는 것이 많다는 것을 근거로 하면, 보이음이 전단력에 의해 파단할 가능성은 낮다고 생각된다. 또한 보이음을 갖는 보의 양단을 고정단으로 한 재하가열실험에서는 보이음에 소성힌지가 형성될 경우에도 ISO 834에 규정된 보처짐의 한계치에 도달할 때까지 보이음은 파단하지 않고, 보에서 응력재분배가 확인됐다[6.70]. 그림 6.11.8은 실험으로 얻은 발생열응력과 보 및 보이음 내력의 관계이다. 이 실험에서는 보 변형이 구속되어있지 않기 때문에 주로 발생열응력은 보춤방향의 온도구배에 의한 처짐(및 보단부 처짐각)을 구속하는 것으로 발생한 휨모멘트이다. 그림에서 $M_c/\overline{M}_p$는 보중앙부의 정휨모멘트를 상온시 전소성모멘트로 나눈 값, $M_j/{}_j\overline{M}_{bu}$는 보이음부의 부모멘트를 상온시 볼트파단으로 결정되는 보이음의 최대내력으로 나눈 값, $\kappa(T_c)$는 보중앙부의 온도 T_c에서 보부재의 고온강도잔존율을 기존 데이터의 평균값에 기초한 값, $\kappa_b(T_j)$는 보이음부의 온도 T_j에서 고력볼트의 고온강도잔존율을 기존 데이터의 평균값에 기초한 값이다. 화재 초기에 볼 수 있는 보단부 및 보이음부의 부휨모멘트 증가분이 발생열응력이다. 그 후 강재 보의 고온내력 저하에 동반하여 발생열응력이 감소하고, 재하에 의한 휨모멘트와 이음을 갖는 보휨내력이 일치할 때 보가 붕괴했다. 이상으로 보가 화재 시 종국상태에 도달할 때까지 보이음이 파단하는 것 없이 응력을 전달하며, 보이음을 갖는 골조의 붕괴온도산정은 식 (6.11.1)을 적용 가능하다는 것을 알 수 있다.

6.9절에서 소개한 2층 강접 강구조골조의 재하가열실험[6.55]에서는 보의 변형에 대해 기둥의 구속이 비교적 강하고, 또한 보의 전소성모멘트에 대한 보이음의 최대휨내력비가 1.38이라는 상황에서 보붕괴 시 및 그 후의 냉각과정에서도 보이음은 파단하지 않았다. 이유는

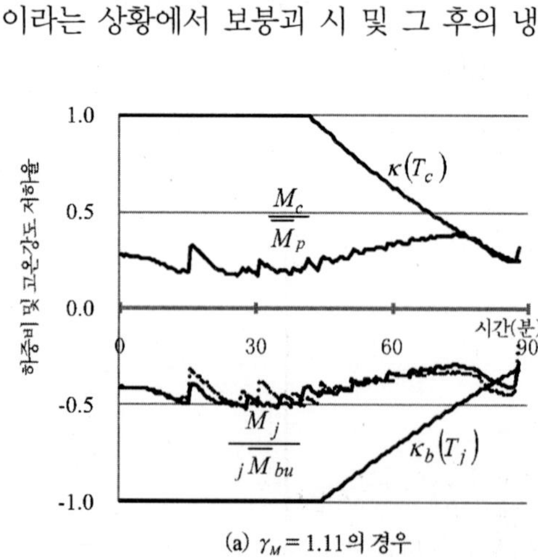

(a) $\gamma_M = 1.11$의 경우

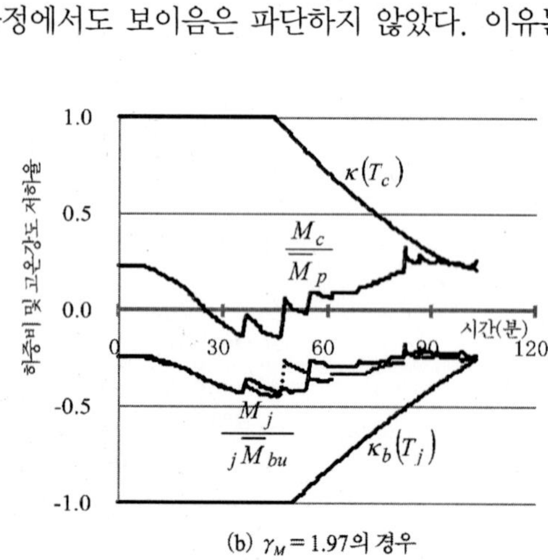

(b) $\gamma_M = 1.97$의 경우

그림 6.11.8 보 중앙과 보이음에서 발생한 휨모멘트와 휨내력의 추이

첫 번째 열용량이 큰 보이음의 온도는 보 모재온도의 80% 정도이고, 화재시에 보이음의 잔존내력이 비교적 크기 때문이다. 또한 보이음은 골조에 발생하는 응력을 전달 가능한 내력을 보유하도록 설계되었고, 보 전소성 내력에 대한 고력볼트의 파단으로 결정되는 보이음의 최대내력의 비는 2 이상인 것이 많다. 그러므로 접합부지침에 기초하여 설계된 보이음은 실제 화재 시에 파단할 가능성은 극도로 낮다고 생각된다. 이상의 내용을 근거로 지침 제2판에서의 요건 「보이음의 파단을 동반한 붕괴온도 ${}_jT_I$이 보붕괴온도 T_I을 상회할 것」을 제3판에서는 삭제했다. 지침에서 보중앙부와 보이음부 온도를 동일하게 하여 붕괴온도를 산정하기 위해 보이음부 온도는 보중앙부보다 낮게 되는 것을 근거로 하면, 식 (6.11.1)에서 구한 붕괴온도는 충분히 안전측의 값이 된다. 보 강재온도가 이 온도를 하회하도록 설계되면, 보이음은 골조가 종국상태에 이를 때까지 응력전달능력을 충분히 갖는 것으로 화재 시에 보이음의 파단을 방지할 수 있다.

(2) 작은보 단부의 핀접합

작은보 단부의 접합부는 시어플레이트 또는 브라켓을 통해서 작은보에 발생한 응력을 지지보에 전달하도록 설계된다[6.63)]. 작은보는 시어플레이트를 통해서 장기하중에 의한 전단력을 큰보에 전달시키는 접합형식이 많고, 단부는 핀접합으로 가정하여 설계하는 것이 많다. 이렇게 웨브만 고력볼트가 설치된 작은보 단부의 핀접합부는 수평하중을 고려하여 설계된 전절의 보이음과 상이하고, 화재 시에 취약부가 될 가능성이 높다. 한편, 내화설계의 원칙은 방화구획 내에 화재를 봉쇄하는 것이고, 방화구획이 있는 슬래브를 지지하는 작은보도 내화성능이 요구된다. 그러므로 화재 시에 보단부 핀접합부를 파단시키지 않는 것이 상층 연소를 방지하기 위해 중요하다.

보 단부 핀접합부를 갖는 작은보의 붕괴온도에 관한 식 (6.11.4)는 단순지지 작은보에 관한 붕괴온도와 웨브에 배치된 고력볼트가 전단력에 의해 파단하는 것에 의한 붕괴온도 가운데 작은 값을 사용한다. 식 (6.11.5)에 나타난 보 단부의 휨내력을 0으로 한 보의 휨 붕괴온도는 보 중앙부의 전소성모멘트 M_{pB}에서 붕괴온도가 결정된다.

$$\tilde{q} = \frac{1}{2}\frac{M_{pB}}{\overline{M}_{pB}} = \frac{1}{2}\kappa({}_jT_{IIM}) \tag{6.11.5}$$

작은보가 합성보로 설계되어 있는 경우, 식 (6.11.5)에 있어서 보중앙부의 휨내력에 6.10절에서 구한 합성보의 내력을 적용하면 좋다. 한편, 보 상단에서 면외 횡이동이 구속되지 않은 경우, 6.9절에서 나타낸 보중앙부의 휨내력을 약축방향의 전소성모멘트로 치환한다.

식 (6.11.6)에서 보 단부 핀접합부의 볼트파단에 의한 보 전단붕괴온도는 웨브에 배치된 고력볼트의 파단에 의한 전단력을 기초로 한 식이다.

$$\tilde{q}_s = \frac{{}_j\overline{Q_u}}{F \cdot A_w / \sqrt{3}} \cdot \kappa_b({}_j T_{IIQ}) = \gamma_Q \cdot \kappa_b({}_j T_{IIQ}) \tag{6.11.6}$$

식 (6.11.4)에서 구한 붕괴온도가 작은보의 붕괴온도를 하회하도록 하는 것은 화재 시 작은보를 붕괴시키지 않기 위한 최소조건이다. 작은보의 내력에 비해 접합부의 내력이 작은 경우, 화재 시에 보의 열 변형이 접합부에 집중되고, 보웨브에 배치된 고력볼트가 열응력(주로 보에 발생하는 축력)에 의해 파단할 가능성이 있다. 그러므로 식 (6.11.4)를 충족시키는 작은보 및 작은보의 접합부를 설계한다고 하더라도 골조의 붕괴온도에 도달하기 전에 해당 접합부가 파단할 가능성이 있다. 이것은 보 단부 핀접합부를 갖는 강구조 유한요소해석결과로 지적되고 있다[6.71]. 그림 6.11.9는 식 (6.11.5)에 의한 골조의 기본붕괴온도 및 식 (6.11.6)에 의한 접합부의 전단붕괴온도와 유한요소해석으로 구한 골조의 붕괴온도(정산해)를 비교한 결과이다. 그림 6.11.9(a)는 상온 시 보웨브의 전단항복내력과 접합부의 최대전단내력이 동일한 경우의 결과이고, 이같이 접합부의 내력이 상대적으로 작은 경우 식 (6.11.4)에 의한 붕괴온도와 비교해서 상당히 낮은 온도에서 접합부가 파단한다. 한편 그림 6.11.9(b)는 접합부의 내력이 보에 비해서 큰 경우, 식 (6.11.4)가 성립하는 영역(이 경우 $\tilde{q} \geq 0.2$일 때)이다. 이같이 화재 시 작은보 단부 핀접합의 파단을 방지하기 위해서는 보웨브에 배치된 고력볼트가 많은 쪽이 유리하다[6.71]. 그림 6.11.9에서 $\tilde{q}$가 작을수록

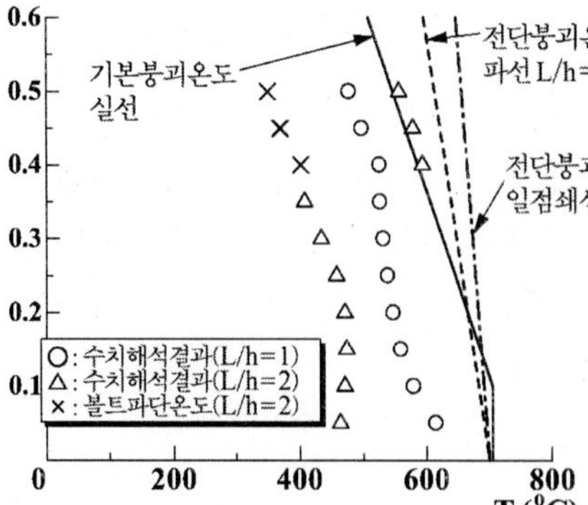

(a) γ_Q=1의 경우

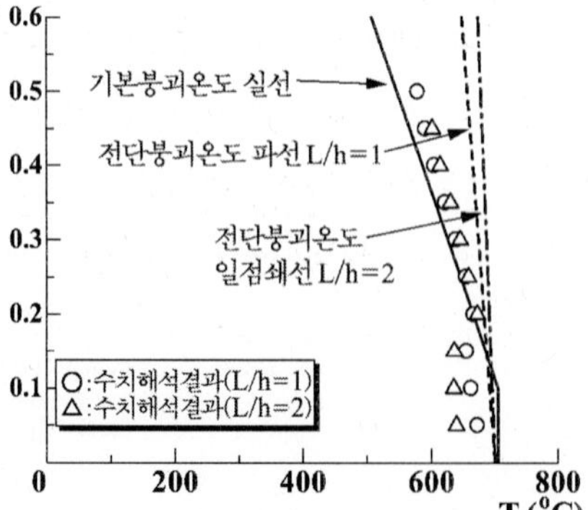

(b) γ_Q=2의 경우

그림 6.11.9 작은보 단부의 핀접합 파단을 유발하는 골조의 붕괴온도 [6.70]

정산해에 의한 붕괴온도가 낮게 되는 이유는 연직하중이 작은 경우 보의 처짐이 작게 되고, 연직하중이 큰 경우보다도 열응력(보축력)이 증대하고, 이 열응력에 의해 접합부가 파단하기 때문이다.

화재 시에 보단부 핀접합부의 파단을 억제하는 방법은 접합부의 변형능력을 향상시키고, 작은보의 열팽창 및 냉각시 수축에 동반한 변형을 흡수 가능하도록 하는 것도 유효하다. 고력볼트의 직경에 대한 모재의 판두께가 상대적으로 작은 경우, 그림 6.11.10과 같이 연단파단거동을 나타내고, 고력볼트가 파단하는 경우보다도 변형능력이 향상한다[6.72]. 연단파단이 유리한 이유는 연단파단하기 전에 보웨브 홀의 지압변형이 증대해서 최대하중치에 도달하기까지 소성변형량이 크기 때문이다. 그리고 이것은 화재가열 후의 냉각과정에서도 동일하다[6.73]. 화재 가열시의 고온 T℃에 있어서 웨브이음의 볼트 파단을 선행시키는 조건은 이하의 식 (6.11.14)와 같다.

$$0.6A_b F_b \kappa_b(T) \geq e\,t_w F\kappa(T) \tag{6.11.14}$$

여기서, A_b : 볼트의 축부 직경

e : 연단거리

t_w : 보웨브의 판두께

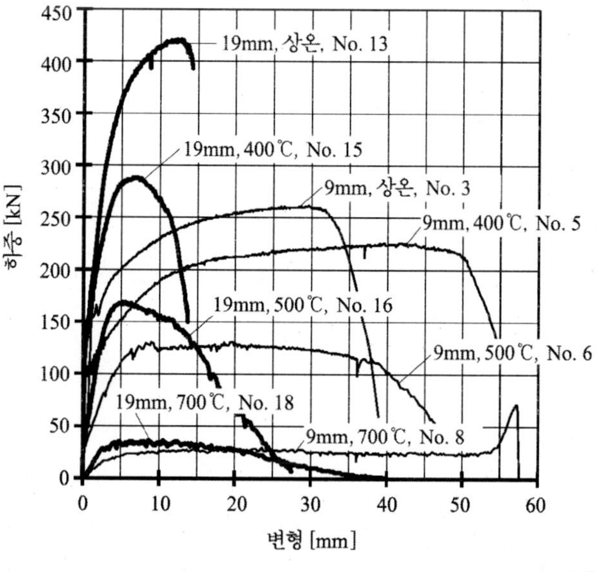

그림 6.11.10 접합부의 변형능력에 미치는 모재 판두께의 영향[6.72]
(실험조건 : 고력볼트 F10T-M20, 모재 SN490B, 연단거리 50mm, 2면마찰이음)

식 (6.11.14) 중 좌변은 1면마찰이음으로 볼트파단할 때의 최대인장내력이고 우변은 동일한 이음이 연단파단할 때의 최대인장내력이다. 연단거리가 작을수록 식 (6.11.14)를 만족하기 쉽지만, 연단파단하는 경우 연단거리가 클수록 변형능력이 증대한다[6.72]. 그러므로 연단거리는 표준치($e = 2.5d_b$, d_b: 볼트직경)로 하는 것이 바람직하다. 또한, 변형형식이 2면마찰로 된 경우 연단파단하는 접합부의 변형능력은 약 2배까지 증대하고, 화재시의 파단방지에 대해서는 더욱 유리하다.

화재 시 보단부 핀접합부의 파단은 오히려 화재 감쇄기의 냉각과정에서 발생하기 쉽다는 것이 지적되고 있다. 예를 들면, Cardington의 실대 화재실험 보고[6.74]에서는 보단부 핀접합부에 배치된 볼트의 전단파괴가 보여지고, 이 볼트의 파단이 냉각 시 강재보의 수축(에 기인한 인장력)에 의해 발생했다고 되어 있다. 그러므로 이 실대 화재실험에 있어서 접합부 거동을 보다 상세히 고찰한 보고[6.75]에서는 화재 감쇄기에 강재온도가 저하하는 과정에서 열용량이 큰 접합부의 온도가 보 일반부의 온도보다도 높게 된다는 것을 나타내고, 이것도 접합부가 파단하는 이유 중 하나로 지적되고 있다. 이것을 근거로 하면, 보단부 핀접합부의 변형능력이 보다 중요하다는 것을 알 수 있다.

작은보가 합성보로 설계된 경우, 화재 시 보단부 핀접합부의 파단억제에 슬래브가 기여한다는 것도 생각할 수 있다. 단, 슬래브에 의한 파단억제효과에 관한 연구자료는 없기 때문에 이 효과를 어떻게 고려할 것인가는 향후의 과제이다.

(3) 고력볼트 마찰접합에 의한 기둥이음

화재 시 고력볼트의 마찰접합에 의한 기둥이음에서 미끄럼이 발생하는 경우, 이음부의 휨강성이 저하하므로 해당 이음을 갖는 기둥의 좌굴온도는 저하할 가능성이 있다. 그렇지만 이것에 관한 연구자료는 전무하고, 기둥이음을 갖는 골조의 붕괴온도에 관한 검토는 긴급한 과제이다. 한편, 압축재 기둥의 경우 고온 하에서 이음부의 변형능력이 증대하면, 이음이 파단하기 전에 상하의 기둥모재가 접촉(면타치) 상태가 되고, 접합부지침에 기초하여 설계된 기둥이음은 화재시 파단한다고 생각하기 어렵다. 단, 화재 종국시에 면타치의 상태가 되는 경우, 기둥이음의 손상을 초래하므로 이러한 상태는 피해야 한다.

추가적인 검토방법으로 이하 두 가지를 생각할 수 있다. 첫 번째는 기둥좌굴온도에 달하기 전에 기둥이음이 미끄러지지 않도록 하는 방법이다. 이 경우, 기둥이음의 고온 시 미끄럼내력을 주는 것에 추가하여 기둥의 팽창이 주변에서 구속될 때의 열응력을 고려해야 한다. 두 번째는 기둥의 전소성내력을 기둥이음의 최대내력이 화재 종국시에 상회하도록 하는 방법이다. 기둥의 좌굴온도를 대상으로 하는 경우, 이 방법은 충분하지 않을 가능성이 있다. 한편, 후자의 방법으로 검토가 가능하다면, 6.2절에서 나타난 지침의 성격에 합치한다. 그러므로 여기서는 후자의 방법을 나타낸다.

보이음의 생각방법과 동일하게 기둥이음의 최대압축내력은 ① 모재의 유효단면으로 결정하는 최대내력, ② 이음판의 유효단면으로 결정하는 최대내력, ③ 보 모재의 연단파단으로 결정하는 최대내력, ④ 이음판의 연단파단으로 결정하는 최대내력, ⑤ 고력볼트의 파단으로 결정하는 최대내력, 이상 5항목의 최대내력 가운데 최소치로 결정한다고 생각된다. 이 경우, 보이음과 동일한 이유로 ⑤ 고력볼트의 파단으로 결정되는 최대압축력만을 검토하면 좋고, 이하 식으로 판정하는 것으로 한다.

$$_{j}T_{III} \geq T_{III} \tag{6.11.15}$$

여기서, T_{III} : 기둥붕괴모드로 결정되는 골조의 기본붕괴온도(6.3절)

$_{j}T_{III}$: 기둥이음의 고력볼트 파단으로 결정되는 골조의 붕괴온도

$$\bar{p} = \gamma_N \kappa_b ({}_{j}T_{III}) \tag{6.11.16}$$

γ_N : 기둥 항복축력에 대한 볼트파단에 의한 기둥이음의 최대축력비

금후는 기둥이음을 갖는 H형강 기둥의 재하가열실험으로 상기 판정식의 타당성 또는 문제점을 파악할 필요가 있다.

6.12 용접이음의 고온강도

상온에서 정확하게 설계·시공된 용접이음은 화재고온 시 모재보다 조기에 파단하는 것은 없다고 생각되고, 용접이음의 검토는 생략해도 좋다.

강재의 용접은 통상 강재와 동일한 금속계의 용접재료가 사용된다. 동일한 금속계란, 가능한 용접부에서 용접금속의 화학조성과 모재가 거의 동일하게 되는 것을 의미한다. 실제로는 용접금속의 강도가 모재를 하회하는 일이 없도록, 용접재료는 조성상 약간의 변경이 실시되는 것이 많다. 실제, 상온의 구조설계에서는 용접금속부분의 강도성능은 모재부보다

상회하는 것을 전제로 용접부의 강도가 검토된다.

이것으로 용접금속과 모재의 강도성능은 화재 고온 시도, 상온 시와 마찬가지로 기본적으로 동일한 것이 기대된다.

문헌 6.76)에서는 강판 용접이음부에서 시험편을 절취하여 고온인장시험을 실시하였다. 시험체의 모재는 SN490B이고(이하의 A, B 모두 동일한 롯트의 강판을 사용), 용접재료는 하기 A, B의 2종류로 용접이음부를 제작하고, 이음부를 관통하는 형태의 JIS Ⅱ ϕ10의 인장시험편이다. 용접방법은 완전용입용접(レ형 개선, 백플레이트 부착)이고, 적층 패스 수는 패스 간 온도를 관리해서 A에선 5층 7패스(가스실드 아크반자동용접), B에선 8층 13패스(아크 수동용접)이다. 시험체는 용접한 강판의 장변(450mm)을 30mm로 각각 분할해서 그림 6.12.1과 같이 용접부가 시험체 중심부가 되도록 용접강판을 절취했다. 용접재료의 상세는 이하 두 종류이다.

A) 연강, 고장력강 및 저온용강재의 아크용접 및 미그용접 솔리드와이어 : JIS Z 3312 YGW11(명칭 : YM-26)

B) 연강용 피복아크용접봉 : JIS Z 3211 E 4319(명칭 : B-10)

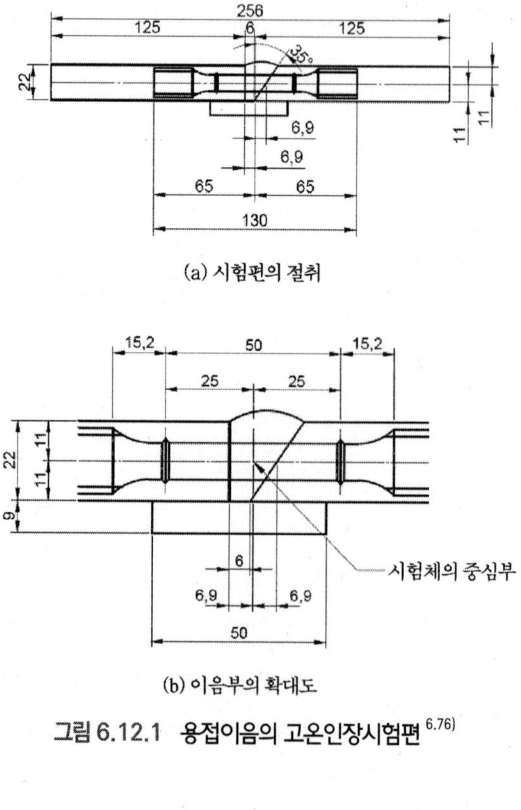

그림 6.12.1 용접이음의 고온인장시험편 [6.76)]

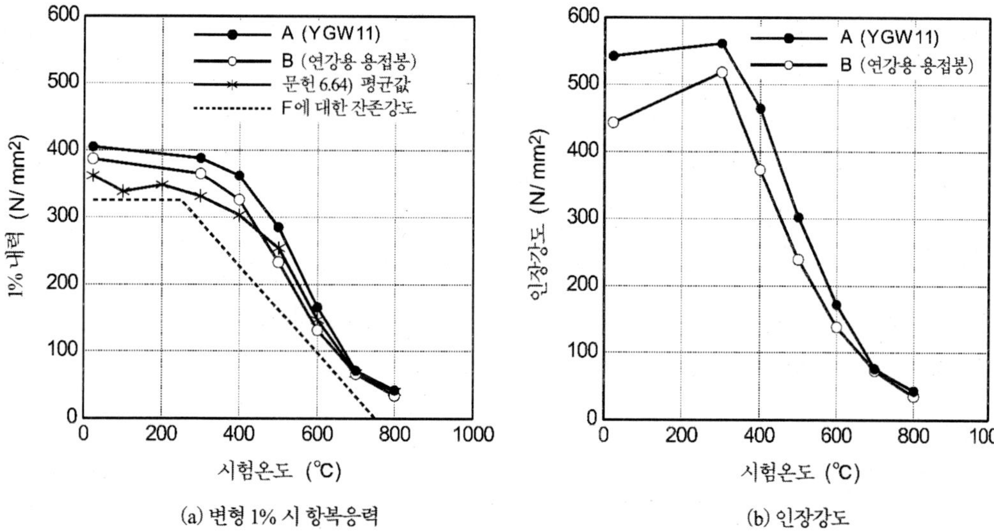

그림 6.12.2 용접이음부의 고온인장시험결과[6.76)]

이 가운데 시험체 A는 표준적인 SN490 접합부의 용접이음이고, 고온 시 강도는 접합부가 아닌 모재부에서 결정되는 것이 예상되는 시험체이다. 시험체 B는 모재의 강도(밀시트값에서 YS 398N/mm^2, TS 539N/mm^2)에 비해 고온 시 강도는 용접부에서 결정될 가능성이 높은 A에 대한 비교시험체이다.

시험결과를 그림 6.12.2에 나타냈다. 시험온도는 상온(RT) 및 300~800℃의 범위는 100℃로 구분하였으며, 시험속도는 10% 변형까지 0.3%/분, 그 후 7.5%/분이다. 시험체 수는 온도수준마다 1개이고, 시험데이터 채취항목은 항복응력, 인장강도, 연신율, 단면수축율, 변형율 1%시 응력이다. 또한 여기서 인장강도는 10% 변형율까지의 최대치이다. 그림에서 일반적인 건축용 강재 SN490B를 사용한 용접이음부에 표준적인 용접재료를 사용하면, 적어도 600℃ 부근까지의 강도는 모재부에 의해 결정된다는 강구조골조의 고온 시 거동을 검토 가능하다고 말할 수 있다.

용접이음부의 고온강도에 관한 검증자료로 용접재료의 고온강도를 조사한 실험결과를 그림 2.1.1(c)(2장)에 제시한다. 그림 중 ×표시로 마크된 점은 SM490용 서브머지드 용접재료의 고온 시 0.2% 옵셋 강도이다[6.77)]. 그림 중에 병기된 꺾어진 선은 이미 서술했듯이 SM490의 변형율 1% 강도이고, 양자를 직접 비교하면, 용접재료의 변형율 1%시 강도는 표시점보다 조금 크다고 생각할 수 있다. 그림에서 보듯이, 데이터 수는 매우 작지만 용접재료의 고온강도는 모재의 것을 하회하는 것은 없다는 것을 알 수 있다. 용접이음에 있어서 용접금속의 강도성능은 용접재료와 거의 동일하다고 생각하면, 용접금속부의 고온강도도 모재를 하회하지 않는다고 추정된다. SS400재의 용접이음에서도 양상은 마찬가지라고 생각된다.

용접이음의 인성은 부재온도가 강재의 천이온도보다 훨씬 높게 되는 화재 고온 시이므로, 상온 시 이상에 대해 검토를 필요로 할 문제는 아니라고 생각된다.

상기를 근거로 하면, 상온에서 정확하게 설계·시공된 용접이음은 화재 고온 시 모재부보다 조기에 파단하는 것은 없다고 생각된다. 이 지침에서 용접이음은 건전하다고 생각하고, 용접이음의 검토는 생략할 수 있다는 입장을 취한다.

참고문헌

6.1) 上杉英樹・小池 浩：高層鉄骨架構の熱応力解析，日本建築学構造系論文報告集，第 381 号，1987.11

6.2) 国土開発技術研究センター：建築物の総合防火設計法，第 4 巻・耐火設計法，日本建築センター，1989

6.3) 鈴木弘之：終局強度型の耐火設計，Structure，No. 51，日本建築構造技術者協会，1994.7

6.4) 田中淳夫・上杉英樹・古平章夫・鈴木弘之・今野和近：鋼構造耐火設計の新しい方向，1994 年度日本建築学会大会構造部門パネルディスカッション資料，日本建築学会，1994.9

6.5) 鈴木弘之：火災時における鋼骨組の崩壊温度，日本建築学会構造系論文報告集，第 477 号，pp. 147～156，1995.11

6.6) 田中 尚：構造物の極限解析，彰国社，1966

6.7) 作本好文・佐藤英利・鈴木弘之：ステンレス鋼架構の高温時構造安定性，構造工学論文集，vol. 40 B，pp.563～570，1994.3

6.8) 古村福次郎・右田健児・安部武雄・岡部 猛・金 和中：塑性設計された鋼構造骨組の弾塑性クリープ熱変形挙動，日本建築学会構造系論文報告集，第 368 号，1986.10

6.9) 鈴木弘之・片山晃一・三木久永：火災加熱を受ける鋼構造骨組の崩壊温度その 19）ブレースを含む架構の崩壊温度，日本建築学会大会学術講演梗概集（防火），1997.9

6.10) 鈴木弘之・松村奈津子・三木久永・尾崎文宣：火災加熱を受ける鋼構造骨組の崩壊温度その 24）鋼ブレース骨組の崩壊温度，日本建築学会大会学術講演梗概集（防火），1998.9

6.11) 鈴木弘之・石田雄一・近藤明洋：火災加熱を受ける鋼構造骨組の崩壊温度その 1）基本崩壊温度，その 2）クリープの影響，日本建築学会大会学術講演梗概集（防火），1992.8

6.12) K. Maciejewski, Y. Sun, Otto Gregory and H. Ghonem : Time-dependent deformation of low carbon steel at elevated temperatures, Materials Science and Engineering A, 534, pp.147～156, 2012

6.13) William Luecke, Stephen W. Banovic and J. David McColskey : High-temperature tensile constitutive data and models for structural steels in fire, NIST Technical Note 1714, 2011

6.14) Harmathy, T.Z. : "A Comprehensive Creep Model.", Transactions of the American Society of Mechanical Engineers, Journal of Basic Engineering 89 (Series D, No. 3) : 496～502, 1967

6.15) Fujimoto, M., Furumura, F. and Ave, T. : "Primary Creep of Structural Steel (SM50A) at High Temperatures", Trans. of A.I.J., No. 306, pp.148～156, 1981

6.16) J. Lemaitre and J.-L. Chaboche : Mechanics of solid materials, Cambridege University Press, 1990

6.17) J.J. Skrzypek : Plasticity and creep. Theory, Examples ad Problems, London CRC Press, 1993

6.18) 岡部 猛・安部武雄：建築構造用鋼材（SN490B）を用いた柱材の高温時の座屈強度，日本建築学会構造系論文集，第 585 号，pp.231～238，2004.11

6.19) Furumura, F. and Ave, T. : "Creep Buckling of Steel Columns at High Temperatures (Part I : Development of creep buckling test apparatus)," Trans. of A.I.J., No. 344, pp.164～173, 1984.10

6.20) Furumura, F., Ave, T. and Kim, W.J. : "Creep Buckling of Steel Columns at High Temperatures (Part II : Creep buckling tests and numerical analysis)," Trans. of A.I.J., No. 361, pp.142～151, 1986

6.21) 岡部 猛・河野 守：冷間プレス成形角形鋼管（BCP295）の載荷加熱実験挙動の数値解析，日本建築学会構造系論文集，第 611 号，pp.157～164，2007.1

6.22) Takeshi Okabe, Verification of Steel Constitutive Models in Japanese and European Fire-Resistant Design Codes, Journal of Temporal Design in Architecture and the Environment, Vol. 9, No. 1, pp.89～92, 2009.12

6.23) 黒岩裕樹・尾崎達也・安部武雄・岡部　猛：冷間ロール成形角形鋼管の高温時及び加熱後常温時の圧縮挙動，鋼構造年次論文報告集，第 20 巻，pp.756～766，2012.11
6.24) 雑喉良介・村上行夫・今野和近・平山博巳・古川直宏：被覆鉄骨柱の耐火性能に関する研究－その 1　中心圧縮載荷加熱試験－，日本建築学会大会学術講演梗概集（防火），1999.9
6.25) 岡部　猛：矩形断面を持つ鋼柱模型（SM490）の高温時の座屈強度，日本建築学会大会構造系論文集，第 515 号，pp.169～176，1999.1
6.26) 岡部　猛・安部武雄：建築構造用鋼材（SN490B）を用いた柱材の高温時の座屈強度，日本建築学会大会構造系論文集，第 585 号，pp.231～238，2004.11
6.27) 鈴木弘之・賀集弘貴・中川弘文：火災加熱を受ける鋼構造骨組の崩壊温度その 21）鋼柱の座屈崩壊温度，日本建築学会大会学術講演梗概集（防火），1998.9
6.28) 鈴木弘之・井出義人：火災加熱を受ける鋼構造骨組の崩壊温度その 23）内柱の局部座屈による架構崩壊温度，日本建築学会大会学術講演梗概集（防火），1998.9
6.29) 岡部　猛・安部武雄・立川貴之：強制部材角を受ける鋼柱の高温時の座屈荷重，構造工学論文集，Vol. 49 B，pp.375～382，2003.3
6.30) 鈴木弘之・岩井昭夫・種植淳二・執行重人：火災加熱を受ける鋼構造骨組の崩壊温度その 7）構造物の横移動による崩壊温度の低下，日本建築学会大会学術構演梗概集 A，1994.9
6.31) 鈴木弘之・岩井昭夫・小林　厚：瀬川孝志：火災加熱を受ける鋼構造骨組の崩壊温度その 5）箱型断面鋼短柱の高温時応力～歪関係，日本建築学会大会学術講演梗概集 A，1993.9
6.32) 鈴木弘之・岩井昭夫：円形鋼管短柱の高温圧縮試験，構造工学論文集，vol. 40 B，pp.585～593，1994.3
6.33) 鈴木弘之・井出義人：火災加熱を受ける鋼構造骨組の崩壊温度その 23）内柱の局部座屈による架構崩壊温度，日本建築学会大会学術講演梗概集 A－2，1998.9
6.34) 鈴木弘之：火災加熱を受ける鋼構造骨組の崩壊温度その 9）閉断面柱の高温時応力～歪関係，日本建築学会大会学術講演梗概集 A，pp.1403～1404，1994.9
6.35) 平島岳夫・窪田　伸・上杉英樹・斎藤　光：耐火鋼を用いた H 型・溝型鋼断面部材の圧縮変形性能，1995 年度日本建築学会関東支部研究報告集（構造系），pp.197～200，1996.3
6.36) 鈴木弘之・種植淳二・中川弘文・大曽根義典・中山　洋：火災加熱を受ける鋼構造骨組の崩壊温度その 11）柱局部座屈による架構の終局温度低減式，日本建築学会大会学術講演梗概集 A－2，1995.8
6.37) 鈴木弘之・熊　敏孝・井出義人：火災加熱を受ける鋼構造骨組の崩壊温度その 22）Beam-Column の局部座屈挙動解析，日本建築学会大会学術講演梗概集 A－2，1998.9
6.38) 染谷朝幸・窪田　伸・作本好文・上杉英樹・齋藤　光：耐火鋼を用いた H 形・箱形断面柱の高温時耐力，構造工学論文集 Vol. 39 B，pp.393～404，1993.3
6.39) 平島岳夫・織茂俊泰・菊田繁美・高橋孝二・堀　昭夫・中込　昭・松戸正士・鈴木隆生・吉田正友・山内泰之・中村賢一・上杉英樹・齋藤　光：高温時における鋼構造部材の耐力変形性能に関する研究，構造工学論文集 Vol. 46 B，pp.735～746，1999.3
6.40) Uesugi Hideki, Saito Hikaru and Kodaira Akio : Fire Resistance of Steel Structures of High Rise Buildings exposed to Compartment Fire, Proceedings of the Third Pacific Structural Steel Conference, pp.329～336, 1992.10
6.41) Y. Kuroiwa, T. Ave and T. Okabe, "Compression Behavior of Cold-Formed Steel Box Stub -Columns at High Temperature", Proceedings of the 9rd Pacific Structural Steel Conference 2010, China, pp.1114～1120, 2010
6.42) 鈴木弘之・ルアンタナヌラック ナーラー・藤田啓史：火災加熱を受ける鋼架構の構造安定性日本建築学会構造系論文，第 571 号，pp.161～168，2003.9
6.43) 中川弘文・鈴木弘之：鋼梁の崩壊温度，鋼構造論文集，第 6 巻，第 22 号，pp.110～117，1999.6
6.44) 鈴木淳一・阿部修太郎・鈴木弘之・大宮喜文・若松孝旺：火災時における鋼架構の崩壊温度とリダンダンシー 耐震設計が耐火性能に与える効果，日本建築学会構造系論文集，巻第 608 号，pp.

157～164, 2006.10

6.45) Jun-ichi Suzuki : Structural Redundancy and Effect of Seismic Design on Ultimate Temperature of Steel Frames Exposed to Fire, Fire Science and Technology Vol. 26, No. 3, pp.93～236, 2007

6.46) 宮内智矢・鈴木淳一・鈴木弘之・寺川 喬・大宮喜文・若松孝旺：火災時における鋼架構の崩壊温度とリダンダンシー：架構のスパン数, 層数と応力再配分の効果, 日本建築学会大会学 関東支部 研究報告集 I (78), pp.389～392, 2008.2

6.47) 寺川 喬・鈴木淳一・鈴木弘之・大宮喜文・若松孝旺：火災加熱を受ける鋼架構の崩壊温度 その3 架構の崩壊温度に対する局部座屈の影響, 日本建築学会大会学術講演梗概集 A-2, pp.147～148, 2007.7

6.48) 寺川 喬・伊藤 卓・鈴木淳一・鈴木弘之・大宮喜文：鋼架構の崩壊温度に対する局部座屈の影響, 日本建築学会関東支部研究報告集 I (78), pp.401～404, 2008.2

6.49) 寺川 喬・伊藤 卓・鈴木淳一・鈴木弘之・大宮喜文：火災時における鋼架構の崩壊温度とリダンダンシー その1 柱の高温局部座屈が架構の崩壊温度へ及ぼす影響, 日本建築学会大会学術講演梗概集 A-2, pp.195～196, 2008.7

6.50) 鈴木弘之・鈴木淳一・寺川 喬・大宮喜文・若松孝旺：火災加熱を受ける鋼架構の崩壊温度 その2 架構の応力再配分と変形限界, 日本建築学会大会学術講演梗概集 A-2, pp.145～146, 2007.7

6.51) J.V. Ryan, A.F. Robertson, "Proposed Criteria for Defining Load Failure of Beams, Floors and Roof Constructions durig Fire Test", Journal of Research of the National Bureau of Standards-C, Engineering and Instrumentation, Vol. 63C, No. 2, 1959

6.52) 鈴木弘之・種植淳二・中川弘文・大曽根義典：火災加熱を受ける鋼構造骨組の崩壊温度その16) 鋼梁の高温横座屈, 日本建築学会大会学術講演梗概集 A-2, 1996.9

6.53) 日本建築学会：鋼構造座屈設計指針, 6.3 板要素の座屈後の挙動と最大耐力, pp.182～189, 2009.11

6.54) 中川弘文・鈴木弘之：鋼梁の崩壊温度に関する実験, 構造工学論文集 Vol. 44 B, 1998.3

6.55) 平島岳夫・奥脇一馬・趙 玄素・相模裕輝・豊田康二：2層剛接鋼骨組の載荷加熱実験による鋼梁の崩壊温度, 日本建築学会構造系論文集, 第704号, pp.1559～1568, 2014.10

6.56) 齋藤 光：材端拘束鉄筋コンクリート部材の火災時の性状, 日本建築学会大会学術講演梗概集, pp.761～762, 1968.10

6.57) 窪田 伸・今野和近・鈴木隆生・高橋英孝・平山博巳・杉谷 博：FR鋼の耐熱特性とこれを用いた合成梁の耐火性能, 日本建築学会大会学術講演梗概集 A-2, 1999.9

6.58) 安田 聡・道越真太郎・田川泰久：火災時における合成梁の終局曲げ耐力に関する実験的研究, 日本建築学会構造系論文集, 第634号, pp.2271～2278, 2008.12

6.59) 安田 聡・道越真太郎・田川泰久：火災時における端部の回転を拘束した合成梁の終局耐力に関する研究, 日本建築学会構造系論文集, 第643号, pp.1691～1698, 2009.9

6.60) 安田 聡・道越真太郎・小林 裕・田川泰久：高温における頭付きスタッドのせん断耐力に関する実験的研究, 日本建築学会構造系論文集, 第630号, pp.1417～1423, 2008.8

6.61) 日本建築学会：鋼構造限界状態設計指針・同解説, 2010.2

6.62) 日本建築学会：各種合成構造設計指針・同解説, 2010.11

6.63) 日本建築学会：鋼構造接合部設計指針, 2012.3

6.64) 日本建築学会：構造材料の耐火性ガイドブック, 2009.3

6.65) 安藤秀平・平島岳夫：高温時における高力ボルト摩擦接合継手の最大引張耐力, 日本建築学会構造系論文集, 第80巻, 第712号, pp.961～970, 2015.6

6.66) 尾崎文宣・鈴木弘之：梁に高力ボルト継手を持つ鋼架構の崩壊温度, 日本建築学会構造系論文集 第547号, pp.207～214, 2001.9

6.67) 尾崎文宣・河野 守：高温時における高力ボルト接合梁継手の曲げ強度, 日本建築学会構造系論文集, 第589号, pp.187～194, 2005.3

6.68)　平島岳夫・織茂俊泰・菊田繁美・高橋孝二・堀　昭夫・中込　昭・松戸正士・吉田正友・山内泰之・中村賢一・上杉英樹・齋藤　光：高力ボルト摩擦接合継手の高温時におけるせん断強度に関する実験，構造工学論文集 Vol. 47 B，pp.311～316，2001.3

6.69)　平島岳夫・Mariati Taib・Ian Burgess・江嵜　佑：高力ボルト摩擦接合継手を有する H 形鋼梁の耐火性(その 6，7．有限要素解析による検討 1，2)，日本建築学会大会学術講演梗概集 A-2，pp.281～284，2012.9

6.70)　平島岳夫・豊田康二・谷田貝敦・江嵜　佑・田坂茂樹・吉田正友・増田秀昭・原田和典：高力ボルト継手を有する H 形鋼梁の耐火性に関する実験的研究，日本建築学会構造系論文集，第 658 号，pp.2257～2265，2014.10

6.71)　尾崎文宣・平島岳夫：高力ボルトを用いた柱梁せん断接合部の耐火性能，日本建築学会大会学術講演梗概集 A-2，pp.139～140，2007.8

6.72)　平島岳夫・江嵜　佑・安藤秀平：高温時における高力ボルト摩擦接合継手の変形性状，日本建築学会構造系論文集，第 79 巻，第 698 号，pp.541～548，2010.12

6.73)　安藤秀平・江嵜　佑・平島岳夫：高力ボルト継手の火災冷却後における荷重－変形関係および冷却過程での挙動，平成 26 年度日本火災学会研究発表会概要集，pp.126～127，2014.5

6.74)　British Steel plc, Sweden Technology Centre : The behaviour of multi-storey steel framed buildings in fire, A European joint research programme, 1999

6.75)　Wald, F., Simoes da Silva, L., Moore, D., Lennon, T., Chladna, M., Santiago, A., Benes, M., and Borges, L., Experimental behaviour of a steel structure under natural fire, Fire Safety Journal 41, pp.509～522, 2006

6.76)　宮坂輝由・河野　守・岡崎智仁・鈴木淳一・鈴木弘之：建築構造用鋼材溶接接合部の高温引張実験，日本建築学会大会学術講演梗概集 A-2，pp.205～206，2014.9

6.77)　山根国秀：耐火鋼の溶接，溶接技術，1993.8

CHAPTER

07

내화설계 예

CHAPTER 07

내화설계 예

7.1 개 요

이 장에서는 지침의 내화설계를 모델건물에 적용하고, 구체적인 계산방법을 제시한다.

모델건물은 일본건축학회 「강구조 한계상태설계 설계 예(1990)」의 설계예제 2 「9층 사무실 건물」을 기초로 하고, 평면도를 별도 작성했다. 평면도에는 이 지침에서 대상으로 하는 이하의 화재 상태를 일괄 검토할 수 있도록 고려했다.

- 국소화재 : 가연물이 적고 개방성이 높은 공간에서 화원으로부터 주위 가연물에 연소하지 않는 화재
- 이동화재 : 가연물이 적고 개방성이 높은 공간에서 화원으로부터 주위 가연물에 연소되는 화재
- 구획내 전체화재 : 플래시오버 후의 화재
- 개구부 분출화재 : 개구부에서 분출한 화재

7.2 건물 개요

용 도	사무실 빌딩	
규 모	건축면적	1,074.56m^2
	층 고	GL+34.5m
	층 수	지상 9층, 지하 1층(펜트하우스 1층)
주 구조	지상부분	강구조
		슬래브는 거푸집 데크플레이트의 철근콘크리트구조
	지하 1층	철골철근콘크리트구조
	기 초	철근콘크리트구조
	지 정	직접기초

7.3 기본 계획

평면도는 그림 7.3.1에 제시했다.

국소화재를 설정하는 구획은 1층 현관홀, 전시 공간, 로비가 일체로 된 공간으로 한다.

이동화재에 대해서는 기준층의 1열~2열 사이, A열~E열 사이의 사무실을 대상으로 검토하고, 구획내 전체화재로 되는 것을 확인한다.

인접실로 연소가 되지 않는 구획내 전체화재를 설정하는 구획은 기준층, 1열~2열 사이, A열~E열 사이의 사무실로 한다.

인접실로 연소가 되는 구획내 전체화재를 설정하는 구획은 기준층, 1열~2열 사이, E열~F열 사이의 회의실 및 인접한 복도로 한다.

개구부 분출화염에 대해서는 9층 카페테라스와 식당의 구획내 전체화재를 상정하고, 옥외 부분의 외부 철골골조의 가열을 대상으로 한다.

그림 7.3.2는 구조평면도, 그림 7.3.3은 골조 구조단면도이다.

그림 7.3.4는 입면도이다. 외벽은 PC판과 알루미늄 샤시를 기본으로 구성된 것으로 한다.

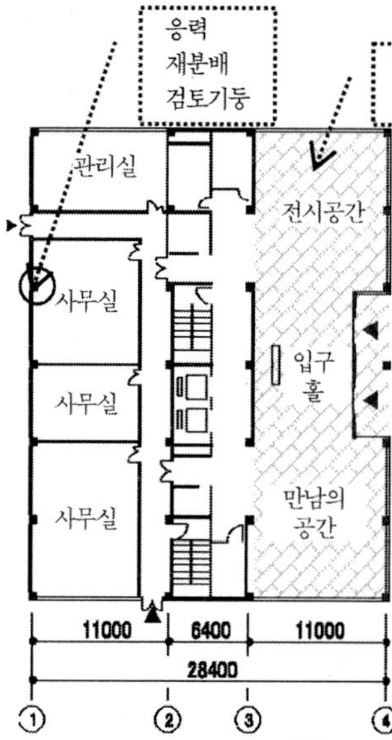

a. 1층 평면도

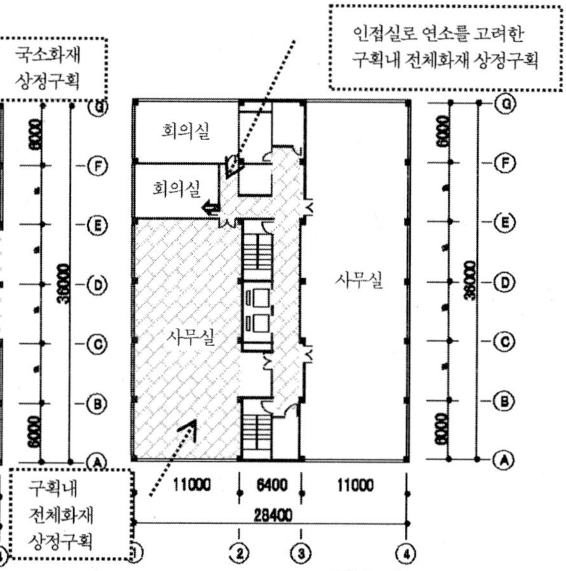

b. 기준층 평면도

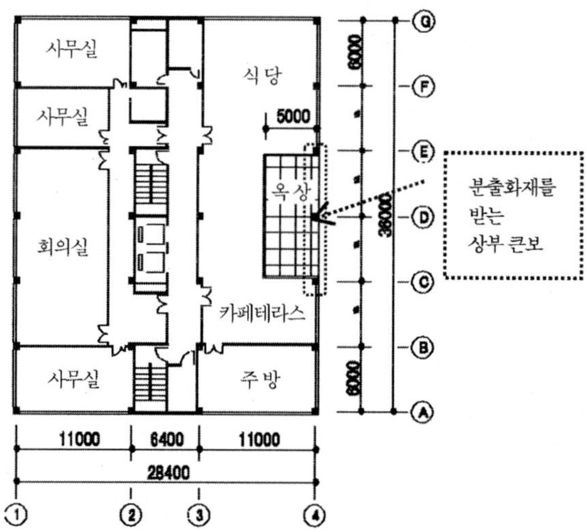

c. 9층 평면도

그림 7.3.1 평면도

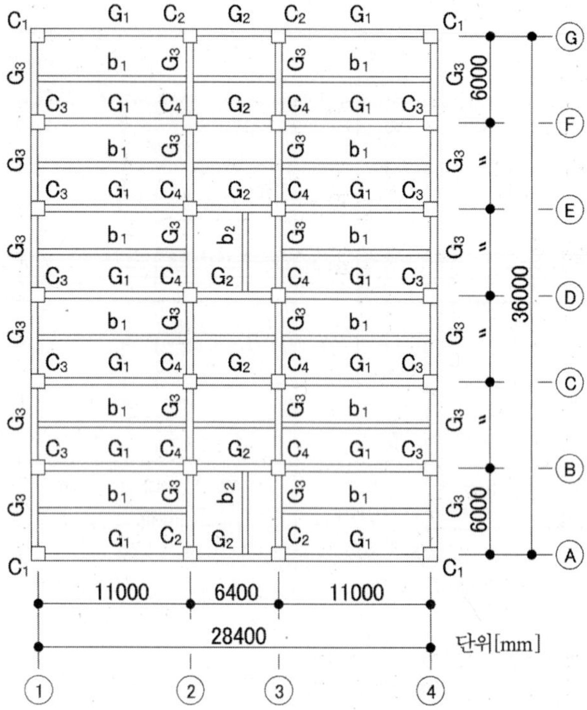

그림 7.3.2 구조평면도

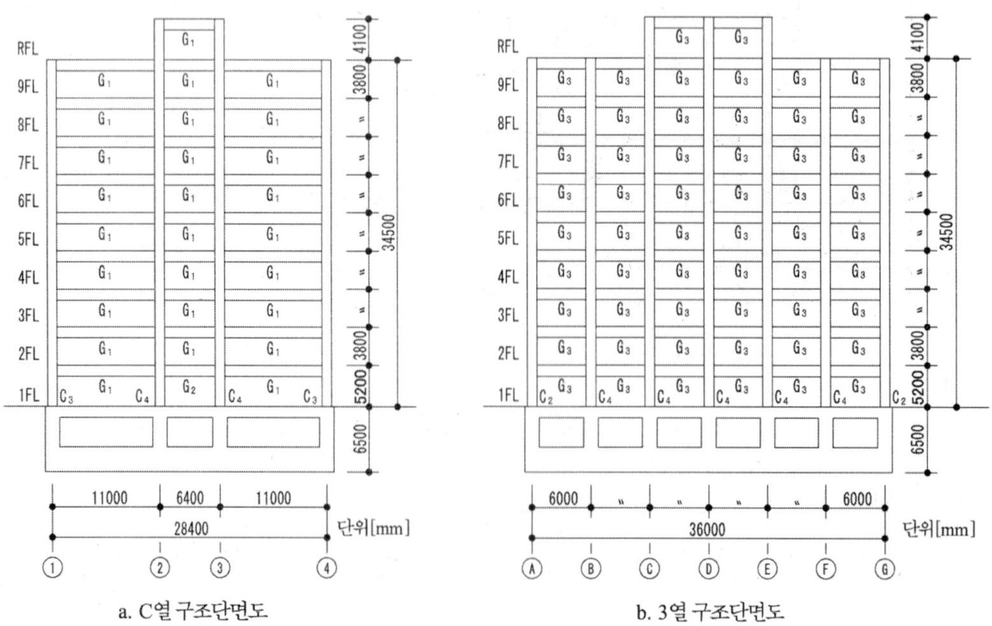

그림 7.3.3 구조단면도

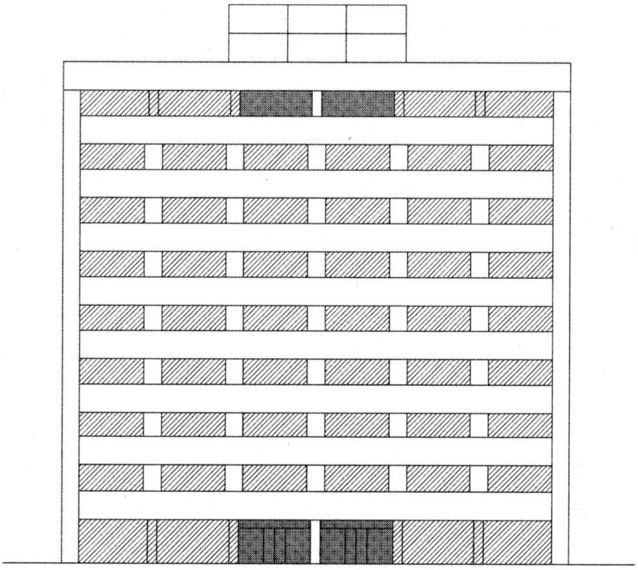

a. 장변방향 입면도

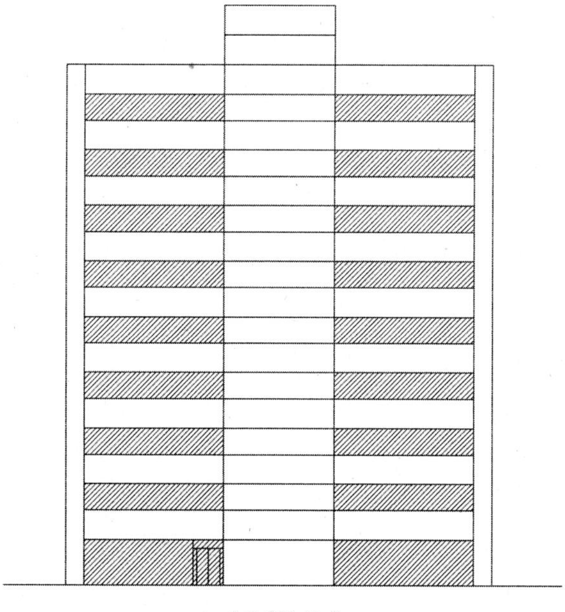

b. 단변방향 입면도

그림 7.3.4 입면도

7.4 부재, 하중 및 기둥축력

큰보와 기둥의 단면 리스트를 표 7.4.1에 나타냈다. 또한 보는 H형강, 기둥은 용접박스형 단면이고, 강종은 모두 SN400이다. 작은보 b_1은 H−600×200×12×22, 슬래브는 150mm의 철근콘크리트 슬래브이다.

보에 작용하는 등분포하중은 그림 7.4.1, 기둥축력은 표 7.4.2에 나타냈다.

표 7.4.1 부재 단면 리스트 (단위: mm)

층	큰보 G_1~G_3	기둥 C_1~C_3	기둥 C_4
R	H−600×200×12×16	−	−
9	상동	□−450×19	□−450×22
8	상동	상동	상동
7	H−600×200×12×19	상동	상동
6	상동	□−450×22	□−450×25
5	상동	상동	상동
4	H−600×200×12×22	상동	상동
3	상동	□−450×25	□−450×28
2	상동	상동	상동
1	−	□−450×28	□−450×32

표 7.4.2 기둥의 축력 (단위: kN)

층	C_1	C_2	C_3	C_4
9	225	337	449	710
8	436	673	874	1382
7	648	1009	1299	2054
6	861	1344	1725	2725
5	1073	1681	2146	3397
4	1285	2016	2575	4069
3	1496	2353	3001	4741
2	1709	2687	3426	5412
1	1921	3021	3852	6083

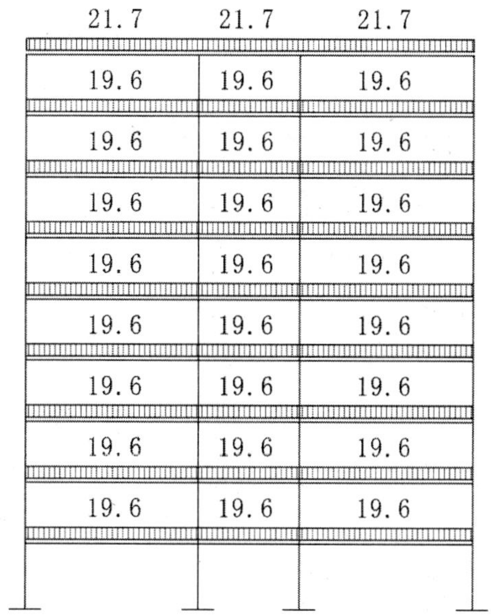

[단위 : kN/m]

a. X방향 보에 작용하는 하중(B열~F열 구간)

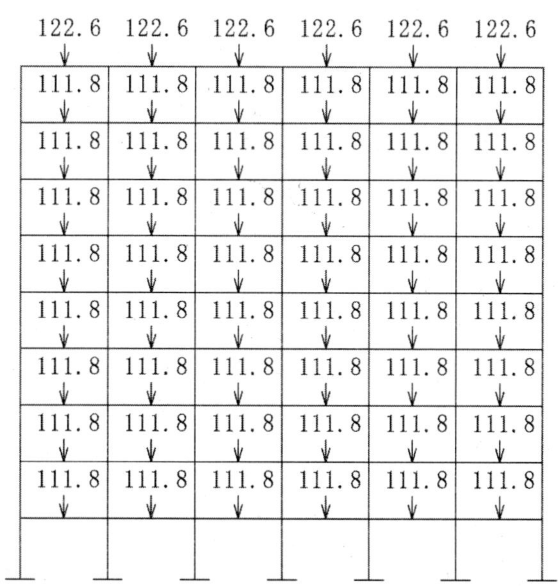

[단위 : kN/m]

b. Y방향 보에 작용하는 하중(1열, 4열 구간)

그림 7.4.1 보에 작용하는 하중

7.5 화재성상

(1) 1층 현관홀의 국소화재 (유형 1)

1층 현관홀은 천장고가 4.8m로 비교적 높다. 또한, 사용 형태는 사무실의 접수처와 로비 공간, 전시공간으로 가연물이 적다. 내장재료는 모두 불연화되었다. 따라서 여기에서는 본문 4.2절 『국소화재』에 따라서 화재성상 예측을 시행한다.

그림 7.5.1은 현관홀의 형태와 치수이다. 또한, 여기에서는 간단히 하기 위해 전시품, 집기 비품류는 모두 불연으로 하고, 가연물은 대합실(Lobby)의 의자만 한다. 의자는 벽에서 최저 2m 떨어져있고, 인접하는 의자와 간격도 2m를 확보하는 것으로 한다. 여기에서 상정하는 가연물의 배치는 그림 7.5.2에 제시한다. 의자의 제원은 표 4.2.2의 플라스틱 재질(의자 앉는 부분에 쿠션이 있는 상태)로 한다.

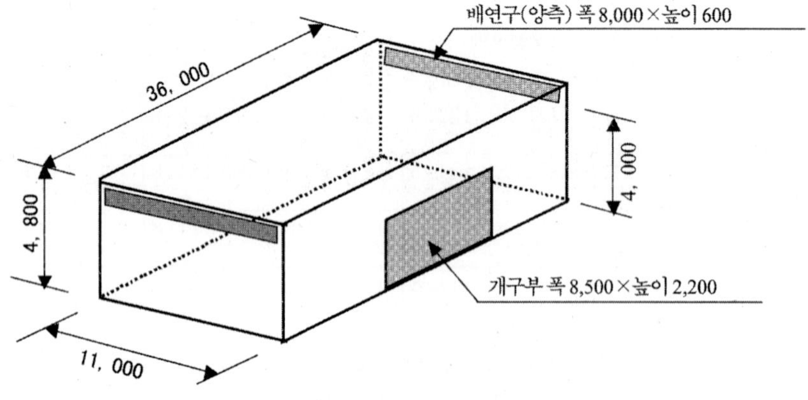

그림 7.5.1 1층 현관홀

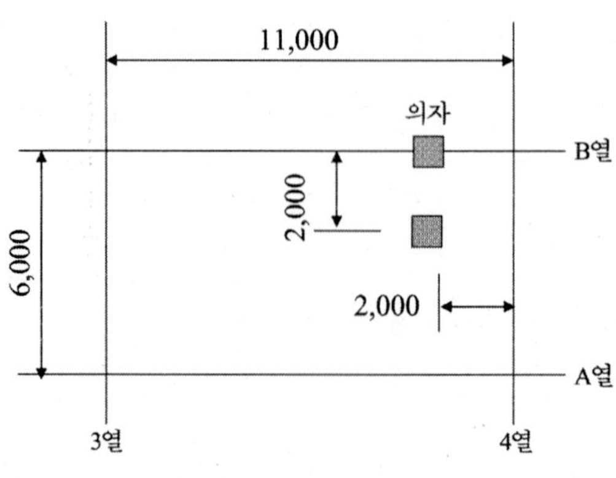

그림 7.5.2 가연물 배치

[의자(화원)의 제원]

치수 : 폭 0.8m×깊이 0.6m×의자 높이 0.5m

최대발열속도 : 평균값 383kW, 표준편차 186kW

[의자(화원)의 연소 상태]

• 최대발열속도 Q의 설정치

최대발열속도는 평균값에 표준편차를 더한 값으로 한다.

$$Q = 383 + 186 = 569\,\mathrm{kW} \tag{7.5.1}$$

• 화원 평면의 대표치수와 무차원발열속도

화원면의 대표치수는 면적이 등가인 정방형의 한 변의 길이로 한다.

$$D = \sqrt{0.8 \times 0.6} = 0.7\,\mathrm{m} \tag{7.5.2}$$

무차원발열속도는 식 (4.2.9)로 구한다.

$$Q^* = \frac{Q}{1116 D^{5/2}} = \frac{569}{1116 \times 0.7^{5/2}} = 1.24 \tag{7.5.3}$$

• 화염높이와 가상점열원 보정

화염높이는 표 4.2.3의 자유공간으로 천장이 없는 경우를 적용한다.

연속화염높이

$$L_c = 1.8 \times Q^{*2/5} \times D = 1.8 \times 1.24^{2/5} \times 0.7 = 1.37\,\mathrm{m} \tag{7.5.4}$$

평균화염높이

$$L_m = 3.4 \times Q^{*2/5} \times D = 3.4 \times 1.24^{2/5} \times 0.7 = 2.59\,\mathrm{m} \tag{7.5.5}$$

간헐화염높이는 표 4.2.3에 있어서 안전측으로 벽측 경우의 식을 준용한다.

$$L_f = 4.6 \times Q^{*2/5} \times D = 4.6 \times 1.24^{2/5} \times 0.7 = 3.51\,\mathrm{m} \tag{7.5.6}$$

간헐화염의 도달높이는 화원면 위치 0.5m를 더해서 4.01m가 된다. 이것은 천장 높이 4.8m보다 아래가 되기 때문에 화염은 천장에 도달하지 않는다.

다음으로 가상점열원 보정을 한다. 표 4.2.3의 자유공간에서 천장이 없는 경우를 적용한다.

$$\Delta z = 2.4D(1-Q^{*2/5}) = 2.4\times 0.7\times(1-1.24^{2/5}) = -0.15\,\mathrm{m} \tag{7.5.7}$$

[국소화재 성립의 검토]

• 화염높이

복사열을 고려하는 경우 연속화염높이는 4.2절의 4-2)에 따라서 온도가 최댓값을 유지하는 높이로 하면, 표 4.2.3에서 $z^* = 1.2$가 된다. 따라서, 연속화염역의 높이는 다음과 같다.

$$z_c = z^* Q^{*2/5} D - \Delta z = 1.2\times 1.24^{2/5}\times 0.7-(-0.15) = 1.07\,\mathrm{m} \tag{7.5.8}$$

축상온도가 T_0+500℃로 되는 높이는 $T_f = T_0 + 960/z^*$ ($z^* = 2.4$일 때 $T_f = T_0$ +400가 되기 때문에 구하는 z^*는 이 식의 범위에 있다)가 된다.

$$z^* = \frac{960}{(T_f - T_0)} = \frac{960}{500} = 1.92 \tag{7.5.9}$$

따라서, 간헐화염의 높이는 다음과 같다.

$$z_m = z^* Q^{*2/5} D - \Delta z = 1.92\times 1.24^{2/5}\times 0.7-(-0.15) = 1.61\,\mathrm{m} \tag{7.5.10}$$

간헐화염역의 평균온도는 식 (4.2.31)에 의해 704℃, 여기에 대응하는 흑체복사(완전복사체)는 $52\mathrm{kW/m^2}$이 된다.

• 연기층온도

연기층높이의 한계치(하한치)를 바닥면에서 3.5m라고 가정하면, 화염프레임의 질량유량은 식 (4.2.27)에 의해

$$m_p = 0.076\,Q^{1/3} {z_s}^{5/3} = 0.076\times 569^{1/3}\times(3.5-0.5)^{5/3} = 3.93\,\mathrm{kg/s} \tag{7.5.11}$$

실내의 내장재료는 천장, 벽과 함께 콘크리트로서 열관성을 표 4.4.1에서 $\sqrt{k\rho c} =$ 1.75로 한다. 또한 연기층에 접하는 천장과 벽의 면적은 다음과 같다.

$$A_w = 11\times 36 + (4.8-3.5)\times(11\times 2+36\times 2) - 2\times 8\times 0.6 = 508.6\,\mathrm{m^2} \tag{7.5.12}$$

특성시간과 연기의 비열은 $t_{ch} = 1000s$, $c_p = 1.01$ kJ/(kg·K)라고 하면, 연기층온도와 밀도는 식 (4.2.26) 및 식 (4.2.29)에 의해

$$T_s = T_0 + \frac{Q}{c_p m_p + A_w \sqrt{k\rho c} / \sqrt{t_{ch}}} \tag{7.5.13}$$

$$= 20 + \frac{569}{1.01 \times 3.93 + 508.6 \times 1.75 / \sqrt{1000}} = 38℃$$

$$\rho_s = \frac{353}{38+273} = 1.14\,\mathrm{kg/m^3} \tag{7.5.14}$$

이때, 배연구에서 유출 가능한 연기의 질량유량은 식 (4.2.28)에 의해

$$m_e = \frac{1}{\sqrt{\frac{\rho_0}{\rho_s}\left(\frac{1}{\alpha A_e}\right)^2 + \left(\frac{1}{\alpha A_a}\right)^2}} \sqrt{2\rho_0(\rho_0 - \rho_s) g (H - z_s)} \tag{7.5.15}$$

여기서, 실내에 유입하는 공기의 밀도는 온도를 293K로써, $\rho_0 = \frac{353}{20+273} = 1.205$, 유량계수는 $\alpha = 0.7$, 배연구면적은 $A_e = 2 \times 8 \times 0.6 = 9.6\,\mathrm{m}^2$이다. 또한, 화원면에서 배연구까지의 높이는 식 (4.2.28)의 설명에 의해, $H = 4 - 0.5 + 0.6 \times 2/3 = 3.9\,\mathrm{m}$로 한다. 그러므로

$$m_e = \frac{1}{\sqrt{\frac{1.205}{1.14}\left(\frac{1}{0.7 \times 9.6}\right)^2 + \left(\frac{1}{0.7 \times 8.5 \times 2.2}\right)^2}} \tag{7.5.16}$$

$$\times \sqrt{2 \times 1.205 \times (1.205 - 1.14) \times 9.8 \times (3.9 - 3.5)} = 4.58\,\mathrm{kg/s}$$

따라서, $m_p < m_e$가 되므로 가정한 연기층 위치는 안전측이 되고, 연기층온도는 38℃ 이하가 된다.

• 주변가연물에의 입사열류

주변가연물은 화원과 동일한 의자로서 그림 7.5.2의 배치에서, 화원에서 주변가연물(의자)까지의 거리는 $2 - 0.8 = 1.2\,\mathrm{m}$가 된다. 연속화염높이의 0.6배($1.07 \times 0.6 = 0.64$)보다도 주변가연물이 낮으므로 수열면은 가연물의 최상부 높이 0.5m로 한다.

그림 4.2.13과 동일하게 화염을 근사하고 연속화염영역의 우측 절반의 형태계수는 이하가 된다.

연속화염영역의 등가반경 : $R_{fe} = 0.7/2 / \sqrt{1 - \{0.7/2/(1.2 + 0.7/2)\}^2} = 0.36\mathrm{m}$ (7.5.17-a)

연속화염영역의 등가높이 : $z_{ce} = 1.07 \dfrac{(1.2+0.7/2)}{(1.2+0.7/2)-0.7/2} = 1.38\ \mathrm{m}$ (7.5.17-b)

$$\frac{R_{fe}}{X_s} = \frac{0.36}{1.2+0.7/2} = 0.23 \quad (7.5.17\text{-c})$$

$$\frac{z_{ce}}{X_s} = \frac{1.38}{1.2+0.7/2} = 0.89 \quad (7.5.17\text{-d})$$

$$\begin{aligned} &F_{v,c,right} \\ &= \frac{1}{2\times3.14}\left(\frac{0.89}{\sqrt{1+0.89^2}}\tan^{-1}\frac{0.23}{\sqrt{1+0.89^2}} + \frac{0.23}{\sqrt{1+0.89^2}}\tan^{-1}\frac{0.89}{\sqrt{1+0.23^2}}\right) \\ &= 0.0438 \end{aligned} \quad (7.5.17\text{-e})$$

연속화염 전체를 볼 때의 형태계수는 이것을 2배해서

$$F_{f(c)} = 2\times0.0438 = 0.0876 \quad (7.5.18)$$

간헐화염영역의 형태계수는 연속화염영역과 간헐화염영역을 병합한 형태계수에서 연속화염영역의 형태계수를 뺀 값으로 한다.

간헐화염영역의 등가높이 : $z_{me} = 1.61 \dfrac{(1.2+0.7/2)}{(1.2+0.7/2)-0.7/2} = 2.09\ \mathrm{m}$ (7.5.19-a)

$$\frac{z_{me}}{X_s} = \frac{2.09}{1.2+0.7/2} = 1.35 \quad (7.5.19\text{-b})$$

$$\begin{aligned} &F_{v,m+c} \\ &= 2\times\frac{1}{2\times3.14}\left(\frac{1.35}{\sqrt{1+1.35^2}}\tan^{-1}\frac{0.23}{\sqrt{1+1.35^2}} + \frac{0.23}{\sqrt{1+0.23^2}}\tan^{-1}\frac{1.35}{\sqrt{1+0.23^2}}\right) \\ &= 0.101 \end{aligned} \quad (7.5.19\text{-c})$$

$$F_{f(f)} = F_{v,m+c} - F_{v,c} = 0.101 - 0.0876 = 0.0134 \quad (7.5.19\text{-d})$$

연기층의 형태계수는 정확하게 표 4.2.6으로 구하는 것이 가능하지만, 안전측의 값으로 이론상의 최대치인 0.5로 했다. 수직검사면에 입사하는 열류(heat flow)는 식(4.2.32)에 의해 다음과 같다.

$$q_{\in c}= F_{f(c)}\sigma(T_{f(c)}^4 - T_0^4)+F_{f(f)}\sigma(T_{f(f)}^4 - T_0^4)+F_s\sigma(T_s^4 - T_0^4) \tag{7.5.20}$$

$$= 0.0876\times 81+0.0134\times 51+0.5\times 5.67\times 10^{-11}\times\{(38+273)^4-293^4\}$$

$$= 7.85\,\mathrm{kW/m^2}$$

최대연소의 계속시간은 평균값+표준편차$=118+94=212\mathrm{s}$로서, 연소가능성의 유무를 입사열량의 최댓값으로 평가하면, 식 (4.2.34)에 의해 연속하지 않는다.

$$(q_{inc})^2 t_f = 7.85^2\times 212 = 13064 < 120000 \tag{7.5.21}$$

수평수열면에 대해서도 동일하게 계산을 하면, 다음과 같다.

$$q_{\in c}= F_{f(c)}\sigma(T_{f(c)}^4 - T_0^4)+F_{f(f)}\sigma(T_{f(f)}^4 - T_0^4)+F_s\sigma(T_s^4 - T_0^4) \tag{7.5.22}$$

$$< 0.0876\times 81+0.0134\times 51+1.0\times 5.67\times 10^{-11}\times\{(38+273)^4-293^4\}$$

$$= 7.91\,\mathrm{kW/m^2}$$

그러므로 안전측의 수치로 채용했다. 단, 수직수열면과 동일하게 연기층의 형태계수는 정확하게는 표 4.2.6에 의하지만, 여기서는 이론상의 최대치인 1.0 안전측으로 설정했다. 계산결과는 판정치를 만족하고, 연소하지 않는 것이 확실하다.

$$(q_{inc})^2 t_f < 7.91^2\times 212 = 13264 < 120000 \tag{7.5.23}$$

(2) 기준층 사무실의 이동화재 (유형 2)

기준층 1열~2열 구간, A열~E열 구간 사이의 사무실을 대상으로 한다. 실의 내부치수는 폭 10.5m×깊이 23.5m×높이 2.8m이다. 또한 개구부 면적은 1열 구간으로 높이 1.5m×폭 4.5m의 창문이 4개소, A열 구간에 높이 1.5m×폭 9m의 창문이 1개소이고, $A_{op}=40.5\,\mathrm{m^2}$으로 한다. 가연물은 책상유닛(의자, 컴퓨터, 서류 등을 포함)으로 한다. 책상유닛은 그림 7.5.3과 같이 4유닛을 1세트로 하고, 이격거리 1.5m로 균등하게 배치된 것으로 한다. 화점은 단부의 유닛으로 한다.

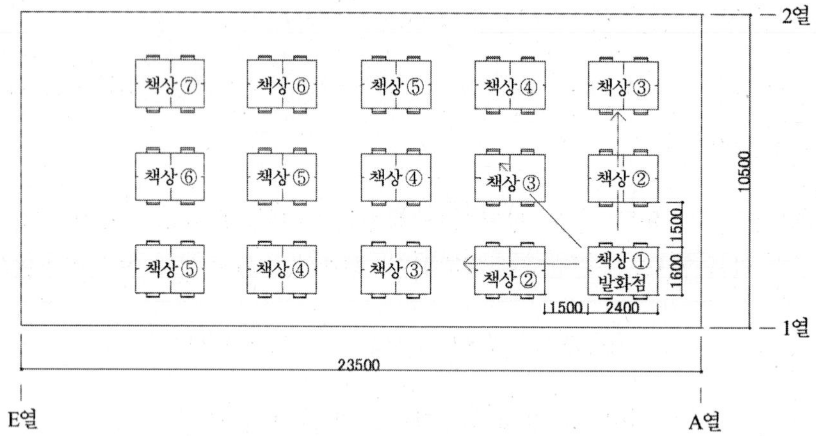

그림 7.5.3 책상의 배치

[가연물의 총 발열량]

사무실의 책상 4유닛의 발열속도의 시간이력은 문헌 4.1)의 p.77 복합 No.23의 결과를 참조해서 표 7.5.1의 평균값으로 한다.

표 7.5.1 책상의 발열속도[4.1)]

	성장시간 [s]	최대연소의 연속시간 [s]	감쇠시간 [s]	최대발열속도 [kW]	총발열량 [kJ]
평균	311	199	606	3086	1194
표준편차	84	189	536	1609	239

[플래시오버 한계발열속도]

사무실의 둘레벽재료는 콘크리트로서 열관성을 표 4.4.1에서 $\sqrt{k\rho c}=1.75$로 한다. 가연물의 연소종료시간은 표 7.5.1의 성장시간, 최대연소의 연속시간, 감쇠시간을 만족하는 시간으로 $t_c = 311 + 199 + 606 = 1116\,\mathrm{s}$이다. 실효열전달률은 $h_t = \sqrt{k\rho c/t_c} = \sqrt{1.75/1116} = 0.052\,\mathrm{kW/(m^2 \cdot K)}$(식 (4.3.2))이고, 구획 내 표면적은 $A_T = 2\times 10.5\times 23.5 + 2.8\times 2\times(10.5+23.5) - 40.5 = 643\,\mathrm{m^2}$이다.

플래시오버 한계발열속도는 식 (4.3.1)에서 다음과 같다.

$$Q_{FO} = 610\{(hA_T)(A_{op}\sqrt{H_{op}})\}^{1/2} \tag{7.5.24}$$

$$= 610\{(0.052\times 643)\times(40.5\times\sqrt{1.5})\}^{1/2} = 24941\,\mathrm{kW}$$

[화재성상예측]

화재성상예측에 사용된 발열속도는 7.5(1)항의 국소화재와 동일하게 최대발열속도의 평균값에 표준편차를 더한 값으로 한다. 화원면은 책상의 상부면으로 한다. 연기층온도는 500℃로 한다.

화염높이 및 화염에서 인근 데스크 ②에의 입사열은 이하가 된다. 단, 수열면이 화원폭의 1배 이상 떨어지지 않았기 때문에 화염의 근사는 수열면과 화염과의 수평방향의 이격거리만 떨어진 것으로, 폭과 높이가 원통에 동일한 직사각형 복사면을 갖는 형태계수로 구한다.

- 대표치수의 화원직경 : $D = \sqrt{2.4 \times 1.6} = 2.0\,\text{m}$ (7.5.25)

- 무차원발열속도 : $Q^* = \dfrac{Q}{1116 D^{5/2}} = \dfrac{4695}{1116 \times 2^{5/2}} = 0.74$ (7.5.26)

- 가상점 발열보정 : $\Delta z = 2.4D(Q^{*2/5} - Q^{*2/3})$ (7.5.27)
$$= 2.4 \times 2 \times (0.74^{2/5} - 0.74^{2/3}) = 0.33\,\text{m}$$

- 연속화염영역의 높이 : $z_c = z^* Q^{*2/5} D - \Delta z = 1.2 \times 0.74^{2/5} \times 2 - 0.33 = 1.80\,\text{m}$ (7.5.28)

- 간헐화염영역의 평균높이 : $z_m = z^* Q^{*2/5} D - \Delta z$ (7.5.29)
$$= 1.92 \times 0.74^{2/5} \times 2 - 0.33 = 3.07\,\text{m}$$

- 연속화염영역의 형태계수 : $F_{f(c)} = 0.237$ (7.5.30)

- 간헐화염영역의 형태계수 : $F_{f(f)} = 0.0278$ (7.5.31)

- 수열면에 입사하는 열류 :

$$q_{inc} = F_{f(c)}\sigma(T_{f(c)}^4 - T_0^4) + F_{f(f)}\sigma(T_{f(f)}^4 - T_0^4) + F_s\sigma(T_s^4 - T_0^4)$$
$$= 0.0237 \times 81 + 0.0278 \times 51 + 0.5 \times 5.67 \times 10^{-11} \times \{(500 + 273)^4 - 293^4\}$$
$$= 30.5\,\text{kW/m}^2 \quad (7.5.32)$$

최대연소의 연속시간을 평균값+표준편차= 199 + 188 = 387s 로서, 연소가능성의 유무를 판정하면 다음과 같고, 인접한 책상 ②에 연소한다.

$$(q_{inc})^2 t_f = 30.5^2 \times 387 = 360937 > 120000 \quad (7.5.33)$$

인접한 책상 ②로 연소시간은 식 (4.2.35)에 의한다.

$$t_{ig} = \frac{120000}{(q_{inc})^2} = \frac{120000}{30.5^2} = 129\,\mathrm{s} \tag{7.5.34}$$

착화되어 인접한 책상으로 연소하는 시간은 129초로 개개의 발열속도를 중첩시킨 결과를 그림 7.5.4에 나타내었다. 650초경에 발열속도가 플래시오버 한계발열속도를 초과하기 때문에 대상실은 구획내 전체화재를 채용한다. 또한 화원직경이 크게 되는 등으로 화염에서 복사열의 증가량 시간의 경과와 함께 화염, 연기층으로 복사열 이외에 둘레벽에서 복사에 의해 책상으로 입사열이 증가한다. 이 때문에 책상 ③~⑥에 연소하는 시간은 책상 ②에 연소하는 시간 129초보다 짧게 된다. 구획내 전체화재로 발전하지 않는다고 판정할 때에는 2차 화염 높이 등을 계산해서 연소시간을 구할 필요가 있다.

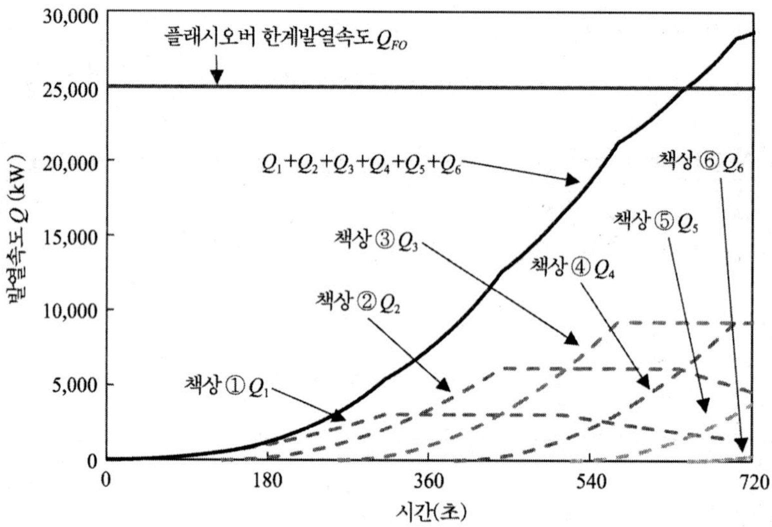

그림 7.5.4 발열속도의 시간경과 변화

(3) 기준층 사무소의 구획내 전체화재, 사무실 간의 연소가 없는 경우 (유형 3)

기준층 1열~2열 구간, A열~E열 구간 사이의 사무실을 대상으로 한다. 실의 내부치수는 폭 10.5m×깊이 23.5m×높이 2.8m이다. 또한 개구부 면적은 1열 구간으로 높이 1.5m×폭 4.5m의 창문이 4개소, A열 구간에 높이 1.5m×폭 9m의 창문이 1개소이고, $A_{op} = 40.5\,\mathrm{m}^2$으로 한다.

[실내 가연물의 총발열량]

적재가연물의 발열량밀도는 표 3.2.2의 「사무실 종류」의 수치를 채용해서 $w_f = 560\,\text{MJ/m}^2$로 한다. 사무실 바닥면적은 $A_r = 10.5 \times 23.5 = 247\,\text{m}^2$이기 때문에 실내 적재가연물의 총발열량은 다음과 같다.

$$W_{load} = 560 \times 247 = 138320\,\text{MJ} \tag{7.5.35}$$

내장재료는 모두 불연재료이고, 평균두께를 $d_m = 10\,\text{mm}$로 한다. 내장재료의 바깥면적 총계는 $A_m = 2 \times 10.5 \times 23.5 + 2.8 \times 2 \times (10.5 + 23.5) - 40.5 = 643\,\text{m}^2$, 재료의 바깥면적 1m^2, 두께 1mm당 발열량은 표 3.2.4를 참조해서 $\Delta H_m = 0.8\,\text{MJ}/(\text{m}^2 \cdot \text{mm})$으로 한다. 이러한 수치에서 내장재료의 발열량은 $w_{m1} = 643 \times 10 \times 0.8 = 5144\,\text{MJ}$이다. 고정가연물의 발열량은 내장재료의 발열량에 제작가구 등의 발열량(실제의 계산은 각각의 물성과 무게에 기초해서 구한다. 여기서는 $w_{m2} = 4856\,\text{MJ}$로 가정)을 더한다.

$$W_{fix} = 10000\,\text{MJ} \tag{7.5.36}$$

따라서, 실내 가연물의 총발열량은 아래의 값으로 한다.

$$W = W_{load} + W_{fix} = 148320\,\text{MJ} \tag{7.5.37}$$

설계용 총발열량은 할증해서 다음 값으로 한다.

$$W = 148320 \Rightarrow 150000\,\text{MJ} \tag{7.5.38}$$

설계용 수치의 조정을 취하기 위해 여기서 상기 계산비율에 기초해서 각 발열량의 계산값을 하기와 같이 정한다.

적재가연물의 총발열량 : $W_{load} = 138320 \times (150000/148320) \simeq 139900\text{MJ}$ (7.5.39)

고정가연물의 총발열량 : $W_{fix} = 10000 \times (150000/148320) \simeq 11100\text{MJ}$ (7.5.40)

이 중, 내장재료에 대해서

$$w_{m1} = 5144 \times (11100/10000) \simeq 5200\,\text{MJ} \tag{7.5.41}$$

제작가구 등은 다음과 같다.

$$w_{m1} = 4856 \times (11100/10000) \simeq 4900\,\text{MJ} \tag{7.5.42}$$

[발열속도와 화재 지속시간]

적재가연물의 표면적계수는 표 3.2.5의 사무소 식을 사용하고, 아래와 같이 구한다.

$$\Phi = 0.26 \times w_f^{-2/3} = 0.26 \times 560^{-2/3} = 3.83 \times 10^{-3}\,\mathrm{m}^2/\mathrm{MJ} \qquad (7.5.43)$$

내장재료는 불연재료로 하므로, 표 3.2.4에 의해 표면적의 발열속도는 $q_1 = 13\,\mathrm{kW/m^2}$이다. 또한, 제작가구의 가연물 구성재료는 경질 플라스틱으로 하고, 표면적당 발열속도를 표 3.2.3에 의해 $q_2 = 413\,\mathrm{kW/m^2}$로 한다. 그러면 각각의 발열속도비는 아래와 같이 구해진다.

$$\text{내장재료 : } \phi_1 = 13/122 = 0.107\,(\mathrm{kW/kW{-}wood}) \qquad (7.5.44\text{-a})$$

$$\text{제작가구 : } \phi_2 = 413/122 = 3.39\,(\mathrm{kW/kW{-}wood}) \qquad (7.5.44\text{-b})$$

내장재료의 표면적을 상기의 643m^2, 제작가구의 가연물 표면적을 35m^{2}로 하면, 이 공간에 미치는 가연물의 목재 등가표면적은 식 (3.2.5)에 의해 아래가 된다.

$$\begin{aligned} A_{fuel} &= \Phi W_{load} + \sum_i \phi_i A_{m,i} \qquad (7.5.45) \\ &= 3.83 \times 10^{-3} \times 133900 + 0.107 \times 643 + 3.39 \times 35 \\ &= 535 + 69 + 119 = 724\,\mathrm{m}^2 \end{aligned}$$

이 공간의 연소형 지배요인은 다음과 같다.

$$\chi = A_{op}\sqrt{H_{op}}\,/A_{fuel} = 40.5 \times \sqrt{1.5}/724 = 0.0685 < 0.07 \qquad (7.5.46)$$

그러므로 구획내 전체화재는 가연물 표면적에 대해 공기량이 부족한 「환기지배형」 연소가 된다. 연소속도는 식 (4.4.8)을 사용해서 구한다.

$$m_v = 0.1A_{op}\sqrt{H_{op}} = 0.1 \times 40.5 \times \sqrt{1.5} = 4.96\,\mathrm{kg/s} \qquad (7.5.47)$$

발열속도는 이것에 목재의 연소열(16MJ/kg)을 곱해서 구하면,

$$q = 16 \times 4.96 = 79.36\,\mathrm{MW} \qquad (7.5.48)$$

가 되고, 화재연속시간은 식 (4.4.35)에 의해 다음과 같다.

$$t_f = W/q = 150000/79.36 = 1890\,\mathrm{s}\ (\text{약 31분}) \qquad (7.5.49)$$

[화재실의 온도-시간 관계]

다음으로 화재실의 온도-시간관계를 계산한다. 여기서, 화재 실내의 발열속도는 식 (4.4.33)으로 구한다.

$$Q = \min\left\{16000 m_v,\ 1500 A_{op}\sqrt{H_{op}}\right\} = \min\{79360, 74403\} = 74403\,\mathrm{kW} \tag{7.5.50}$$

앞의 식 (7.5.48)의 발열속도 q와의 차이 약 5000kW는 가연성가스의 일부가 실외로 연소하는 것에 상당한 것이다.

여기에서, 화재실 온도는 화재종료 후의 냉각과정까지 계산하기 때문에 식 (4.4.36)을 사용한다. 계산에 이용된 각 수치는 아래와 같다.

실용적 : $V = 10.5 \times 23.5 \times 2.8 = 691\,\mathrm{m}^3$ (7.5.51-a)

실내가스의 밀도 : $\rho_f = 353/T_f\,\mathrm{kg/m}^3$ (7.5.51-b)

여기서, T_f는 시각 t에서의 실내가스 온도 [K]

실내가스의 정압비열 : $c_p = 1.01\,\mathrm{kJ/(kg \cdot K)}$ (7.5.51-c)

개구부 면적 : $A_{op} = 40.5\,\mathrm{m}^2$ (7.5.51-d)

개구부 높이 : $H_{op} = 1.5\,\mathrm{m}$ (7.5.51-e)

기준온도 : $T_0 = 293\,\mathrm{K}$ (7.5.51-f)

스테판·볼츠만(Stefan-Boltzmann) 정수 : $\sigma = 5.67 \times 10^{-11}\,\mathrm{kW/(m^2 \cdot K^4)}$ (7.5.51-g)

실 벽체의 면적 : $A_T = 643\,\mathrm{m}^2$ (7.5.51-h)

벽은 보통콘크리트 두께 150mm로 한다. 표 4.4.1에 의해,

벽의 열전도율 : $k = 1.51 \times 10^{-3}\,\mathrm{kW/(m \cdot K)}$ (7.5.51-i)

벽의 비열 : $c = 0.88\,\mathrm{kJ/(kg \cdot K)}$ (7.5.51-j)

벽의 밀도 : $\rho = 2300\,\mathrm{kg/m}^3$ (7.5.51-k)

벽의 분할 두께 : $\Delta x = 0.005\mathrm{m}$ (7.5.51-l)

시간 분할 : $\Delta t = 1\,\mathrm{s}$ (7.5.51-m)

화재실 온도-시간관계의 계산 결과를 그림 7.5.5에 나타내었다. 화재실의 최고온도는 1,354℃이다.

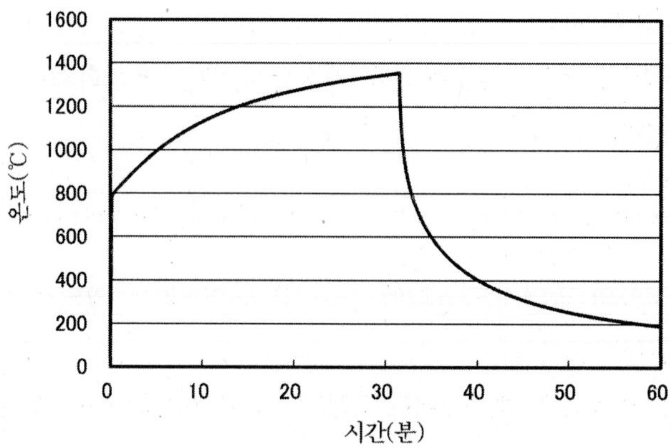

그림 7.5.5 기준층 사무실의 구획온도-시간 관계

(4) 기준층 사무실의 구획내 전체화재, 사무실간의 연소를 고려하는 경우 (유형 4)

기준층 1열~2열 구간, F열~G열 구간 사이의 회의실 및 인접한 복도를 대상으로 한다. 화재발생실 i는 복도이고, 인접실 j(회의실)로의 연소시간은 화재발생실이 진화하는 직전으로 한다.

복도의 벽 둘레길이 77.0m, 바닥면적 94.0m^2, 층고 2.8m이다. 개구부는 D열~G열의 각 회의실의 문으로 높이 2.1m×폭 1.2m×2개소, 개구부 면적 $A_{op,i}$= 5.0m^{2}이다.

회의실의 내부치수는 폭 10.5m×폭 6.0m×높이 2.8m이다. 또한 개구부 면적은 1열에 높이 1.5m×폭 4.5m의 창이 1개소, A열에 높이 1.5m×폭 9.0m의 창이 1개소, 높이 2.1m×폭 1.2m의 사무실 간의 개구부가 1개소 있는 것으로, $A_{op,j}$= 22.8m^{2}으로 한다.

[각 실내의 가연물의 총발열량]

적재가연물의 발열량밀도는 표 3.2.2의 값을 채용한다. 각 실의 적재가연물의 총발열량을 표 7.5.2에 나타내었다.

표 7.5.2 적재가연물의 총발열량

	복 도	회의실
실의 종류(표 3.2.2)	복도, 계단 기타 통로	회의실 기타 유사한 것
발열량밀도 w_f [MJ/m^2]	32	160
바닥면적 A_r [m^2]	94	63
적재가연물의 총 발열량 W_{load} [MJ]	3,008	10,080

각 실의 내장재료는 모두 불연재료이고, 평균두께를 $d_m = 10\,\text{mm}$로 한다. 복도의 내장재료의 바깥면적 총계는 $2\times 94 + 77.0\times 2.8 - 5.0 = 614\,\text{m}^2$, 회의실 내장재량의 바깥면적 총계는 $2\times 10.5\times 6.0 + 2\times 2.8\times (1.05+6.0) - 22.8 = 196\,\text{m}^2$이다. 재료의 바깥면적 1m^2, 두께 1mm당 발열량은 표 3.2.4를 참조해서 $\Delta H_m = 0.8\,\text{MJ}/(\text{m}^2\cdot\text{mm})$으로 한다. 각 실의 내장재료의 총발열량은 표 7.5.3에 나타내었다.

표 7.5.3 내장재료의 총발열량

	복 도	회의실
내장재료의 평균두께 d [mm]	10	10
내장재료의 바깥면적 A_m [m^2]	614	196
재료의 바깥면적 1m^2, 두께 1mm당 발열량 ΔH_m [$\text{MJ/m}^2\cdot\text{mm}$]	0.8	0.8
적재가연물의 총 발열량 W_{fix} [MJ]	4,912	1,568

고정가연물의 발열량은 내장재료의 총발열량에 제작가구 등의 발열량을 추가한 값이지만, 당해 유형에서는 제작가구 등은 없는 것으로 계산한다.

따라서, 실내 가연물의 총발열량은 아래의 값으로 한다.

$$\text{복도 가연물의 총발열량 } W_i = W_{load,i} + W_{fix,i} = 7920\,\text{MJ} \tag{7.5.52}$$

$$\text{회의실 가연물의 총발열량 } W_i = W_{load,i} + W_{fix,i} = 11648\,\text{MJ} \tag{7.5.53}$$

[발열속도와 화재 지속시간]

적재가연물의 표면적계수는 표 3.2.5의 국토교통성(일본) 고시의 식을 사용하고, 아래와 같이 구한다.

복도 적재가연물의 표면적계수

$$\Phi_i = 0.26\times w_{f,i}^{-2/3} = 0.26\times 32^{-2/3} = 25.8\times 10^{-3}\,\text{m}^2/\text{MJ} \tag{7.5.54}$$

회의실 적재가연물의 표면적계수

$$\Phi_j = 0.26\times w_{f,j}^{-2/3} = 0.26\times 160^{-2/3} = 8.82\times 10^{-3}\,\text{m}^2/\text{MJ} \tag{7.5.55}$$

내장재료는 불연재료로 하므로, 표 3.2.4에 의해 표면적당 발열속도는 $q_0 = 13\,\text{kW/m}^2$

이고, 발열속도비는 $\phi_0 = 13/122 = 0.107\,\text{kW/kW-wood}$로 한다.

각 실에 있어서 가연물의 목재 등가표면적은 식 (3.2.5)에 의해 아래가 된다.

복도에 있어서 가연물의 목재 등가표면적

$$A_{fuel,i} = \Phi_i W_{load,\,i} + \Sigma\phi_0 A_{m,\,i} = 25.7\times10^{-3}\times3008 + 0.107\times614 = 144\,\text{m}^2 \quad (7.5.56)$$

회의실에 있어서 가연물의 목재 등가표면적

$$A_{fuel,j} = \Phi_j W_{load,\,j} + \Sigma\phi_0 A_{m,\,j} = 8.82\times10^{-3}\times10080 + 0.107\times196 = 110\,\text{m}^2 \quad (7.5.57)$$

연료지배형 요인은 각각

$$\text{복도}: \chi_i = (A_{op}\sqrt{H_{op}})_i / A_{fuel,\,i} = 7.2/144 = 0.050 \quad (7.5.58)$$

$$\text{회의실}: \chi_j = (A_{op}\sqrt{H_{op}})_j / A_{fuel,\,j} = 28.5/110 = 0.259 \quad (7.5.59)$$

그러므로 복도의 발열속도는 식 (4.4.8), 회의실의 발열속도는 식 (4.4.9)를 사용해서 구한다.

$$\text{복도}: m_{v,i} = 0.1(A_{op}\sqrt{H_{op}})_i = 0.72\,\text{kg/s} \quad (7.5.60)$$

$$\begin{aligned}\text{회의실}: m_{v,j} &= \{0.12\chi_j \exp(-11\chi_j) + 0.003\}A_{fuel}\\ &= \{0.12\times0.259\times\exp(-11\times0.259) + 0.003\}\times109.9\\ &= 0.53\,\text{kg/s}\end{aligned} \quad (7.5.61)$$

따라서 발열속도 및 화재연속시간은 표 7.5.4가 된다.

표 7.5.4 발열속도 및 화재연속시간

	복 도	회의실
발열속도 Q [kW]	10,800	8,480
화재연속시간 t_f [s]	688	1,374

[회의실에서 열유입속도]

회의실에서 열유입속도 $Q_{h,\,j}$를 계산한다.

회의실의 개구부 인자의 합계 중 복도와 개구부 인자의 비율은 다음과 같다.

$$f_{op,\,j} = \left(A_{op}\sqrt{H_{op}}\right)_{ij} / \Sigma\left(A_{op}\sqrt{H_{op}}\right)_j = 3.65/28.5 = 0.128 \quad (7.5.62)$$

회의실 주변 벽의 면적은 복도간 벽의 면적을 빼면 $A_{t,j} = 193\,\mathrm{m}^2$이 된다. 주변 벽의 열관성은 1.75 kW·s$^{1/2}$(m^2·K)이 된다. 열침입비는 식 (4.4.31)이 되므로

$$f_{r,i} = 0.45(\sum A_{op}\sqrt{H_{op}})_j^{1/3} / (A_{t,j}\sqrt{k\rho c})^{1/3} t^{1/6} \tag{7.5.63}$$
$$= 0.45 \times 28.5^{1/3} / (193 \times 1.75)^{1/3}\, t^{1/6} = 0.197t^{1/6}$$

단, t는 인접실로 연소개시의 경과시간[s]

여기서, 복사 및 환기에 의한 열유입속도는 식 (4.4.29)에 의해

$$Q_{m,j} = f_{op,j} f_{r,j} Q_j = 0.128 \times 0.197t^{1/6} \times 8480 = 214t^{1/6} \tag{7.5.64}$$

회의실의 화재는 연료지배형이므로 회의실에서 복도로 미연가스의 유입은 없고, $Q_{ex,j} = 0\,\mathrm{kW}$가 된다. 이상으로 회의실에서 복도로 열유입속도는 식 (4.4.28)에 의해 다음과 같다.

$$Q_h = Q_{m,j} + Q_{ex,j} = 214t^{1/6} + 0 = 214t^{1/6} \tag{7.5.65}$$

[화재실의 온도-시간 관계]

다음으로 복도의 온도-시간관계를 계산한다. 회의실에의 연소시간은 11분으로 한다. 복도의 구획온도는 식 (4.4.36)으로 계산한다. 계산에 사용한 각 수치는 아래와 같다.

실용적 : $V = 94 \times 2.8 = 263\,\mathrm{m}^3$ (7.5.66-a)

실내가스의 밀도 : $\rho_f = 353/T_f\,\mathrm{kg/m^3}$ (7.5.66-b)

여기서, T_f는 시각 t에서의 실내가스 온도 [K]

실내가스의 정압비열 : $c_p = 1.01\,\mathrm{kJ/(kg \cdot K)}$ (7.5.66-c)

개구부 면적 : $A_{op} = 5.0\,\mathrm{m}^2$ (7.5.66-d)

개구부 높이 : $H_{op} = 2.1\,\mathrm{m}$ (7.5.66-e)

기준온도 : $T_0 = 293\,\mathrm{K}$ (7.5.66-f)

스테판 · 볼츠만(Stefan-Boltzmann) 정수 : $\sigma = 5.67 \times 10^{-11}\,\mathrm{kW/(m^2 \cdot K)}$ (7.5.66-g)

실 벽체의 면적 : $A_T = 614\,\mathrm{m}^2$ (7.5.66-h)

벽은 보통콘크리트 두께 150mm로 한다. 표 4.4.1에 의해,

벽의 열전도율 : $k = 1.51 \times 10^{-3}\,\text{kW}/(\text{m} \cdot \text{K})$ (7.5.66-i)

벽의 비열 : $c = 0.88\,\text{kJ}/(\text{kg} \cdot \text{K})$ (7.5.66-j)

벽의 밀도 : $\rho = 2300\,\text{kg}/\text{m}^3$ (7.5.66-k)

벽의 분할 두께 : $\Delta x = 0.005\text{m}$ (7.5.66-l)

시간 분할 : $\Delta t = 1\text{s}$ (7.5.66-m)

복도의 화재실 온도-시간관계의 계산 결과를 그림 7.5.6에 나타내었다. 여기서 복도의 최고온도는 467℃이다.

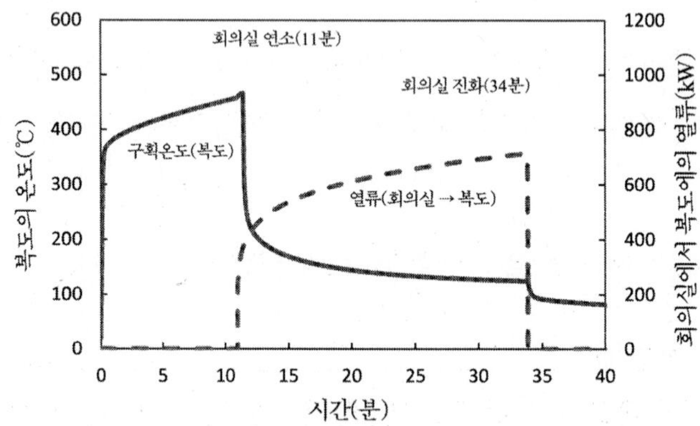

그림 7.5.6 복도의 구획온도 및 회의실에서 복도에 유입하는 열류

(5) 개구부에서 분출화염 (유형5)

여기서는 9층 식당과 카페테라스가 일체된 공간에 있어서 구획내 전체화재를 상정하고, 일부 옥상으로 사용하고 있는 외부 공간에 대한 개구부 분출화염의 성상을 검토한다. 검토하는 화재공간과 분출화염을 상정하는 개구부를 그림 7.5.7에 제시했다. 분출화염을 검토할 때에는 우선 실내의 구획내 전체화재성상을 검토한다. 이것은 4.4절의 방법으로 7.5(3)항과 같은 계산을 한다. 여기서는 계산내용은 생략하고, 화재실온도의 값이 얻어지는 것으로 한다.

화재실의 온도 : $T_f = 726$℃(화재구획의 최고온도)

[분출화염의 운반열량]

그림 7.5.7의 3열의 개구부는 폭 B=6m, 높이 H=3.2m이다. 분출화염의 발열속도는 식 (4.5.13)으로 계산한다.

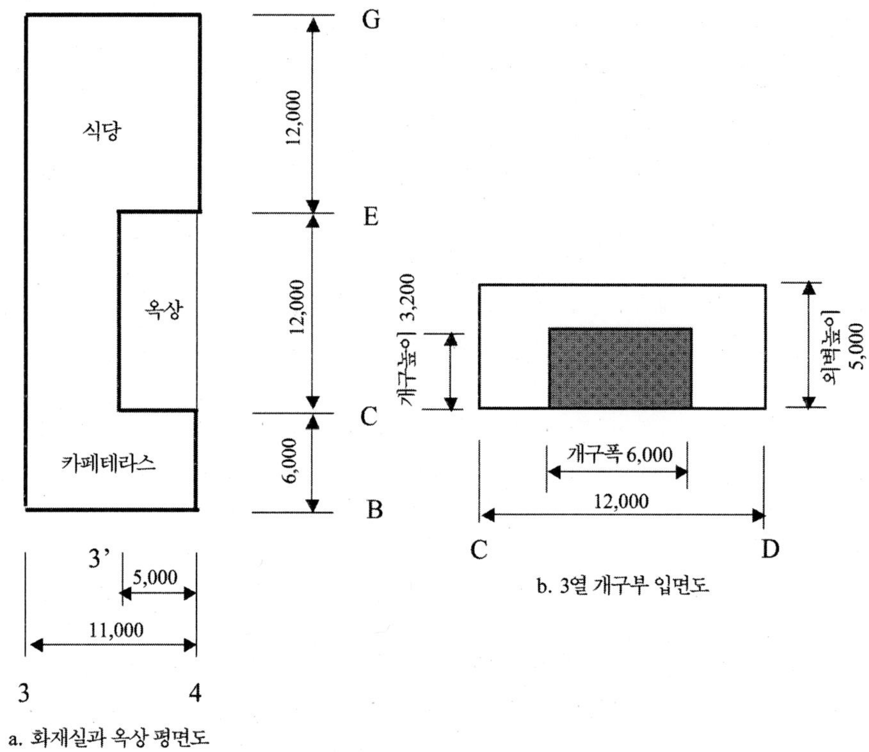

그림 7.5.7 9층 식당, 카페테라스와 개구부

$$Q_{ex} = 16000m_v - Q = 16000 \times 0.1A_{op}\sqrt{H_{op}} - 1500A_{op}\sqrt{H_{op}} \tag{7.5.67}$$
$$= 100A_{op}\sqrt{H_{op}} = 100 \times 3.2 \times 6 \times \sqrt{3.2} = 12735\,\mathrm{kW}$$

화재실의 온도가 726℃이고, 분출화염의 운반열량은 다음과 같다.

$$Q_{fl} = Q_{ex} + c_p(T_r - T_0) \times 0.52A_{op}\sqrt{H_{op}} \tag{7.5.68}$$
$$= 12735 + 1.01(726 - 20) \times 0.52 \times 3.2 \times 6 \times \sqrt{3.2} = 16096\,\mathrm{kW}$$

[분출화염 중심축의 궤적]

분출화염의 개구부는 1개이고, 분출면의 높이는 식 (4.5.6)으로 계산한다.

$$h = H\left\{1 - \frac{1}{1 + (T_r/T_o)^{1/3}}\right\} \tag{7.5.69}$$

$$= 3.2\left\{1 - \frac{1}{1 + \{(726 + 273)/(20 + 273)\}^{1/3}}\right\} = 1.92\,\mathrm{m}$$

분출면의 가로・세로(aspect)비는 $n = B/h = 6/1.92 = 3.13$이다.

따라서, 화염중심축의 궤적은 식 (4.5.3)으로 아래와 같이 주어진다.

$$\left(\frac{z}{h}\right) = (2.2 + 0.61n^2)\left(\frac{x}{h}\right)^3 = 8.18\left(\frac{x}{h}\right)^3 \tag{7.5.70}$$

여기서, z : 개구부 상단부터 수직거리(m)

x : 벽면에서 수평거리(m)

h : 화염의 분출높이(중성대에서 개구부 상단까지의 거리)(m)

식 (7.5.70)에서 구해진 분출화염 중심축의 궤적을 그림 7.5.8에 나타냈다. 여기서, 분출면의 가로・세로비는 3.13이므로 4.5절보다 이 계산결과의 유효범위는 $z/h < 1.0$이다.

[분출화염 중심축의 궤적]

다음으로 분출화염 중심축상의 온도분포를 구한다. 이 유형에서는 개구부 상부에 벽이 있기 때문에 식 (4.5.7)을 적용해서 중심축상의 무차원온도는 다음 식으로 구한다.

$$\Theta = \frac{1}{2}e^{-\frac{1}{4}(z/r_0)^{\frac{4}{5}}} \tag{7.5.71}$$

여기서, Θ : 무차원 온도 $\Theta = \Delta T_f r_0^{5/3} / (T_0 Q_{fl}^2 / c_p^2 \rho^2 g)^{1/3}$

ΔT_f : 중심축상온도 주변기온에서의 상승분 [K]

r_0 : 등가반경$= \sqrt{Bh/\pi} = 1.91$ [m]

Z : 중심축의 궤적에 따른 거리 [m]

T_0 : 주변공기의 온도($= 293\,\mathrm{K}$)

Q_{fl} : 분출화염이 운반하는 열량 [kW]

c_p : 분출가스의 비열($= 1.01\,\mathrm{kJ/(kg \cdot K)}$)

ρ : 분출가스의 밀도 $\rho = 353/T_f$

g : 중력가속도($= 9.8\,\mathrm{m/s^2}$)

분출화염의 중심축상온도 계산결과는 그림 7.5.9에 제시했다. 여기서는 중심축상온도를 반복계산해서 구했다. 구한 중심축상온도의 위치 Z가 결정되는 경우, 4.5(1)항의

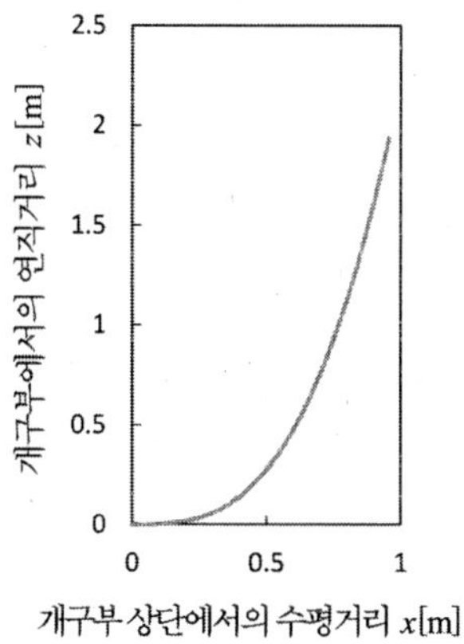

그림 7.5.8 분출화염 중심축의 궤적

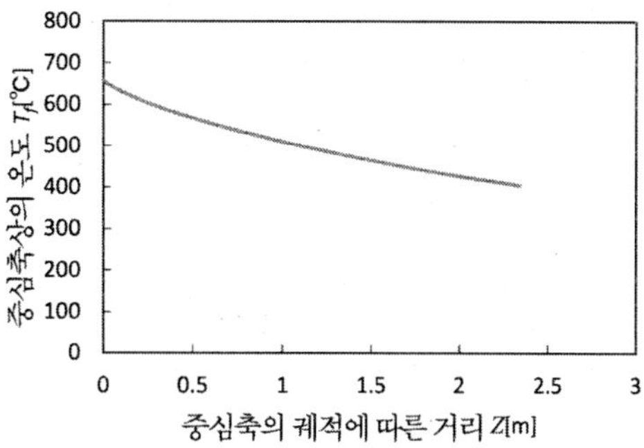

그림 7.5.9 분출화염 중심축상의 온도

계산 예와 동일하게 화재실의 온도에 대응하는 밀도 $\rho = 353/T_r$을 사용해서 구하는 것도 가능하다. 화재실의 온도에 대응하는 밀도에서 중심축상온도를 구하는 경우, 분출화염의 축상온도는 높게 계산된다.

7.6 강재온도

(1) 1층 현관홀의 부재 (유형 1)

1층 현관홀에서 국소화재에 의한 가열을 받는 무내화피복 부재의 온도를 계산한다.

화원은 7.5(1)항에서 설정한 B열 보 하부의 의자이다. 또한 강재온도 산정의 대상은 B열×4열의 기둥(□-450×25) 및 B열 2층 보(H-600×200×12×22)이다. 여기서, 화원과 부재의 위치관계를 그림 7.6.1에 나타냈다.

보의 강재온도는 불균일한 가열을 받는 무내화피복 부재로써, 식 (5.2.2)에 의해 계산한다.

보 부재는 연기층의 내부에 있기 때문에 먼저 부재에 입사하는 열류가 안전측으로 되도록 연기층의 복사율을 설정한다. 그림 7.6.2는 강재온도가 20℃, 100℃, 200℃의 경우를 상정하고, 식 (4.2.3), 식 (4.2.4)에 의해 보 부재가 흡수하는 열류와 연기층의 복사율 관계를 나타낸 것이다. 이 결과 연기층의 복사율은 0이라고 놓는 것이 가장 안전측이라는 것을 알 수 있다. 이것은 연기층으로부터의 입사는 대류에 의한 부분만을 고려하고, 화염에서의 복사열류는 연기층이 없는 것으로 최대 추측하는 것에 해당한다. 이하의 계산에서 연기층의 복사율은 0으로 한다. 식 (5.2.2)를 풀 때 물성치 등은 5.2절 본문을 참조하고, 아래의 값을 이용했다.

강재의 밀도 : 7,850 kg/m^3

강재의 비열 : $482 + 8.0 \times 10^{-7} \cdot T_s^2$ J/(kg·K), T_s는 강재온도 [K]

강재표면의 복사율 : 0.9

대류열전달률 : 23 W/m^2·K (이하, 모든 계산에서 이 값을 이용했다)

부재 주변의 기류온도 : 76 + 273 = 349 K

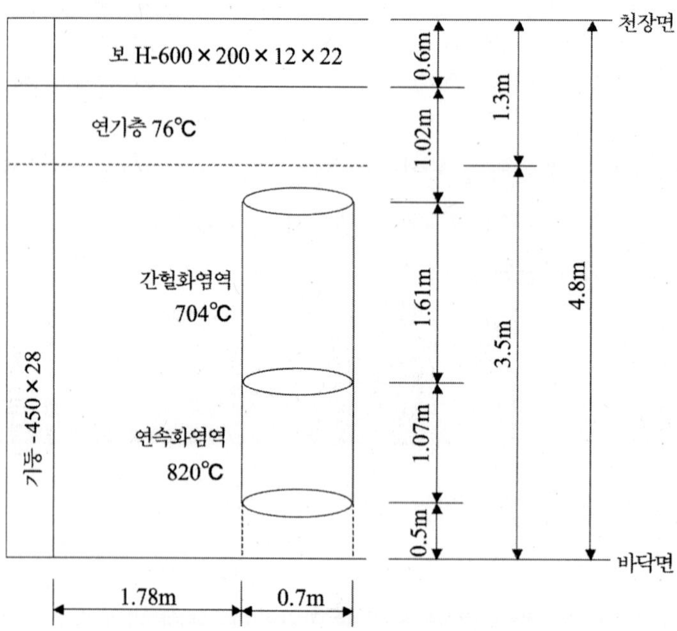

그림 7.6.1 1층 B열 화원과 부재의 위치관계

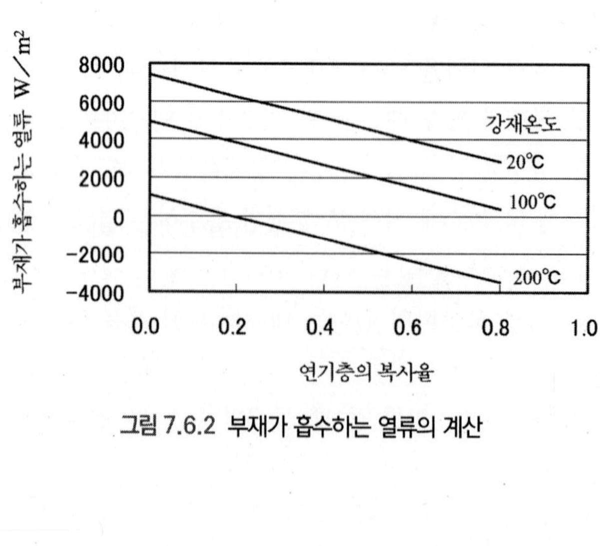

그림 7.6.2 부재가 흡수하는 열류의 계산

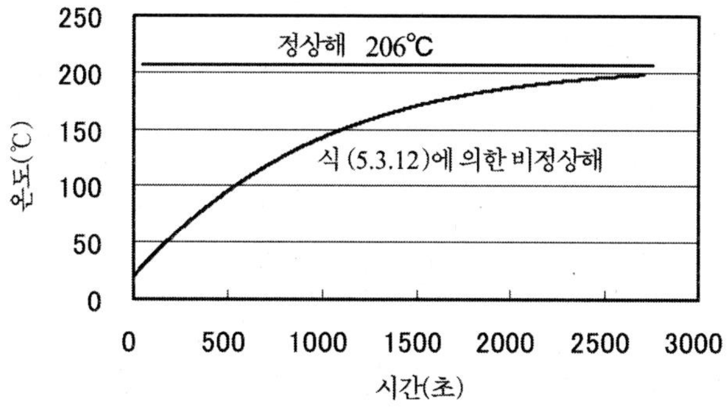

그림 7.6.3 B열 보의 온도

식 (5.2.2)는 강재 부재단면을 몇 개의 부분으로 분할하고, 각 부분의 열수지(heat balance)를 고려하는 형태가 되었다. 그러나 둘레길이에 대한 값은 표 5.2.1의 H형 단면 3면 가열의 값을 사용하고, 형태계수는 하부 플랜지에서 화염이 발생하는 경우의 값을 사용했다. 보 부재온도의 계산결과는 그림 7.6.3에 나타냈다. 그림 중에는 식 (5.2.2)의 좌변을 0으로 한 경우의 정상해(206℃)도 나타냈다. 표 4.2.2에 의하면 화재지속시간은 성장시간, 최대연소, 감쇠시간의 모든 것을 더해도 평균 470초이다. 여기에 각각의 표준편차를 더해도 약 850초로, 강재온도는 150℃ 이하이다. 여기서는 안전측에 정상상태를 가정해서 얻은 값, 206℃를 보의 온도로 한다.

B열×4열에 위치하는 기둥부재는 안전측의 가정을 하는 것으로 계산을 간략화한다. 우선, 연속화염과 간헐화염을 맞춰서 폭 0.7m(대표 치수)×높이 2.78m(연속화염높이+간헐화염높이)의 장방형의 복사면을 가정한다. 복사면의 온도는 연속화염영역의 온도에 상당하는 820℃로 하고, 형태계수는 복사면의 중심을 정면으로 하고, 기둥 표면과 복사면 거리가 떨어져 있는 위치로 계산한다. 이 관계를 그림 7.6.4에 나타냈다.

이 경우, 부재에 흡수되는 열류는 4.2(2)항「국소화재 시 부재의 가열조건」에 제시된 식 (4.2.5), 식 (4.2.6)을 만족하는 것으로 얻는다. 가열을 받은 둘레길이 H_s와 복사(radiation)를 받는 둘레길이 H_{sr}를 고려하면, 식 (5.2.2)에 대응하는 비정상의 열평형식이 얻어지지만, 여기서는 간단하게 정상상태의 해를 구하는 것으로 한다. 각형기둥이 4면에서 가열을 받는 경우, $H_s = H_{sr}$이므로 부재에 흡수된 열류를 0으로 놓고 해를 구하면 된다. 부재표면의 복사율은 4.2항을 참조해서 0.9, 주변기류온도를 $20 + 273 = 293$ K로 하고, 정상해를 구하면 기둥의 부재온도는 280℃가 된다.

이상으로 1층 현관홀의 화염(유형 1)에 대응하는 부재온도로 이하의 값을 설정한다.

B열 2층 보　　　: 206℃

B열×4열의 기둥 : 280℃

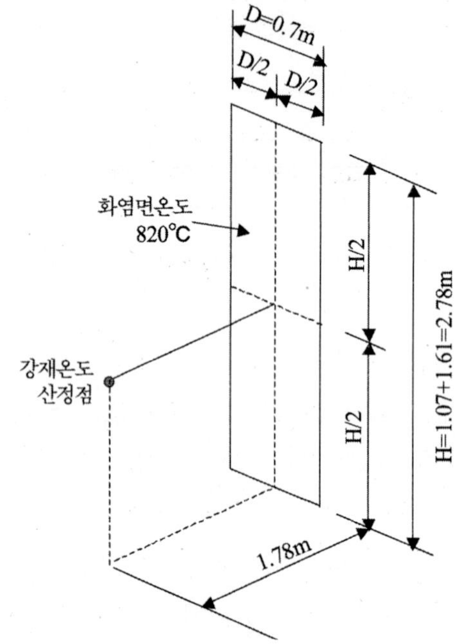

그림 7.6.4　1층 현관홀 기둥 부재온도 산정점과 복사면의 가정

(2) 기준층 사무실 부재 (유형 2, 3)

기준층 사무실은 이동화재를 상정해서 7.5(2)항에 검토한 결과, 구획내 전체화재로 발전하므로 7.5(3)항에서 산정한 화재온도-시간관계를 이용하여 강재온도를 계산했다. 이것에 대응하는 강재온도는 5.3(2)항의 방법으로 계산할 수 있다.

계산에 이용한 조건은 아래와 같다. 5.3절 본문 및 표 5.3.2를 참조했다.

화재온도 7.5(3)항의 계산 결과(그림 7.5.5)

보 부재　　: H-600×200×12×22, 피복재는 뿜칠암면 40mm

기둥 부재　: □-400×25, 피복재는 뿜칠암면 20mm

강재의 밀도 : 7,850 kg/m^3

강재의 비열 : $482+8.0\times10^{-7}\cdot T_s^2$ J/(kg·K), T_s는 강재온도(K)

피복재 표면의 대류열전달률 : 23 W/(m^2·K)

피복재의 열전도율 : $k=2.50\times10^{-7}T^2+2.9\times10^{-5}T+0.0671$ W/(m^2·K)

피복재의 비열 : $c_p = 2.45 \times 10^{-4} T^2 - 0.301T + 1160 \text{ J/(kg·K)}$

단, 초기함수률 15%, 함수의 증발잠열은 40.6 kJ/mol ≒ 2,254 J/kg로써, 식 (5.3.26)의 방법으로 피복재 중 수분증발의 영향을 고려했다.

강재온도의 계산결과를 그림 7.6.5에 나타냈다. 이 결과에 의해 기준층 사무실의 화재(유형 3)에 대응하는 부재온도로써, 아래 값을 설정한다.

D열 보 : 464℃

D열 기둥 : 411℃

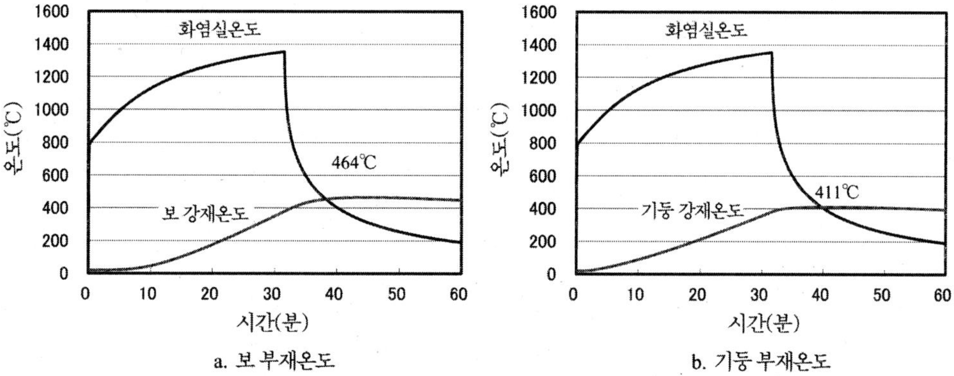

그림 7.6.5 기준층 구획내 전체화재에 의한 부재온도

(3) 9층 옥외의 부재 (유형 5)

여기서는 9층 옥상부 4열의 보를 설계대상으로 하고, 식당 개구부에서 분출화염에 의한 가열의 영향을 검토한다. 개구부와 분출화염 및 부재의 위치관계를 그림 7.6.6에 제시했다.

4열의 보는 개구부 평면과 평행하게 배치되어 부재 위치에 따른 온도가 변화하지만, 여기서는 개구부의 중앙에 정면으로 대하는 위치에서 온도를 산정한다. 온도산정은 그림 4.5.7을 참고하고, 개구부 및 화염면을 그림 7.6.7에 제시하듯이 복사면으로 가정한다. 즉, 분출화염의 축상온도 증분이 500℃가 되는 위치까지를 복사면으로 고려하고, 개구부에서 수평거리 0.75m를 간헐화염의 복사면 위치로 한다. 온도증분이 500℃로 되는 높이는 식 (4.5.24)로 산출하고, 복사면 온도는 704℃로 했다. 그림 7.5.9에 나타냈듯이, 개구부에서 상부로 분출화염의 축상온도는 800℃ 미만이고, 온도증분이 800℃가 되는 높이는 개구부보다 하부에 위치한다. 여기서 중성대에서 개구부 상단까지를 820℃의 복사면으로 안전측으로 설정했다. 중성대 높이보다 아래에 위치하는 복사면 온도는 화재실온도 $T_r = 726$ ℃로 했다. 820℃ 및 726℃의 복사면 위치는 간헐화염과 동일하다. 이상으로 복사면과 강재온도 산정면의 위치관계는 그림 7.6.7에 제시했듯이 정리된다.

이 경우, 부재에 흡수되는 열류는 4.5(2)항「부재의 가열조건」에 나타난 식 (4.5.1), (4.5.2)를 충족하는 것으로 얻어진다. 여기에 가열을 받는 둘레길이 H_s와 복사를 받는 둘레길이 $H_{sr,i}$를 고려하면, 식 (5.2.2)에 대응하는 비정상의 열평형식이 얻어지지만, 여기서는 단순하게 정상상태의 해를 구하는 것으로 한다. 대류열전달률 23 W/(m^2·K), 강재표면의 복사율 0.9, 부재에 흡수되는 열류가 0이 되는 정상상태의 강재온도를 9층 분출화염(유형 5)에 대응하는 부재온도로 이하의 값을 설정한다.

9층 4열의 보 : 381℃

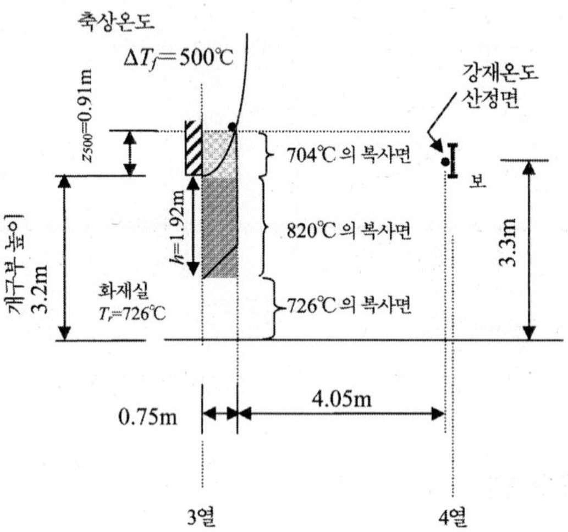

그림 7.6.6 개구부 및 분출화염과 부재의 위치관계

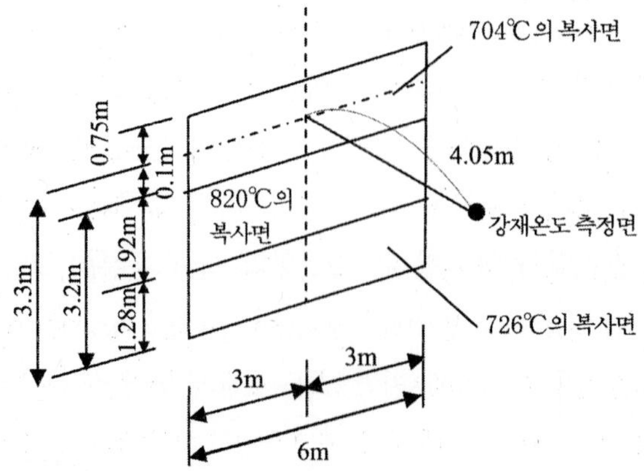

그림 7.6.7 옥상 분출화염의 복사면과 강재온도 산정위치

7.7 붕괴온도 산정

여기서는 먼저 가장 단순한 경우로써 전 부재의 온도가 균일하고, 기둥의 국부좌굴을 고려하지 않는 경우에 대해 기본붕괴온도곡선을 작성한다.

대상은 1층 기준층의 D열, 3~4열 사이의 부분골조로 한다. 기준층으로는 기둥의 축력비가 가장 큰 2층을 선정한다. 또한, 최상층 4열, C~E열 사이의 보에 대해서도 검토한다.

대상과 부재 제원을 표 7.7.1에 제시했다.

표 7.7.1 기본붕괴온도 산정대상

유형	검토층	구간	보			기둥					$\tilde{Z}=\frac{\overline{M}_{p0}}{\overline{M}_{pB}}$
			단면치수 (mm)	$\overline{M}_{pB}$ (kN·m)	하중 q 또는 P	층	단면치수 (mm)	$\overline{N}_0$ (kN)	$\overline{M}_{p0}$ (kN·m)	축력 N(kN)	
1	1층	D	H-600×200×12×22	827	19.6 kN/m	2층	□-450×25	10003	1596	3426	1.93
						1층	□-450×28	11121	1763	3852	2.13
2	2층	D	H-600×200×12×22	827	19.6 kN/m	3층	□-450×25	10003	1596	3001	1.93
						2층	□-450×25	10003	1596	3426	1.93
3	9층	4	H-600×200×12×16	677	122.6 kN/m	9층	보 붕괴 검토를 위한 설정은 하지 않았다.				

유형 1, 유형 2에 있어서 각 붕괴모드에 대한 힘의 균형은 아래 식과 같다.

보 붕괴모드 : $\tilde{q}=\tilde{q}_I(T)=\kappa(T)$ (7.7.1-a)

기둥·보 동시 붕괴모드 :

$$\tilde{q}=\widetilde{q_{II}}(T)=\frac{1}{8}\kappa(T)\left\{\sqrt{2}+\sqrt{1+\widetilde{Z}_1\tau\left(\frac{\overline{p}_1}{\kappa(T)}\right)+\widetilde{Z}_2\tau\left(\frac{\overline{p}_2}{\kappa(T)}\right)}\right\}^2 \tag{7.7.1-b}$$

기둥 붕괴모드 : $\overline{p}=\kappa(T_{III})$ (7.7.1-c)

기둥·보 동시 붕괴모드는 한쪽이 내부기둥으로 있는 것이 고려된다. 또한, $\widetilde{Z}$ 및 $\overline{p}$의 첨자 1, 2는 각각, 상층 기둥과 해당 층 기둥에 관한 것을 표시했다.

유형 3에 있어서 보 붕괴를 검토하지만 이 경우 보 작용하중은 중앙 집중하중이므로 힘의 균형은 아래 식이 된다.

$$\text{보 붕괴모드 : } \tilde{P} = \frac{Pl}{4\overline{M}_{pB}} = \tilde{P}_I(T) = \kappa(T) \tag{7.7.2}$$

유형 1~3의 보 붕괴모드 및 보・기둥 동시 붕괴모드에 대응하는 보의 휨모멘트 분포를 그림 7.7.1에 제시했다.

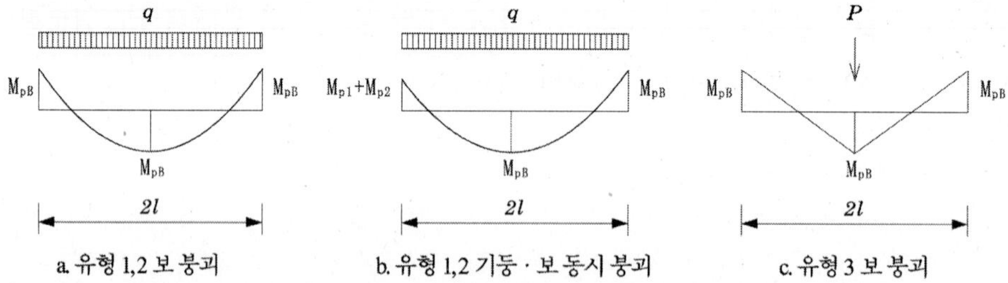

그림 7.7.1 붕괴기구 시의 보 모멘트 분포

식에서 각 유형의 기본붕괴온도곡선을 그리면 그림 7.7.2가 얻어진다.

다음으로 기둥의 전체좌굴 및 국부좌굴을 고려한 경우의 붕괴온도곡선을 작성한다. 보는 슬래브와 합성보가 되는 것으로부터 횡좌굴은 고려하지 않는다. 따라서 모든 유형에 있어서 보의 붕괴온도곡선은 그림 7.7.2와 동일하다.

검토할 때는 실제 설계를 염두에 두고, 이하의 가정을 세운다.

1) 방화구획이 유지되는 것을 전제로 화재구획은 아래층으로 한정한다. 따라서, 부재온도는 아래층의 기둥과 보가 균등하게 온도 상승하는 것으로 하고, 상층 기둥은 상온에 머무는 것으로 한다.
2) 국부좌굴을 고려한 기둥・보 동시 붕괴모드에 대해서는 대칭 골조를 전제로 한 6.7절의 식을 기초로 한다. 식 (7.7.1-b)에서 한쪽이 내부기둥으로 있는 것을 고려했을 때 예제를 제시했지만, 설계를 간편하게 하기 위해서는 대칭 골조를 전제로 하는 편이 좋다. 이 가정은 그림 7.7.1(b)에 있어서 보 우측의 모멘트 M_{pB}를 $M_{p1}+M_{p2}$로 치환하는 것에 해당한다. 그러므로 $M_{p1}+M_{p2} > M_{pB}$가 되는 범위에서는 이 가정은 위험측이 된다. 그러나 한편으로 그림 7.7.2에 있어서 보 붕괴곡선과 기둥・보 붕괴곡선의 교점은 $M_{p1}+M_{p2}=M_{pB}$가 되는 점이 되고, 상기 범위(교점보다 저온측)에서는 보 붕괴가 선행하므로 전체평가는 위험측이 되지 않는다는 것을 알 수 있다. 또 기둥・보 붕괴가 보 붕괴에 선행하는 범위에서는 $M_{p1}+M_{p2} < M_{pB}$가 되므로 여기에서의 가정은 안전측이 된다.

3) 기둥의 좌굴온도에 대해서는 6.6절과 6.7절의 양자를 검토하고, 낮은 쪽의 온도를 채용한다. 또한, 6.6절의 전체좌굴의 검토는 방화구획에 의해 각 층과 함께 층 전체가 화재가 나지 않는 것을 전제로 기둥의 횡이동은 구속되는 것으로 한다.

이상의 조건에 의해 각 유형에 대해서 요구한 붕괴온도곡선을 그림 7.7.3에 제시했다. 유형 3에 대해서는 보 붕괴만을 대상으로 하기 때문에 그림 7.7.2와 동일하다.

유형 1, 2의 기둥좌굴온도를 표 7.7.2에 제시했다. 유형 1, 2에서는 전체좌굴에 의해 각 기둥의 붕괴온도가 결정된다. 또한, 국부좌굴을 고려한 기둥・보 동시 붕괴모드를 규정한 식은 상층기둥과 하층기둥을 각각 첨자 1, 2로 표시했다.

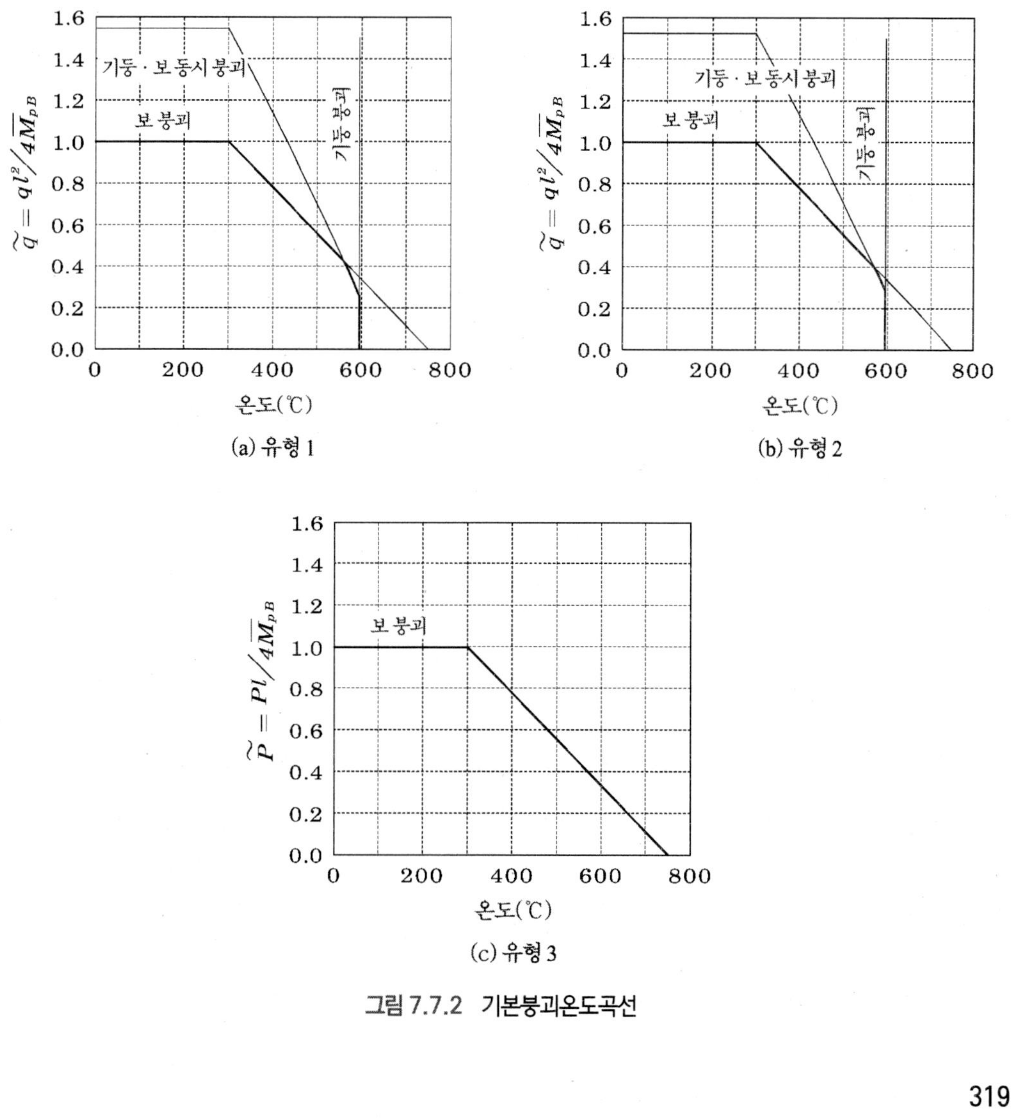

그림 7.7.2 기본붕괴온도곡선

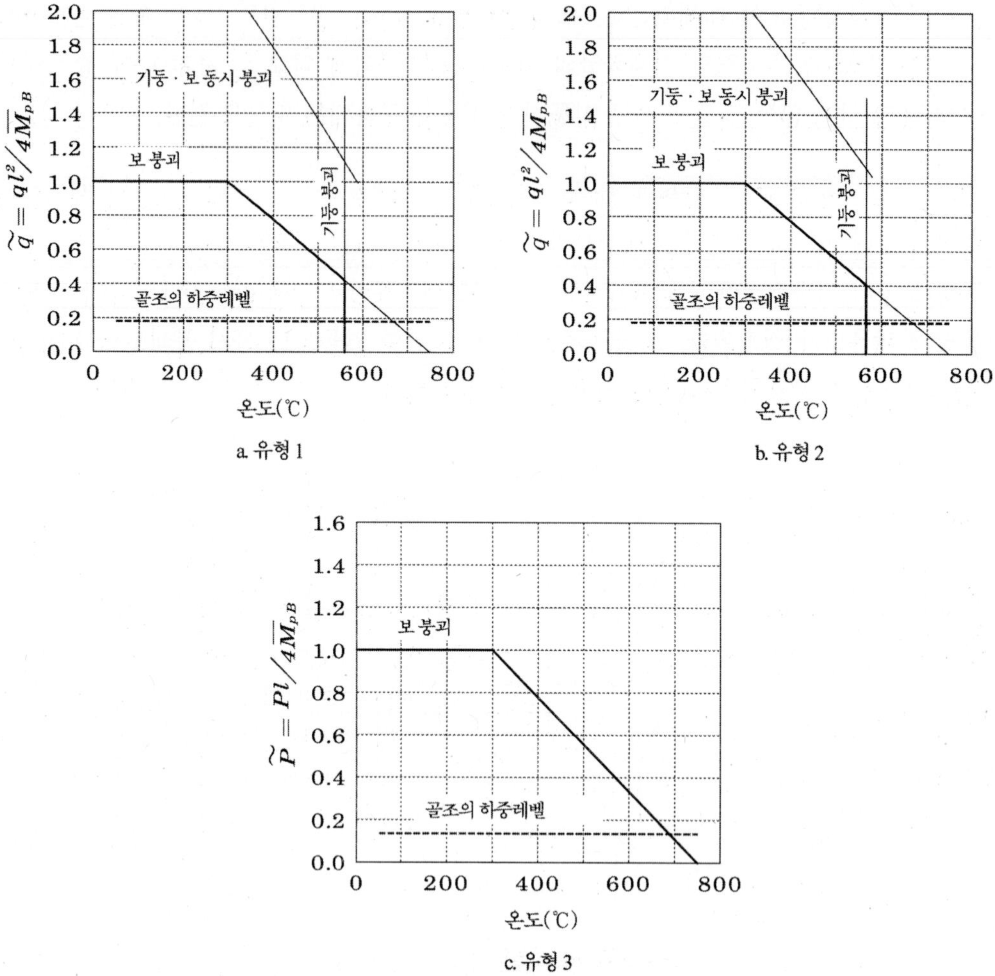

그림 7.7.3 부분골조의 붕괴온도곡선

$$\tilde{q} = \tilde{q}_{II}(T) = \frac{1}{2}\left\{p_{\max}\kappa(T)\cdot\tau\left(\frac{\bar{p}_2}{p_{\max}\kappa(T)}\right)\widetilde{Z}_2 + \tau(\bar{p}_1)\widetilde{Z}_1\right\} + \frac{1}{2}\kappa(T) \qquad (7.7.3\text{-a})$$

여기서, $p_{\max}$는 표 6.7.1의 정방형 박스단면으로 $B/t \leq 28$일 때에 해당하고, 아래 식으로 계산된다.

$$p_{\max} = 0.552 + 3.88\frac{t}{B} + \left(\frac{5.56}{B/t-3}\right)^2 \qquad (7.7.3\text{-b})$$

표 7.7.2에 제시했듯이, 이 값은 모든 유형에서 1 미만이 되고 국부좌굴의 영향이 고려된다.

표 7.7.2 기둥의 좌굴온도

유형	단면치수 (mm)	B/t	축력비 $\bar{p}$	전소성	전체좌굴		국부좌굴	
				T_{III}(℃)	세장비 λ	T_{cr}(℃)	p_{max}	T_{III}'(℃)
1	□-450×28	16.1	0.346	594	0.255	560	0.973	590
2	□-450×25	18.0	0.343	596	0.235	567	0.905	580

7.8 골조의 구조안전성

여기서, 각 유형의 하중 및 부재온도와 그림 7.7.3 붕괴온도곡선의 관계에서 골조의 구조안정성을 검토한다.

그림 7.7.3은 기둥과 보의 온도가 같은 조건으로 계산되었다. 이것에 대해 부재온도는 각 부재 개별로 산정되고 있지만, 부분골조를 구성하는 부재 중 최고온도를 설정온도로 하여 안전측의 평가를 행하는 것으로 한다.

각 유형의 보 작용하중 값을 그림 7.7.3 중에 파선으로 나타냈다. 이 파선이 그림 중의 굵은 선과 만나는 온도가 각 유형의 붕괴온도가 된다.

이상으로부터 구한 설계온도 T_D와 붕괴온도 T_{ul}을 비교해서, $T_{ul} > T_D$이면 골조는 안정이다. 검토 결과는 표 7.8.1에 제시했듯이, 모든 유형에서 골조는 안정이 된다.

이 지침의 설계법에 의하면, 부재온도와 붕괴온도는 독립으로 구해지므로 예정된 붕괴온도를 산정할 때 부재온도가 붕괴온도를 하회하도록 내화피복두께 설계를 실시하는 것도 가능하다.

표 7.8.1 골조의 구조안정성 판정

유형	l(m)	$\tilde{q}$ or $\tilde{P}$	보 온도 T_b(℃)	기둥온도 T_c(℃)	설계온도 T_D(℃)	붕괴온도 T_{ul}(℃)	판정 $T_{ul} > T_D$
1	5.5	0.179	206	280	280	560	OK
2	5.5	0.179	410	411	464	567	OK
3	3.0	0.136	381	–	381	689	OK

7.9 주변 골조의 응력재분배를 이용한 붕괴온도의 산정

이 절에서는 해당 기둥 주변 골조의 응력재분배능력을 이용해서 붕괴온도를 산정한다. 전 절의 표 7.8.1에서 산정한 붕괴온도를 상회한다고 생각되는 기둥으로, 1층 1열-E열의 기둥을 대상으로 고온좌굴한다고 가정한다. 설계조건을 이하에 나타냈다.

1) 1층 1열-E열의 기둥이 속한 사무실을 화재실로 하고, 화재실은 방화구획된 것으로 한다. 또한, 1열-D열의 기둥은 인접실에 속한 것으로 한다.
2) 1층 1열-E열의 기둥이 고온좌굴한 후, 1열의 골조만 응력재분배능력을 발휘하는 것으로 한다.
3) 이하 두 가지 식을 확인하는 것으로 해당 재료(SN400)의 강도잔존율 0일 때의 온도 750℃를 붕괴온도로 한다.

① $F \geq P$ (7.9.1)

F : 주변 골조의 응력재분배능력

P : 고온좌굴을 가정한 해당 기둥(1층 1열-E열)의 화재 시 부담축력

② $\overline{N_o} \geq N_d + N_f$ (7.9.2)

$\overline{N_o}$: 인접 기둥(1층 1열-D열 또는 1열-F열)의 상온 시 기둥 축력

N_d : 인접 기둥(1층 1열-D열 또는 1열-F열)의 화재 전 부담 축력

N_f : 화재 전 해당 기둥(1층 1열-E열)이 부담하고 있는 축력의 절반

4) 골조의 응력재분배능력(F)

1층 1열-D열 또는 1열-F열의 응력재분배능력 F는 다음 식에 의한다.

$$F = \sum_{i=3}^{i=R} 2\frac{\overline{M}_{pi}}{L_{DE}} + \sum_{i=3}^{i=R} 2\frac{\overline{M}_{pi}}{L_{FE}} \quad (7.9.3)$$

$\overline{M}_{pi}$: i층 보의 전소성모멘트, 여기서는 슬래브의 합성효과를 고려하지 않는다.

L_{DE} : D열~E열 사이의 스팬 길이(6.0m)

L_{FE} : E열~F열 사이의 스팬 길이(6.0m)

표 7.9.1 응력재분배능력 F의 산정

층	$L_{DE}=L_{EF}$ [m]	보 단면	M_{pi} [kN · m]	$2M_{pi}/L_{DE}+2M_{pi}/L_{EF}$ [kN]	층수	F의 소계 [kN]
8FL~RFL	6.0	H-600×200×12×16	677	451.2	3	1353.6
5FL~7FL	6.0	H-600×200×12×19	752	501.3	3	1504.0
3FL~4FL	6.0	H-600×200×12×22	825	549.9	2	1099.8
					F의 합계	3957

2층 보는 1층 해당실의 화재에 의한 강재온도를 산출하고 화재 시 잔여 소성모멘트를 산출하면 응력재분배능력에 가산하는 것이 가능하지만, 여기서는 계산을 간략히 하기 위해 안전측으로 가정해서 응력재분배능력에 가산하지 않는 것으로 한다.

응력재분배 산정결과를 표 7.9.1에 나타냈다. $F=3{,}957\,\text{kN}$이다. 한편, 고온좌굴기둥(1층 1열-E열)의 부담축력 $P=3{,}852\,\text{kN}$이다. 그러므로 ①의 식에서 $F \geq P$가 성립한다.

인접 기둥의 상온 시 기둥 축력 $\overline{N}_o$은 1열-D열, 1열-F열 동일한 값으로, 표 7.7.1에서 $11{,}121\,\text{kN}$이다. 한편, 인접 기둥의 화재 전 부담 축력 N_d는 $3{,}852\,\text{kN}$이다.

화재 시 고온좌굴 기둥으로 이행하는 축력 N_f는 $3{,}852/2=1{,}926\,\text{kN}$이므로 $N_d+N_f=5{,}778\,\text{kN}$이다. 그러므로 ②의 식에서 $\overline{N_o} \geq N_d+N_f$가 성립한다.

이상으로 ①의 식 및 ②의 식 양쪽이 성립하므로, 1층 1열-E열 기둥(고온좌굴 기둥)의 붕괴온도는 강도잔존율 0일 때 SN400재의 온도 750℃가 된다.

7.10 보 전단파단을 고려한 붕괴온도의 산정

이 절에서는 보의 고력볼트 이음이 전단파괴 선행형이 아니고, 휨파괴 선행형인 것을 확인하기 위한 것으로, 전 절까지 휨파괴에 기초한 붕괴온도를 채용한 것을 확인한다. 대상으로 하는 보는 2층, D열-3열~4열의 11m 스팬의 큰보이고, 식 (6.9.6)을 따라 확인한다.

해당 보는 H-600×200×12×22이다.

$\overline{M}_{pB}=825\,\text{kN·m}$, $l=5.5\,\text{m}$(전체 길이의 절반), $F=235\,\text{N/mm}^2$, $A_W=6{,}672\,\text{mm}^2$이다.

$$\frac{4\overline{M}_{pB}}{l}=\frac{4\times 825}{5.5}=600\,\text{kN} \tag{7.10.1-a}$$

$$\frac{F \cdot A_w}{\sqrt{3}} = \frac{235 \times 6,672}{\sqrt{3}} = 906\,\text{kN} \tag{7.10.1-b}$$

식 (6.9.6)을 준용한 하기 식이 성립하므로 전단파괴 선행형이 아니고, 휨파괴 선행형이다. 그러므로 전 절까지 붕괴온도의 수치를 사용 가능하다.

$$\frac{4\overline{M_{pB}}}{l} \leq \frac{F \cdot A_w}{\sqrt{3}} \tag{7.10.2}$$

7.11 합성보 붕괴온도의 산정

이 건물의 2층 이상 철골보는 콘크리트 슬래브와 완전합성보로 설계되어 있다. 이 절은 콘크리트 슬래브와 합성효과를 고려한 휨붕괴형의 보 붕괴온도를 산출하여 기본붕괴온도에 대한 합성효과를 수치화한다. 구체적으로는 식 (6.10.1)의 $\kappa(T)$의 계수가 1.0 이상인 것을 확인한다. 대상으로 하는 보는 2층, E열-1열~2열의 큰 보로 한다.

보의 휨붕괴형 기본붕괴온도는 식 (6.3.4-a)를 준용하고, 아래 식으로 표현된다.

$$\tilde{q} = \kappa(T) \tag{7.11.1-a}$$

한편, 완전합성보의 붕괴온도는 식 (6.10.1)을 준용하고, 아래 식으로 표현된다.

$$\tilde{q} \geq \frac{1}{2}\left(1 + \frac{Z_{pBC}}{Z_{pBS}}\right)\kappa(T) \tag{7.11.1-b}$$

$\kappa(T)$ 의 계수에 있는 $\frac{1}{2}\left(1 + \frac{Z_{pBC}}{Z_{pBS}}\right)$의 값이 기본붕괴온도에 대한 할증을 표현한 것이 된다.

$f_c = 14\,\text{N/mm}^2$(슬래브 온도 500℃ 이하 부분의 콘크리트 강도, $2/3F_c$)

$t_c = 150\,\text{mm}$(슬래브 두께)

$d = 40\,\text{mm}$로 가정 : 슬래브 온도가 500℃를 초과하는 두께. 여기서는 콘크리트 슬래브의 내부 온도분포의 계산을 하지 않고 40mm로 가정한다. 콘크리트 슬래브의 내부온도분포 계산방법에 대해서, 예를 들면 「2001년판 내화성능검증법의 해설 및 계산 예와 해설」의 식 (7.3.5)에 표준가열곡선에 대한 두께마다 온도분포의 계산식이 제시되고 있다.

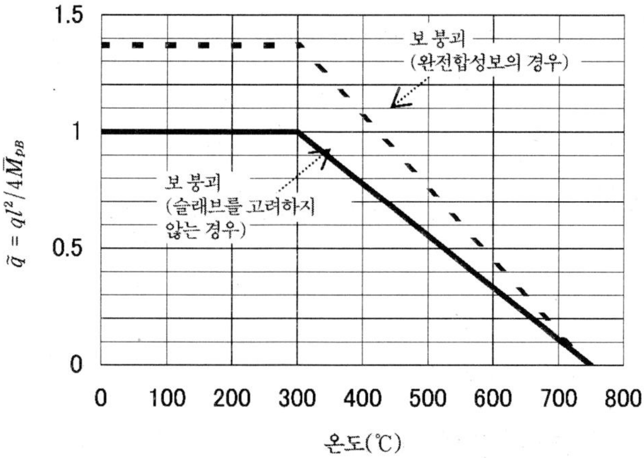

그림 7.11.1 완전합성보의 붕괴온도

$t_{ce} = 150 - 40 = 110\,\text{mm}$ (슬래브 온도 500℃ 이하 부분의 두께)

$b_e = 3{,}000/2 \times 2 = 3{,}000\,\text{mm}$ (콘크리트 슬래브의 유효폭. 해당 보는 슬래브가 양측에 있고, 인접한 작은보와 해당 큰보의 중심 간 간격은 3,000mm이다.)

$C = 0.85 \times 14 \times 110 \times 3{,}000/1{,}000 = 3{,}927\,\text{kN}$ (콘크리트 슬래브의 유효압축내력)

${}_wP_y = (600 - 2 \times 22) \times 12 \times 235/1{,}000 = 1{,}567.9\,\text{kN}$ (보 웨브의 항복축력)

${}_fP_y = 22 \times 200 \times 235/1{,}000 = 1{,}034\,\text{kN}$ (보 플랜지의 항복축력)

$P_y = 1{,}034 \times 2 + 1{,}567.9 = 3{,}635.9\,\text{kN}$ (보 전단면의 항복축력)

$h_r = 0$ (데크플레이트 골의 춤 계수. 동일 두께의 슬래브는 0)

$h_{re} = 0 + 40 = 40$

$C > P_y$ 일 때, 식 (6.10.4)를 적용한다.

$$e_3 = 0.5 \times 600 + 400 + 0.5 \times 100 = 395\,\text{mm} \tag{7.11.2}$$

$$\begin{aligned} M_{pBC} &= 3{,}635.9 \times \{395 + 0.5 \times 110 \times (1 - 3{,}635.9/3{,}927)\}/1{,}000 \\ &= 1{,}451\,\text{kN}\cdot\text{m} \end{aligned} \tag{7.11.3}$$

$$M_{pBS} = 825\,\text{kN}\cdot\text{m}$$

$$\frac{1}{2}\left(1 + \frac{Z_{pBC}}{Z_{pBS}}\right) = 1/2 \times (1 + 1{,}451/825) = 1.37 \tag{7.11.4}$$

이상을 식 (6.10.1)에 대입하면, 완전합성보 휨붕괴형의 붕괴온도는 다음 식으로 표현된다.

$$\tilde{q} \geq 1.37 \cdot \kappa(T) \tag{7.11.5}$$

그림 7.11.1에 완전합성보의 붕괴온도와 슬래브를 고려하지 않는 경우의 붕괴온도를 비교하여 나타냈다.

7.12 보 고력볼트 이음의 내화설계 예

이 절은 보 고력볼트 이음의 내화설계 예를 큰보와 작은보로 구분하여 제시한다.

(1) 큰보의 고력볼트 접합부

여기서는 표 7.7.1의 유형 1에 제시한 큰보의 볼트접합부를 그림 7.12.1과 같이 설정하고 검토한다. 검토할 때에는 앞 절에서 사용한 가정을 그대로 적용하고, 보 단부에서 보 이음까지 거리는 900mm로 한다.

H-600x200x12x22

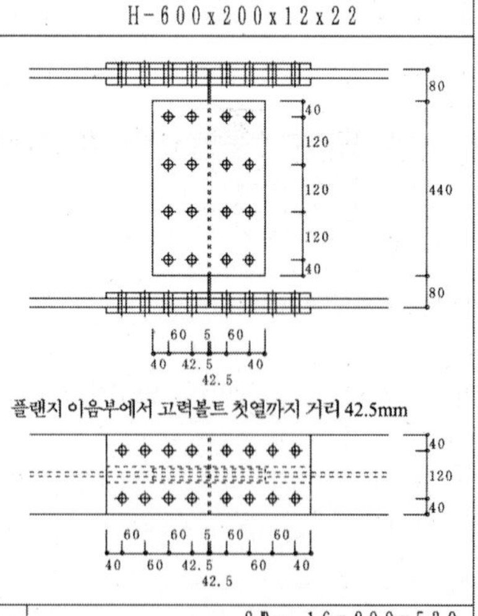

플랜지	32-M20 : L=85	2PL- 16x200x530 4PL- 16x 80x530
웨브	16-M20 : L=60	2PL- 9x440x290

그림 7.12.1 고력볼트 이음 상세

$$_j\overline{M}_u = n_f \cdot m_f \cdot A_{bf} \cdot d_b \cdot 0.6\,\overline{F}_{bu} \tag{7.12.1-a}$$

$$= 16 \times 2 \times 314 \times (600-22) \times 0.6 \times 900 \times 10^{-6} = 3{,}136.2 \text{ kN}\cdot\text{m}$$

$$_j\overline{Q}_u = n_w \cdot m_w \cdot A_{bw} \cdot 0.6\overline{F}_{bu} = 8 \times 2 \times 314 \times 0.6 \times 900 \times 10^3 = 2{,}713.0 \text{ kN} \tag{7.12.1-b}$$

$$\overline{M}_{pB} = Z_p \cdot \sigma_y(RT) = 3{,}510 \times 10^3 \times 235 \times 10^{-6} = 825 \text{ kN}\cdot\text{m} \tag{7.12.2-a}$$

$$\overline{Q}_{pB} = A_w \cdot \frac{\sigma_y(RT)}{\sqrt{3}} = (600 - 22 \times 2) \times 12 \times \frac{235}{\sqrt{3}} \times 10^{-3} = 905.2 \text{ kN} \tag{7.12.2-b}$$

$$\gamma_M = \frac{_j\overline{M}_u}{\overline{M}_{pB}} = \frac{3{,}136.2}{824.9} = 3.8 \tag{7.12.3-a}$$

$$\gamma_q = \frac{_j\overline{Q}_u}{\overline{Q}_{pB}} = \frac{2{,}713.0}{905.2} = 3.0 \tag{7.12.3-b}$$

그림 7.12.2에 보 이음의 고력볼트 파단에 의한 휨붕괴온도 $_jT_{IM}$, 보 이음의 고력볼트 파단에 의한 전단붕괴온도 $_jT_{IQ}$ 및 보의 붕괴온도 T_I에 관한 붕괴온도곡선을 제시했다.

각 붕괴모드에 대한 힘의 균형은 아래의 식에 제시한다.

보 붕괴모드는 식 (6.3.4-a)를 준용하고, 아래 식으로 표현된다.

$$\tilde{q} = \tilde{q}_1(T_1) = \kappa(T_1) \tag{7.12.4-a}$$

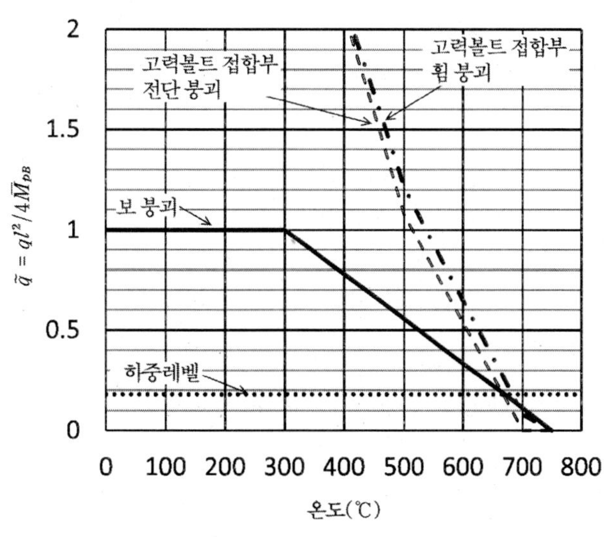

그림 7.12.2 큰보의 고력볼트 이음을 고려한 붕괴온도

보 이음의 고력볼트 파단에 의한 휨붕괴모드는 식 (6.11.2)를 준용하고, 아래 식과 같다.

$$\tilde{q}=\frac{1}{2}\frac{1}{\left(1-\dfrac{l_b}{l}\right)^2}\{\kappa({}_jT_{IM})+\gamma_m\cdot\kappa_b({}_jT_{IM})\} \tag{7.12.4-b}$$

보 이음의 고력볼트 파단에 의한 전단붕괴모드는 식 (6.11.3)을 준용하고, 아래식과 같다.

$$\tilde{q}=\frac{1}{1-\dfrac{l_b}{l}}\cdot\gamma_Q\kappa_b({}_jT_{IQ}) \tag{7.12.4-c}$$

그림 7.12.2에 있어서 골조의 하중레벨에 의한 붕괴온도는 보 붕괴(T_I)< 이음의 전단붕괴(${}_jT_{IQ}$)< 이음의 휨붕괴(${}_jT_{IM}$)의 순서가 된다.

(2) 작은보의 고력볼트 접합부

작은보의 단면은 H-600×200×12×22이다. 단부 웨브부분의 고력볼트는 그림 7.12.1의 웨브부분과 동일하게 설정하고, 검토를 한다.

$$\begin{aligned}{}_j\overline{Q}_u&=n_w\cdot m_w\cdot A_{bw}\cdot 0.6\overline{F}_{bu} \\ &=8\times 2\times 314\times 0.6\times 900\times 10^{-3}=2{,}713.0\ \mathrm{kN}\end{aligned} \tag{7.12.5}$$

$$\begin{aligned}\overline{Q}_{pB}&=A_w\cdot\frac{\sigma_y(RT)}{\sqrt{3}} \\ &=(600-22\times 2)\times 12\times\frac{235}{\sqrt{3}}\times 10^{-3}=905.2\ \mathrm{kN}\end{aligned} \tag{7.12.6}$$

$$\gamma_q=\frac{{}_j\overline{Q}_u}{\overline{Q}_{pB}}=\frac{2{,}713.0}{905.2}=3.0 \tag{7.12.7}$$

그림 7.12.3에 작은보 단부 접합부의 고력볼트 파단에 의한 전단붕괴온도 ${}_jT_{IIQ}$ 및 보의 붕괴온도 T_{II}에 관한 붕괴온도곡선을 제시했다.

작은보 붕괴모드는 식 (6.11.5)를 준용하고, 아래 식으로 붕괴온도가 결정된다.

$$\tilde{q}=\frac{1}{2}\kappa({}_jT_{IIQ}) \tag{7.12.8-a}$$

작은보의 고력볼트 파단에 의한 전단붕괴모드는 아래 식 (6.11.3)을 준용하고, 아래 식으로 붕괴온도가 결정된다.

$$\tilde{q} = \gamma_Q \kappa_b ({}_j T_{IIQ}) \tag{7.12.8-b}$$

그림 7.12.3에 있어서, 골조의 하중레벨에 의한 붕괴온도는 보 붕괴(T_{II}) < 이음의 전단붕괴(${}_j T_{IIQ}$)의 순서가 된다.

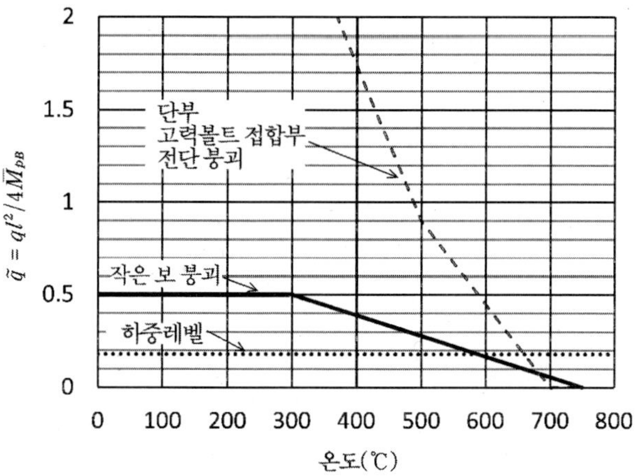

그림 7.12.3 작은보의 고력볼트 이음을 고려한 붕괴온도

부 록

1 건축구조용 탄소강관의 고온항복강도
2 외부화재
3 내화피복재의 열물성치
4 슬래브의 고온내력평가법
5 강재의 고온항복강도 편차가 있는 경우 골조의 붕괴온도
6 본 지침과 EC3 및 AISC와의 비교
7 기호

부 록

1 건축구조용 탄소강관의 고온항복강도

1.1 서론

지침 제2장, 그림 2.1.1에서는 SS400, SN400, SM490, SN490, BCR295 5종류의 강종에 관해서 강재의 고온 시 유효항복강도를 정리하고, SS400과 SN400, SM490과 SN490의 고온항복강도를 각각 동일한 계수를 이용하여 설정했다.

여기에서는 건축구조용 탄소 강관의 고온항복강도의 예를 나타낸다.

1.2 건축구조용 탄소강관의 고온항복강도

부도 1.1, 1.2는 STKN400B 및 STKN490B의 고온항복강도이다[1)].

데이터는 STKN400B 강관사이즈 $\phi 318.5\times 10.3\,\mathrm{mm} \sim \phi 609.6\times 19\,\mathrm{mm}$ 범위의 5개 롯트, STKN490B 강관사이즈 $\phi 267.4\times 9.3\,\mathrm{mm} \sim \phi 700\times 14\,\mathrm{mm}$ 범위의 5개 로트이고, 전봉관(electric welded tube), UOE강관, 프레스성형 강관이 혼재하고 있다.

모두 냉간성형품이고 사이즈 범위도 넓으며, 일반적인 경향은 강도의 차이가 클 것으로 생각된다. 그림 중에는 지침의 400N/mm^{2}급 강종 및 490N/mm^{2}급 강종에 대한 강도잔존율 $\kappa(T)$의 규정치를 나타내고 있으며, 490N/mm^2 강재의 평균값-3σ(σ는 표준편차)의 값은 400℃ 이상의 영역에서 거의 같은 경향을 나타내고 있다. 또한 400N/mm^{2}급 강종에 관한 시험결과는 400℃ 이상의 영역에서 편차가 작게 되고 있다. 그러나 이 강종에 대해서는 본문에서 채용한 4개 강종에 비해 로트수가 적고, 정성적으로 편차가 크다고 생각되어 대상강종에서 제외했다.

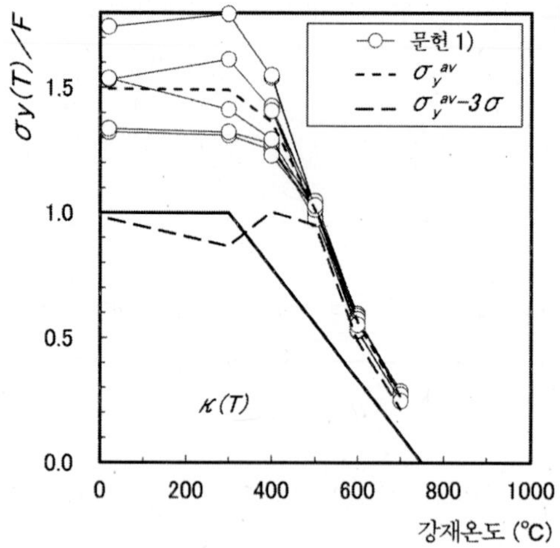

부도 1.1 STKN 400B의 유효항복강도

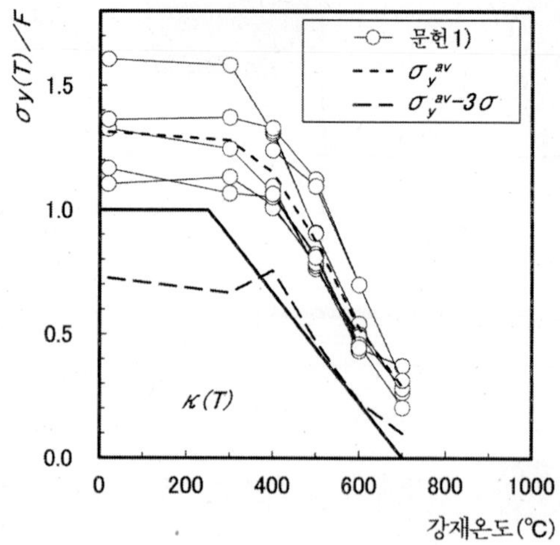

부도 1.2 STKN 490B의 유효항복강도

참고문헌

1) 雑喉良介 · 平山博巳 · 猪砂利次 · 村上行夫 · 塩飽豊明：建築構造用鋼材の高温特性, 日本建築学会大会学術講演梗概集(防火), 2000.9

2 외부화재

건축물은 내부에서 발생한 화재와 이것에 동반한 분출화재만이 아니고, 외부에서 발생한 화재의 가열을 받는 경우도 있다. 상정된 외부화재는 건물의 위치와 주변 환경에 따라 상이하다. 예를 들면,

(1) 인접한 목조가옥 등에서 발생하는 단체화재(인동화재)

(2) 목조 밀집시가지 등에서 발생하는 연소화재(시가지화재)

(3) 해일의 침수역에서 발생하는 다량의 잔해에 의한 화재(해일화재)

가 있고, 이것 외에 삼림이나 들판에서 발생하는 임야화재, 산업시설에서 발생하는 화재·폭발 등을 생각할 수 있다.

강구조 건축물에 있어서, 외부화재의 가열이 예상되는 부위는 기본적으로 건물의 외부골조나 외주부에 면한 골조이다. 예를 들면,

(1) 강구조 골조를 외측에 노출시킨 건물

(2) 개구부가 큰 개방형 건축물

(3) 아트리움 등 외주부가 주로 유리로 구성된 건물

등에서는 강구조가 외부에서 직접 가열되거나 복사열을 받아서 고온이 될 우려가 있다. 이러한 건물에서는 외부·외주부에 배치된 강재의 온도 상승을 억제하고, 과잉 내력저하가 발생하지 않도록 외부화재를 상정한 내화설계를 할 필요가 있다.

부록에서는 「인동화재」, 「시가지화재」, 「해일화재」 3종류의 외부화재를 대상으로, 화재외력의 상정으로 참고가 될 기존의 방법을 개설한다. 또한, 외부화재에서 받는 가열은 건물 내부의 가연물에 착화를 발생시킬 강도가 되는 것도 적지 않다. 이 때문에 내화설계에 있어서 외부화재를 고려하는 경우, 건물 내부로 연소를 방지하기 위한 대책에 대해서도 충분한 검토를 할 필요가 있다.

부표 2.1 외부화재를 상정하는 조건

종류	특징	입지조건	건물조건	부록
인동화재	단체화재	목조가옥 등에 인접한다.	(1) 강구조 골조를 벽의 외측에 노출시킨 골조 (2) 개구부가 큰 개방형 주차장 (3) 아트리움 등 외주부가 주로 유리로 구성된 건물	○
시가지화재	연소화재	주변이 목조건물 등으로 밀집되어 있다.		○
해일화재	다량의 잔해화재	예상해일침수범위를 포함한다.		○
임야화재	연소화재	주변에 삼림·황야가 넓다.		
산업화재	위험물화재·폭발	주변에 산업시설이 있다.		

2.1 인동화재

인동화재는 인접한 건물에서 발생하는 단독화재를 말한다. 인동화재에서 받는 가열의 상정은 인접한 건물이

(A) 외벽과 칸막이 등이 방화구획으로 되고, 화재가 발생실에 한정된 건물

(B) 외벽과 칸막이 등이 방화구획으로 되어 있지 않고, 화재가 건물전체로 확대되는 건물

등에 따라 해석방법이 상이하다.

(A) 건물의 경우, 외벽이 연소하여 없어지지 않으므로 창 등의 개구부에서 분출화염이 화원이 된다(부도 2.1). 강재의 온도는 기류중심축상의 온도분포를 구해서 온도상승이 800℃될 때까지를 연속화염역, 500℃가 될 때까지를 간헐화염역으로 간주하고, 복사면을 설정해서 계산한다. 이 계산은 지침의 4.5「개구부 분출화재」에 상세히 정리되어 있다.

(B) 건물의 경우에는 건축물의 종합방화설계법[1)]에 의해 유소피해분석을 이용하여 표준화원(부도 2.2)이 제안되고 있다. 이때 표준화원은 외벽과 인접경계선의 거리가

(1) 1층 : 3m

(2) 2층 : 5m

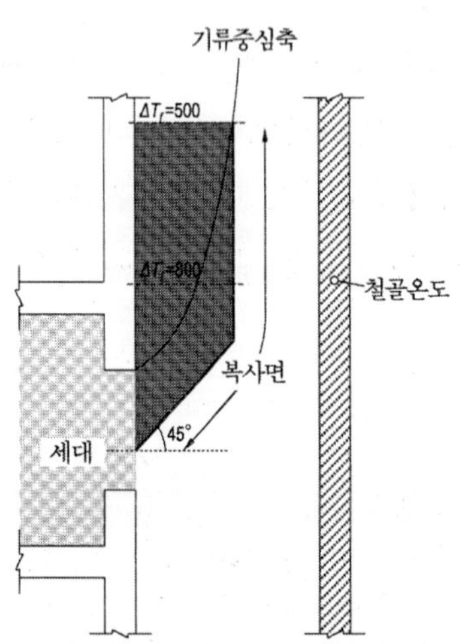

부도 2.1 분출화재와 강재기둥의 위치관계

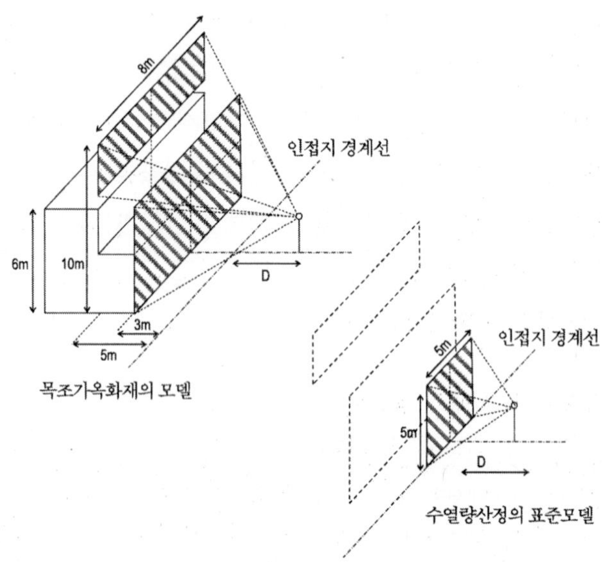

부도 2.2 목조화재를 상정한 인동화재의 표준화원[1)]

를 초과하는 거리에 있는 목조건물(2층 건물・개구부 10m)의 화재를 상정한 것으로 「연소 우려가 있는 부분」(건축기준법 제2조)에 해당하지 않는 위치에 화원을 상정하고 있다. 이 표준화원에서 복사열유속은 인접지 경계선에서 5m 대략 12kW/m^{2}가 되고, 연소의 우려가 있는 부분에서 목재의 착화한계가열속도(10~15kW/m^2)에 대응하는 화원이 설정되고 있다. 또한, 인접지 경계선에서 3m의 위치에 도달하는 복사열유속은 12kW/m^{2}를 넘지만, 1층 부분은 지상에 엄폐물이 있고, 소화활동이 용이한 것 등으로 안전하다고 간주할 수 있다. 편의상 이 화원을 복사열유속이 동일하게 되도록 인접지 경계선상으로 치환하면

(1) 면적 : 5m×5m

(2) 복사발산도 : 50kW/m^2

의 화원이 된다. 또한, 이 화원을 사용한 강재의 평균온도를 계산하면, 인접지 경계선에서 1m 떨어지면 500℃ 이하, 3m에서는 350℃ 이하로 비교적 낮은 결과가 얻어진다[2)]. 인동화재는 강구조 골조의 구조안전성이라는 관점에서는 그다지 큰 화재외력이라고 할 수 없다.

2.2 시가지화재

시가지화재는 목조밀집 시가지 등에서 발생하는 연소화재로 인동화재에 의한 건물 단독의 연소에서는 없고, 화재가 주변건물에 연속해서 불타 이동하고, 많은 건물이 동시에 불타는 대규모 화재를 말한다. 시가지화재의 연소확대 요인에는

(1) 개구부 분출화염과 개구부에서 복사열 전달

(2) 고온의 화재기류에 의한 대류열 전달

(3) 시가지 바람에 의해 비산하는 불티

가 있고, 이것의 복합작용으로 주변 건물에 착화가 발생한다.

과거에 발생한 주요 시가지화재(부표 2.2)를 보면,

(1) 강풍 시

(2) 지진 시

에 발생한 것이 많다. 강풍 시에는 개구부 분출화재와 화재기류가 시가지 바람에 의해 압도된 것으로, 풍하측의 건물이 받는 가열은 무풍 시보다도 크게 된다. 또한, 시가지 바람에 실린 풍하측에 운반된 불티에 의해 연소영역에서 멀리 떨어진 장소에서 화재가 발생하는 불똥이 발생하기 쉽게 된다. 한편, 지진 시에는 복수의 지점에서 동시에 화재가 발생하는 것으로 소방력이 분산되는 것, 지진으로 상수도와 저수조 등의 소방시설이 파손한다고 하는 요인으로 불을 끄는 것이 불가능한 화재가 발생하고, 연소화재로 발전한다.

부표 2.2 과거 주요 시가지화재 3), 4)

연월일	도시명	화재의 특징	소실동수	연월일	도시명	화재의 특징	소실동수
1923.9.1	도쿄시등	관동 지진, 강풍	447 128	1955.10.1	니이가타시	태풍	929
1947.4.20	이이다시	봄의 건조, 강풍	4 010	1956.3.20	노시로시	강풍	1 046
1948.6.28	후쿠이시	후쿠이 지진	2 409	1956.4.23	아시하라초	강풍	609
1948.6.28	마루오카초	후쿠이 지진	1 360	1956.8.18	오다테시	강풍	1 369
1949.2.20	노시로시	강풍	2 238	1956.9.10	우오즈시	태풍, 푄현상	1 561
1950.4.13	아타미시	목조밀집지	979	1961.5.29	하츠노헤시	강풍	717
1951.12.16	마쓰사카시	강풍	1 155	1961.10.2	고리모토초	강풍	746
1952.4.17	돗토리시	강풍	5 480	1964.6.16	니이가타시	니가타 지진, 석유화재	434
1954.9.26	이와나이초	태풍	3 298	1976.10.29	사카타시	강풍	1 774
1955.5.3	오다테시	건조 · 강풍	–	1995.1.17	고베시등	효고현남부 지진	7 123

시가지화재로 받는 가열의 상정에는

(A) 시가지구조의 거시적인 지표를 기초로 시가지화재의 화염형상을 설정하는 방법

(B) 화재안전공학의 물리적 식견을 기초로 건물 간의 연소과정을 시계열로 예측하는 방법의 2종류 방법이 있다.

(A)의 방법은 건설성 종합기술개발프로젝트 「도시방화대책수법의 개발 보고서」[3]에 상세히 서술되어 있다. 그 방법에서는 시가지화재에 있어서 형성되는 화염을 부도 2.3으로 상정한다. 화염의 형상은

(1) 화염의 깊이 : D_0

(2) 화염의 높이 : H_0

(3) 화염의 기울기 : θ

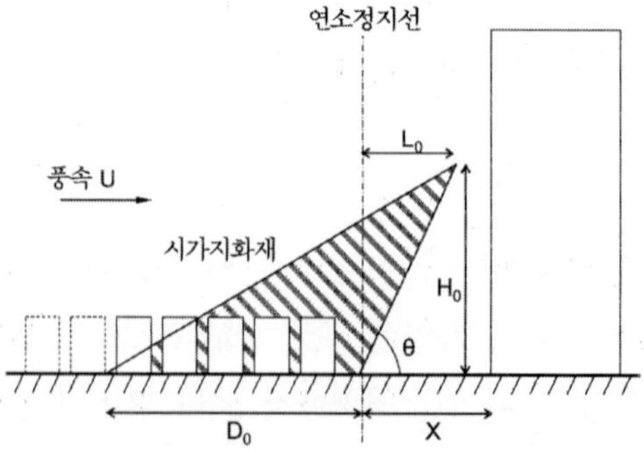

부도 2.3 시가지의 거시적지표에 기초한 시가지화재의 화염형상 설정 [3]

(4) 연소정지선에서 화염의 수평거리 : L_0

로 표현된다. 또한, 연소정지선은 해당 건물에 시가지화재가 가장 인접하는 경계선으로서, 일반적으로 인접지 경계선 또는 도로가 있으면 도로의 반대측으로 된다.

시가지화재에서 가열을 받는 강구조의 온도는

(1) 화염의 형상

(2) 화염의 복사발산도

(3) 주변 온도

를 평가하는 것으로 연소정지선에서 강구조 골조까지의 거리(이격거리 X)를 기초로, 지침에서 기재방법을 사용하여 산정하는 것이 가능하다. 화염의 형상, 복사발산도, 기류온도는 시가지화재의 발열속도를 시가지의 거시적인 지표를 이용해서 나타낸 시가지계수를 기초로 산출하여

(1) 건폐율

(2) 목조율

(3) 방화목조율

(4) 내화구조율

을 사전의 주변건물조사에서 파악하고, 시가지계수에 의해 구하는 방법이 제안되고 있다.

(B)의 방법은 시가지화재를 복수의 건물화재의 집합으로 간주하고, 다른 건물화재에서 열적영향 아래에 있는 개개 건물화재의 연소성상을 예측하는 것으로, 시가지 전체의 화재성상 예측에 연결하는 것이다(부도 2.4)[5)~7)]. 이러한 방법은

(1) 건물 내부의 화염성상을 예측하는 모델

(2) 건물간의 화염확대성상을 예측하는 모델

로 구성되어, 각 모델은 화재안전공학의 물리적 식견에 기초하여 정식화된다.

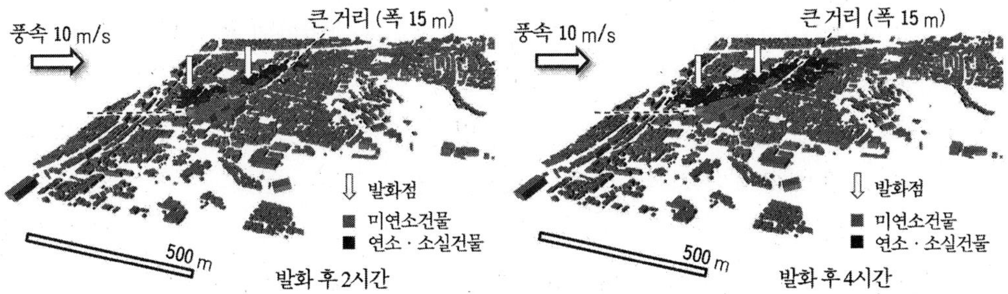

부도 2.4 물리적 연소모델을 이용한 시가지화재의 시계열 예측의 예

건물 내부의 화재성상을 예측하는 모델은 건물을 구성하는 각 실을 검사체적으로 간주하고, 검사체적마다 정식화된 화재성상의 지배방정식(질량과 에너지의 보존식)을 연립하여 구하는 것으로 온도와 연소생성물의 농도라고 하는 물리량이 시계열에 예측된다.

건물 간의 화재확대성상을 예측하는 모델에서 건물 간의 연소를 초래하는 요인으로

(1) 화재실의 고온가스와 분출화염으로 복사에 의한 열전달

(2) 시가지 바람에 의해 화재건물의 풍하측으로 형성된 열기류에 의한 대류열전달

(3) 시가지 바람에 의해 비산하는 불티

가 고려되어, 이러한 작용에 의한 열적 영향이 어느 한계치를 넘으면, 연소가 발생한다고 가정된다.

시가지화재의 외력을 상정하는 각수법의 특징과 과제를 정리하면, 다음이 된다.

우선, (A)의 방법에 대해서는

(1) 시가지의 거시적인 지표에 기초하여 비교적 간편한 관계식으로 화재외력을 상정한다.

(2) 과거 큰 화재 데이터를 기초로 통계적으로 구축된 방법이 있어서 최근 시가지구조의 변화가 반영되어 있지 않다.

한편, (B)의 방법에 대해서는

(1) 개개 건물의 형상, 부재의 종류, 개구부 형상과 위치, 인접하는 건물과의 위치관계 등 다양한 시가지특성을 반영시킨 예측이 가능해서 각종 화재대책의 효과를 평가가 능하다.

(2) 모델이 복잡해서 계산부하가 크고, 동시에 계산에 필요한 입력조건(시가지 데이터)이 많고 이것을 정비할 필요가 있다.

2.3 해일화재

해일화재는 해일 침수역에서 발생하는 화재를 말한다. 해일화재에서는 가옥과 자동차, LP가스통, 석유탱크 등 해일에 밀려들어온 잔해 위험물에 무언가의 요인으로 착화되어 주변의 가연물에 연소된다. 해일화재는,

(A) 가옥과 어선에 있던 표유물이 해일에 휩쓸려 있는 사이에 불이 붙어서 곧 표착한 후, 동시에 주변에 표착·퇴적한 잔해와 건물에 불길이 번지는 화재

(B) 침수역에 퇴적된 잔해 중에 자동차와 LP가스통이라고 하는 발화원이 있고 수위가 저하된 후, 여기서 화재가 발생하여 주변 잔해와 건물에 불길이 번지는 화재

(C) 중유 등의 위험물이 해일에 의해 대량 유출되고, 잔해와 함께 해상을 흐르는 사이에 불이 붙고, 화재가 해상에서 급격하게 확대하는 화재

와 같이 3종류로 크게 구분할 수 있다(부표 2.3).

2011년의 동북지방 태평양지진에서는 동북에서 관동지방에 이르는 태평양 연안의 넓은 범위가 해일로 침수되고, 159건의 해일화재가 발생했다[9]. 이러한 해일화재의 일부는 대규모 연소화재로 발전하고, 전역에서 약 67ha를 소실했지만[10], 이 중에서 가장 많이 발생한 연소면적이 큰 화재는 (B)의 퇴적잔해를 모체로 한 연소화재이다. 또한 (A)와 (C)의 화재는 수면에 부유하는 가연물이 연소해서 이동하는 표류화재이다. 특히 (C)의 화재는 유출한 위험물의 작용으로 폭발을 동반할 가능성이 있다.

내화설계에 있어서 해일화재를 고려해야 하는지는, 예를 들면

(1) 해일 시에 예상되는 침수범위에 포함된다.

(2) 목조가옥과 자동차 등 해일 시에 유출할 것이 예상될 가연물이 주변에 많고

(3) 해일에서 일시 피난장소(해일피난건물)로 이용이 예상된다.

라고 하는 조건이 있는 여부를 확인하는 것에서 결정한다.

부표 2.3 해일화재의 종류와 발생지역의 예(문헌 8을 기초로 수정 · 가필)

ID	화재의 종류	특 징	발생지역의 예(연소면적)
A	표류 중 화재 → 표착 후 연소 타입	유출한 가옥과 어선 등의 표유물이 유출되어 흐르고 있는 사이에 불이 붙음. 불이 붙어 흐르는 표유물에 그대로 유착하고, 동시에 주변에 표착 · 퇴적된 잔해와 건물에 불이 이동하는 타입	나토리시 유리아게 지구(5ha) 미나미산리쿠쵸 시즈카와 지구(2ha)
B	표착 후 화재 → 연소 타입	해일에 의해 퇴적된 잔해 중에 자동차와 LP가스통 등의 발화원이 있고, 수위가 낮아진 후 이것으로부터 발화되어 주변 잔해와 건물에 불이 이동하는 타입	야마다쵸 야마다역 부근(17ha) 오츠치쵸 오츠치코 부근(12ha) 게센누마시 가오리 지구(11ha) 게센누마시 와키 지구(4ha) 이시마키시 몽와키코 부근(6ha) 오쿠시리쵸 아오나에 지구(5ha)
C	위험물 유출 → 해상 잔해와 일체화 → 해상 연소 타입	중유 등의 위험물이 해일에 의해 대량 유출되고, 잔해와 함께 해상을 이동. 머지않아 불이 붙은 잔해가 화재원 효과를 발휘하여 해상의 위험물에 불이 이동, 해상에서 화재가 급격히 확대하는 타입	(해상에서 화재로 인한 연소면적은 파악되지 않음)

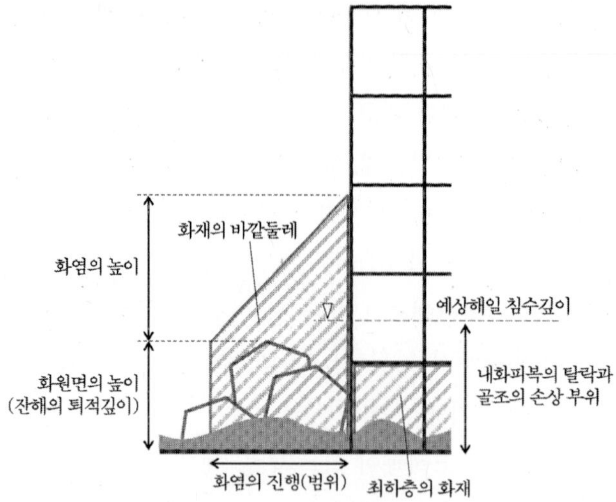

부도 2.5 퇴적잔해에 의한 해일화재의 외력설정 사고방법

내화설계에서 고려하는 화재외력이 온도와 가열시간을 대표로 되는 것에 주의하면, 해일이 빠지지 않은 경우에 상정되는 표류화재보다도 수위가 낮아진 후의 퇴적잔해로 인한 화재 쪽이 화재외력은 크다고 생각된다. 한편, 유출한 위험물의 작용으로 폭발을 동반한 화재는 현재의 내화설계의 짜임새에서는 대응이 어렵다.

부도 2.5에서 건물 주변은 해일이 빠지고, 건물 내부와 주변에 집적한 가연물이 연속하고 있는 상황을 상정하면 골조에 영향을 주는 해일화재는

(A) 건물 주변에 퇴적한 가연물의 연소에 의한 화재

(B) 건물 최하층에 침입한 가연물의 연소에 의한 화재

의 2종류로 구성된다.

(A)의 화재에 의한 외력을 상정할 때는 시가지화재와 동일하게 해일화재의 화염형상을 고려한다. 해일화재의 화염형상은

(1) 화염의 깊이(동시화염 깊이)

(2) 화염의 높이

(3) 화원면의 높이(잔해의 퇴적깊이)

로 표현된다. 단, 건물의 외주부와 화염의 사이에는 간격이 없다고 가정하고, 외주부에 면한 골조가 연직방향의 온도분포를 갖는 화염으로 가열된다고 생각한다.

해일화재의 외력상정에 도움이 되는 식견은 여전히 부족하고, 연구성과의 축적이 기대되지만, 최근의 연구로서[11), 12)]

(1) 해일에 표류된 개개 가옥잔해를 추적하고, 침수역에 퇴적한 잔해량의 공간분포를 화재하중으로 평가하는 방법의 검토(부도 2.6)

(2) 해일화재의 연소범위에 있어서 화재전의 잔해퇴적깊이의 측정(부도 2.7)

이 행해지고 있고, 금후 내화설계에 활용이 기대된다.

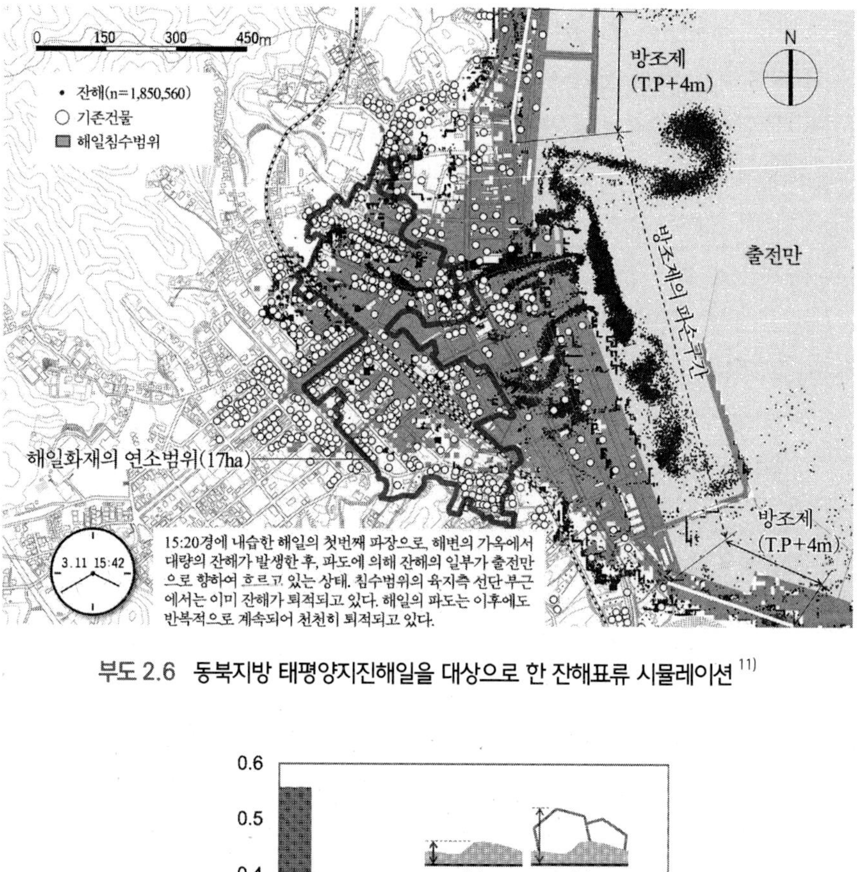

부도 2.6 동북지방 태평양지진해일을 대상으로 한 잔해표류 시뮬레이션 [11]

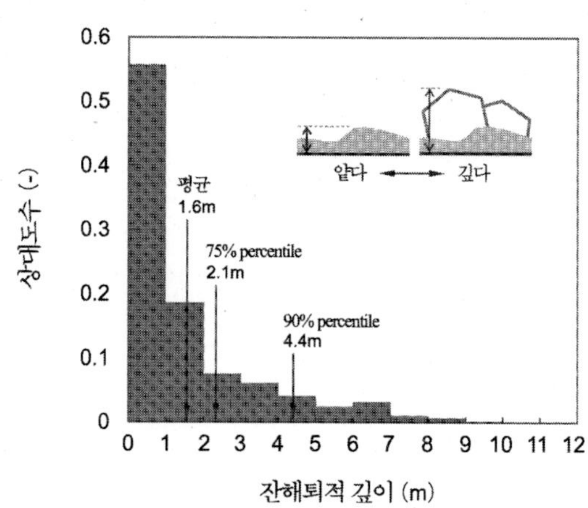

부도 2.7 해일화재의 연소범위에 있어서 화재 전 잔해퇴적깊이(게센누마시 와키 지구의 화재 3.6ha) [12]

(B)의 화염에 대해서는 대량의 가연물이 최하층 전체에 침입하고 있는 상황을 생각한다. 이 때문에 국소화재에서는 없고 최하층 전체가 구획내 전체화재가 되는 상황을 상정한다. 해일로 침입한 가연물에 의한 화재성상의 검토 예는 아니지만, 환기지배형의 화재성상을 가정해서 화재성상을 예측하는 것을 생각할 수 있다.

단, 해일에 의한 침수가 상정된 건물의 하층부에서는

(1) 해일에 의한 내화피복의 탈락

(2) 표류물의 충돌에 의한 골조의 손상

이라고 하는 해일에 의한 피해가 발생할 가능성이 있다. 이 때문에 내화피복의 내수성과 골조의 내충격성에 대해서도 충분한 검토를 하는 것이 필요하다.

참고문헌

1) 建築物の防火設計法の開発，建設省総合技術開発プロジェクト，1989

2) 作本好文：鉄骨造の耐火設計法と実施例(6)類焼被害予測，鉄構技術（STRUTEC)，1995

3) 都市防火対策手法の開発，建設省総合技術開発プロジェクト，1982

4) 日本火災学会：火災便覧 第3版，共立出版，1997

5) 樋本圭佑·田中哮義：都市火災の物理的延焼性状予測モデルの開発，日本建築学会環境系論文集，No. 607，pp.15～22，2006

6) まちづくりにおける防災評価・対策技術の開発，国土交通省総合技術開発プロジェクト，2003

7) 西野智研・円谷信一・樋本圭佑・田中哮義：準定常的な計算法を用いた都市火災延焼性状の簡易予測モデルの開発，日本建築学会環境系論文集，Vol. 75，No. 647，pp. 9～18，2010

8) 今津雄吾・野竹宏彰・北後明彦・今村文彦：東日本大震災で発生した津波火災における地形的影響の考察と津波火災危険度評価指標の提案，自然災害科学，Vol. 33，No. 2，pp.127～143，2014

9) 日本火災学会：2011年東日本大震災火災等調査報告書（要約版），2015

10) 消防庁消防研究センター：平成23年(2011年)東北地方太平洋沖地震の被害及び消防活動に関する調査報告書（第1報)，消防研究技術資料第82号，2011

11) 西野智研・今津雄吾・北後明彦・野竹宏彰：津波火災シミュレーションに向けた建物から流出する可燃物の時空間分布予測モデル，日本建築学会環境系論文集，Vol. 80，No. 716，pp.857～866，2015

12) 西野智研：空中写真測量を用いた津波火災延焼範囲の瓦礫堆積深の把握，日本火災学会論文集，Vol. 65，No. 3，pp.19～26，2015

3 내화피복재의 열물성치

본문 5.3절에 나타낸 열전도율 및 비열의 회귀식 근거가 되는 데이터를 나타냈다. 또한, 강재의 온도상승 산정의 기초자료로서 근년 실시된 열특성(열전도율, 비열, 중량감소)을 내화피복재 등의 열물성치를 일본건축학회편 「구조재료의 내화성 가이드북[1]」으로 인용했다. 여기서 나타낸 열물성치는 화재 시 구조체의 형상과 내화피복재의 열열화에 동반하여 발생되는 균열과 줄눈 등으로 발생되는 간격의 영향은 포함하고 있지 않으므로 내화시험 등에 의한 확인을 필요로 한다. 특히 과거에 제조된 석면 함유제품과 현재 제조되고 있는 비함유제품의 성능은 크게 상이할 가능성이 있으므로 기존의 열특성 데이터를 이용할 때에는 유의해야 한다.

(1) 뿜칠암면(spraying rock wool)[2), 3), 4), 5)]

뿜칠암면의 열전도율은 상온 시에는 0.07kW/m・K 정도이지만, 고온 시에는 크게 되어 800℃에서는 상온 시의 4배 정도가 된다. 비중과 공법에 의한 명확한 경향은 확인되지 않는다. 또한, 비열은 경비중의 반건식공법이 어느 정도 높게 되고 있지만, 여기서는 대체로 평균적인 값을 근사하고 있다. 일반적으로 내화시험의 강재온도 상승은 비중이 높을수록 억제되는 경향이 확인되지만, 열전도율은 명확한 차이는 확인되지 않고 있다. 분사암면은 암면과 시멘트가 혼합되어 일체화된 재료이지만, 시공관리상 시멘트와 암면의 비율이 일정하게

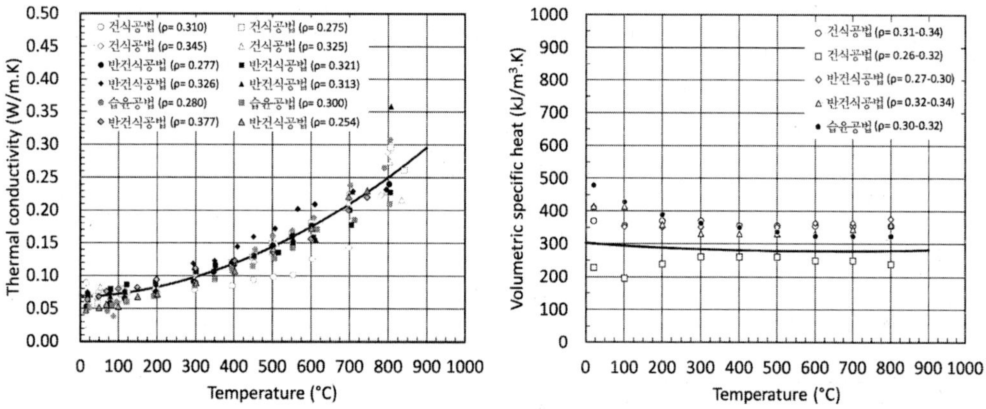

(a) 열전도율
$k = 2.50\times 10^{-7}T^2 + 2.90\times 10^{-5}T + 0.067$

(b) 용적비열
$\rho c_p = 0.637\times 10^{-4}T^2 - 0.0783T + 301$

부도 3.1 분사암면

관리되면, 비중은 손으로 누르는 등에 의한 압착정도에 의존한다. 이 때문에 비중이 높은 것은 압착되고 있으므로 고온 시 열분해 등에 의해 발생하는 미세한 균열 등의 영향이 작게 되기 쉽다고 생각된다.

(2) ALC판넬[2)~5), 12)]

ALC는 토버모라이트(tobermorite)계의 규산질 재료이며, ALC판넬의 열전도율은 고온일수록 크게 되고, 800℃에서 상온의 2배 정도가 된다. 비열은 온도에 관계없이 대체로 일정하다. ALC판넬은 고온에 폭로되면, 배근의 열변형 등에 의한 영향으로 가열측이 凸형상으로 변형한다. 또한, 가열을 받으면 판넬에 미세한 균열이 발생하고, 판넬의 강성이 저하한다. 가열에 의한 중량 감소가 발생하고, 1,200℃에서 85% 정도로 감소하는 것도 있다.

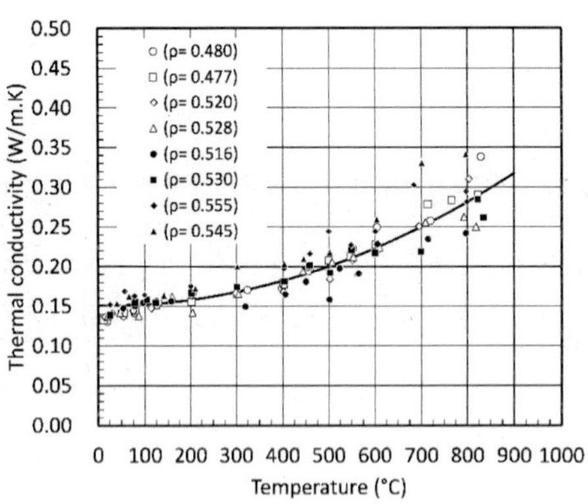

(a) 열전도율

$k = 2.15\times 10^{-7}T^2 - 9.0\times 10^{-6}T + 0.151$

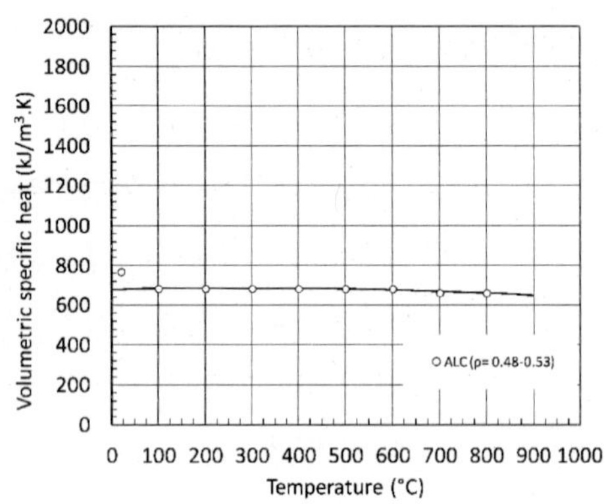

(b) 용적비열

$\rho c_p = -1.02\times 10^{-4}T^2 + 0.061T + 678$

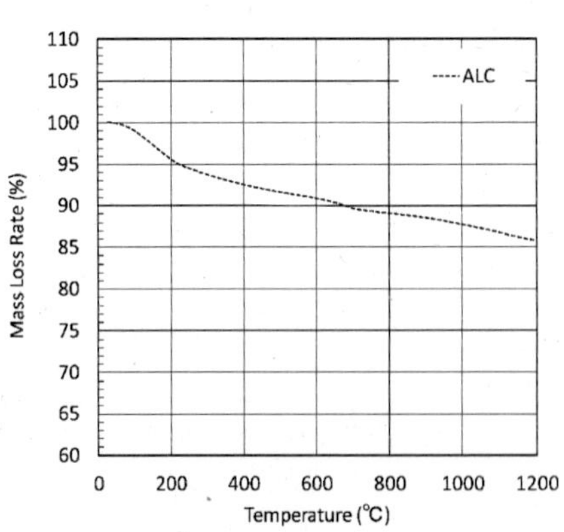

(c) 중량감소율

부도 3.2 ALC판넬

3) 내열암면펠트[7)]

고내열암면은 일반암면보다도 내열성을 향상시킨 단열재이다. 열전도율은 고온일수록 크게 되고, 600℃에서 상온의 5배 정도 된다. 비열은 온도 상승과 함께 선형적으로 증가하는 경향이 있다. 일반적인 암면은 표준가열을 받으면 용융과 현저한 수축이 발생하지만, 고내열암면은 가열을 받으면 수축하는 것으로 가열면이 경화해서 용융이 발생하기 어렵다.

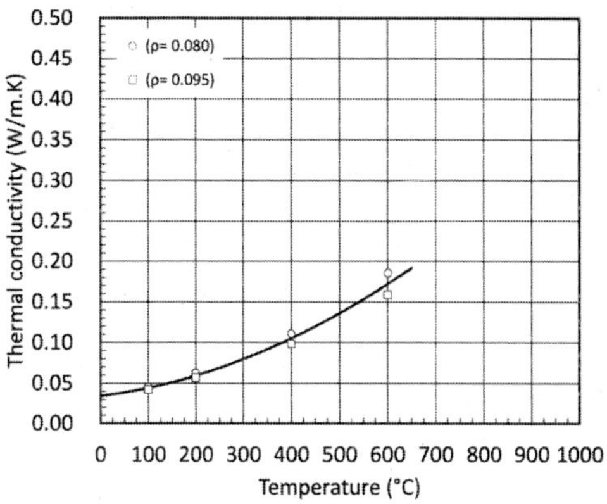

(a) 열전도율
$k = 2.62\times 10^{-7}T^2 - 7.19\times 10^{-5}T + 0.034$

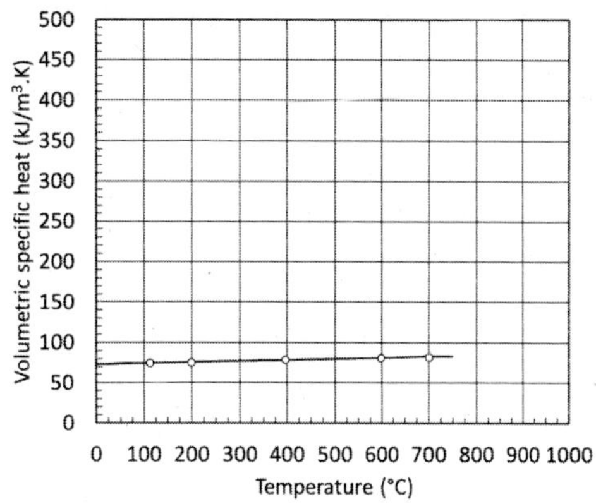

(b) 용적비열
$\rho c_p = -0.0138T + 73$

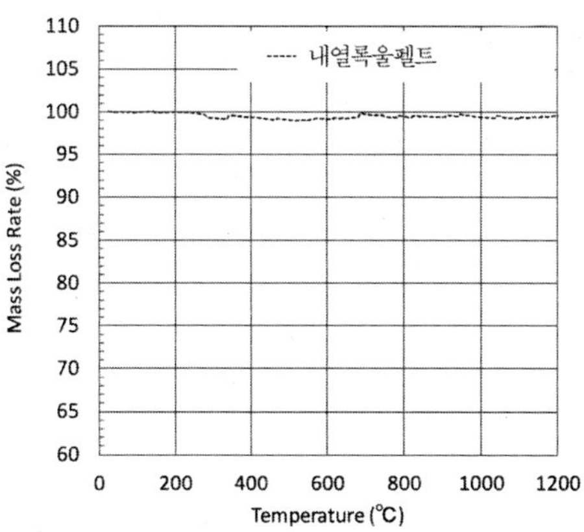

(c) 중량감소율

부도 3.3 내열암면

(4) 규산칼슘판[2)~5), 14)]

내화피복에 사용하는 규산칼슘판은 섬유강화시멘트판(규산칼슘판 JIS A 5430)의 유형 3에 분류되고 있다. 재질은 제노틀라이트(xonotlite)계가 대부분이고, 토버모라이트(tobermorite)

계보다도 내열성이 높다. 비중에 따라 0.5TK(1호), 0.2TK(2호)로 분류된다. 종류에 관계 없이 어느 것의 열전도율도 고온일수록 크게 되지만, 900℃에서 상온의 2배 정도이다.

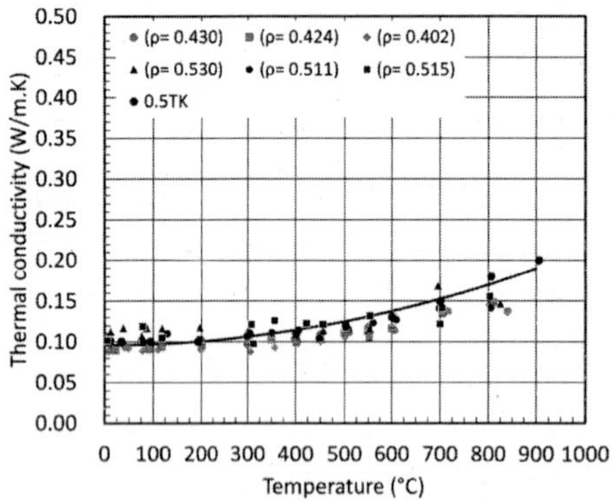

(a) 열전도율(1호)

$k = 1.86 \times 10^{-7} T^2 - 1.02 \times 10^{-4} T + 0.123$

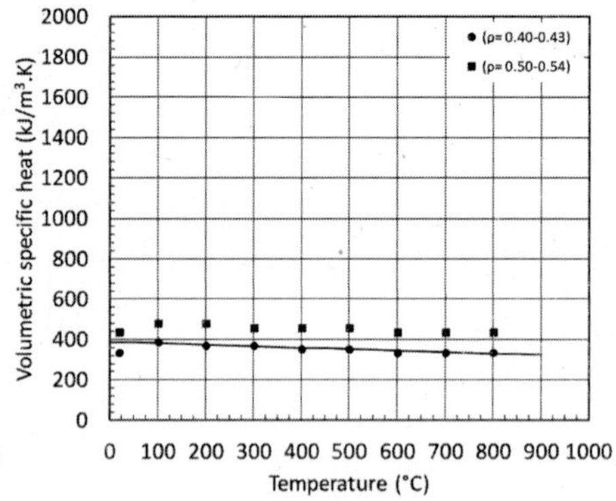

(b) 용적비열(1호)

$\rho c_p = -70.3T + 387$

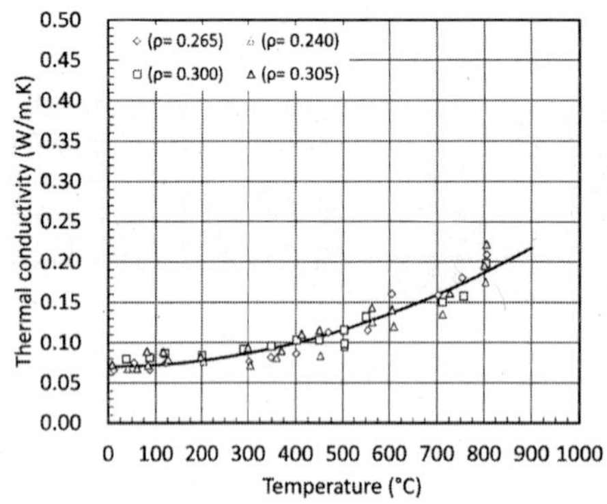

(c) 열전도율(2호)

$k = 1.72 \times 10^{-7} T^2 - 2.82 \times 10^{-5} T + 0.0748$

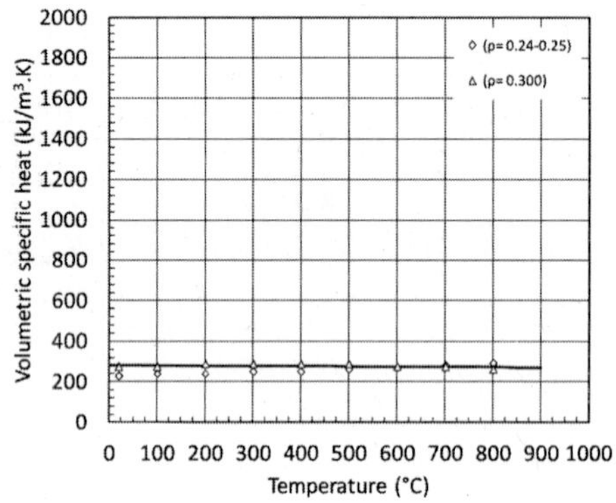

(d) 용적비열(2호)

$\rho c_p = -1.6 \times 10^{-2} T + 394$

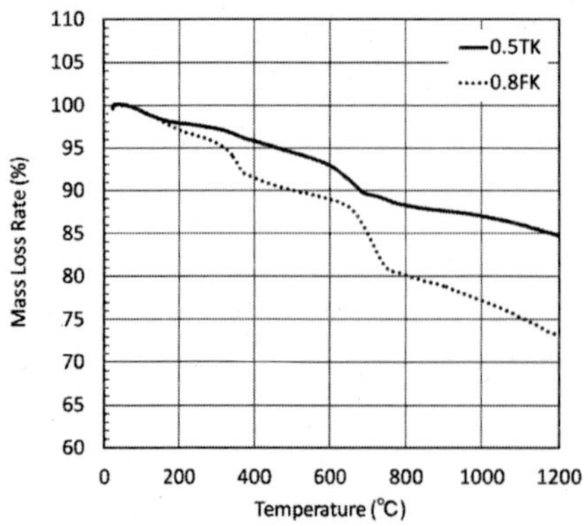

(e) 중량감소율

부도 3.4 규산칼슘판

비중이 작은 쪽이 500℃ 정도까지 열전도율이 작다. 비열은 온도상승과 함께 저하하는 경향이 있지만, 종류에 따라 상승하는 것도 있다. 열전도율 그룹에 있어서 0.5TK 플롯 이외는 문헌 5)의 석면규산칼슘판의 데이터가 있지만, 참고치로 플롯하고 있다.

중량감소를 보면 0.5TK는 1,200℃에서 85% 정도 중량 감소한다. 내장재 등에 사용되는 0.8FK(유형 2)에서는 400℃ 이하에서 시멘트질로 분해되고, 700℃ 부근에서 중량 감소가 크며, 75% 이하로 중량이 감소한다.

(5) 콘크리트[4)~8)]

콘크리트의 열전도율은 온도 상승과 함께 저하하는 경향이 있다. 골재와 콘크리트 내부의 수분, 조합 등과 가열시 결정수, 미세균열의 발생 등의 영향을 받기 때문에 편차가 크다. 골재에 관해서 열전도율은 경질사암을 사용한 것이 크게 되기 쉽고, 고로 슬래그가 비교적 작다. 비열은 보통콘크리트 데이터밖에 없지만, 100℃에 비교해서 800℃에서는 1.5배 정도 증가한다.

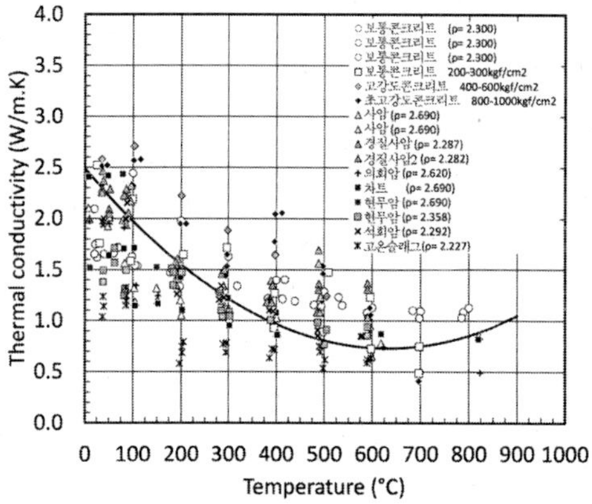

(a) 열전도율

$k = 4.42 \times 10^{-6} T^2 - 5.58 \times 10^{-3} T + 2.49$

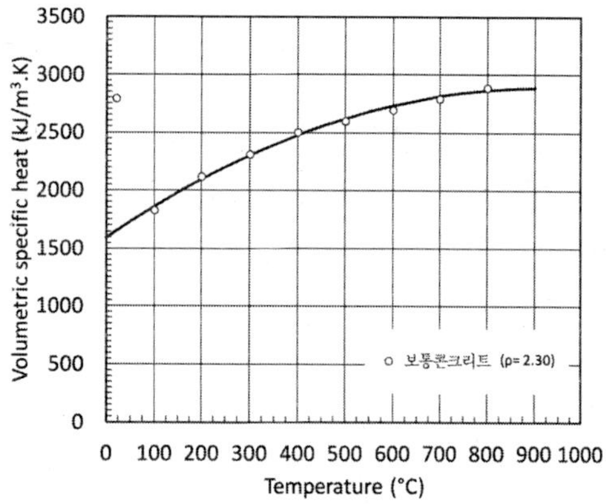

(b) 용적비열

$\rho c_p = -15.8 \times 10^{-4} T^2 + 2.83 T + 1\,592$

부도 3.5 콘크리트

(6) 경량콘크리트[5), 6)]

경량콘크리트의 열전도율도 콘크리트와 동일하게 온도상승과 함께 저하하는 경향이 있고, 콘크리트보다도 비교적 작다. 비열은 보통콘크리트와 상이하고, 상온과 비교해서 고온시에 저하하는 경향이 있다.

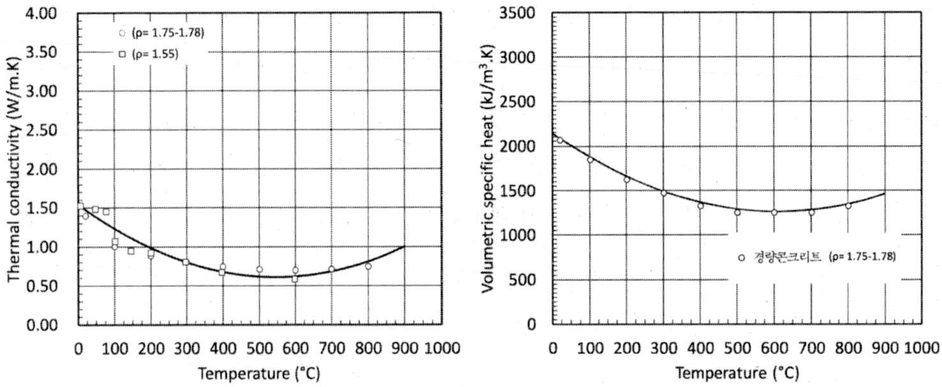

(a) 열전도율
$k = 3.11\times 10^{-6}T^2 - 3.4\times 10^{-3}T + 1.54$

(b) 용적비열
$\rho c_p = 23.65\times 10^{-4}T^2 - 2.88T + 2\,143$

부도 3.6 경량콘크리트

(7) 모르타르[5), 6)]

모르타르의 열전도율도 콘크리트, 경량콘크리트와 동일하게 온도 상승과 함께 저하하는 경향이 있고, 경량콘크리트보다도 약간 크다. 비열은 100℃에서는 보통콘크리트보다도 작지만, 고온 시에는 20% 정도 크게 되는 경향이 있다.

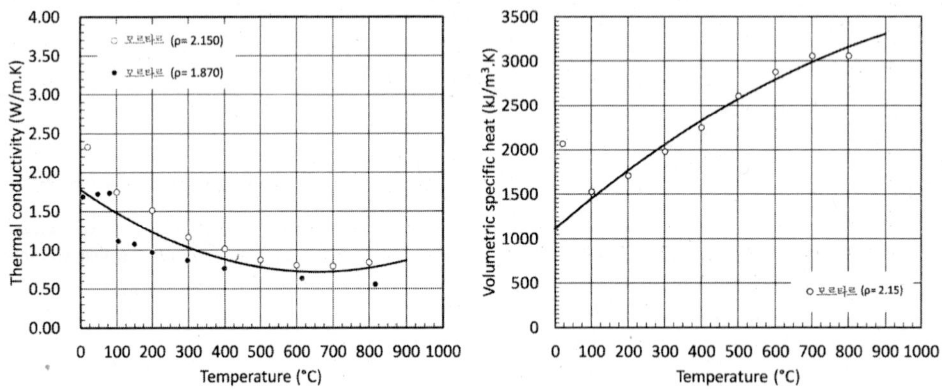

(a) 열전도율
$k = 2.47\times 10^{-6}T^2 - 3.24\times 10^{-3}T + 1.78$

(b) 용적비열
$\rho c_p = -9.69\times 10^{-4}T^2 + 2.88T + 911$

부도 3.7 모르타르

(8) 석고보드, 강화석고보드[5), 10)~16)]

석고보드, 강화석고보드(석고보드제품 JIS A 6901 : 2014)는 석고(이수석고)를 주원료로 한 심재와 보드용 원지로 성형되고 있다. 내화피복과 내장재용 석고보드는 보통석고보드

(GB-R)와 내화성이 있는 강화석고보드(GB-F)로 구분된다. 또한, 강화석고보드는 유리섬유를 포함한 GB-F, 질석을 골재로 포함한 GB-F(V)가 있다. 일반적으로 내화성은 GB-F(V)가 우수하다. GB-R은 유리섬유가 혼입되어 있지 않기 때문에 탈수시의 수축에서 균열이 발생되므로 보드로서의 형상을 유지하기 어려운 것이 많다.

열전도율은 보드 종류에 관계없이 400℃ 정도까지 저하하지만, 이 이상의 온도에서는 증가한다. 특히 900℃ 이상에서는 균열의 발생으로 열전도율은 현저하게 크게 된다. 고온일수록 크게 되지만 900℃에서는 상온의 2배 정도이다. 비열은 열전도율과 동일하게 400~500℃ 정도에서 가장 작다. 중량 감소와 흡열·발열반응을 포함한 비열을 보면 100℃ 전·후에서 급격한 중량 감소시에 비열의 증가(흡열반응)가 일어나고 있다. 이것은 이수석고의

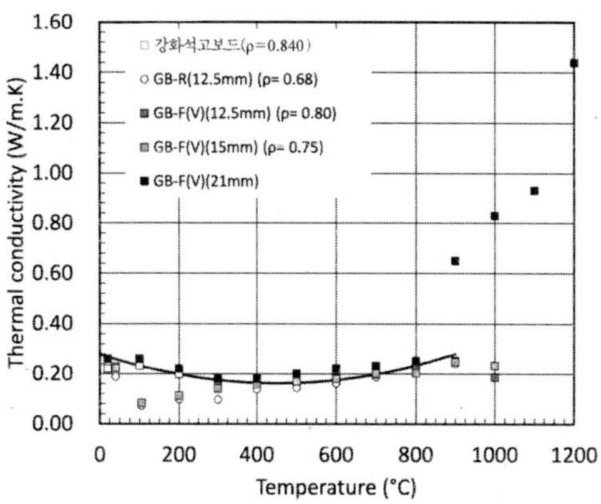

(a) 열전도율

$k = 5.81\times 10^{-7}T^2 - 5.23\times 10^{-4}T + 0.279$

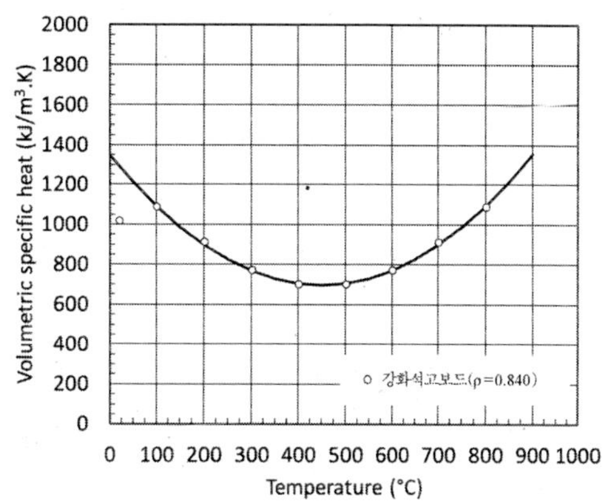

(b) 용적비열

$\rho c_p = 3.23\times 10^{-3}T^2 - 2.91T + 1\,352$

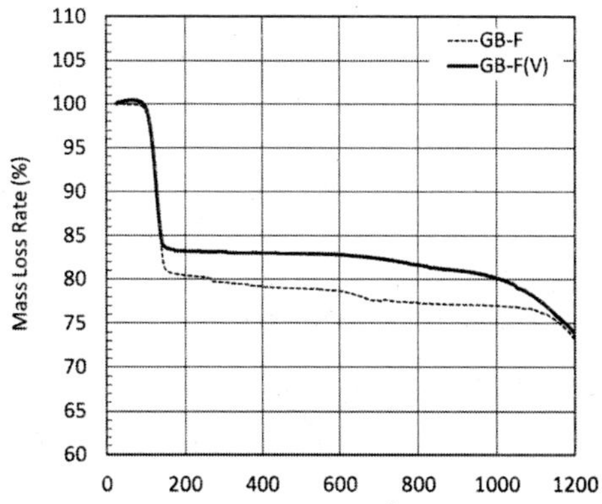

(c) 중량감소율

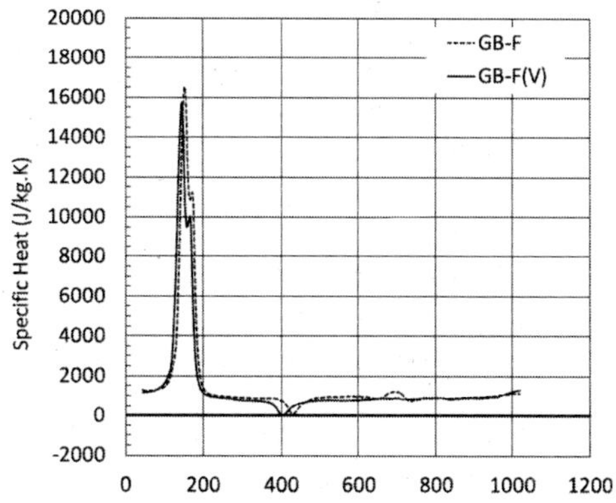

(d) 흡열·발열반응을 포함한 비열

부도 3.8 석고보드

결정수가 분해하고 있기 때문이다. 400℃ 전・후에서 전이에 의한 발열반응이 보인다. 중량 감소는 GB-F쪽이 크고, 1,000~1,100℃를 넘으면 규산칼슘의 탈황반응이 생기고 급격하게 중량이 감소한다.

참고문헌

1) 日本建築学会：構造材料の耐火性ガイドブック，2017
2) 大内富夫・藤中英生・中村賢一：耐火被覆材の高温時の熱伝導率 その1 測定方法と測定結果の概要，日本建築学会大会学術講演梗概集，pp.611～612，1985.10
3) 藤中英生・大内富夫・中村賢一：耐火被覆材の高温時の熱伝導率 その2 測定結果と考察，日本建築学会大会学術講演梗概集，pp.613～614，1985.10
4) 町田 清・大内富夫・古平章夫：耐火被覆材の熱情数測定，第8回 日本熱物性シンポジウム予稿集，pp.53～56，1987
5) 国土開発技術研究センター：建築物の総合防火設計法(第4巻 耐火設計法)，日本建築センター，1989.4
6) 原田和典・寺井俊夫・早崎伸一：高温時のコンクリートの熱物性値に関する研究，日本建築学会近畿支部研究報告集，第29号・計画系，pp.29～32，1989
7) 長尾覚博・中根 淳：高温加熱されるコンクリートの熱伝導率，コンクリート工学年次論文集，pp.395～400，第12巻1号，1990
8) 土井文好・太田福男・斉藤辰彦：高強度コンクリートの熱的性質に関する実験的研究，コンクリート工学年次論文集，pp.109～114，第15巻1号，1993
9) 日本建築学会：構造材料耐火性シンポジウム 資料，2013.3
10) 柳橋 拓・大宮喜文・菅原進一・鈴木淳一・山本弘樹：乾式間仕切壁構成材料の熱特性，日本火災学会研究発表概要集，pp.68～69，2013.6
11) 柳橋 拓・大宮喜文・菅原進一・鈴木淳一・山本弘樹：乾式間仕切壁構成材料の熱特性に着目した部材断面温度分布性状，日本建築学会学術講演梗概 A-2分冊，pp.11～12，2013.9
12) 柳橋 拓・大宮喜文・山本弘樹・鈴木淳一・鈴木弘之・菅原進一：乾式間仕切壁の加熱性状 その1 研究背景および素材実験，日本建築仕上学会 2013年度大会学術講演会研究発表論文集，pp.41～44，2013.10
13) 藤田航平・平山貴至・鈴木淳一・大宮喜文・山本弘樹：多様な加熱を被るせっこうボード乾式間仕切り壁の温度上昇特性 その1 実験概要と実験結果，日本建築学会学術講演梗概 A-2分冊，pp.375～376，2014.9
14) 平山貴至・藤田航平・鈴木淳一・大宮喜文・山本弘樹：多様な加熱を被るせっこうボード乾式間仕切り壁の温度上昇特性 その2 非定常一次元熱伝導解析による温度予測モデル，日本建築学会学術講演梗概 A-2分冊，pp.377～388，2014.9
15) 種子田翔一・鈴木淳一・富山 涼・王 兪翔・藤田航平・成瀬友宏・大宮喜文：多様な加熱温度における耐火被覆部材の温度上昇特性～その1 耐火被覆材の高温熱物性～，日本火災学会研究発表概要集，pp.142～143，2015.5
16) 大宮喜文・鈴木淳一・冨山 涼・王 愈翔・成瀬友宏：防火被覆の熱特性を考慮した区画構成部材の耐火性能，その1防火被覆の熱特性，2015年大会学術講演会研究発表論文集，日本建築仕上学会，pp.59～63，2015.10

4 슬래브의 고온내력평가법

4.1 철근콘크리트 슬래브

철근콘크리트 플랫슬래브(이하 RC슬래브)의 고온내력평가법은 건축기준법시행령 제108조의3 제2항 및 건설성고시 제1433호(2000년 5월)에 규정된 「내화성능검증법」[1)]이 사용되어 적용되고 있다. 슬래브에 요구되는 성능은 차열성 및 고온내력평가에 근거한 비손상성이다. 적용범위는 보통콘크리트 또는 일종경량콘크리트이고, 하중지지부재에 대해서는 설계기준강도가 $60N/mm^2$ 이하인 것, 철근에 대한 피복두께는 슬래브에서 20mm 이상인 것으로 되어있다. 또한 슬래브의 단면이 장방형에서 각 수평방향으로 등단면형상이고, 균형철근비 이하로 설계된 것으로 되어있다. 여기에서는 내화성능검증법으로 RC슬래브의 고온내력 평가방법을 소개한다.

내화성능검증법에서는 휨이 주요인이 되는 슬래브・보의 고온내력을 단순소성이론에 근거하여 평가하고 있다. 부도 4.1에 RC 슬래브의 한계상태를 나타낸다. 그림과 같이 슬래브의 장변방향과 단변방향 각각에 있어 단부와 중앙부의 3개소가 휨내력에 도달한 한계상태를 상정하고 있다. 등분포하중을 상정하고 있으며, 각각의 방향에 있어서 모멘트분포는 포물선이다. 한계상태에 도달한 시점에서는 RC 슬래브 내부에 생기는 열응력은 소멸한다고 가정하고, RC 슬래브의 고온내력과 슬래브 상부하중만 관계하고 있다.

RC 슬래브 단부의 부휨모멘트 내력평가는 500℃를 경계로 하는 유효단면설계법의 개념을 도입하고 있다. 즉, 가열을 받는 콘크리트 하부 부분에서 500℃ 미만의 영역을 상온 시와 동일한 강도를 갖는 건전영역으로, 500℃ 이상의 영역을 강도제로의 무효영역으로 그 결과를 응력중심간 거리에 반영하고 휨내력을 평가하고 있다. 평판의 슬래브에서는 내부온도분포가 두께방향만 정할 수 있으므로 500℃ 이상의 영역은 열화깊이와 바꾸는 것이 가능하다. RC 슬래브 중앙부의 정휨모멘트 내력평가에 대해서는 가열을 받은 하부 철근의 고온강도가 주요인이 된다. 가열측이 되는 하부 철근의 고온강도는 열화깊이가 피복두께에 도달한 시점(철근온도 500℃)에서 상온시의 반으로 하고, 열화깊이가 피복두께의 2배에 도달하는 시점에서 철근의 강도를 제로로 한다. 하부 철근의 고온강도는 열화깊이에 따라 감소되고 있다.

RC 슬래브의 열화깊이는 가열시간에 따라 크게 된다. 그러나 슬래브 상부하중을 견딜 수 있는 한계상태에 도달하는 시점의 열화깊이는 RC 슬래브의 사양・치수와 작용하중만의 관계로 정해진다. 내화성능검증법에서는 더 이상 단면이 결손하면 작용하중을 지탱하지 못하게 되는 한계의 열화역 깊이를 「열 열화깊이」로 정의하고, 아래 식 (1)에서 열화깊이 d (mm)를 산정할 수 있는 것으로 하고 있다. 식 (1)과 같이 열화깊이의 임계치는 피복두께의 2배까지로 하고 있다.

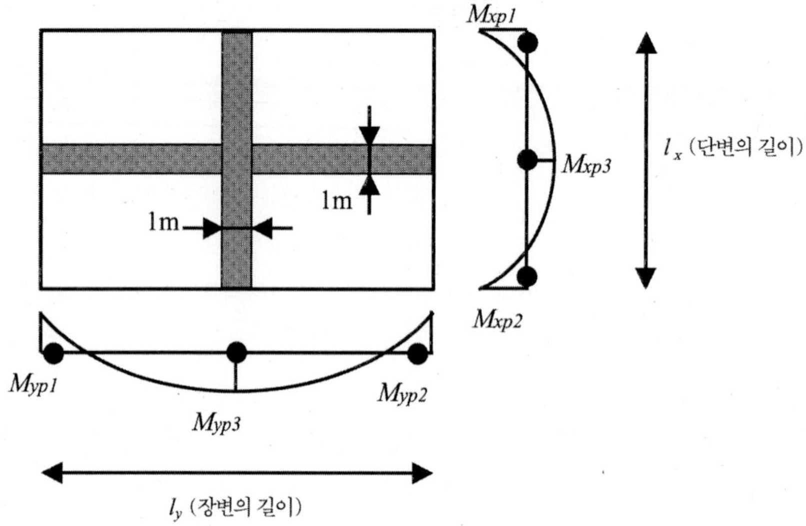

부도 4.1 RC 슬래브의 한계상태

$$d = \min\left\{ \frac{(M_{xp1} + M_{xp2} + 2M_{xp3}) + (M_{yp1} + M_{yp2} + 2M_{yp3})\left(\frac{l_x}{l_y}\right)^2 - 250\omega l_x^2}{\left(\frac{M_{xp1}}{D_{x1}} + \frac{M_{xp2}}{D_{x2}} + \frac{M_{xp3}}{D_{x3}}\right) + \left(\frac{M_{yp1}}{D_{y1}} + \frac{My}{D_{y2}} + \frac{M_{yp3}}{D_{y3}}\right)\left(\frac{l_x}{l_y}\right)^2}, 2d_{x3}, 2d_{y3} \right\}$$

(1)

여기서, M_{xp1}, M_{xp2}, M_{yp1}, M_{yp2} : 단부의 휨내력(부도 4.1, 식 (2)) [N/mm^2]

M_{xp3}, M_{xp3} : 중앙부의 휨내력(부도 4.1, 식 (3)) [N/mm^2]

D_{x1}, D_{x2}, D_{x3}, D_{y1}, D_{y2}, D_{y3} : 인장력을 부담하는 주근의 중심위치에서 압축측 최외단까지의 거리 [mm]

d_{x3}, d_{y3} : 주근의 피복두께 [mm]

l_x, l_y : 단변의 길이, 장변의 길이 [m]

w : 슬래브에 작용하는 등분포하중 [N/m^2]

$$M_{xp1} = \begin{cases} 0.9F_{x1}A_{x1}D_{x1} & (\text{해당부재 단부가 인접부재에 강접합된 경우}) \\ 0 & (\text{이외의 경우}) \end{cases} \tag{2}$$

여기서, F_{x1}, F_{x2}, F_{y1}, F_{y2} : 인장력을 부담하는 주근의 기준강도 [N/mm^2]

A_{x1}, A_{x2}, A_{y1}, A_{y2} : 인장력을 부담하는 주근의 폭 1m당 단면적 [mm^2/m]

$$M_{xp3} = 0.9F_{x3}A_{x3}D_{x3} \tag{3}$$

여기서, F_{x3}, F_{y3} : 인장력을 부담하는 주근의 기준강도 [N/mm^2]

A_{x3}, A_{y3} : 인장력을 부담하는 주근의 폭 1m당 단면적 [mm^2/m]

내화성능검증법에서는 식 (1)에서 구한 열화깊이 d를 요인으로 RC 슬래브의 비손상성에 관한 한계시간을 산정하는 식도 규정되어 있다. 자세한 내용은 문헌 1)을 참조하면 된다.

4.2 합성슬래브

합성슬래브는 데크플레이트와 콘크리트로 구성된 슬래브이다. 데크플레이트는 콘크리트 타설 시 틀이 되어 경화된 콘크리트와 일체가 된 후에는 인장재 역할을 한다. 이러한 합리적이고 경제적인 합성슬래브는 강구조의 슬래브에 많이 이용되고 있다.

합성슬래브의 하면에서 가열을 받으면 인장재로 기능하는 데크플레이트가 고온이 되고, 다시 데크플레이트와 콘크리트가 박리되어 휨내력이 급감할 것으로 생각된다. 이것으로 합성슬래브의 내화성은 수많은 재하가열실험에 의해 확인·결정되어 왔다. 일본에서는 단순지지 합성슬래브와 연속지지 합성슬래브로 구별되어 각각 1시간과 2시간의 내화구조가 인정되어 실용화되고 있다. 합성슬래브의 대부분은 일방향슬래브로 설계되어 있다. 단순지지 합성슬래브와 연속지지 합성슬래브의 양자를 비교하면, 부휨모멘트 내력이 발휘되는 연속지지 합성슬래브가 내화상으로도 유리하다. 내화성이 떨어지는 단순지지 합성슬래브에서는 골(rib)의 중앙에 철근을 배치하고, 내화보강을 실시하는 것이 일반적이다. 합성슬래브의 사양에 관한 자세한 내용은 문헌 2)와 3)을 참조하면 된다. 여기에서는 합성슬래브의 고온내력평가방법으로 합성슬래브공업회가 제안하는 방법[4), 5)]을 이하에 소개한다.

여기에서 소개한 합성슬래브의 고온내력평가방법[4), 5)]은 RC 슬래브와 동일하게 한계상태에서는 열응력이 소멸하는 것을 전제로 한 방법이며, 데크플레이트를 이용한 일방향 슬래브에 적용되는 방법이다. 표준화재를 받은 합성슬래브의 단면 내부온도의 계산방법도 문헌 4)와 5)에서 제안하고 있지만, 여기에서는 생략한다.

합성슬래브의 내화시간은 식 (4)~식 (6)에서 설계하중과 합성슬래브 단면의 종국하중이 일치하는 시간으로 평가하고 있다. 슬래브 단부의 경계조건으로 고정의 경우와 일단지지의 경우 두 가지를 설정하고, 연속지지가 없는 쪽의 단부에 있어서 부휨모멘트 내력도 실험결과를 기초로 계산하고 있다.

1스팬으로 지지되는 경우 : $M_r = M_u^+ + M_{ui}^-$ (4)

일단지지, 타단고정의 경우 : $M_r = M_u^+ + \dfrac{M_u^- + M_{ui}^-}{2}$ (5)

양단고정의 경우 : $M_r = M_u^+ + M_u^-$ (6)

여기서, 등분포하중의 설계하중 $M_r = \dfrac{\omega l^2}{8}$ (ω : 분포하중, l : 스팬)

정휨모멘트 내력 $M_u^+ = 0.9\{T_{ru} d_{ru} + K_{fr}(\theta) \cdot T_{rb} d_{rb}\}$ (7)

T_{ru}, T_{rb} : 상부근 및 내화보강근의 상온시 인장내력

d_{ru}, d_{rb} : 슬래브 윗면에서 상부근 및 내화철근 중심까지의 거리

$K_{fr}(\theta)$: 데크골에 배근된 철근 온도에 의한 강도저감계수

일단지지 부휨모멘트 내력 M_{ui}^-에는 다음의 실험값이 사용되고 있다.

스터드(stud connector)로 접합하는 경우 : 1.25×10^4kgf·cm/본
스폿용접(spot welding)으로 접합하는 경우 : 1.0×10^4kgf·cm/개소
압정(powder actuated nail)으로 접합하는 경우 : 0.56×10^4kgf·cm/본
(120분을 초과하는 경우에는 상기의 값에 0.75를 곱한다.)

고정단의 부휨모멘트 내력 $M_u^- = T_{ru} \cdot j$ (8)

T_{ru} : 상부근의 상온시 인장내력

j : 응력중심간 거리

여기서, 고정단의 부휨모멘트 내력산정에 이용하는 응력중심간 거리 j는 압축측(아래쪽) 콘크리트의 고온강도저하에 따라서 산정된다. 부도 4.2와 같이 강도분포의 계산값을 토대로 압축측 콘크리트의 응력도분포는 두께방향에 대해서 삼각형분포를 가정하고, 현재 사용되는 골의 폭이 넓은 데크플레이트의 경우 골의 폭방향으로 포물선을 가정하고 있다. 두께방향에 대해서 삼각형분포를 가정하는 것은 계산에 의한 압축응력도 분포를 확인한 결과, 가열 2시간 이후에는 응력도의 구배가 대체로 직선이 되고 있다. 가열 2시간 이전에는 불룩한 형태의 응력도분포가 되는 안전측의 평가가 된다. 이렇게 하는 것은 30분 정도 가열

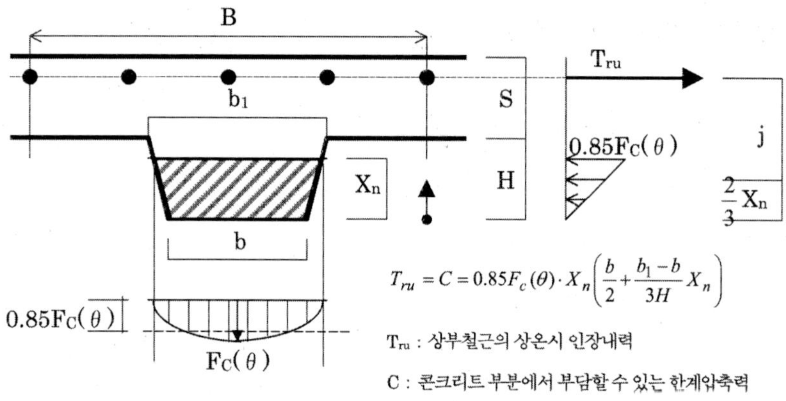

부도 4.2 부휨모멘트에 대한 합성슬래브의 종국 시 단면 내 응력도분포의 가정[5]

되면 데크플레이트가 콘크리트 부분에서 박리되고, 30분에서 1시간 가열된 때에 하중지지가 끝난 후 안정된 성상을 고려하고 있는 것이다. 이 방법은 Eurocode 4[6]에 제시된 콘크리트 및 강재・철근의 고온강도를 이용한 계산결과와 과거의 재하가열시험결과의 대응도 확인되고 있다.

참고문헌

1) 尾崎文宣・長谷大志・河野　守・森　保宏・鈴木淳一：鋼材高温強度にばらつきを有する場合の単純支持梁の崩壊温度－火災時鋼架構の崩壊温度のばらつき評価その１－，日本建築学会構造系論文集，第 712 号，pp.971～979，2015.6

2) 日本建築学会：構造材料の耐火性ガイドブック，2004

3) 尾崎文宣・長谷大志・河野　守・森　保宏：鋼材高温強度にばらつきを有する場合のト型架構の崩壊温度－火災時鋼架構の崩壊温度のばらつき評価その２－，日本建築学会構造系論文集，第 720 号，pp.395～404，2016.2

5 강재의 고온항복강도 편차가 있는 경우 골조의 붕괴온도

지침 2장 2.1절은 강재종별마다 고온항복강도를 규정하고 있다. 이것은 고온항복강도의 편차에 대한 조치로서, 소재시험결과에서 얻어진 항복강도의 평균값 σ_y^{AV}에서 표준편차 σ의 3배치를 감한 값 $\sigma_y^{AV}-3\sigma$에 거의 일치하도록 설정되고 있다. 이와 같은 큰 안전율을 설정하는 것은 전술의 고온항복강도의 편차 외에 고온크리프(지침 6장 6.5절) 등의 영향이 현저화되지 않도록 설계용 항복강도를 미리 낮게 설정해서 붕괴온도를 안전측으로 평가하는 것도 의도하고 있다. 그러므로 후술의 부 6에서 소개된 부분계수설정법을 전면 채용한 해외의 내화설계지침을 비교하면 양자의 설계이념은 근본적으로 크게 상이하지만, 지침의 $\sigma_y^{AV}-3\sigma$에 의한 고온항복강도와 고온시 응력~변형관계식은 상당히 낮은 강도를 부여하고 있다는 것도 알 수 있다.

이하에서는 강구조내화설계에서 고려해야 하는 편차인자의 하나인 강재의 고온항복강도에 주목해서 편차의 실태와 이것이 골조의 붕괴온도와 붕괴모드에 미치는 영향에 대해 서술한다.

5.1 각 온도 간에 있어서 강재의 고온항복강도의 상관관계

부표 5.1, 5.2에 SN400과 SN490의 기존 고온소재시험결과에서 얻어진 고온항복강도 σ_y에 관한 각 온도 간의 상관계수행렬을 나타내고 있다[1]. 검토대상의 소재시험데이터는 문헌 2)에 나타낸 것으로, 2장 2.1절의 그림 2.1.1 중 기존 소재시험 데이터에도 포함되어 있다. 각 온도에 있어서 항복강도의 평균값 σ_y^{ave}와 변동계수 V_s는 부도 5.1, 5.2와 같이 전자는 상온의 항복강도 평균값 $\overline{\sigma}_y^{ave}$에서 무차원화되고 있다. 부도 5.1에서 고온항복강도의 평균값에 대한 강도잔존율은 SN400, SN490의 강재 종별에 대부분 의존하지 않는다는 것을 알 수 있다. 부표 5.1에서 SN400의 경우, 근접한 온도 간(예를 들면, 500℃와 600℃)에서는 강한 상관관계를 갖지만, 온도차가 크게 되면 상관관계가 적게 되는 것을 알 수 있다. 예를 들면, 상온과 500℃ 이상에서는 거의 상관관계가 없고, 이로 인해 상온의 강재강도가 높아도 고온에서는 반드시 강도가 높다고 할 수 없다. 한편, SN490의 경우(부표 5.2)에 대해서도 이러한 경향은 SN400의 경우와 거의 동일하게 되지만, 특히 400℃ 이상의 경우에는 각 온도 간에서는 상당히 높은 상관관계가 있다는 것을 알 수 있다.

부표 5.1 각 온도 간 고온항복강도의 상관관계행렬(SN400)

	20℃	200℃	300℃	400℃	500℃	600℃	700℃	800℃
20℃	1.00							
200℃	0.67	1.00						
300℃	0.47	0.70	1.00					
400℃	0.34	0.72	0.89	1.00				
500℃	−0.10	0.28	0.45	0.64	1.00			
600℃	−0.18	0.03	0.10	0.30	0.85	1.00		
700℃	−0.23	0.10	−0.11	0.18	0.54	0.66	1.00	
800℃	0.11	0.15	0.05	0.09	0.15	0.20	0.51	1.00

부표 5.2 각 온도 간 고온항복강도의 상관관계행렬(SN490)

	20℃	100℃	200℃	300℃	400℃	500℃	600℃	700℃	800℃
20℃	1.00								
100℃	0.96	1.00							
200℃	0.74	0.83	1.00						
300℃	0.62	0.69	0.82	1.00					
400℃	0.56	0.66	0.86	0.98	1.00				
500℃	0.46	0.58	0.86	0.92	0.96	1.00			
600℃	0.39	0.54	0.78	0.87	0.93	0.95	1.00		
700℃	0.32	0.46	0.69	0.83	0.88	0.93	0.97	1.00	
800℃	0.11	0.25	0.58	0.78	0.83	0.89	0.92	0.94	1.00

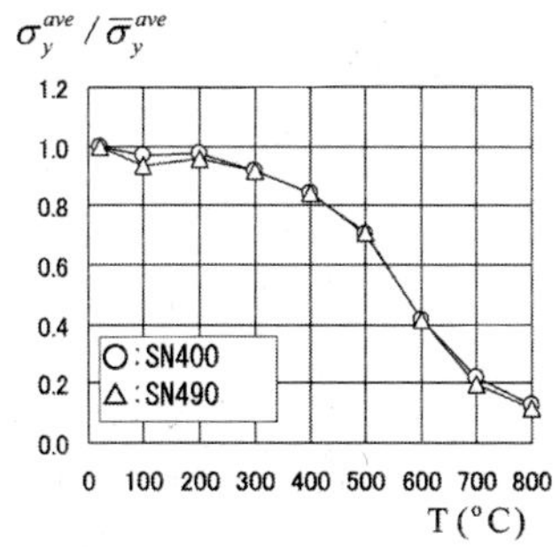

부도 5.1 고온항복강도의 평균값

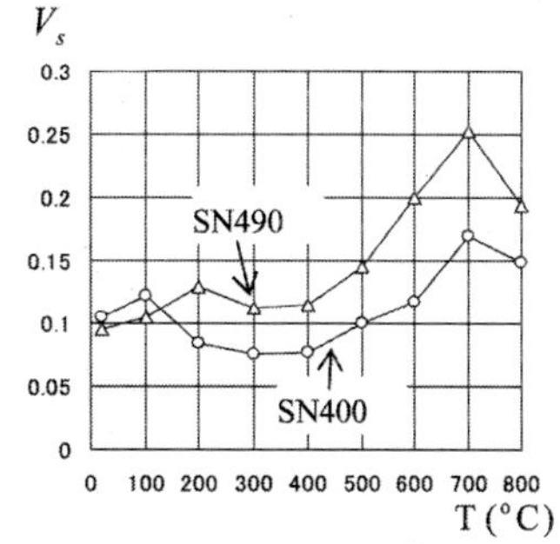

부도 5.2 고온항복강도의 변동계수

5.2 강재 고온항복강도에 편차가 있는 경우 ㅏ형 분해골조의 붕괴온도와 붕괴모드

6장에서는 골조의 각 붕괴모드에 대응한 붕괴온도가 각각 확정적으로 구해졌지만, 화재 시의 각 부재는 고온항복강도의 편차가 있으므로 6장에서 평가된 붕괴온도와 상이한 붕괴모드가 발생할 가능성이 있다. 여기서는 강재 항복강도에 편차를 발생시킨 몬테카를로법(Monte Carlo, MC)의 수치해석결과를 나타내고 있다[3]. 부도 5.3, 5.4에는 ㅏ형 분해골조의 붕괴온도 평균값과 표준편차 및 각 붕괴모드의 발생확률(${}_1p_f$: 보 붕괴모드, ${}_2p_f$: 보 기둥 동시 붕괴모드, ${}_3p_f$: 기둥 붕괴모드)이다[3]. MC법에 이용한 각 온도의 강재 항복강도 샘플은 정규분포에 따르고, 평균값과 변동계수는 부도 5.1, 5.2의 것을 사용했다. 또한 부표 5.1, 5.2의 상관계수를 조합한 고온항복강도를 샘플 생성했다. 부도 5.3(a) 중 3종류의 곡선은 부도 5.1의 고온항복강도 평균값에서 평가된 각 붕괴모드의 기본붕괴온도곡선(확정치)이다. 부도 5.3(a)에서 MC법의 붕괴온도 평균값은 고온항복강도의 평균값에서 평가된 붕괴온도곡선의 최약해에 대체로 일치한다. 기본붕괴온도곡선의 교차점 부근에서 MC법의 해석결과는 기본붕괴온도곡선보다 약간 낮게 된다. 한편, 이러한 교차점 부근의 해석결과는 붕괴온도의 편차(그림 중 횡방향 실선)가 작게 되는 것도 알 수 있다. 부도 5.3(b)에서 보면 붕괴온도곡선의 교차점 부근 $\tilde{q}$ 에서는 ㅏ형 골조의 붕괴모드는 항상 변화하기 쉬운 상황이고, 이 경우 고온항복강도는 작은 부재의 붕괴모드가 선택되어 그 결과 MC법의 붕괴온도 평균값은 낮게 된다. 한편, 이러한 골조에서는 낮은 붕괴온도모드가 항상 선택되므로 붕괴온도의 편차 자체는 작게 된다. 골조의 하중 및 구조조건에 따라서 화재 시의 붕괴모드를 억제하는 것이 어려운 경우도 나오는 것을 알 수 있다.

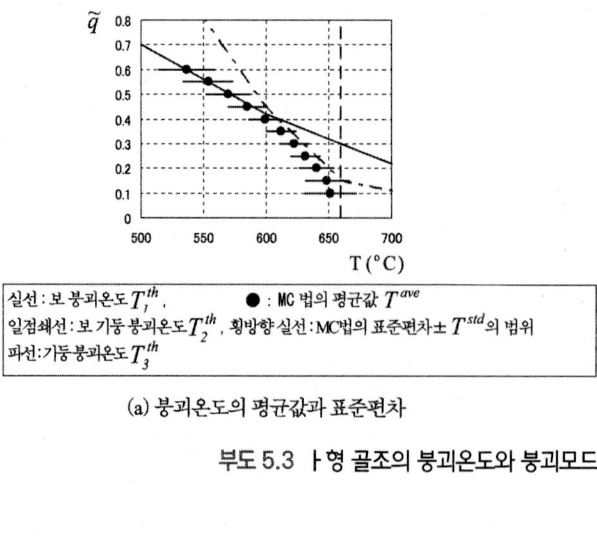

(a) 붕괴온도의 평균값과 표준편차

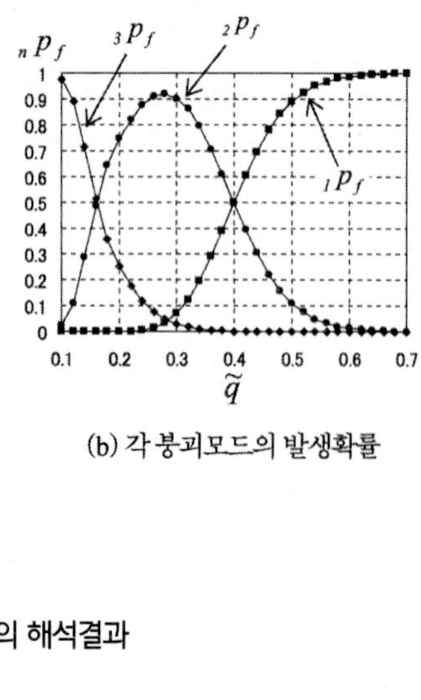

(b) 각 붕괴모드의 발생확률

부도 5.3 ㅏ형 골조의 붕괴온도와 붕괴모드의 해석결과

参考문헌

1） 尾崎文宣・長谷大志・河野　守・森　保宏・鈴木淳一：鋼材高温強度にばらつきを有する場合の単純支持梁の崩壊温度－火災時鋼架構の崩壊温度のばらつき評価その１－，日本建築学会構造系論文集，第 712 号，pp.971～979，2015.6

2） 日本建築学会：構造材料の耐火性ガイドブック，2004

3） 尾崎文宣・長谷大志・河野　守・森　保宏：鋼材高温強度にばらつきを有する場合のト型架構の崩壊温度－火災時鋼架構の崩壊温度のばらつき評価その２－，日本建築学会構造系論文集，第 720 号，pp.395～404，2016.2

6 본 지침과 EC3 및 AISC와의 비교

내화건축공학의 분야에서도 성능설계의 도입으로 안전에서 자유도가 높은 설계를 표현하는 움직임이 세계 각국에서 확산되고 있다. 한편, 화재 시 건축구조물의 거동은 복잡해서 불확정한 요소가 많고, 연구에서 해명되지 않은 현상도 많은 상태이다. 수치해석으로는 고도기술이 필요하다. 이러한 상황에서 설계의 틀을 정비하기 위해서는 정확한 해석과 실험에 기초한 고도의 설계법 제공과 어느 정도의 안전율을 확보하여 문제를 간략화하고, 설계과정을 간소화하는 방법이 필요하게 된다. 내화철골 건축구조분야에 있어서 이러한 2가지 내화설계의 틀은 지침(이하 타국의 지침과 비교하기 위해 AIJ로 표기) 이외에 유럽의 Eurocode 3[1](이하 EC3)과 미국 AISC(American Institute of Steel Construction)의 Specification for Structural Steel Buildings[2](이하 AISC) 등에서도 볼 수 있다.

지침에서는 구조 골조의 화재시 안전성평가를 상시하중을 지지 가능한 골조의 최고온도(한계온도)와 골조온도의 관계로 행하는 방법이 제시되고 있다. 임계온도의 산출은 온도상승이 예상되는 부재와 부분골조를 추출해서 주변골조의 관계와 열응력, 삼차원효과 등의 영향을 한정해서 고려하는 것으로 간소화했고, 이것에 의한 해석상의 이점은 크다. 한편, EC3의 간이설계법의 틀은 기둥과 보 등 개개 골조부재에 대해 지정고온에서 내력평가식이 제안되고 있다. 이것은 한계상태설계법(LRFD)의 사고방법을 채용한 상온에서 부재단면 내력평가식을 고온시의 내력평가용으로 수정한 것으로 실용성은 높다. AISC는 내화설계 조항에 있어서 EC3에서 정한 강재의 고온시 재료특성의 상온치에 대한 비율과 상온시 부재내력 평가식을 사용한 고온시의 부재내력을 평가하는 간편법을 사용하고 있다.

지침에서는 고온시 부재에 국부좌굴과 휨좌굴이 발생하여도 반드시 골조로서의 종국상태를 의미하지 않는 것으로 응력재분배가 행해진 후의 종국형을 한계상태로 평가하고 있다. 이러한 사고방법에 대해서 기둥을 대상으로 고찰해보았다. 기둥 좌굴 후의 대체하중 지지경로의 존재유무는 건물의 형상과 골조, 화재의 시나리오에 의존한다. 내진설계를 실시하는 일본의 라멘골조에 있어서는 높은 내력과 부정정차수로 대체하중 지지경로가 존재하는 경우가 많다고 생각된다. 단, 보와 웨브만 볼트접합한 비라멘 골조의 기둥 등에 대해서는 접합부의 실제 회전강성이 높고[3], 화재시의 기둥 열응력은 무시할 수 없으며 대체하중 지지경로의 존재는 보증하기 어렵다[4]. 이러한 부재와 지침에서 대상 외로 하고 있는 트러스 부재 등에 대해서는 골조의 특성에 따라 화재시 건물고유의 외력으로 열응력을 고려할 필요성이 생각된다. EC3과 AISC에서는 간편법으로 부재내력 평가식을 이용해서 열응력의 영향을 무시할 여지가 있지만, 부분골조와 골조 검토에서는 이러한 영향을 고려하고 있다. 이러한 관점에서 지침의 입장은 독특하다.

지침에서는 강재의 상온 시 규격항복강도가 실항복강도 분포의 하한에 해당하는 것으로 대응시켜서 고온시 재료특성도 실분포의 하한으로 설정하고 있다. 안전측의 평가로서 일관된 사고방법이지만, 고온시 항복강도의 편차는 상온시 편차보다도 크다는 것을 고려하면 고온시 강재특성은 실제(평균값)보다도 상당히 낮게 정의되는 것이 된다. 재료강도에는 충분한 안전율을 고려할 수 있기 때문이다. 한편, LRFD는 하중 및 내력을 이것들에 기여하는 불확정요소의 함수로 평가하므로, 한계상태에 이를 확률을 허용치 이하로 억제하는 설계법이다. AISC의 LRFD에서는 확정적으로 구한 하중 및 내력에 각각 계수를 곱해서 신뢰성 해석과 동등의 안전율을 확보하는 것을 목적으로 하고 있다. 구조물의 안전율은 이것들의 계수에 의해 대표적으로 정비되는 것으로, 확정적으로 구한 하중 또는 내력에 별도 안전율을 포함한 LRFD의 사고방식에 친숙하기 어렵다. 허용응력설계법에서도 동일하지만, 실체와 생각되는 구조성능에 특정한 안전율을 곱해서 내력을 평가하는 설계의 틀에 있어서 강재의 설계용 고온시 재료특성의 방식에 대해서 금후 진중하게 토론할 필요가 있다. 부록에서는 EC3과 AISC의 내화설계체계를 개설하고, 강재의 응력-변형도 관계를 비교한다[5]. 이것으로 장래에 강구조내화설계를 성능설계의 체계로 이행시키는 것을 검토하는 자료로 한다.

6.1 EC3의 내화설계체계와 강재의 재료특성

Eurocode 3(EC3)은 지침과 같이 원칙으로 열응력을 무시해서 부재 또는 부분골조의 내력을 평가하는 내화설계체계는 없다. 화재시나리오에 따른 골조온도를 산출하고, 열응력을 고려해서 산출된 부재의 응력상태에 대해 부재의 고온시 내력과 비교로 안전성을 평가한다. 고온시 강재의 응력-변형관계는 비선형성이 강하고 명확한 항복참이 존재하지 않게 되므로, 상온의 부재내력 평가식을 사용해서 고온시 강재의 초기강성과 내력저하를 고려한 평가법은 반드시 적절하지는 않다. EC3에서는 기둥과 보 등 부재의 고온시 내력평가식을 상온의 평가식과 다른 형태로 정의하고 있다. 이것은 지침에서 좌굴을 동반한 기둥의 내력평가에 접선강성이론을 사용한 평가법이 제시된 것과 유사하다고 할 수 있다.

EC3에서는 고온시 강재의 내력을 2% 변형시로 평가하고, 구조용 강재의 강종에 의존하지 않는 형태로 저하율을 정의하고 있다. 응력도 σ와 변형도 ε에 대해 고온시의 응력-변형관계를 부도 6.1(a)와 같이 탄성역, 소성역, 완전소성역의 3영역으로 규정하고 탄성계수

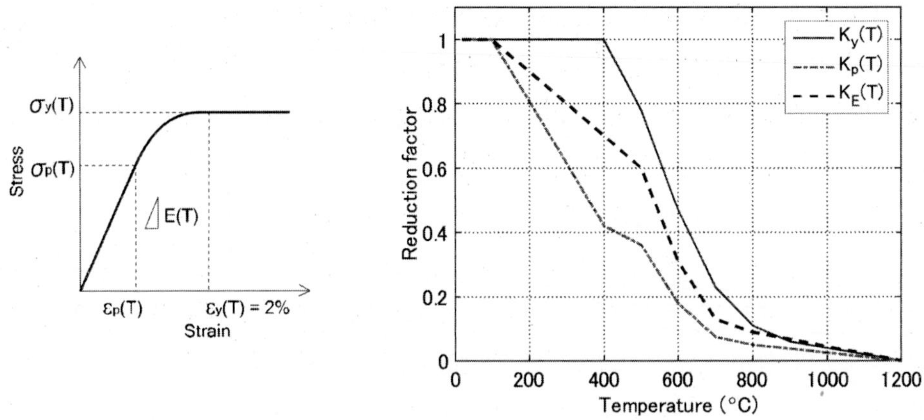

(a) 응력-변형관계의 구조

(b) 저변수의 고온 시 저하율

부도 6.1 EC3의 고온 시 재료특성 [1)]

E와 탄성한계응력 σ_p, 항복응력 σ_y(2% 변형 시 응력)의 3가지 변수를 이용하고 있다. 이러한 변수는 온도의 함수이고, 상온시에 대한 고온시의 비율은 식 (1)과 같다.

$$K_E(T) = \frac{E(T)}{E_{RT}},\ K_p(T) = \frac{\sigma_p(T)}{\sigma_{pRT}},\ K_y(T) = \frac{\sigma_y(T)}{\sigma_{yRT}} \tag{1}$$

여기서, (T)는 온도 T의 함수이고, 아래첨자의 RT는 상온시의 값을 나타낸다. 이러한 값은 온도에 따라서 부표 6.1과 같이 정의되고 있고, 이것을 그룹화하면 부도 6.1(b)가 된다. 상온시에는 탄성한계응력 σ_{pRT}는 항복응력 σ_{yRT}에 일치한다. 온도상승과 함께 탄성계수는 100℃에서 저하하기 시작하여 530℃에서 절반으로 감소하고, 항복응력은 400℃에서 급격히 저하해서 약 600℃에서 절반으로 감소한다. 탄성한계응력은 100℃에서 저하하여 약 360℃에서 절반으로 감소한다.

부표 6.1 EC3의 고온 시 재료특성변화 [1)]

강재온도 T(℃)	$K_E(T)$	$K_p(T)$	$K_y(T)$
20	1.00	1.00	1.00
100	1.00	1.00	1.00
200	0.90	0.807	1.00
300	0.80	0.613	1.00
400	0.70	0.42	1.00
500	0.60	0.36	0.78

강재온도 T(℃)	$K_s(T)$	$K_p(T)$	$K_y(T)$
600	0.31	0.18	0.47
700	0.13	0.075	0.23
800	0.09	0.05	0.11
900	0.0675	0.0375	0.06
1000	0.046	0.025	0.04
1100	0.0225	0.0125	0.02
1200	0.00	0.00	0.00

부표 6.2 EC3의 고온 시 응력-변형도 관계식 [1)]

변형 범위	응력도
$0 \le \epsilon < \epsilon_p = \sigma_p/E$	$\sigma = \epsilon E$
$\epsilon_p \le \epsilon \le 0.02$	$\sigma = (b/a)(a^2 - (0.02 - \epsilon)^2)^{0.5} + \sigma_p - c$
$0.02 < \epsilon \le 0.15$	$\sigma = \sigma_y$
$0.15 < \epsilon \le 0.20$	$\sigma = 20\sigma_y(0.2 - \epsilon)$
$\epsilon \ge 0.20$	$\sigma = 0$

[주] 여기서, a, b, c는 이하의 관계가 있다.

$$a^2 = (0.02 - \epsilon_p)(0.02 - \epsilon_p + c/E)$$

$$b^2 = c(0.02 - \epsilon_p)E + c^2$$

$$c = \frac{(\sigma_y - \sigma_p)^2}{(0.02 - \epsilon_p)E - 2(\sigma_y - \sigma_p)}$$

식 (1)의 고온시 강재의 강성과 내력저하율을 이용해서 EC3의 응력-변형률 관계식을 부표 6.2와 같이 나타내고 있다. 고온에서는 대체적이고 국소적으로 대변형이 발생하는 것을 고려해서 2% 이상의 큰 변형도 범위까지 응력도가 규정되고 있다. 변형도 2% 이상 15% 이하에서 σ는 σ_y에 일치하고, 20% 이상에서는 0이 된다. 15% 이상 20% 이하에서 σ는 σ_y와 0의 선형 보간치이다. 또한 EC3의 Appendix A에서는 400℃보다도 낮은 온도에 대해서 변형도 2% 이상 15% 이하의 범위에서 변형도 경화에 의한 내력상승을 고려한 응력-변형도 관계식도 준비(用意)되고 있다. AIJ 및 EC3의 고온시 응력-변형도 관계를 변형도 2% 이하의 범위에서 비교한 것이 부도 6.2이다. AIJ에 대해서는 490급 강재의 응력-변형도 관계를 F치(325N/mm^2)로 나눈 값을 표시하고 있다. EC3에서는 100℃를 넘으면 응력-변형도 관계에서 명확한 항복참이 존재하지 않는다.

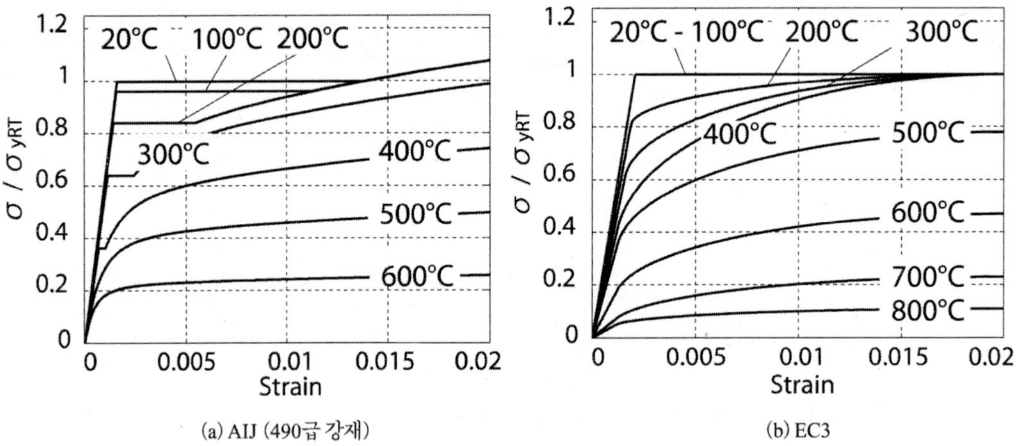

부도 6.2 AIJ와 EC3의 응력-변형도 관계

6.2 AISC와 NIST

AISC는 Specification for Structural Steel Buildings[2]에서 강구조건물의 내화설계법에 대해 설명하고 있다. 그중에서 화재 시 건물의 안전성 평가방법으로 건물전체 또는 부분골조에 대해 열응력과 변형을 고려한 해석방법과 개별 부재에 대해 이러한 것을 무시해도 좋다고 하는 방법이 나타나고 있다. EC3의 강재의 고온시 응력-변형관계가 사용되고 있고, 상온시 특성값에 대한 탄성계수와 내력의 저하율은 EC3과 동일하게 강재의 종별에 의존하지 않는 형태로 정의되고 있다. 부재가 가열된 것에 의한 변형의 영향은 이것으로 부재 내부의 응력해방에도 기여하므로 구조물의 붕괴에 이르지 않는 한 반드시 나쁜 것은 아니라는 기술도 있다. 또한, 동일 문헌의 2005년판에는 기둥과 보 등 부재의 내력평가에 상온시의 내력평가식을 사용해서 고온시 항복강도와 초기강성저하를 고려한 재료특성값을 대입하는 것으로 했던 것이 2010년판[2]에서 개정됐다. 이것은 고온에서 강재의 응력-변형관계의 비선형성이 강하고, 부재의 좌굴내력의 저하가 재료의 항복강도와 초기강성의 저하 이상으로 현저하게 나타나는 현상을 반영했기 때문이다.

미국의 NIST(National Institute of Standards and Technology)는 AISC와 별도로 내화성능설계를 추진하여 독자 가이드라인[7]을 정비하고 있다. 가이드라인에는 강구조만은 아니고 철근콘크리트구조도 대상으로 하고 있다. 강재의 고온시 재료특성에 대해서는 2001년의 세계무역센터빌딩 붕괴 후에 NIST가 실시한 다수 강재의 고온시 재료특성 데이터의 분석[8]을 바탕으로 정식화하고 있다. 화재시 대변형을 동반한 강구조부재에서 발생하는 변형도가 큰 것을 근거로, 여기서 제안하고 있는 응력-변형관계는 변형도 15% 정도까지의 범위에서 실험 데이터와 잘 근사하도록 설정되고 있다. NIST의 응력-변형관계는 변형도가 큰 범위에서 데이터와 근사시키는 것을 주목적으로 탄성한계까지 초기강성에 대해서 별도 탄성계수저감을 사용하는 것을 권장하고 있다. 그러므로 탄성해석과 탄소성해석 간의 불연속성이 있는 것이 되고, 실용상 문제가 된다고 추측 가능하다. 또한 동일 문헌에는 변형속도에 의존한 응력치 설정도 나타나고 있다.

참고문헌

1) British Standards Institution (BSI): BS EN 1993-1-2 Eurocode 3. Design of steel structures. General rules. Structural fire design; 2005
2) American Institute of Steel Construction, Inc. (AISC): Specification for structural steel buildings, Chicago, IL; 2010
3) Liu J, Astaneh-Asl A.: Moment-Rotation Parameters for Composite Shear Tab Connections, Journal of Structural Engineering, 130(9), pp.1371~1380, 2004
4) Takagi J, Deierlein G.G.: Stability Investigation of Steel Members and Frames under Fire Conditions, Proceeding of Annual Stability Conference, Structural Stability Research Council, pp.317~337, 2007
5) 高木次郎：鋼構造建築部材の高温時限界耐力解析と設計用評価法, 日本建築学会構造系論文集, 第 618 号, pp.199~206, 2007
6) National Institute of Standards and Technology (NIST): Best Practice Guidelines for Structural Fire Resistance Design of Concrete and Steel Buildings, NIST Technical Note 1681, 2010
7) National Institute of Standards and Technology (NIST): High-temperature tensile constitutive data and models for structural steels in fire, NIST Technical Note 1714, 2011

7 기 호

▎제2장

E : 강재의 초기탄성계수

E_t : 강재의 경화크기를 결정하는 계수

F : 강재의 허용응력도를 결정하기 위한 기준값

F_{bu} : 고력볼트의 허용응력도를 결정하기 위한 기준값

n : 강재의 응력-변형곡선의 형상을 나타내는 무차원 지수

T : 강재온도

T_1 : 강재의 항복강도가 상온시의 값을 유지하는 상한온도

T_2 : 강재의 항복강도가 0이 되는 온도

T_1' : 고력볼트의 인장강도가 상온시의 값을 유지하는 상한온도

T_2' : 고력볼트의 인장강도 잔존율을 규정하는 직선의 기울기를 변경하는 온도

T_3' : 고력볼트의 인장강도가 0이 되는 온도

T_{RT} : 상온 (20℃를 대표값으로 한다)

ε : 강재의 변형도

$\kappa(T)$: F에 대한 온도 T℃의 항복강도의 비

$\kappa_{bu}(T)$: F_{bu} 에 대한 온도 T℃의 인장강도의 비

σ : 강재의 응력도

$\sigma_{bu}(T)$: 강재온도 T℃에서 고력볼트의 고온 시 인장강도

σ_0 : 인장강도의 크기를 결정하는 응력도

$\sigma_y(T)$: 강재온도 T℃에서 강재의 항복강도

σ_{yt} : 항복참(棚)응력도

▎제3장

A_m : 내장용 건축재료의 설치면적, 내장재료와 제작가구 등의 노출표면적

A_r : 실의 슬래브면적

A_{fuel} : 실의 가연물 노출표면적

d_m : 내장용 건축재료의 두께

G : 재료의 질량, 고정하중

ΔH : 재료의 단위무게당 연소발열량

ΔH_m : 내장용 건축재료의 설치면적 $1m^2$, 두께 1mm당 발열량

P : 적재하중

q_0 : 내장용 재료 등의 단위면적당 발열속도

$q_{0,\, wood}$: 목재의 단위면적당 발열속도

S : 적설하중

W : 실 가연물의 총발열량

w_f : 실 적재가연물의 발열량 밀도

W_{fix} : 실 고정가연물의 총발열량

W_{load} : 실 적재가연물의 총발열량

ϕ : 표면적계수

ϕ : 내장재료와 제작가구 등의 표면적당의 발열속도비

제4장

A : 가스덩어리의 표면적

A_a : 공기유입구 면적

A_e : 배연구 면적

A_{fuel} : 가연물의 노출표면적

A_{op} : 개구부 면적

A_T : 구획의 내부표면적, 실 둘레벽의 면적

A_w : 연기와 접하는 부분의 천장과 벽의 표면적

$A_{op}\sqrt{H_{op}}$: 개구부 인자

c : 실의 둘레벽 재료의 비열

c_p : 공기의 비열, 연기의 비열, 실내가스의 정압비열, 분출가스의 비열

D : 화원의 대표지름, 원형화원의 직경, 선화원의 폭

d : 기둥의 직경

$F_{f(c)}$: 부재표면(또는 수열면)에서 연속화염영역을 볼 때의 형태계수

$F_{f(f)}$: 부재표면(또는 수열면)에서 간헐화염영역을 볼 때의 형태계수

F_{op} : 부재표면에서 개구부를 볼 때의 형태계수

f_{op} : 인접실의 개구부 인자 중 출화실 사이의 개구부 인자의 비율

f_r : 인접실의 발열속도 중 개구부에서 열의 유출속도의 비율

F_s : 부재표면(또는 수열면)에서 연기층을 볼 때의 형태계수

g : 중력가속도

H : 화원면에서 천장까지의 높이, 화원면에서 배연구까지의 높이

H_{op} : 개구부의 높이

h : 화염의 분출높이

h_c : 대류열전달

h_T : 실효열전달률

K : 열관류율

k : 실 둘레벽 재료의 열전도율, 기체의 열전도율

k_g : 가스덩어리의 복사흡수계수

L : 화염높이

L_c : 연속화염높이

l_e : 평균행로 길이

L_f : 간헐화염높이

L_m : 평균화염높이

m_a : 개구부에서 유입되는 공기의 질량유량

m_e : 배연유량

m_f : 개구부에서 유출하는 연소생성가스의 질량유량

m_p : 화염 플륨(plume)의 질량유량

m_v : 가연물의 열분해에 의한 가연가스의 질량유량

Nu : 누셀트수(Nusselt number)

n : 분출면의 형상비

Q : 화원의 발열속도, 가연가스의 구획 내에서 연소에 의한 발열속도

Q^* : 무차원 발열속도

q : 부재표면의 단위면적당 흡수하는 열류

Q_a : 실내가스의 축열속도

q_c : 부재표면에 대류로 전달하는 열류

Q_{DH}^{*} : 화원직경과 천장고에 의한 무차원발열속도

Q_{ex} : 미연가스의 연소에 의한 발열속도, 실외에서 연소하는 가연가스의 발열속도

Q_{fl} : 분출화염이 운반하는 열량

Q_h : 인접화재실에서 열유입속도

q_{inc} : 수열면에 입사하는 복사열류

$Q_j(t)$: 가연물덩어리 j 의 착화 후 t 초에 있어서 발열속도

Q_l : 개구부에서 가스유출로 인한 열유출속도, 선화원의 단위길이당 발열속도

Q_l^{*} : 선화원의 무차원발열속도

$Q_{\max}$: 최대발열속도

Q_r : 복사에 의한 개구부에서 열유출속도

$\dot{q}_r$: 부재표면에 복사로 전달하는 열류

q_{rs} : 가스덩어리에서 부재표면으로 향하는 열류

q_{sr} : 부재표면에서 가스덩어리로 향하는 열류

Q_w : 실 둘레벽의 열흡수속도

R : 수평방향의 전염거리

R_c : 연속화염의 전염반경

Re : 레이놀즈수

R_f : 간헐화염의 전염반경, 화원반경

R_{fB} : 하부플랜지면의 전염반경

R_{fC} : 천장하부면의 전염반경

r_h : 분출열기류의 중심축에서 수평거리

R_m : 평균화염의 전염반경

r_0 : 등가반경

T : 화재실온도

t : 시간

T_0 : 기준온도(주변공기온도, 무차원화로 인한 기준온도, 외기온도)

t_c : 특성시간

T_f : 화염축상의 온도, 실내가스의 온도, 화재온도(화재실의 온도), 부재근방에서의 분출 열기류온도

t_f : 화재지속시간

$T_{f(c)}$: 연속화염영역의 온도

$T_{f(f)}$: 간헐화염영역의 평균온도

t_{ig} : 주변가연물의 착화시간

$t_{ig,j}$: 가연물 j 의 착화시간

T_r : 화재실의 온도

T_s : 연기층온도, 부재표면온도, 플래시오버 발생한계에 있어서 연기층온도

T_{surf} : 부재의 표면온도

T_w : 둘레벽의 표면온도

$T_{w,L}$: 둘레벽 비화재측의 표면온도

V : 실용적, 가스덩어리 체적

u : 기체의 유속

x : 벽면에서의 수평거리

Z : 중심축 궤적에 의한 거리

z : 화원면에서의 축상거리, 개구부 상단에서 연직거리

z_{800} : 기류중심축의 온도 상승이 800K가 되는 높이

z_{500} : 기류중심축의 온도 상승이 500K가 되는 높이

z^* : 무차원거리

α : 유량계수

χ : 연소형 지배인자

δ : 둘레벽의 두께

$\sqrt{\kappa\rho c}$: 천장과 벽의 구성재양의 열관성

ρ : 실 둘레벽 재료의 밀도, 분출가스의 밀도

ρ_f : 실내가스의 밀도

ρ_s : 연기의 밀도

ρ_0 : 기준온도에서의 공기밀도, 실에 유입하는 공기의 밀도

σ : 슈테판・볼츠만(Stefan-Boltzmann) 정수

ε_{eff} : 복사율 합

ε_r : 가스덩어리의 복사율

ε_s : 연기층의 복사율, 부재표면의 복사율

ε_{surf} : 부재표면의 복사율

τ_{decay} : 감쇠시간

τ_{grow} : 성장시간

$\tau_{\max}$: 최대 연소지속시간

ν : 점탄성계수

Θ : 무차원온도

ΔT : 분출열기루의 중심축에서 수평방향으로 r_h 떨어진 위치에서의 온도상승

ΔT_0 : 중심축상의 온도

Δz : 가상점 열원보정

제5장

A_j : 피복재의 제j층 단면적

A_s : 강재의 단면적

c_i : 피복재의 비열

c_s : 강재의 비열

d : 피복재의 두께

d_x : 부재의 재축방향 길이

F_f : 피복재 표면에서 화염을 볼 때의 형태계수

h_{ca} : 공기층 내의 대류 열전달률

h_{cf} : 가열측 표면의 대류 열전달률

H : 보 춤

H_i : 피복재의 바깥둘레길이

H_{ii} : 피복재의 안쪽둘레길이

H_{ir} : 복사를 받는 피복재의 바깥둘레길이

$H_{j,\,j+1}$: 피복재의 제j층과 제$j+1$층 경계의 둘레길이

H_s : 주변기류에 의해 가열을 받는 둘레길이, 강재의 바깥둘레길이

$H_{s,\,j}$: 가열을 받는 부위 중 j번째의 둘레길이

H_{sr} : 복사에 의해 가열을 받는 강재의 둘레길이

$H_{sr,\,j}$: 복사에 의해 가열을 받는 부위 중 j번째의 둘레길이

k_s : 강재의 열전도율

$k_{j,\,j+1}$: 피복재의 제j층과 제$j+1$층 간의 열전도율

q_c : 부재표면(또는 피복재)이 대류열전달에 의해 흡수하는 열류속

$q_{c,\,j,\,i}$: 강재의 구간 i부위 j가 대류열전달에 의해 흡수하는 열류속

$q_{r,\,j,\,i}$: 강재의 구간 i부위 j가 복사열전달에 의해 흡수하는 열류속

q_r : 부재표면(또는 피복재)이 복사열전달에 의해 흡수하는 열류속

t : 시간

t_f : 플랜지두께

t_W : 웨브두께

T_a : 하부 공기층의 온도

ΔT_e : 증발온도폭

T_j : 피복재 제j층의 온도

T_{st} : 강재온도

Δt : 시간 간격

w_0 : 피복재의 함수율

W : 보폭

Δx_i : 부재의 구간i 재축방향의 길이

$\Delta x_{j,\,j+1}$: 절점 j와 $j+1$의 거리

ε_{ra} : 피복재의 공기층 측 표면과 강재표면 사이의 복사율 합

ρ_i : 피복재의 밀도

ρ_s : 강재의 밀도

σ : 슈테판·볼츠만 정수

제6장

A : 기둥의 단면적

A' : 직사각형단면의 단면적

A_{BR} : 브레이스의 단면적

A_{bf}, A_{bw} : 플랜지 볼트의 축부단면적, 웨브 볼트의 축부단면적

A_F, A_f : H형단면부재의 플랜지단면적

A_W, A_w : H형단면부재의 웨브단면적

B/t : 정사각형 중공단면의 폭두께비

B_f/t_f : H형단면 플랜지의 절반폭에 대한 폭두께비

B_f/t_{feff} : 웨브 국부좌굴의 영향을 고려한 플랜지의 등가폭두께비

D/t_c : 중공원형단면의 폭두께비(지름두께비)

d : 보 춤

d_b : 상하플랜지의 판두께 중심간 거리

d_{bw} : 웨브에 배치된 볼트 전체의 유효춤

$\overline{E}$, E_{RT} : 강재의 상온 시 영계수

E_t : 접선계수

F : 항복응력도 기준값

F_p : 골조의 응력재분배능력

h : 층고

I_{Bi} : 보의 단면2차모멘트

I_{Ci} : 기둥의 단면2차모멘트

i : 회전반경

L : 보 스팬길이

l : 보 스팬길이의 1/2

l_b : 보 단부에서 보 이음까지의 거리

l_{BR} : 브레이스의 좌굴길이

M_p : 기둥의 고온시 휨내력

$\overline{M}_p$: 기둥의 상온시 휨내력

M_{pB} : 보의 고온시 전소성모멘트

$\overline{M}_{pB}$: 보의 상온시 전소성모멘트

$\overline{M}_{p0}$: 기둥의 상온시 전소성모멘트

M_{p1} : 화재층 기둥의 고온시 휨내력

M_{p2} : 화재직상층 기둥의 휨내력

$j\overline{M}_u$: 상온시 보 이음의 고력볼트 파단에 관한 최대휨내력

m_f, m_w : 플랜지 볼트의 전단면의 수, 웨브 볼트의 전단면 수

N_{sBR} : 브레이스의 고온시 축력

N_{yBR} : 브레이스의 고온시 항복축력

N_{yC} : 화재층 기둥의 고온시 항복축력

n_f, n_w : 플랜지 볼트의 수, 웨브 볼트의 수

$\overline{p}$: 기둥의 상온시 축력비

$P_{\max}$: 기둥의 국부좌굴 후 축력

P : 화재층 기둥축력

P_n : 화재층 기둥축력의 근사치

$\overline{p}_n$: 화재층 기둥축력비의 근사치

P_0 : 화재직상층 기둥축력

$\overline{Q}_{pB}$: 상온시 보 모재의 최대전단력

$j\overline{Q}_u$: 상온시 보 이음의 고력볼트파단에 관한 최대전단력

q : 보에 작용하는 하중

$\tilde{q}$: 무차원화된 보에 작용하는 하중

$\tilde{q}_s$: 전단력에 관한 보상부하중의 무차원값

T : 부재온도

T_{cr} : 기둥 좌굴온도

T_{ult} : 골조의 응력재분배능력을 고려하는 경우 기둥의 붕괴온도

T_{I} : 보 붕괴온도

jT_{I} : 보 이음부의 고력볼트 파단에 의한 붕괴온도

$jT_{\mathrm{I}\,M}$: 보 이음부의 고력볼트 파단에 의한 보의 휨붕괴온도

$jT_{\mathrm{I}\,Q}$: 보 이음부의 고력볼트 파단에 의한 보의 전단붕괴온도

T_{prime} : 기둥붕괴모드에 대응하는 골조의 기본붕괴온도

$\tilde{Z}$: 기둥 · 보 강도비

$\tilde{Z}_{BR}$: 브레이스의 좌굴 후 안정내력과 보 휨강도의 무차원비

Z_{pBX} : 보 강축방향 소성단면계수

Z_{pBY} : 보 약축방향 소성단면계수

Z_{pBC} : 합성보의 정휨모멘트에 관한 소성단면계수

Z_{pBS} : 강재보의 소성단면계수

ε_{cr} : 기둥의 좌굴변형

ε_0 : 국부좌굴부 기둥단면의 인장측 외단의 변형값(=1%)

ε_1 : 국부좌굴부 기둥단면의 압축측 외단의 변형값(=4%)

γ : 기둥의 유효좌굴길이계수

γ_M : 보 전소성모멘트에 대한 볼트파단에 의한 보이음의 최대휨내력비

γ_Q : 보 전소성모멘트에 대한 볼트파단에 의한 보이음의 전단내력비

λ : 기둥 세장비

σ_{cr} : 기둥의 좌굴응력도

σ_0 : 인장시험시편에 의한 인장응력도

σ_R : 축력 $P_{\max}$에 미치는 기둥 국부좌굴부 단면 내의 평균응력도

$\overline{\sigma}_y$, σ_{yRT} : 강재의 상온시 항복응력도

σ_{yT} : 기둥의 항복참응력도

τ : 강도상관함수

서 론

- 2017년 6월 제3판 -

「강구조내화설계지침」은 화재 시에 강구조를 붕괴시키지 않기 위한 구조설계상의 방법을 제공하는 것을 목적으로 1999년에 초판 간행되었고, 그 후에 해설을 충실하게 하여 제2판이 2008년에 간행되었다. 개정지침은 제2판의 출판으로 약 8년간에 축적된 최신의 식견을 반영하여 보다 합리적인 강구조내화설계법의 제공을 시도한 것이다.

이 지침의 기본방침은 화재 시에 강구조에 발생하는 열응력이 종국강도에 영향을 미치지 않는 것에 착안하고, 구조내력과 하중의 크기를 비교하는 것으로 구성한 종국강도형설계법의 사고를 채용한 점에 있다. 이 기본방침을 적용하는 구조물에는 일정이상의 부정정차수(redundancy)와 강도, 인성(robust)이 필요하지만, 일본에서 구조설계되어진 강구조는 이것을 이미 만족한다. 이 타당성을 나타낸 자료는 그 후에도 축적되어 제3판에서도 기본방침을 답습한다.

지침의 특징 중 하나는 구조뿐만 아니라 연소와 전열에 관한 식견이 축적되었고, 폭이 넓은 학문영역에 걸쳐있는 점이다. 방화위원회에서 2013년에 간행된 「건축물의 화재하중 및 설계화재성상지침(안)」에서는 강구조의 내화설계에 관련한 새로운 내용과 자료가 많이 제시되었다. 이 지침에서는 방화위원회의 관련위원과 제휴하였고, 연소・전열분야의 새로운 연구성과를 반영했다. 구조내화분야에서는 보다 많은 강구조에 적용 가능한 강종의 추가가 요청되었으나, 금회에는 건축구조용 냉간성형 각형강관을 추가했다. 그밖에 새로운 식견에 기초하여 각 장의 내용을 충실하도록 하였고, 각각의 계산・평가방법을 다수 추가・개정했다. 그 개요를 이하에 나타내었다.

2장 강재

- 건축구조용 냉간성형 각형강관의 고온 시 유효항복강도와 응력-변형관계를 추가했다.

3장 하중

- 기존의 가연물량 조사결과를 추가하였고, 이것에 기초하여 가연물밀도의 분포 예를 나타내었고, 기본적 사고방법을 추가했다.

4장 화재성상

- 종래의 국소화재・구획내 전체화재・분출화염에 이동화재를 추가했다.
- 구획내 전체화재에서는 인접실에 연소하는 경우의 계산방법을 추가했다.

5장 화재 시에 있어서 강재온도

- 국소화재를 받는 무내화 피복부재에 대해 재축방향의 입사열분포를 고려한 보온도의 계산방법을 추가했다.

6장 골조의 붕괴온도

- 건축구조용 냉간성형 각형강관의 좌굴거동을 나타내었고, 해당 기둥의 전체좌굴과 국부좌굴을 동반한 골조의 붕괴온도를 추가했다.

• 전체골조의 붕괴온도에 미치는 응력재분배의 영향에 관한 절을 신설하였고, 전체골조의 응력재분배 작용을 고려한 기둥의 붕괴온도산정법을 추가했다.
• 합성보의 붕괴온도에 관한 절을 신설하고, 양단부의 회전이 고정된 경우의 합성보 화재 시 거동을 제시하고, 화재 시 종국내력의 계산방법에 대해 추기·개정했다.
• 고력볼트 마찰접합이음을 갖는 보의 화재 시 변형능력에 관한 새로운 내용을 제시하고, 평가방법을 완화하는 방향으로 개정했다.

부록
• 외부화재에 관한 내용을 추가했다.
• 차기 개정을 위해 편차를 고려한 내화설계법에 관한 내용을 추가했다. 또한 이와 관련하여 해외의 설계법을 소개하고, 지침과 비교를 했다.

이상으로 금회의 개정에서는 최신의 연구성과에 기초하여 해설의 충실과 함께 본문이 다수 개정되어 논리성의 향상과 자유도의 확대가 달성되었다고 생각된다. 한편, 구판에서 과제되었던 골조의 화재 시 거동과 구획유지와의 상관성은 전체골조의 붕괴온도에 관련한 부분으로 고려되어 평가방법에도 반영되었지만, 아직 과제가 많다. 또한, 한계상태설계법의 이행을 근거로 설계체계 전체의 재검토에 관해서는 화재하중과 화재 시 내력의 편차에 관한 연구자료가 적고, 이번 판에서는 최근 연구를 소개하는 것에 머물렀다. 다음 지침에서는 편차를 고려한 내화설계법이 어디까지 이행 가능한가가 개정의 초점이 된다.

회원 여러분들은 강구조의 설계에 있어서 지침을 유효하게 활용하여 많은 개선의견을 보내주시기를 바란다.

2017년 6월
일본건축학회

- 2008년 3월 제2판 -

일본건축학회는 해석적 방법에 기초를 둔「강구조내화설계지침」을 1999년 1월에 간행했다. 이것은 강구조건축물의 내화설계에 관한 학회 최초의 지침이었다. 당시, 해석적 내화설계방법이 실무면에 있어서 운용되기 시작하여 10년이 경과되었지만, 적용대상은 내화강을 사용한 무내화피복의 건축물이 대부분이고, 통상의 강재를 사용한 건축물에 있어서는 여전히 일률적으로 허용강재온도와 요구내화시간의 규정을 만족하는 내화피복의 사양을 선정하는 방법이 주류였다. 화재의 성상, 부재의 온도, 고온 시 구조안전성을 일관적으로 해석적으로 평가・검증하는 틀과 방법은 1989년에 건설성종합기술개발 프로젝트의 성과로 발행된「건축물의 종합방화설계법」에 집약되었지만, 일반 설계자에게는 친숙함이 적은 분야이고, 보급은 되지 않았다.

이 지침(제1판)은「건축물의 종합방화설계법」이후의 연구성과를 집약함과 함께 고온시의 강구조골조의 안전성에 관해「열응력은 골조의 종국강도에 영향을 미치지 않는다」라는 기본적인 사고방법을 취하고, 더욱 화재의 국소성에 주목하여 전체 골조의 일부를 적출한「부분골조」의 종국강도에 기초한 설계방법을 제안했다. 많은 설계자에 있어서 이것은 지금까지의 열탄소성해석에 의한 설계방법에 비교해서 훨씬 친숙하기 쉬운 것이었다. 더욱, 2000년 개정 건축기준법에는 해석적 내화설계의 틀을 도입하였고, 구체적인 방법으로 제시된「내화성능설계법」의 일부 방법이 채용되었다.

법 개정을 계기로 내화설계에 대한 일반 설계자의 관심이 높아짐과 함께 학술연구와 설계실무에 의한 새로운 식견과 과제의 축적이 진척되었다. 예를 들면, 구획내 전체화재의 성상에 관해서 종래「방화구획」단위의 화재에서 보다 작은「실」단위에서 발생한 연소를 시간차를 고려한 평가방법이 일반적으로 되었다. 또한 부재의 형상과 배치의 영향을 내포한 철골부재온도의 평가식도 제안되어 실용에 사용되도록 하는 등 지침(제1판)의 선진성이 빨리 상실되는 상황이 되었다. 더욱, 종국강도를 구조안전성의 지표로 하는 것에 대해서 지침(제1판) 제6장 해설의 대부분을 검증에 할당했지만, 그 후 상온부분의 골조에 의한 구속과 고온크리프의 영향에 대해서 보다 상세한 검토가 추가되어 열팽창에 의한 응력・변형의 영향을 무시하는 것의 타당성과 한계에 관한 식견이 축적되었다. 또한 보고력볼트이음에 대해서 지침(제1판)에서는 조건부 소성힌지의 형성을 허용하였지만, 고온시의 변형능력이 반드시 기대 가능하지 않은 경우도 있고, 소성힌지를 형성하지 않는 쪽이 설계상 타당하다는 것도 명확해졌다. 더욱, 2001년 9월 뉴욕 세계무역센터빌딩의 붕괴는 강구조건축물의 고온구조안전성에 대한 부정정차수의 중요성이 새롭게 인식되어진 것도 있다.

이러한 상황변화를 포함하여, 강구조운영위원회에서는 강구조내화설계 소위원회를 설치하고, 이하의 기본방침에 기초하여 강구조내화설계지침을 개정하였다.

(1) 강재 및 고력볼트의 고온강도(제2장) 및 화재하중(제3장)에 관한 설계용 수치에 대해서 새로운 데이터를 추가하고, 필요에 따라 재검토한다.

(2) 화재의 성상(제4장) 및 강부재온도(제5장)의 평가방법에 관해 최신의 연구성과를 포함하여 전면적으로 개정한다.

(3) 철골골조의 고온구조안전성(제6장)에 대해서 제1판의 틀을 유지하고, 새로운 식견에 기초하여 해설문의 충실과 본문의 개정을 한다.

각 장의 개정내용은 다음과 같다.

제1장 총칙

목적 및 적용범위는 변경하지 않았다. 구체적인 방법에 언급되고 있는 부분에 대해서 제2장 이후의 변경을 반영해서 개정했다.

제2장 강재

강재와 고력볼트의 인장시험 데이터를 추가하고, 고온강도의 평가식을 일부 개정했다.

제3장 하중

새로이 개정한 화재하중 조사결과 및 문헌의 재조사에서 화재하중의 설계용 데이터를 충실하게 했다. 또한, 국소화재에서 화원설정의 참고가 되는 조사결과를 소개했다.

제4장 화재성상

화재성상의 분류와 선택의 지침을 나타냈다. 또한, 국소화재에 대해서 예측방법을 체계화해서 기술했다. 구획내 전체화재에 대해서는 실 범위의 채용방법, 연소과정의 고려방법을 추가하고, 예측방법을 개정했다.

구획내 전체화재공간의 개구부에서 분출화염의 예측방법에 대해서 그래프에서 읽고 취하는 방법을 개정하고, 예측식을 제시했다.

제5장 화재 시에 있어서 강재온도

국소화재, 구획내 전체화재, 분출화염 각각에 대해서 강재온도계산방법을 일괄하여 나타냈다. 무내화피복부재의 온도예측에 대해서는 복사전열의 취급을 개정하고, Shade Effect를 고려했다. 또한, 무내화피복강재에 관한 일차원차분법의 알고리즘을 개정하고, 수치계산의 안전성을 개선했다.

부재온도계산의 정확도에 대해서 설계자의 인식을 촉구하고, 무내화피복부재와 내화피복부재의 양자에 대해서 부재온도의 계산결과와 실험값의 비교 예를 나타냈다.

제6장 골조의 붕괴온도

고력볼트이음의 설계법에 대해서, 제1판의 「조건부에서 소성힌지의 형성을 허용한다」는 사고방법을 개정하여 「고력볼트 이음부에는 소성힌지를 형성시키지 않는다」는 것으로 하고, 방법을 기술했다. 또한, 철근콘크리트 슬래브와 합성보에 대해서 화재시의 정휨내력에 합성보로서의 내력을 채용 가능한 것으로 했다. 더욱, 고온크리프의 영향, 골조의 리던던시 등에 과한 새로운 검토결과를 해설에 추가했다.

제7장 내화설계 예

지침개정부분을 반영해서 재설계했다.

부록

지침 제1판 간행에서 9년이 경과되고, 새삼스럽게 그 위치를 나타낼 필요성이 없어졌으므로, 지침과 다른 강구조내화설계법과의 비교는 삭제했다.

강재의 고온항복강도 및 가연물 데이터에 관해서 보충적인 자료를 부록으로 새로이 추가했다.

이 지침에서 전제로 하고 있는 구획유지의 관점에서 슬래브의 고온내력평가법에 대해서 내외의 연구성과를 소개했다.

금회의 개정에서는 최신의 연구성과를 가능한 모아서 지침의 선진성 회복을 목표로 했다. 상술한 화재성상과 강재온도에 관한 부분의 대폭 개정과 구조의 고온내력에 관한 새로운 식견을 추가하는 등 일정의 성과가 얻어졌다고 생각한다. 한편, 구획유지와 골조의 변형·내력의 상관성에 대해서는 지침에 반영 가능한 새로운 연구성과가 없고, 슬래브의 고온내력평가법을 부록에서 소개할 것을 얻지 못했다. 그러므로 구획유지에 대해서는 제1판과 동일하게 지침의 틀 외에 별도 검토되고 있는 것을 전제로 한다. 또한, 화재성상, 부재온도, 고온 시 구조안전성의 평가에 있어서 각각 편차와 정확도를 고려한 안전측의 수치와 설계식을 채용하는 것으로 설계 전체로 안전율이 약간 과대하게 되고 있는 것으로 고려할 수 있다. 이 문제에 대처하기 위해서는 설계체계 전체의 대폭 재검토가 필요하지만, 현재 이 관점에서의 연구사례는 거의 없으므로 제1판의 틀을 계승했다.

이 개정지침을 회원 여러분이 유효하게 활용해줄 것을 기대함과 함께 내용을 한층 충실하게 할 의견과 비판을 당부한다.

2008년 3월
일본건축학회

- 1999년 1월 제1판 -

구조설계법과 내화설계법은 강구조건축물을 실현하는 공학적방법의 양론이다. 강구조물의 구조설계에 대해 일본건축학회는「강구조설계규준」,「강구조한계상태설계지침 · 동해설」,「건축내진설계에 있어서 보유내력과 변형성능(강구조 장(章))」등을 간행하고 있다. 한편, 내화설계에 대해서 학회는 지켜야 할 근거가 없고, 강구조운영위원회에서는 강구조물의 내화에 대해 무언가의 설계지침을 작성해야 한다는 요구는 전부터 있었다. 이러한 경위 중 운영위원회의 산하에 강구조 화재설계소위원회가 조직된 것은 지금으로부터 약 9년 전이다. 때마침 건설성에서는「건축물의 종합방화설계법」이 공표되어 실무에서는 내화강에 의한 무내화피복 강구조가 실용화되기 시작했다. 내화설계에 새로운 방향의 싹이 튼 것도 이때이다. 실제, 당시 이후 내화관련 학술연구와 기술은 눈부신 진보를 이루었다. 이 지침은 이 분야의 종래 및 최신 식견을 집약 · 정리하였고, 화재에 대한 강구조물의 설계방법을 지침의 대상으로 정리한 것이다.

지침은 허용부재온도와 요구내화시간의 일률적인 규정에 기초를 두고, 현행법령에 의한 내화설계를 근거로 재검토하고, 합리성 · 간단명료함 · 자유도면에서 보다 합리적인 강구조내화설계의 틀을 제시한 것과 그리고 그 틀 아래에서 설계를 진전시키기 위한 방법을 구체적으로 전개하는 것을 목적으로 편찬되고 있다. 이 때문에 지침은 구조내력과 하중의 크기를 비교하는 것으로 구성된 종국강도형 구조설계의 사고방법을 대폭 도입하고 있다.

구조설계에 있어서 구조내력이라는 것은 이 지침에서 구조의 붕괴온도이다. 구조설계에서 하중이라는 것은 지침에서 화재가열에 의해 초래되는 부재온도의 상한치이다. 부재온도 상승으로 발생하는 열응력은 골조의 붕괴온도에 대부분 영향을 미치지 않으므로 무시한다. 여기서 골조의 붕괴온도와 상한부재온도는 독립으로 산정되어 직접 비교되는 것으로 된다. 이것이 이 지침의 기본적 골격이다.

이러한 새로운 방향의 강구조내화설계의 연구 · 개발은 소위원회발족 시 여명기가 되었다면, 현재 발전기의 한가운데에 있다고 할 수 있다. 지침의 내용은 현시점까지 이 분야에서 연구성과의 직접적인 반영이고, 지침을 정리한 것은 당연하며 최선의 성과집약을 목표로 했다. 돌이켜보면, 강구조내화설계에 대한 새로운 방향의 지침은 계시를 얻었다는 것은 아니라고 생각되는 한편, 여기저기에 불충분한 연구의 미개척 부분이 있다는 것도 알았다. 이것은 이 분야가 아직 개발도상에 있다는 것의 증거이고, 멈출 수 없다는 것이다.

오히려 금후 이 방면의 연구 · 개발이 점점 더 발전한다는 것이 예상된다. 차기 개정 시에는 이러한 연구성과가 담겨져 지침내용이 보다 한층 충실하게 초래할 것도 기대된다.

회원 여러분은 내용 개선에 대해 기탄없는 의견과 비판을 당부한다.

1999년 1월

일본건축학회

본서작성관계위원 (2017년 3월)

—— 五十音順 · 敬称略 ——

구조위원회

위원장 緑川光正

간 사 加藤研一 塩原 等 竹脇 出

위 원 (省略)

강구조운영위원회

주 사 多田元英

간 사 井戸田秀樹 宇佐美 徹

위 원 五十嵐規矩夫 一戸康生 岡崎太一郎 岡本哲美
越智健之 笠井和彦 兼光知巳 木村祥裕
向野聡彦 澤本佳和 下川弘海 田川泰久
竹内 徹 田中 剛 津田惠吾 寺田岳彦
中込忠男 成原弘之 西山 功 原田幸博
平島岳夫 增田浩志 緑川光正 見波 進

강구조내화설계 소위원회

주 사 平島岳夫

간 사 尾崎文宣 鈴木淳一

위 원 大塚貴弘 岡部 猛 河野 守 近藤史朗
新谷祐介 高木次郎 原田和典 平山博巳
松戸正士 森田 武 安田 聡 若松高志

화재성상·고온해석 워킹그룹

주 사 原田和典

간 사 新谷祐介

위 원 井戸和彦 西野智研 平島岳夫 若松高志

강재고온특성 워킹그룹

주 사 河野 守

간 사 尾崎文宣

위 원 岡部 猛 鈴木淳一 高木次郎 平島岳夫
平山博巳 村上行夫

개정판 개정담당자

1장	尾 崎 文 宣	河 野 守	鈴 木 淳 一	平 島 岳 夫
2장	尾 崎 文 宣	岡 部 猛	河 野 守	高 木 次 郎
	鈴 木 淳 一	平 島 岳 夫	平 山 博 巳	村 上 行 夫
3장	井 戸 和 彦	新 谷 祐 介	西 野 智 研	原 田 和 典
	平 島 岳 夫	若 松 高 志		
4장	井 戸 和 彦	新 谷 祐 介	西 野 智 研	原 田 和 典
	平 島 岳 夫	若 松 高 志		
5장	井 戸 和 彦	新 谷 祐 介	西 野 智 研	原 田 和 典
	平 島 岳 夫	若 松 高 志		
6장	大 塚 貴 弘	尾 崎 文 宣	岡 部 猛	河 野 守
	近 藤 史 朗	鈴 木 淳 一	高 木 次 郎	平 島 岳 夫
	平 山 博 巳	村 上 行 夫	安 田 聡	
7장	井 戸 和 彦	近 藤 史 朗	松 戸 正 士	森 田 武
부록	尾 崎 文 宣	鈴 木 淳 一	高 木 次 郎	西 野 智 研
	平 島 岳 夫	村 上 行 夫		

제2판 작성관계위원 (2008년 3월)

—— 五十音順・敬称略 ——

구조위원장

위원장	和田　章			
간 사	倉本　洋	福和伸夫	緑川光正	
위 원	(略)			

강구조운영위원회

주 사	中島正愛			
간 사	金子洋文	田川泰久	緑川光正	
위 원	井戸田秀樹	内田保博	小河利行	笠井和彦
	河野昭彦	桑村　仁	今野和近	吹田啓一郎
	多賀謙蔵	高松隆夫	田上　淳	多田元英
	田中　剛	辻田　修	寺田岳彦	中込忠男
	永田匡宏	深澤　隆	松尾　彰	

강구조내화설계 소위원회

주 사	今野和近			
간 사	原田和則	平島岳夫		
위 원	安部武雄	池田憲一	大塚貴弘	岡部　猛
	尾崎文宣	近藤史朗	鈴木弘之	平山博巳
	松戸正士	森田　武	若松高志	

개정판 개정담당자

제1장	今野和近	鈴木弘之	平山博巳	
제2장	今野和近	尾崎文宣	平島岳夫	平山博巳
제3장	原田和典	若松高志		
제4장	原田和典	若松高志		
제5장	原田和典	若松高志		
제6장	安部武雄	池田憲一	大塚貴弘	岡部　猛
	尾崎文宣	近藤史朗	今野和近	鈴木弘之
	平島岳夫	平山博巳	松戸正士	森田　武
부록	今野和近	原田和典	平島岳夫	平山博巳
	森田　武	若松高志		

제1판 작성관계위원 (1999년 1월)

—— 五十音順・敬称略 ——

구조위원회

위원장	高梨晃一			
간 사	篠崎祐三	松崎育弘	森田耕次	

강구조운영위원회

주 사	森田耕次			
간 사	岩田 衛	中島正愛		
위 원	青木博文	秋山 宏	安達守弘	井上一朗
	大井謙一	大竹章夫	小倉桂治	小野徹郎
	木村 衛	久保寺 勲	黒羽啓明	桑村 仁
	計良光一郎	甲津功夫	鈴木敏郎	鈴木弘之
	高梨晃一	高橋正明	田中淳夫	田渕基嗣
	辻 文三	寺本隆幸	長尾直治	中村 武
	牧野雄二	森野捷輔	山内泰之	

강구조화재설계 소위원회

주 사	鈴木弘之			
간 사	中里卓三	西垣太郎		
위 원	上杉英樹	梅沢誠芳	古平章夫	今野和近
	齋藤秀人	作本好文	田中淳夫	原田和典
	古川直宏	松本芳紀	宮本圭一	遊佐秀逸

집필담당자

제1장	上杉英樹	鈴木弘之	
제2장	鈴木弘之		
제3장	宮本圭一		
제4장	古平章夫	原田和典	
제5장	西垣太郎		
제6장	鈴木弘之	上杉英樹	今野和近
제7장	古平章夫	西垣太郎	原田和典
부1	齋藤秀人		
부2	原田和典		
부3	原田和典		

■ 총괄 번역자

권영진 호서대학교 안전소방학부 교수

김성배 더나은구조엔지니어링 소장

최성모 서울시립대학교 건축학부 교수

■ 각 장별 번역 및 검토자

염경수 하모니구조엔지니어링 대표

정경수 포스코 철강솔루션연구소 전문연구원

여인환 한국건설기술연구원 연구위원

옥치열 한국건설기술연구원 연구위원

백기열 포스코건설 차장

최인락 호서대학교 건축토목환경공학부 조교수

민정기 한국건설생활환경시험연구원 선임연구원

심현주 현대제철 신수요개발팀 과장

김선희 서울시립대학교 건축공학과 연구교수

안재권 한국건설기술연구원 수석연구원

김정희 (주) PNR SYSTEM 본부장

김동준 화재공학연구소 수석연구원

서동구 한국건설기술연구원 수석연구원

윤웅기 동경이과대학 강구조연구실 연구원

강구조내화설계지침 정가 28,000원

저자 : 일본건축학회

역자 : 권영진

발행인 : 임해진

발행처 : 도서출판 구미서관

인쇄 : 2019년 5월 13일

발행 : 2019년 5월 20일

등록 : 1979년 6월 29일 No.9–6호

주소 : 서울시 마포구 신촌로 2길 5–15 구미빌딩

전화 : 02–333–1101

팩스 : 02–335–2201

http://www.goomibook.com

ISBN 979–11–6257–072–2 (93540)